形体的构成与表达

王桂梅　　主编

皇甫平 刘继海 宋娃丽 编

天津大学出版社

内 容 摘 要

本书是根据教育部1995年印发的高等学校工科本科"画法几何及土木工程制图课程教学基本要求",总结近几年教改经验编写而成的。编者力图打破传统制图教材的模式,将画法几何、投影制图有机地融合在一起,并增加了部分内容,以拓宽学生的知识面。本书主要内容包括:正投影的理论基础、构形设计基础知识、三维图示方法、二维图示方法、建筑工程常用曲面、标高投影等。

本书可作为高等学校工科本科、专科土建类及相近专业制图课程的教材,也可供其他专业选用或作为教师和学生的参考书。此外,还同时出版与本书配套的《形体的构成与表达习题集》供读者选用。

图书在版编目(CIP)数据

形体的构成与表达 / 王桂梅编著. —天津: 天津大学出版社, 2001.10(2013.8重印)

ISBN 978-7-5618-1516-8

Ⅰ. 形… Ⅱ. 王… Ⅲ. 建筑制图－高等学校－教材 Ⅳ.TU204

中国版本图书馆CIP数据核字(2001)第067558号

出版发行 天津大学出版社
出 版 人 杨欢
地　　址 天津市卫津路92号天津大学内(邮编:300072)
电　　话 发行部:022-27403647
印　　刷 廊坊市长虹印刷有限公司
经　　销 全国各地新华书店
开　　本 185mm×260mm
印　　张 14
字　　数 344千
版　　次 2001年10月第1版
印　　次 2013年8月第6次
印　　数 9101－10100
定　　价 18.00元

修订前言

本次修订是根据几年的使用情况及广大读者提出的宝贵意见,对教材及习题中的错误进行了修改,更适合目前教学的基本要求。参加本次修订的有:王桂梅、戴立荣、周占川。

在此向广大读者及提出宝贵意见的朋友,表示衷心感谢。

编者　　2004 年 8 月

前　言

本书及习题集是根据教育部1995年印发的高等学校工科本科“画法几何及土木工程制图课程教学基本要求”,并在总结近几年教学改革经验的基础上编写的。

建筑工程制图是高等院校土建类专业的一门技术基础课,自50年代起图学教育的前辈们就在不断地进行改革探索,总结了许多有益的经验和成果。随着科学技术的发展,学科的综合性和交叉性以及计算机技术的应用,对本课程提出了新的要求,而21世纪对工程技术人员的要求是宽基础、高素质,具有创新精神和实践能力的复合型人才。所以课程的传统教学内容和方式受到了很大的冲击,课程内容的改革已经成为必然趋势。在继承前辈的改革成果和在上述认识的基础上,确定了改革思路,经过近几年的改革与实践,形成了《形体构成及表达》、《土木工程设计制图》、《计算机绘制建筑图》三本系列教材,本教材为其中之一。

其特点是:虽然教材是三本,但从教材内容上是将三者有机地融合在一起,明确三者之间的关系。

1.《形体构成及表达》是将画法几何和投影制图中的有关内容有机地融合在一起,并将轴测投影、透视投影、阴影三者合并为一章统称为“三维形体的表达”,将它作为从三维到二维、二维到三维之间互相转换的基本表达方式。同时为适应人才培养模式的需要,拓宽知识面,增加了构形设计的基本知识和有关内容,使教材的内容具有一定的新颖性和实用性。

2.《土木工程设计制图》是与《形体构成及表达》、《计算机绘制建筑图》的配套教材,主要介绍徒手草图、仪器制图和各种专业的制图标准及绘制方法。

3.《计算机绘制建筑图》是与上两本书的配套教材,并以上两本教材为基础,主要培养计算机绘图的基本能力。它之所以单独成册,主要是为使其内容更丰富并更具有开放性,以介绍AutoCAD为主,还介绍了3DS、Photoshop等图形处理软件。除一年级学习外,高年级还可以继续学习和使用,使计算机绘图贯穿于4年的大学学习之中。所以它可以穿插在整个教学过程,也可以单独讲授,使其更灵活实用。

三本教材即将陆续出版,其构成的教材体系具有一定的开创性,反映了我校多年改革的经验和成果。全书吸收了天津大学建筑制图教研室佟国相教授、孙天杰教授、赵树绵副教授等诸位老师多年改革的经验和成果,也是教研室全体教师辛勤耕耘的果实。在教材编写中各位老专家也给予了热情的支持和无私的帮助。

本书期望能打破过去传统土建制图的教材模式,以建立一个全新的适合于21世纪人才培养模式要求的教材体系。

全书由天津大学王桂梅主编,并编写了前言、绪论、第四章、第五章;天津大学皇甫平参编了第三章、第五章、第六章的第三节和第四节、第八章;河北工业大学宋娃丽参编了第一章、第二章、第三章;天津城建学院刘继海参编了第六章第一节、第二节和第七章。

远方、王养军、刁可等帮助做了大量的描图和文字录入工作,孙天杰、佟国相等教师为本书做了很多指导性工作,在此谨向各位老师表示谢意。

本书由天津大学谢庆森、唐树忠主审,并提出了许多宝贵意见,在此谨表谢意。

鉴于编者的时间、水平和能力的限制,本书一定存在许多不足和缺点,请诸位读者批评指正。

编者　　2001年10月

出版说明

一、本课程的性质和任务

人类为自身创造的生存环境，如改造山川，建桥铺路，建造房屋，乃至当今用于征服宇宙的各种航天器到生活中的各种日用品等诸方面，无不是工程设计的结果，而各种工程设计都离不开图样，图样伴随着人类的文明而发展，可见图样的重要性是其他任何表达方式所不能替代的。因此，它被称为“工程界的语言”，是工程技术人员表达技术思想的重要工具，也是工程技术部门交流技术经验的重要资料。随着计算机技术的发展，可以实现无图纸生产，但决不会出现无图样生产。因此，本课程的主要任务是：

(1)学习投影法的基本理论及其应用；

(2)学习形体构成的基本方法及表达方式；

(3)培养空间思维能力和创造能力；

(4)在教学过程中培养学生的审美能力。

此外，还要注意培养学生的自学能力和严肃、认真、细致的工作作风。

二、本课程的学习要求

(1)形体构成与表达是研究三维空间几何要素与二维平面图形之间的关系转换，并以二维平面图形解决三维空间几何要素之间的定位、度量和求解等问题。因此，在学习时应从基本概念和基本原理出发，对每一条规律和每一种方法都要弄清其空间意义和空间关系，以便掌握它并善于应用。

(2)贯彻本教材的宗旨之一是培养空间思维能力和创造能力，因此在学习时要认真领会其构成要点，在联想与想像中发挥个人的聪明才智，多思多解，在不断积累和深化感觉形象的思维过程中，逐渐培养起空间思维能力和创造能力。

(3)贯彻教材的宗旨之二是在学习的过程中培养审美能力，提高人才素质。因此，在学习构形设计的基本知识时，要自觉地认识美学的一般规律，了解美的原理，激发美的追求，在不断提高审美能力的同时，提高学习质量和学习兴趣，培养和完善个人素质结构。

(4)本课程是一门实践性很强的课，除应课前预习、课后复习外，还必须认真完成一定量的作业，才能达到上述的要求，完成本课程的学习任务。

目　录

第一章　投影的基本概念

第一节　投影的基本概念

一、投影的概念及分类

如图1－1中，平面 P 为一投影面，S 为 P 平面以外的一点，设为投射中心，另有一空间点 A，将 S 与 A 相连得直线 SA，称为投射线，SA 与平面 P 的交点 a，称为空间点 A 在平面 P 上的投影。这种将空间形体表示在平面上的方法，称为投影法。

投影法分为两类。

(一)中心投影法

如图1－1所示，当投影中心在有限远时所有投射线相交于一点——投射中心 S，此种投影法称为中心投影法。

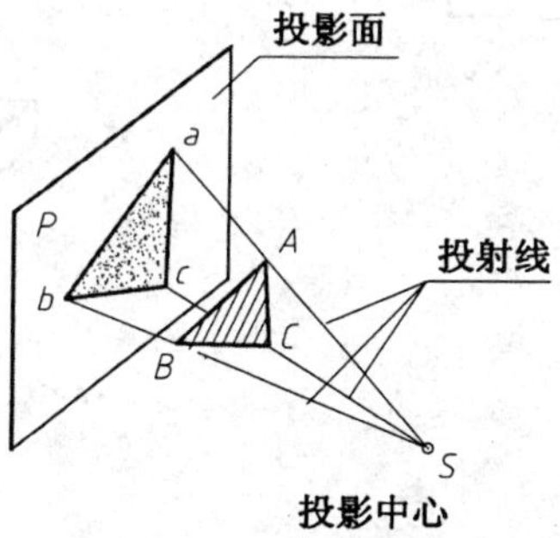

图1－1　中心投影法

(二)平行投影法

如图1－2所示，当投影中心至投影面 P 的距离无限远时，则投射线将互相平行，此种投影方法称为平行投影法。

根据投射方向与投影面的相对位置，平行投影又分为两种。

(1)正投影法：投射方向 S 垂直于 P 投影面，如图1－2(a)，该法是工程上最常用的一种方法。

(2)斜投影法：投射方向 S 倾斜于 P 投影面，如图1－2(b)。

二、工程上常用的几种图示法

用图示法表示工程结构物时，由于表达的目的及被表达的对象特性不同，往往需要采用不同的图示方法。常用的图示方法有正投影法、轴测投影法、透视投影法和标高投影法。

(一)多面正投影法

将空间形体在两个或两个以上互相垂直的投影面上做正投影，然后将这些带有形体投影图的投影面展开在一个平面上，从而得到形体投影图的方法。多面正投影图的优点是作图简便、便于度量，但直观性差(如图1－3)。

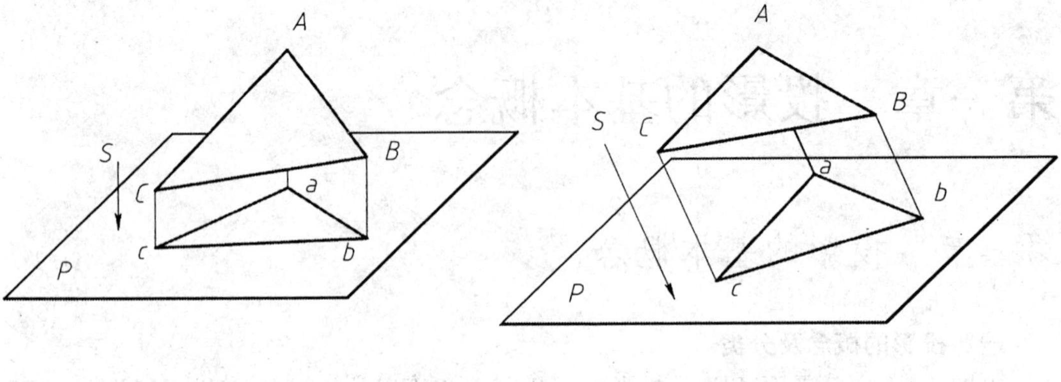

(a) (b)

图 1－2　平行投影法

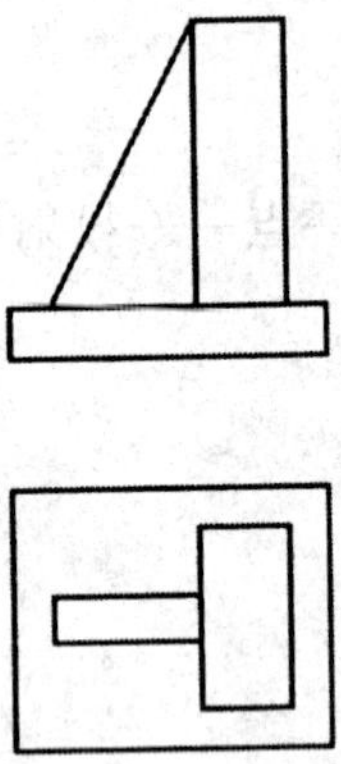

图 1－3　正投影图

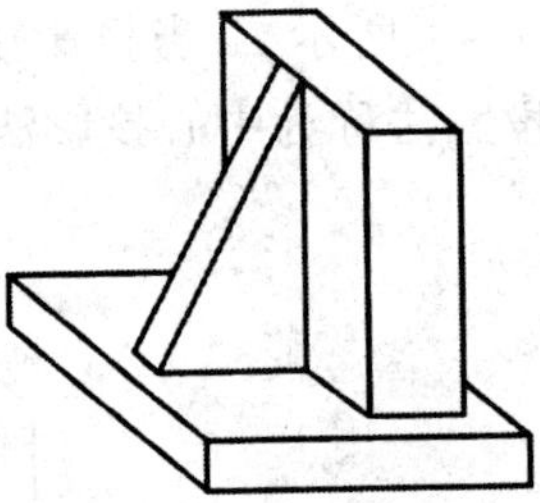

图 1－4　轴测投影图

(二)轴测投影法

轴测投影法是按平行投影法将空间物体投射到单一投影面上所得到的投影图，如图 1－4。轴测投影图直观性较好，但作图较繁琐，常用作辅助图样。

(三)透视投影法

透视投影图是采用中心投影，将形体投射到单一投影面上所得到的具有立体感的图形。透视图比较符合人们的视觉，具有直观、悦目、立体感强的特点，但作图繁琐、度量性差(如图 1－5)。该种方法常用于建筑、道桥设计中。

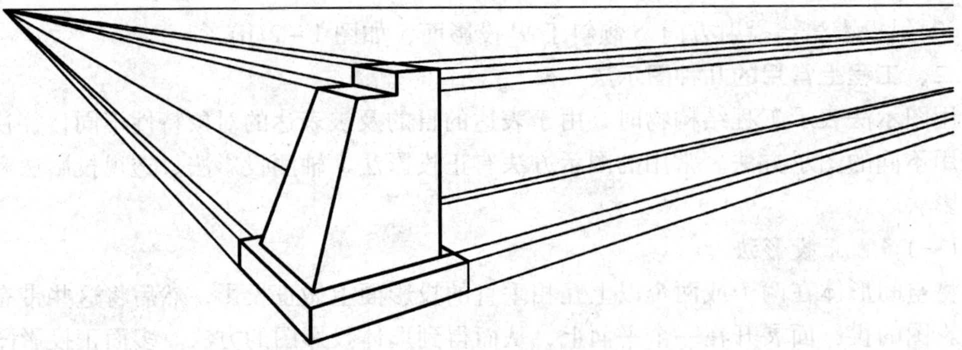

图 1－5　透视投影图

(四)标高投影

标高投影是一种带有整数数字标记的单面正投影。如图 1-6 所示，假定某一山峰被一系列的水平平面所截，截得的交线向水平面作正投影，并在其上注出截平面的高程数字，即得山峰的标高投影。标高投影常用来表示地形的起伏状况，是土木工程中常用的一种图示方法。

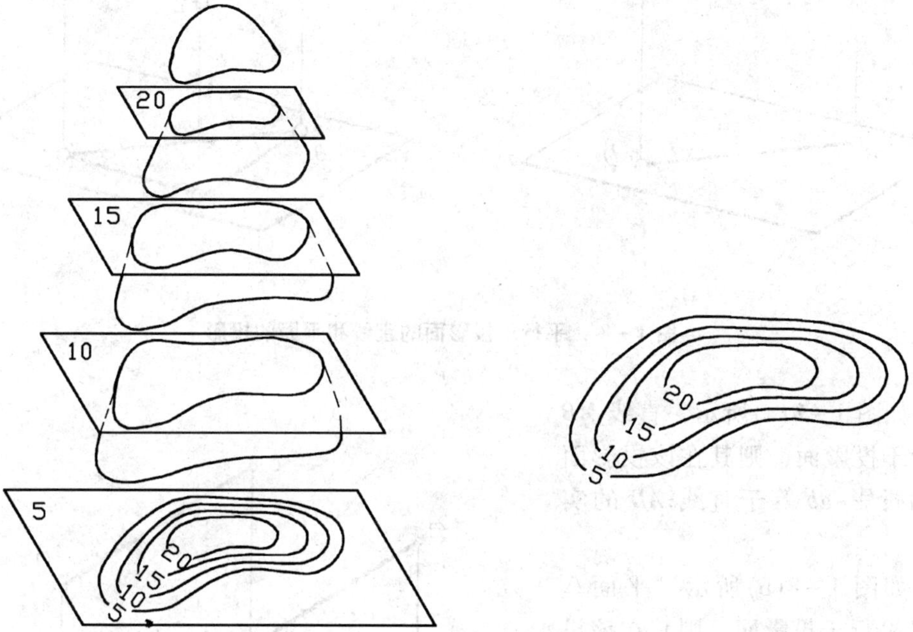

图 1-6　山峰的标高投影

第二节　平行投影的特性

(1)直线的投影一般仍为直线，特殊情况下为一点。

如图 1-7 所示，通过直线 *AB* 上各点作投射线，形成一平面 *ABba*(*S* 为投射方向)，它与投影面 *P* 的交线 *ab*，即为直线 *AB* 在 *P* 面的投影。当直线 *EF* 与投射方向平行时，直线 *EF* 在 *P* 面上的投影积聚为一点。

(2)若点在直线上,则点的投影必在直线的投影上，且点分线段长度之比投影后保持不变。

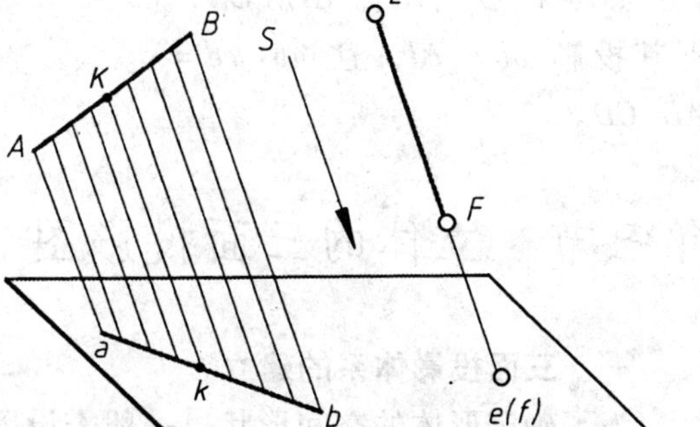

图 1-7　直线的投影

如图 1-7 所示，点 *K* 在直线 *AB* 上，投射线 *Kk* 必在 *ABba* 平面内，因此点 *K* 在 *P* 面上的投影 *k* 必在 *AB* 的投影 *ab* 上。又由于 $Aa /\!/ Kk /\!/ Bb$，故有 $AK : KB = ak:$

kb。

(3)平行于投影面的直线或平面，在其所平行的投影面上的投影反映实长或实形。

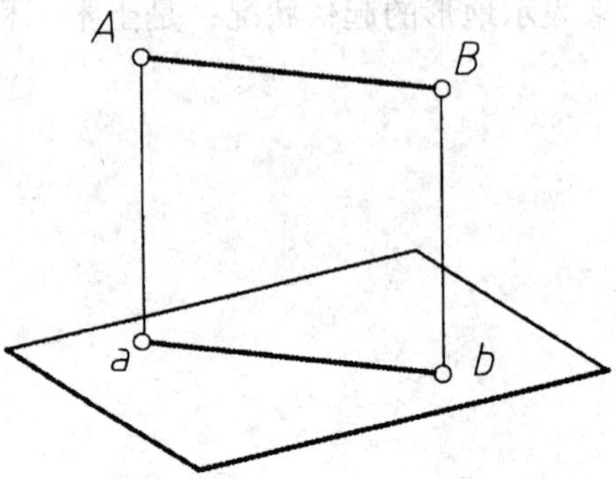

(a)

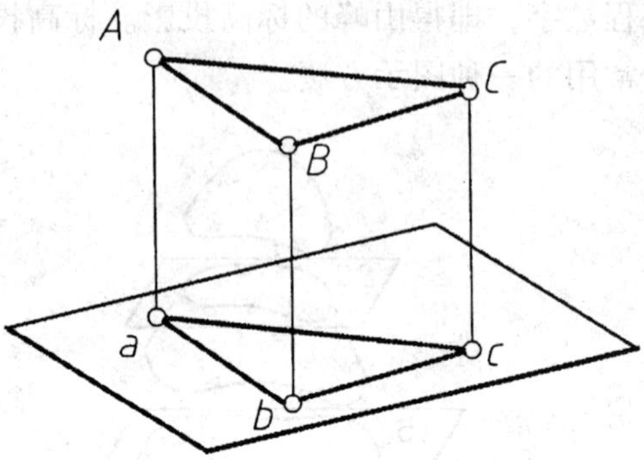

(b)

图 1-8　平行于投影面的直线和平面的投影

如图 1-8(a)所示，直线 *AB* 平行于投影面，则其在该投影面上的投影 *ab* 等于直线 *AB* 的实长。

如图 1-8(b)所示，平面△*ABC* 平行于投影面，则其在该投影面上的投影△*abc* 反映△*ABC* 的实形。

(4)两直线平行其投影仍互相平行，且其投影长度之比等于两平行线长度之比。

如图 1-9 所示，*AB*∥*CD*，则其投影 *ab*∥*cd*，且 *ab*: *cd* = *AB*: *CD*。

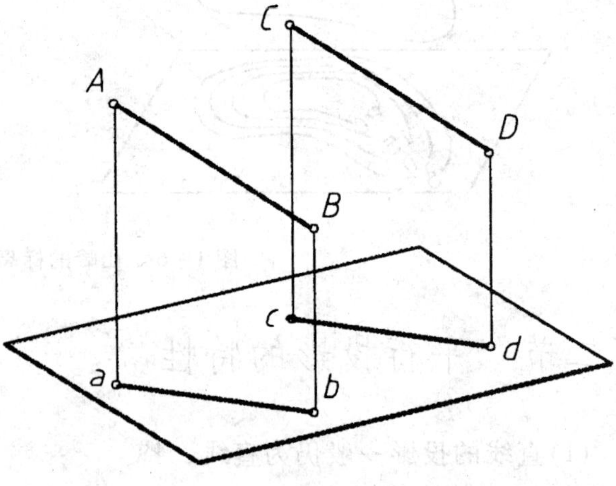

图 1-9　两平行线的投影

第三节　立体的三面投影图

一、三面投影体系的建立

为了确定形体的空间形状，一般需设置三个互相垂直的平面作为三个投影面 *H*、*V*、*W*，如图 1-10 所示。*H* 投影面称为水平投影面，用字母“*H*”表示，简称 *H* 面；*V* 投影面称为正立投影面，用字母“*V*”表示，简称 *V* 面；位于观察者右侧的投影面称为侧立投影面，用字母“*W*”表示，简称 *W* 面。三个投影面两两垂直相交所得交线分别称为 *OX*、*OY* 和 *OZ* 轴。三轴的交点称为原点，用“*O*”表示。

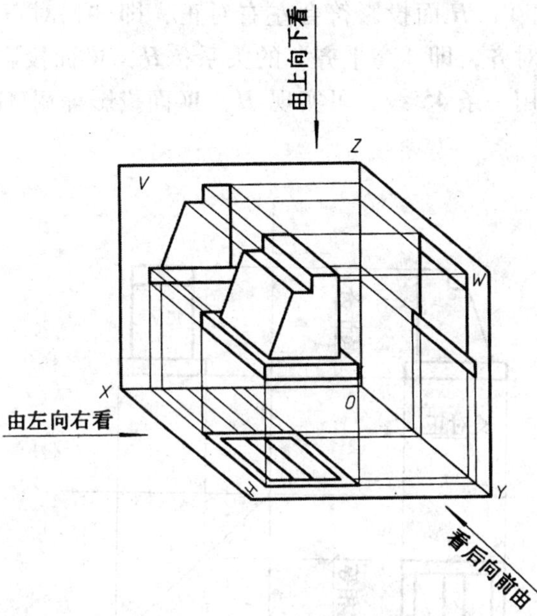

图 1－10　三面投影体系的形成

二、三面投影体系的展开

若用三组分别垂直于三个投影面(H、V、W)的投射线对位于三个投影面体系中的形体进行投影：

由上向下投影，在 H 面上所得的投影图，称为水平投影图，简称水平面投影；

由前向后投影，在 V 面上所得的投影图，称为正立面投影图，简称正立面投影；

由左向右投影，在 W 面上所得的投影图，称为侧立面投影图，简称侧立面投影。

为了实现从空间到平面的转化，还必须将三个带有形体投影图的投影面展开，使之摊平在同一平面内，为此规定：V 面不动，H 面绕 OX 轴向下旋转 90°；W 面绕 OZ 轴向右旋转 90°，使之均与 V 面重合。注意：由于 OY 轴为 H 面与 W 面的交线，所以它分别随 H 面和 W 面旋转，随 H 面旋转得 OY_H，随 W 面旋转得 OY_W，如图 1－11。

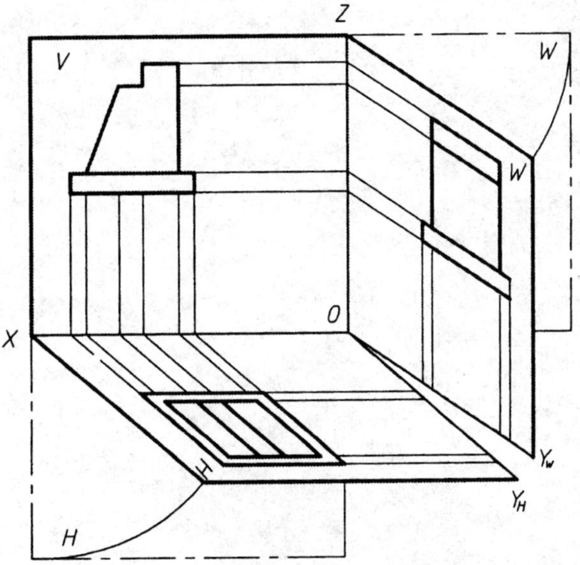

图 1－11　三面投影图的展开

三、三面投影体系中的投影关系

在三面投影体系中，X 轴方向的尺寸，称为长；Y 轴方向的尺寸，称为宽；Z 轴方向的尺寸，称为高。由于形体的 H、V 面投影均反映形体的长度，展开后所反映的形体的长度不变，因此 V、H 面投影符合左右对正，即“长对正”的关系。同理，V、W 面投影符合上下对齐，即“高平齐”的关系；H、W 面投影符合宽度相等，即“宽相等”的关系，利用一条 45°线，可实现 H、W 面投影等宽(如图 1－12)。

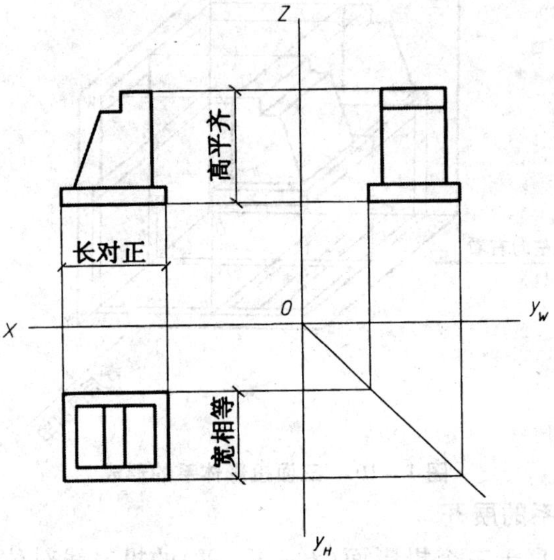

图 1－12　三面投影图间的关系

第二章　基本要素的投影

点、线、面、体是构成形体最基本的几何要素，为了正确图示各种形体，本章主要介绍点、线、面以及基本几何体的正投影规律和投影特点。

第一节　点的投影

如图 2－1(a)，过空间 A 点向 P 投影面作投影，投射线与 P 面的交点 a，即为空间 A 点在平面 P 上的投影；反之由投影 a 不能惟一确定空间 A 点的位置(A_1、A_2)等，如图 2－1(b)所示。

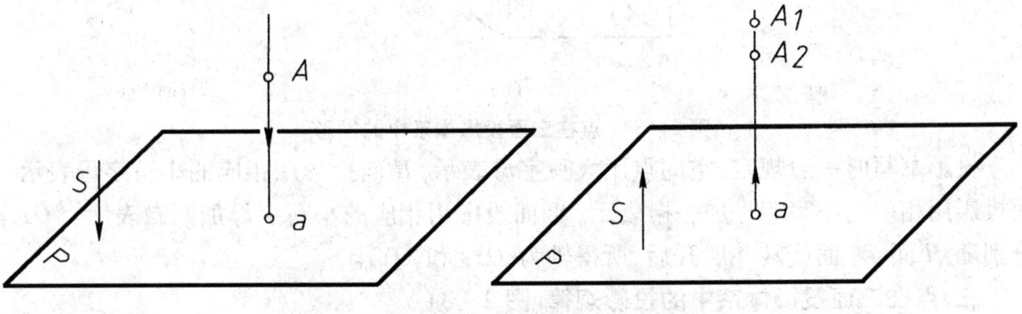

(a)　(b)

图 2－1　单面投影无法确定点的空间位置

一、点在两面投影体系中的投影

由于一个投影面无法确定空间点的惟一位置，所以须建立两面投影体系。图 2－2(a)所示，V 面和 H 面为两个相互垂直的投影面，它们的交线为 OX 轴，由空间 A 点分别向 H、V 面作投影得 a 和 a'，即为 A 点的两面投影。平面 $Aa'a$ 与 OX 轴的交点为 a_x。将 V 面不动，H 面绕 OX 轴旋转 90°与 V 面重合，如图 2－2(b)，并去掉平面的边框，即

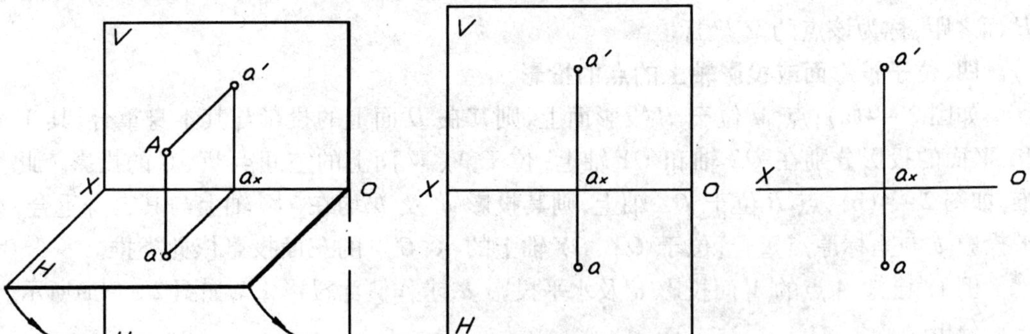

(a)　(b)　(c)

图 2－2　点在两面投影体系中的投影

得 A 点的两面投影图,如图 2-2(c)所示。

二、点在三面投影体系中的投影

为了表达形体更清楚,有时需建立三面投影体系。图 2-3 为空间点 A 在三面投影体系中的投影。a、a' 的求法同前,过 A 点向 W 面作投射线,得其与 W 面的交点 a'',即为 A 点在 W 面的投影,如图 2-3(b)所示。将 W 面绕 OZ 轴向后旋转 90°,并去掉平面的边框,得图 2-3(c)。

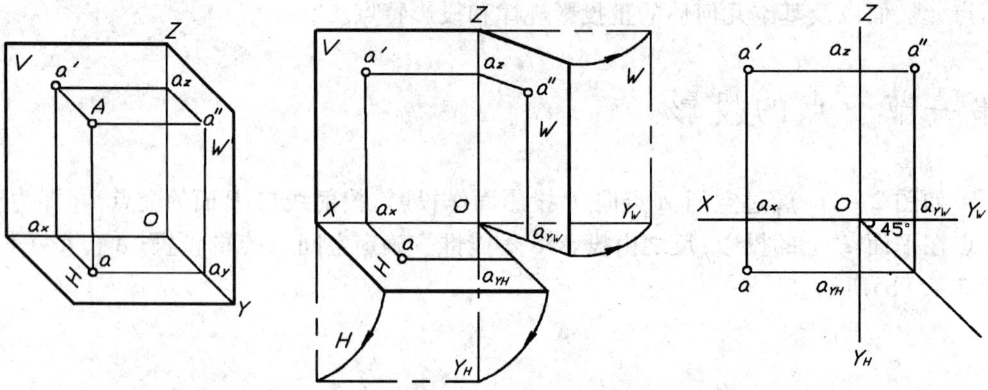

(a) (b) (c)

图 2-3 点在三面投影体系中的投影

投影书写时一般规定:空间点用大写字母表示,H 面投影用相应的小写字母表示,V 面投影用相应的小写字母加一撇表示,W 面投影用相应的小写字母加两撇表示。OY 轴分别随 H 面、W 面旋转并展开后,所得轴为 OY_H 和 OY_W。

三、点在三面投影体系中的投影规律(图 2-3)

(1) 点的水平投影与正面投影的连线垂直于 OX 轴;正面投影与侧面投影的连线垂直于 OZ 轴;

(2) 点的水平投影至 OY_H 轴的距离等于其正面投影至 OZ 轴的距离,且均反映该点至 W 面之距,称为该点的 X 坐标;

(3) 点的水平投影至 OX 轴的距离等于侧面投影至 OZ 轴的距离,且均反映该点至 V 面之距,称为该点的 Y 坐标;

(4) 点的正面投影至 OX 轴的距离等于侧面投影至 OY_W 轴的距离,且均反映该点至 H 面之距,称为该点的 Z 坐标。

四、位于投影面或投影轴上的点的投影

如图 2-4(a),点 M 位于 H 投影面上,则其在 H 面上的投影与其本身重合,其 V 面和 W 面的投影分别在 OX 轴和 OY 轴上;位于 V、W 面上的空间点 F、G 的投影依此类推。如图 2-4(b),点 B 位于 OZ 轴上,则其投影 b'' 及 b' 均在 OZ 轴上与其自身重合,水平投影 b 与坐标原点重合,位于 OX、OY 轴上的 A、C 点的三面投影依此类推。

例 1. 已知 A 点的 V 面投影 a' 及水平投影 a,求作侧面投影 a'',如图 2-5(a)所示。

分析:

因为点的两面投影已经确定了点的空间位置,所以第三面投影可以根据已知的两面投影求得,此过程也称为点投影的二求三。

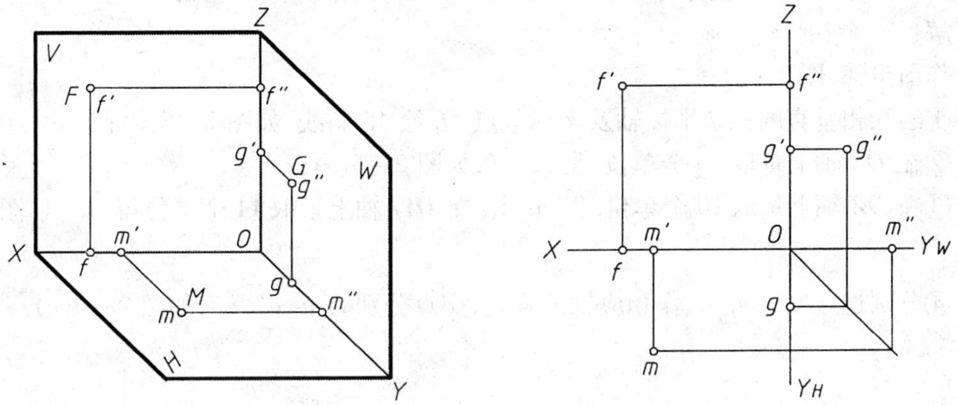

(a)

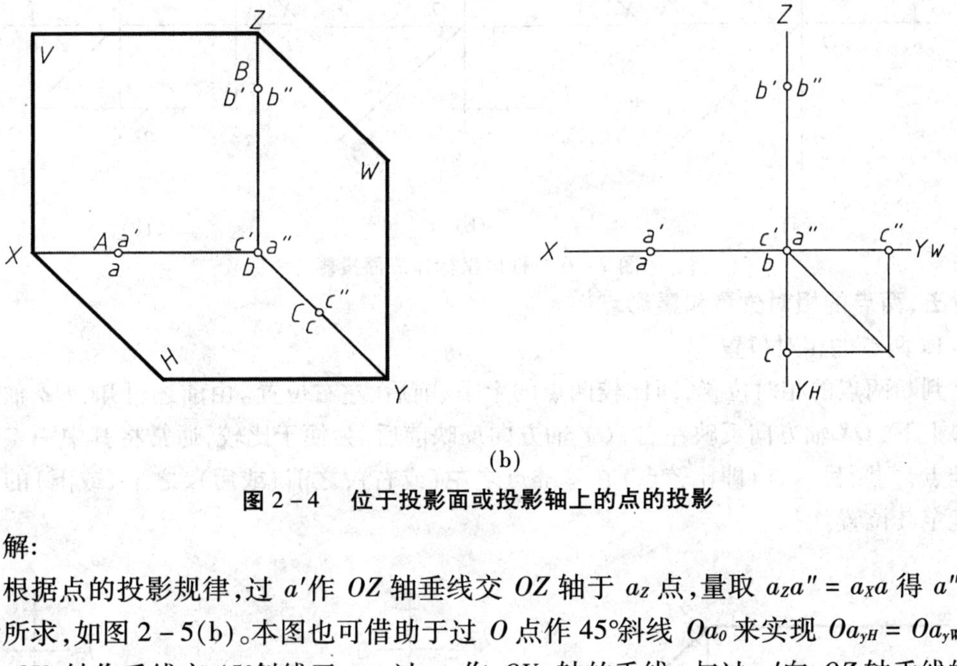

(b)

图 2-4　位于投影面或投影轴上的点的投影

解:

根据点的投影规律,过 a'作 OZ 轴垂线交 OZ 轴于 a_Z 点,量取 $a_Za'' = a_Xa$ 得 a''点,即为所求,如图 2-5(b)。本图也可借助于过 O 点作 45°斜线 Oa_0 来实现 $Oa_{yH} = Oa_{yW}$,过 a 向 OY_H 轴作垂线交 45°斜线于 a_0, 过 a_0 作 OY_W 轴的垂线, 与过 a'向 OZ 轴垂线的交点即为 a''点,如图 2-5(c)。

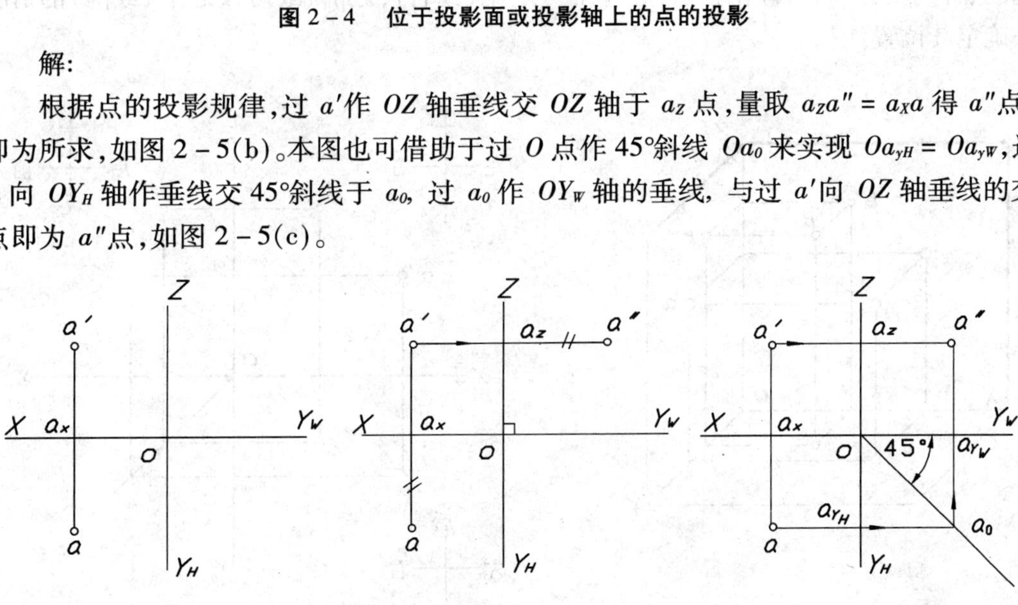

(a)　　(b)　　(c)

图 2-5　求 A 点的第三面投影

例 2. 已知 A 点的坐标为 $x=15$、$y=11$、$z=10$,试作 A 点的三面投影。

解:

作图步骤(图 2－6):

①绘互相垂直的三条坐标轴及坐标原点 O,绘 45°斜线,如图 2－6(a);

②在 OX 轴上量取 15 个单位,得 a_X 点,如图 2－6(a);

③在 OZ 轴上量取 10 个单位,得 a_Z 点,在 OY_H 轴上量取 11 个单位得 a_{y_H},如图 2－6(b);

④分别过 a_x、a_z、a_{y_H} 点作相应轴的垂线,交点分别为 a、a'、a'',如图 2－6(c)。

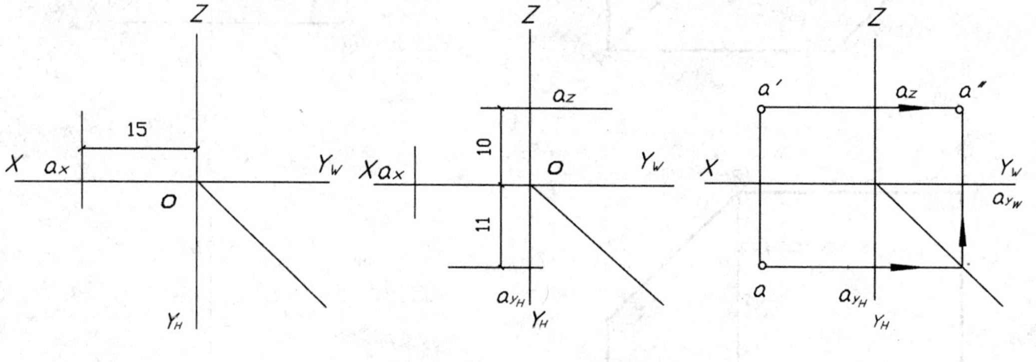

图 2－6 根据坐标作三面投影

五、两点的相对位置和重影点

1. 两点的相对位置

判断两点的相对位置,即比较两点的上下、前后、左右位置。由前述可知,OZ 轴方向反映上下、OX 轴方向反映左右,OY 轴方向反映前后。为便于比较,通常将其中一点作为基准点,判断另一点(即比较点)在基准点之左(或右)、之前(或后)、之上(或下)的情况来确定其位置。

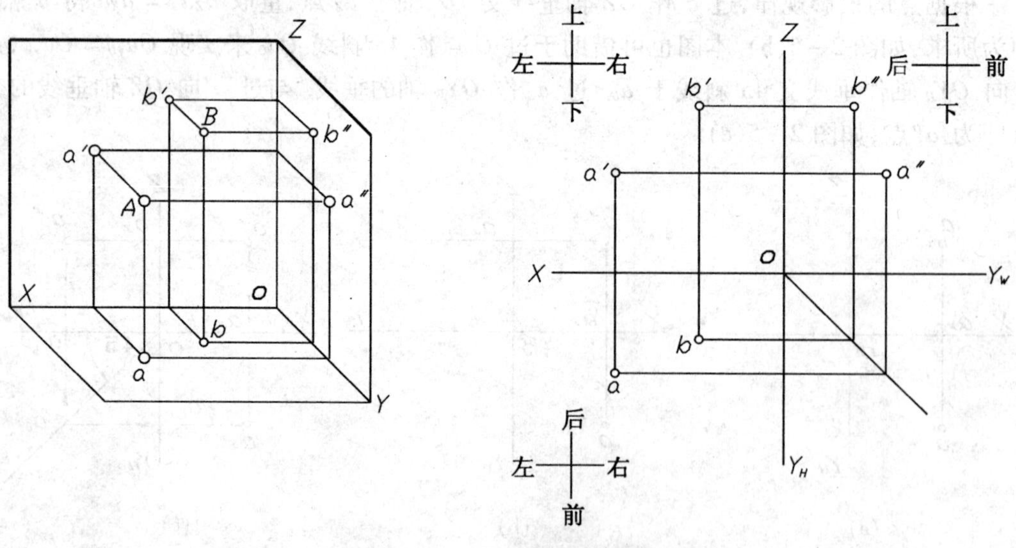

图 2－7 两点的相对位置

如图 2－7,若将已知点 A 作为基准点,其坐标为 X_a、Y_a、Z_a,将 B 点作为比较点,其坐标为 X_b、Y_b、Z_b,若 $X_b < X_a$, $Y_b < Y_a$, $Z_b > Z_a$,则 B 在 A 的右、后、上方。

2. 重影点

当空间两点位于某一投影面的同一条投射线上时，它们在该投影面上的投影重合，这两个点称为该投影面的重影点,重合在一起的投影称为重影。如图 2－8(a),A 点在 B 点的正上方,A、B 两点在 H 面上投影重合,A、B 两点称为 H 面的重影点,a、b 则是它们的重影。

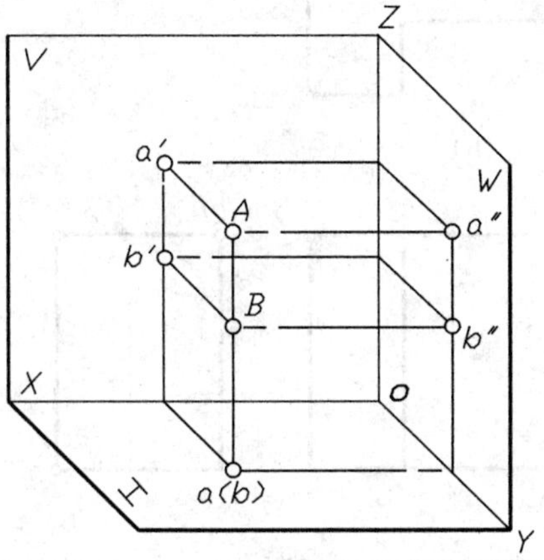

(a)

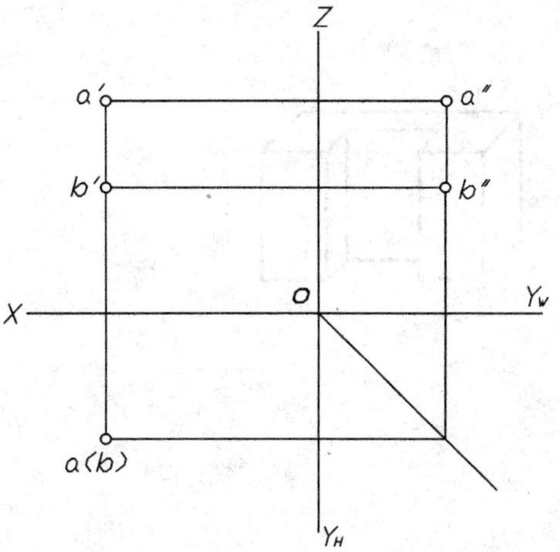

(b)

图 2－8　重影点及可见性的判断

在投影图中,需标明重影的可见性,即标明沿投射方向“看”去,哪个点的投影是可见的,哪个点的投影因被遮挡而不可见。如图 2－8 中,因为 A 点在 B 点的正上方,所以从上向下“看”,A 点可见,B 被 A 遮挡为不可见,因此 A、B 的重影 a 为可见,b 为不可见。凡不可见的投影写在可见投影之后,并加上括号以表示其不可见性(图 2－8)。

例 3. 已知一形体的立体图及投影图,如图 2－9(a)、图 2－9(b),在投影图上标记重影点的投影。

解:

A、B 两点在同一垂直于 H 面的侧棱上,它们的 H 面投影重合在一起,A 在上为可见,B 在下被 A 遮挡为不可见,它们的重合投影标记为 $a(b)$。C、D 两点在同一垂直于 V 面的侧棱上，它们的 V 面投影重合在一起，C 在前为可见，D 在后被 C 遮挡为不可见,它们的重合投影标记为 $c'(d')$。D、E 两点在同一垂直于 W 面的侧棱上,它们的 W 面投影重合在一起,E 在左为可见,D 在右被 E 遮挡为不可见,它们的重合投影标记为 $e''(d'')$。

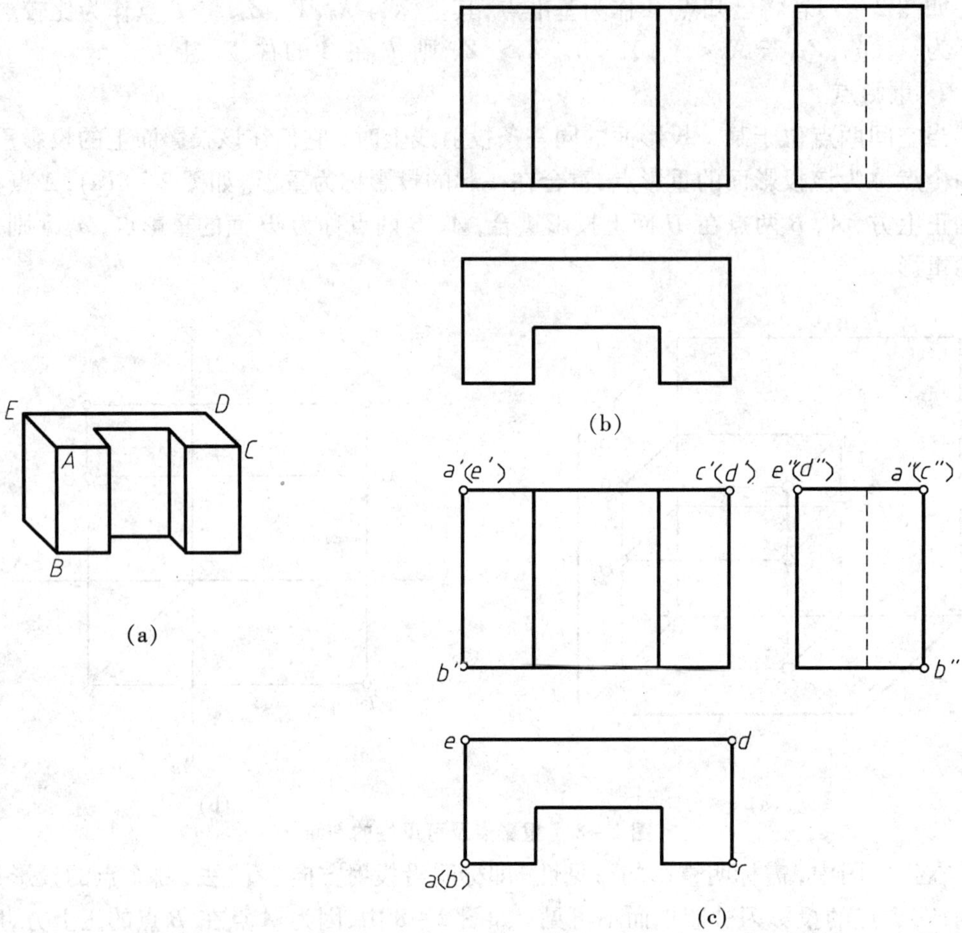

图 2-9　立体的重影点

第二节　直线的投影

两点可以确定一条直线，因此只要绘出直线上任意两点的投影，连接其同面投影，即为直线的投影。

直线与其在各投影面上的投影的夹角，称为直线与投影面的夹角。直线与 H 面、V 面、W 面的夹角分别用 α、β、γ 表示(图 2-10)。

一、各种位置直线的投影特征

根据直线与投影面的相对位置不同，直线可分为投影面的垂直线、投影面的平行线和一般位置直线；前两者统称为特殊位置直线。

(一)投影面的垂直线(表 2-1)

垂直于一个投影面的直线称为投影面的垂直线。投影面的垂直线分为三种：

(1)铅垂线：直线 $\perp$ H 面；

(2)正垂线：直线 $\perp$ V 面；

(3)侧垂线：直线 $\perp$ W 面。

各投影面垂直线的投影特性见表 2－1。

表 2－1　投影面的垂直线的投影特性

名称		正垂线($\perp V$)	铅垂线($\perp H$)	侧垂线($\perp W$)
实例		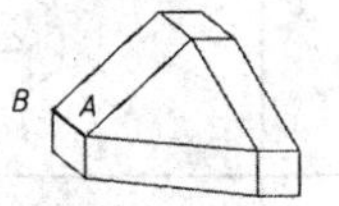	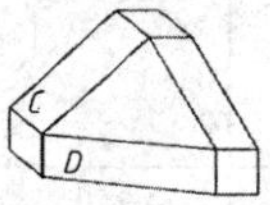	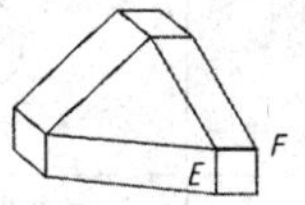
立体图		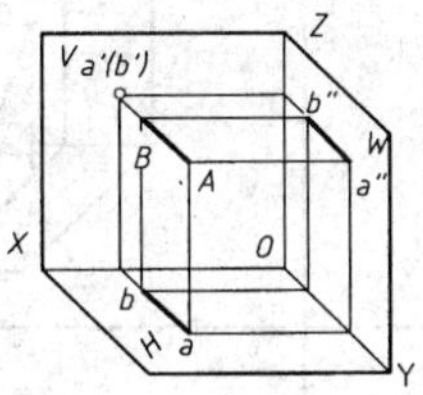	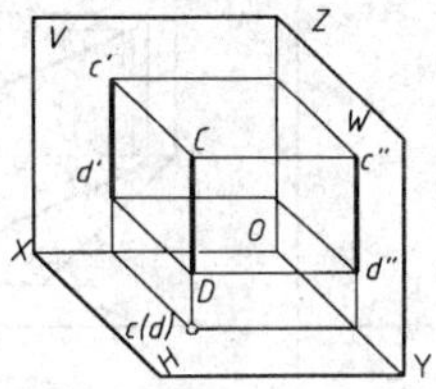	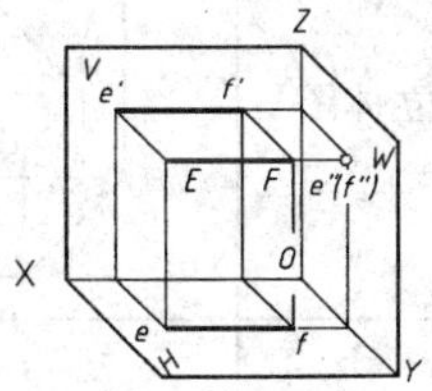
投影图		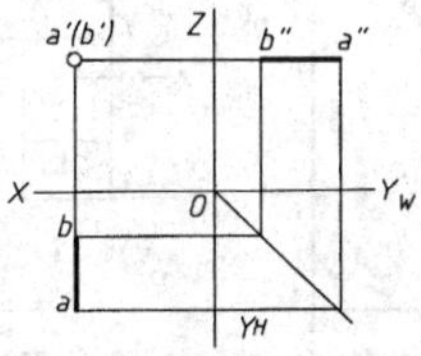	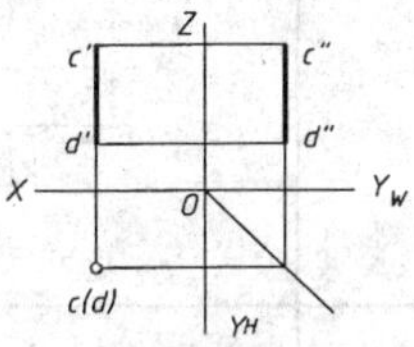	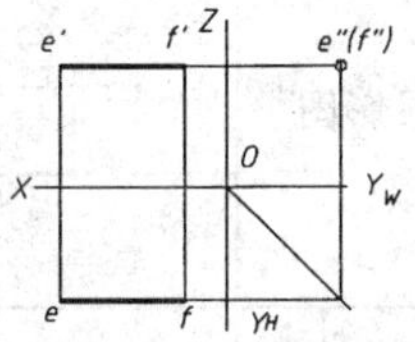
投影特征	H	$ab /\!/ OY_H$　$ab = AB$	积聚成点	$ef /\!/ OX$　$ef = EF$
	V	积聚成点	$c'd' /\!/ OZ$　$c'd' = CD$	$e'f' /\!/ OX$　$e'f' = EF$
	W	$a''b'' /\!/ OY_W$　$a''b'' = AB$	$c''d'' /\!/ OZ$　$c''d'' = CD$	积聚成点

(二)投影面的平行线(表 2－2)

平行于一个投影面并与其他两个投影面倾斜的直线称为投影面的平行线。

投影面的平行线分为三种：

(1)水平线：直线$/\!/$ H 面；

(2)正平线：直线$/\!/$ V 面；

(3)侧平线：直线$/\!/$ W 面。

各种投影面平行线的投影特性见表 2－2。

(三)一般位置直线

1. 一般位置直线的投影

对三个投影面均倾斜的直线称为一般位置直线(图 2－10)。一般位置直线在三个投影面上的投影均倾斜于投影轴，且小于实长。

2. 一般位置直线的实长和倾角

如图 2－10 所示，直线 AB 的实长和对 H 面的倾角 α，可由直角三角形 ABB_1 求出。在该直角三角形中，一条直角边 AB_1 等于 ab，另一直角边 BB_1 为 A、B 两点的 z 坐标差ΔZ，斜边为实长，z 坐标差$\Delta Z(BB_1)$所对的角为直线 AB 对 H 面的倾角 α。同理可求得直线对 V 面和 W 面的倾角 β、γ。

表 2-2　投影面平行线的投影特性

名称		正平线(// V)	水平线(// H)	侧平线(// W)
实例		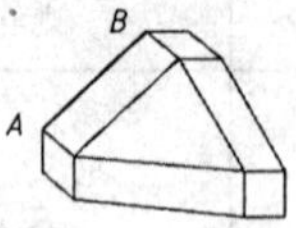	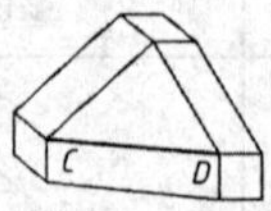	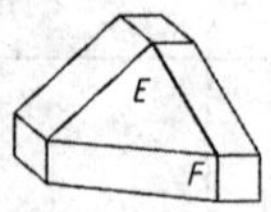
立体图		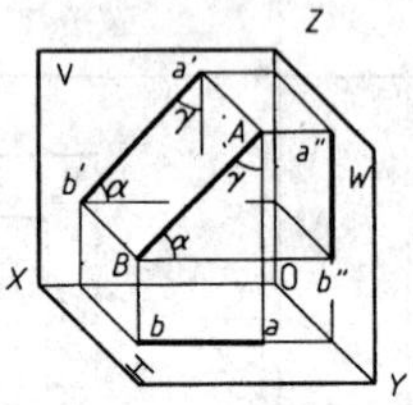	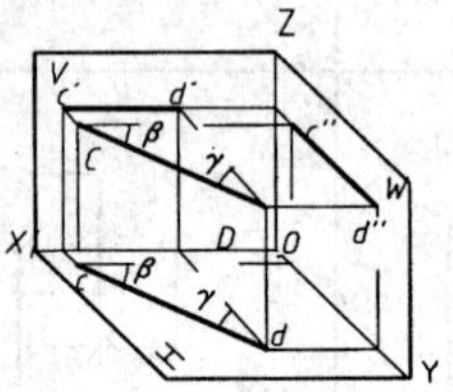	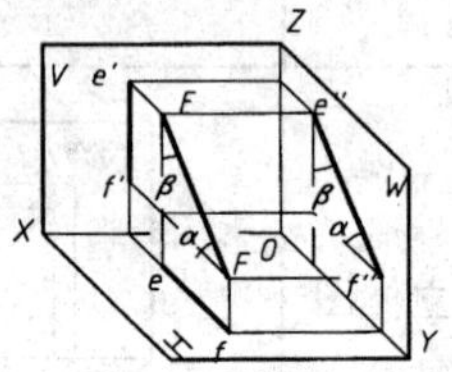
投影图		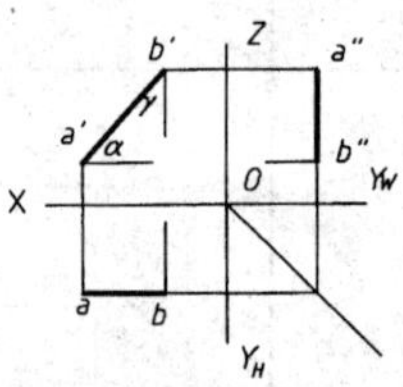	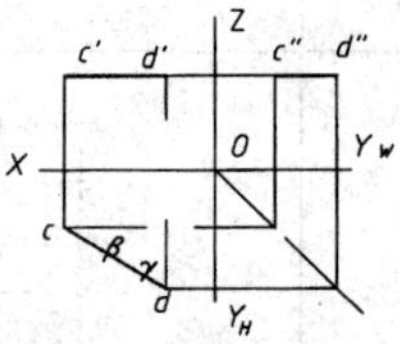	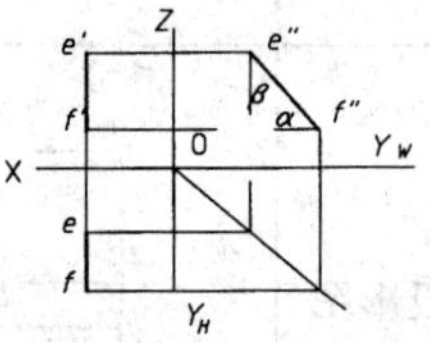
投影特征	H	$ab // OX \quad ab < AB$	实长 $cd = CD$,反映 β、γ 角	$ef // OY_H,\ ef < EF$
	V	实长 $a'b' = AB$,反映 α、γ 角	$c'd' // OX \quad c'd' < CD$	$e'f' // OZ \quad e'f' < EF$
	W	$a''b'' // OZ \quad a''b'' < AB$	$c''d'' // OYw,\ C''D'' < AB$	实长 $e''f'' = EF$　反映 β、α 角

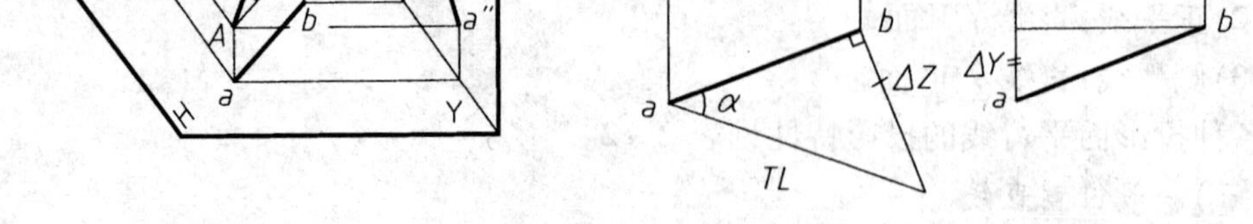

(a)　　　　　　(b)　　　　　　(c)

图 2-10　一般位置直线的投影及实长

例 4. 试指出三棱锥各棱线相对于投影面的位置(图 2-11)。

解:

SA、SC 线的三面投影均与轴倾斜, 故 SA、SC 两直线均为一般位置直线;

SB 线的水平投影及正面投影均与轴平行, 侧面投影与轴倾斜, 故 SB 线为侧平线;

AB、BC 线的正面投影和侧面投影均与轴平行,水平投影与轴倾斜,故 AB、BC 线均为水平线;

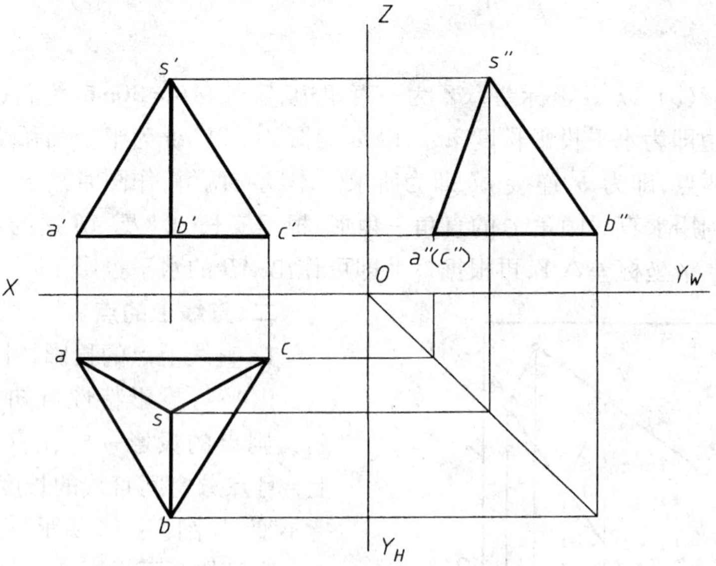

图 2-11　三棱锥的投影图

AC 线的水平投影及正面投影均与轴垂直，侧面投影积聚为一点，故 *AC* 线为侧垂线。

例 5. 已知直线 *AB* 的实长为 30mm，并知 *a* 和 *a′b′*，求 *ab*，如图 2-12(a)。

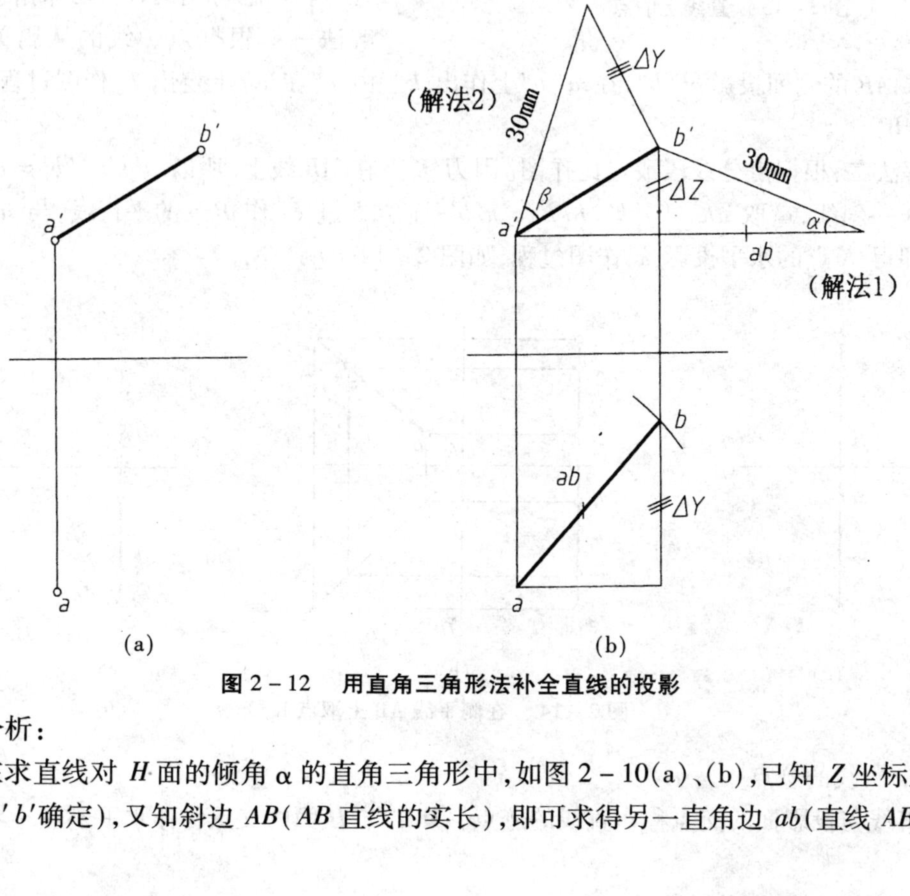

图 2-12　用直角三角形法补全直线的投影

分析：

在求直线对 *H* 面的倾角 α 的直角三角形中，如图 2-10(a)、(b)，已知 *Z* 坐标差（可根据 *a′b′* 确定），又知斜边 *AB*（*AB* 直线的实长），即可求得另一直角边 *ab*（直线 *AB* 的水平投影)。

解:

如图 2－12(b),以 Z 坐标差△Z 为一直角边,实长 AB＝30mm 为斜边,作直角三角形,另一直角边即为水平投影长度 ab。以 a 为圆心,以 ab 为半径画弧交过 b' 所作的 OX 轴垂线于两点,即为 b,连接 ab 即为所求。本题有两解,作图时绘出一解即可。

本题也可利用求直线倾角 β 的直角三角形,根据实长 AB 及 AB 线的正面投影长 $a'b'$,求得 AB 的 Y 坐标差△Y,再根据△Y 即可作出 AB 的水平投影 ab。

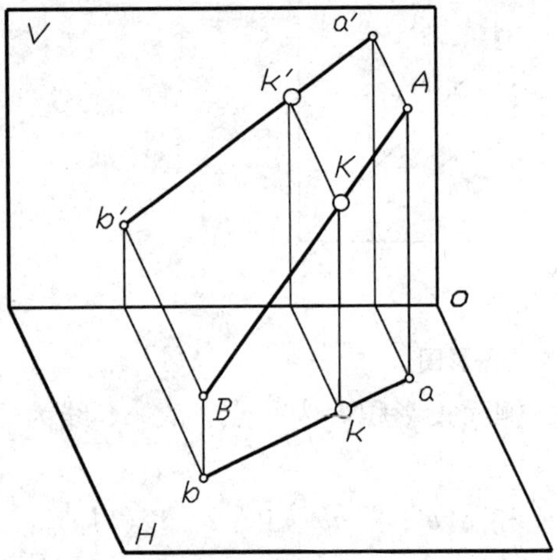

图 2－13 直线上的点

二、直线上的点

1. 直线上点的投影特性

由平行投影特性可知:若点在直线上,则点的投影一定在直线的同面投影上,且点分空间直线的长度比例投影后保持不变。如图 2－13 所示,点 K 在直线 AB 上,则 K 的两面投影 k、k' 必分别落在 AB 的投影 ab 和 $a'b'$ 上,且 $AK:KB = ak:kb = a'k':k'b'$。

例 6. 已知侧平线 AB 上一点 K 的正面投影 k',求作 K 点的水平投影 k,如图 2－14(a)。本题可用两种方法来解。

解法一:根据点、线的从属关系作图。求 AB 的侧面投影 $a''b''$,在 $a''b''$ 上作出 k'',由 k'' 在 ab 上定出 k,作图过程,如图 2－14(b)。

解法二:根据点分线段成定比作图。因为 K 点在 AB 线上,所以 $a'k':k'b' = ak:kb$,过 a 作一斜线,量取 $aK_0 = a'k'$,$K_0B_0 = k'b'$,连 B_0b 过 K_0 作 B_0b 的平行线,与 ab 交点 k,则即得 K 点的水平投影 k,作图过程,如图 2－14(c)。

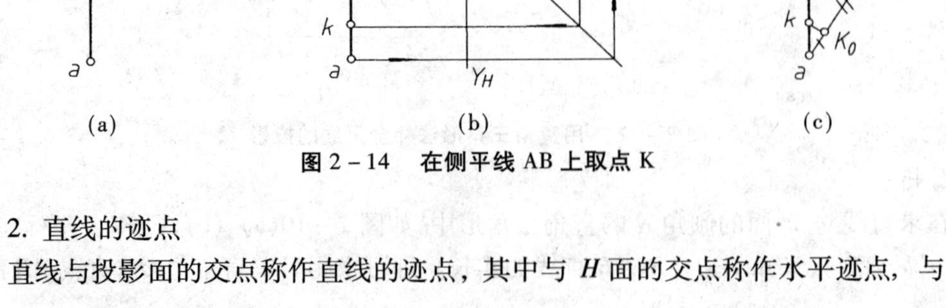

图 2－14 在侧平线 AB 上取点 K

2. 直线的迹点

直线与投影面的交点称作直线的迹点,其中与 H 面的交点称作水平迹点,与 V 面的交点称作正面迹点，与 W 面的交点称作侧面迹点。

如图 2－15 所示，延长 AB 直线，与 H 面交于 M 点（水平迹点），与 V 面交于 N 点（正面迹点）。下面以水平迹点为例，说明迹点的求法。

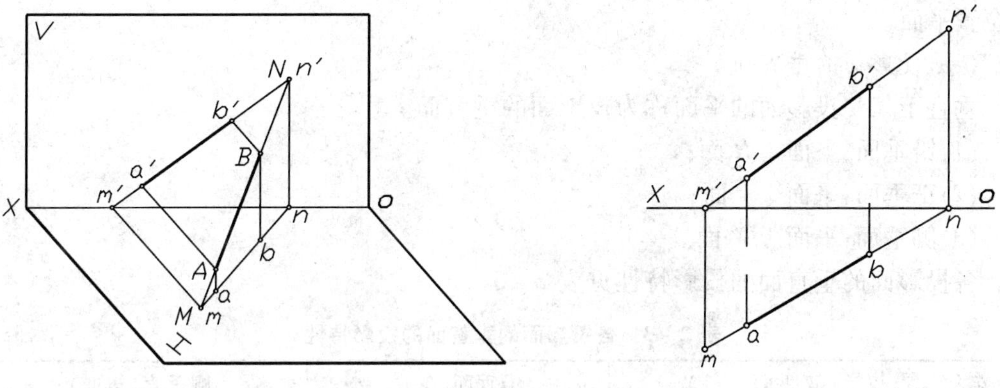

(a)　　(b)

图 2－15　直线的迹点及其求法

因为 M 在 H 面上，所以点 M 的正面投影 m' 必在 OX 轴上，又因 M 点也在 AB 线上，所以 m' 必在 AB 的正面投影 $a'b'$ 上，延长 $a'b'$ 交 OX 轴于一点 m'；过 m' 作 OX 轴的垂线，与 ab 的交点即为水平迹点 m。

正面迹点 N 的求法依此类推。

第三节　平面的投影

一、平面的表示法

平面的空间位置可由下列各组几何元素确定：

(1)不在同一直线上的三点，如图 2－16(a)；

(2)一直线和线外一点，如图 2－16(b)；

(3)相交两直线，如图 2－16(c)；

(4)平行两直线，如图 2－16(d)；

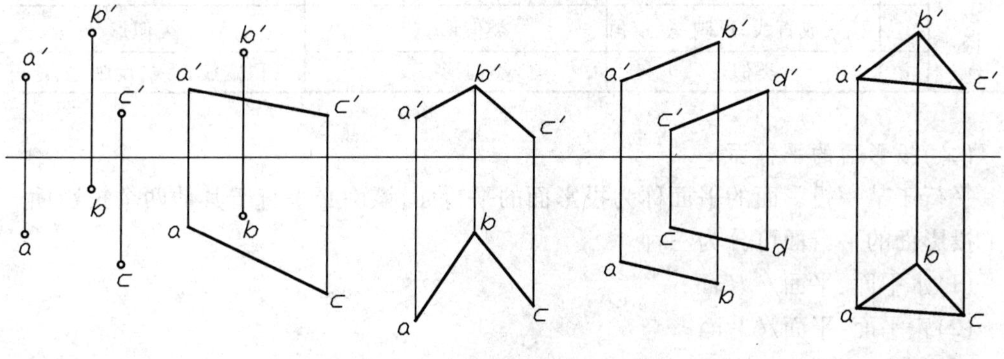

(a)　(b)　(c)　(d)　(e)

图 2－16　平面的表示法

(5)平面几何图形,如三角形等,如图 2-16(e)。

以上几种表示方法,虽表达形式不同,但可以互相转化。

二、各种位置平面的投影特性

根据平面与投影面的相对位置,平面可分为投影面的垂直面、投影面的平行面和一般位置平面。

(一)投影面的垂直面

垂直于某一投影面的平面称为投影面的垂直面。

(1)铅垂面:平面 ⊥ H 面;

(2)正垂面:平面 ⊥ V 面;

(3)侧垂面:平面 ⊥ W 面。

各投影面的垂直面的投影特性见表 2-3。

表 2-3 各投影面的垂直面的投影特性

名称		正垂面(⊥ V)	铅垂面(⊥ H)	侧垂直(⊥ W)
实例		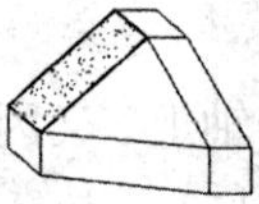	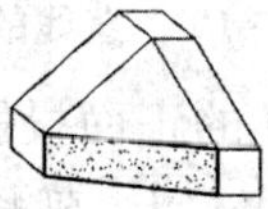	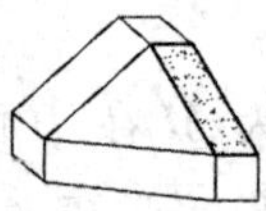
立体图		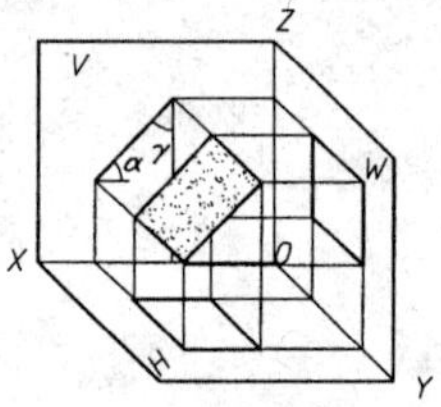	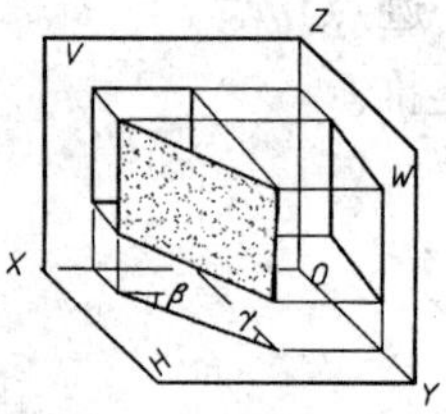	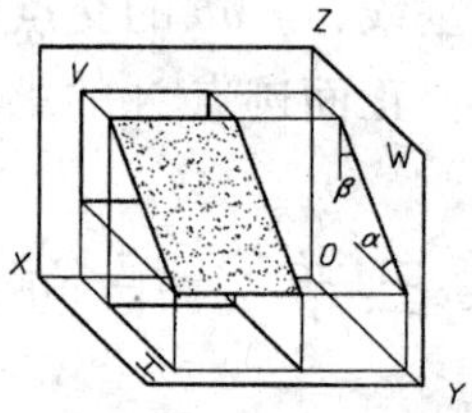
投影图		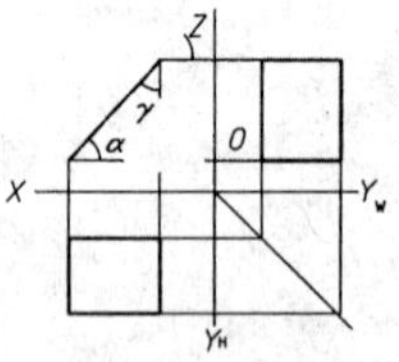	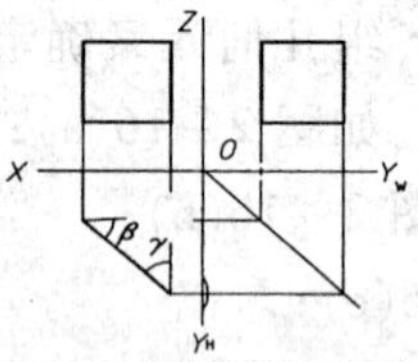	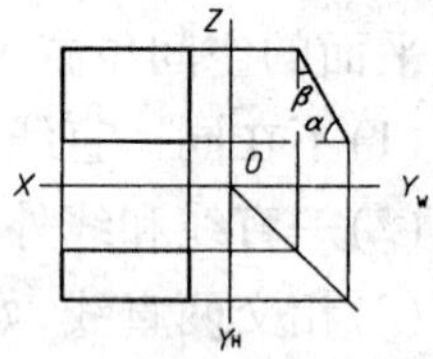
投影特征	H	类似形	积聚成直线,反映 β、γ 角	类似形
	V	积聚成直线,反映 α、γ 角	类似形	类似形
	W	类似形	类似形	积聚成直线,反映 β、α 角

(二)投影面的平行面

平行于某一投影面的平面称为投影面的平行面,该面必垂直于其他两个投影面。

投影面的平行面可分为三种。

(1)水平面:平面 // H 面;

(2)正平面:平面 // V 面;

(3)侧平面:平面 // W 面。

各种投影面平行平面的投影特性见表 2 - 4。

表 2 - 4　投影面平行面的投影特性

名称		正平面(// V, ⊥ H, ⊥ W)	水平面(// H, ⊥ V, ⊥ W)	侧平面(// W, ⊥ H, ⊥ V)
实例		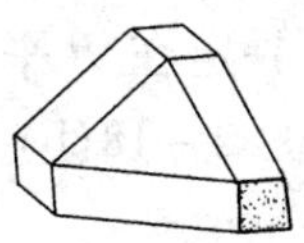	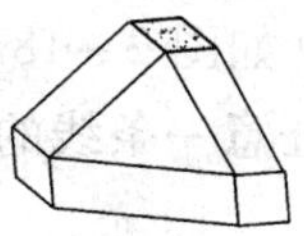	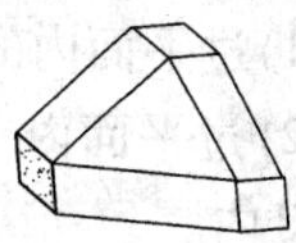
立体图		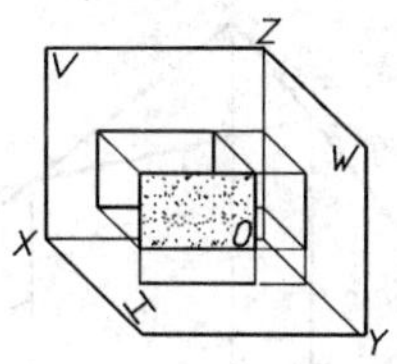	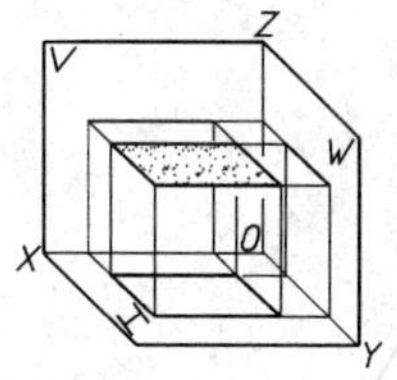	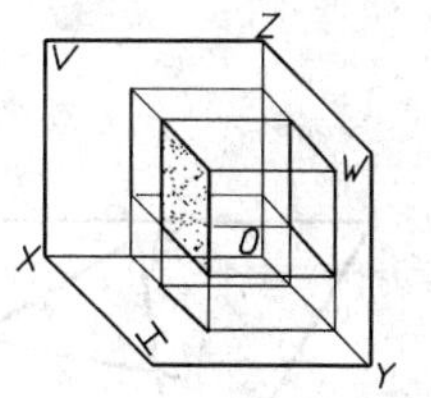
投影图		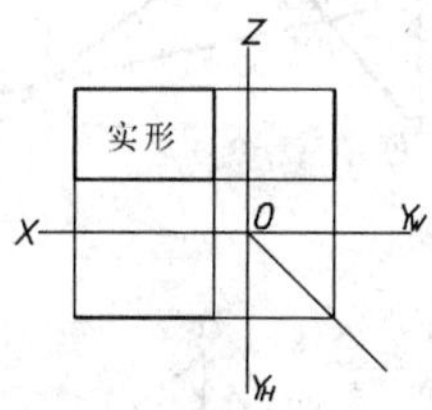	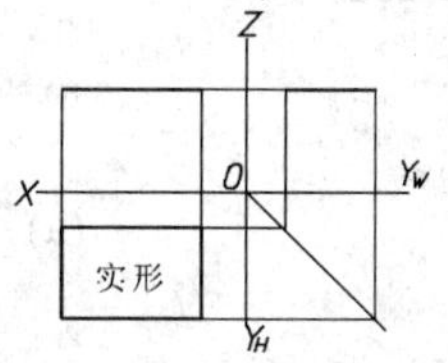	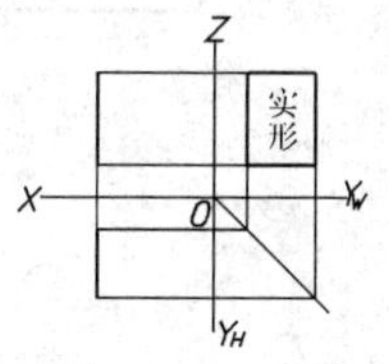
投影特征	H	积聚成线，// OX、⊥ OY_H	反映实形	积聚成线，// OY_H、⊥ OX
	V	反映实形	积聚 // OX、⊥ OZ	积聚 // OZ、⊥ OX
	W	积聚成线，// OZ、⊥ OY_W	积聚成线 // OY_W、⊥ OZ	反映实形

(三)一般位置平面

对三个投影面都倾斜的平面称为一般位置平面(图 2 - 17)。一般位置平面在三个投影面上的投影均成类似形（所谓类似形是指平面的投影与平面实形的边数和角数相同)。

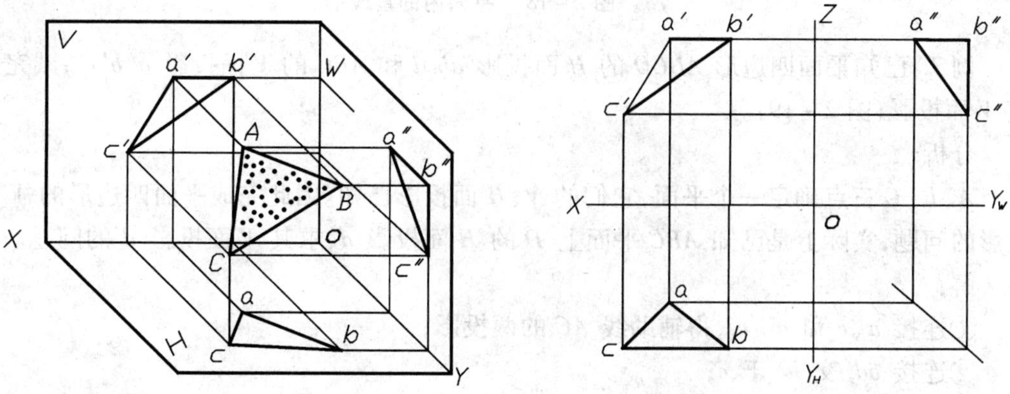

(a)　　　　(b)

图 2 - 17　一般位置平面的投影图

三、平面内的点、直线

1. 平面内的点和线

在平面内取点的方法是:取点应先过点取直线,然后再在直线上定点。

在平面内取线的方法是:

(1)过平面内的两点作直线。如图 2-18(a)所示,MN 一定在 P 平面内。

(2)过平面内一点作平面内任意一条线的平行线。如图 2-18(b)所示,MF 一定在平面 P 内。

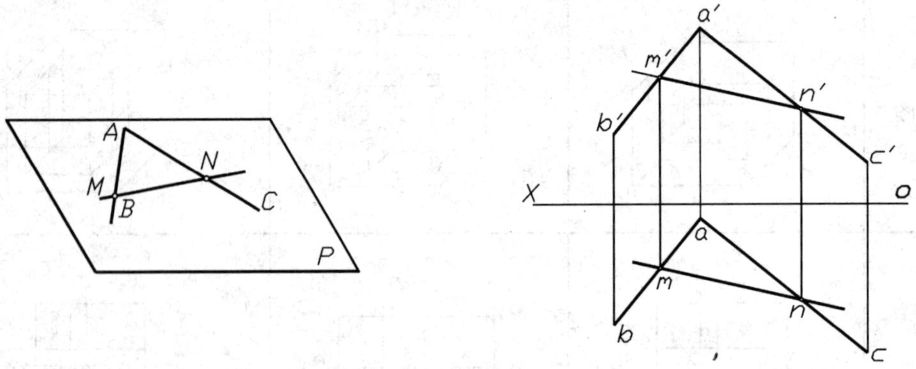

(a)

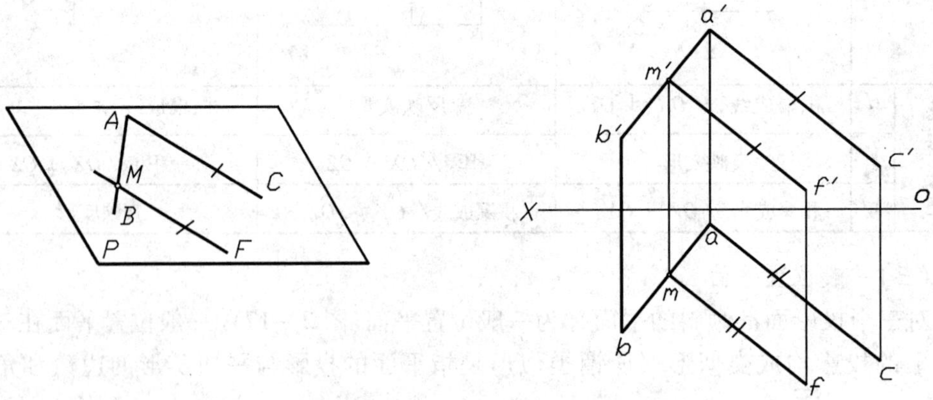

(b)

图 2-18　平面内的直线

例 7. 已知平面四边形 $ABCD$ 的 H 面投影 $abcd$ 和 ABC 的 V 面投影 $a'b'c'$,试完成其 V 面投影(图 2-19)。

分析:

A、B、C 三点确定一个平面,它们的 V、H 面投影已知。因此完成平面四边形的 V 面投影的问题,实际上是已知 ABC 平面上 D 的 H 面投影 d,求其 V 面投影 d'的问题。

解:

①连接 a、c 和 a'、c',得辅助线 AC 的两投影;

②连接 bd,交 ac 于 e;

③由 e 在 $a'c'$上求 e';

④连接 b'、e',在 $b'e'$的延长线上求出 d';

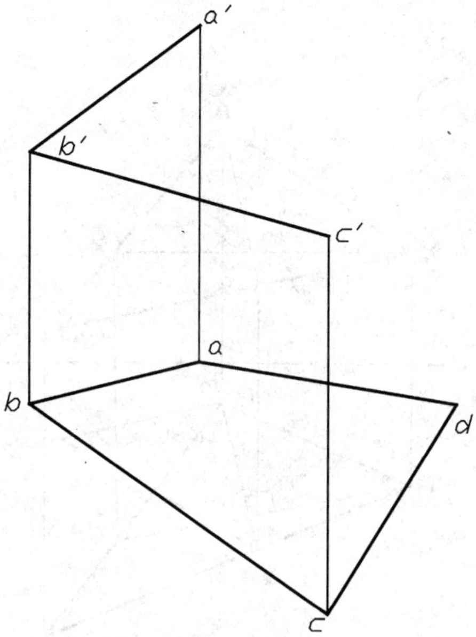

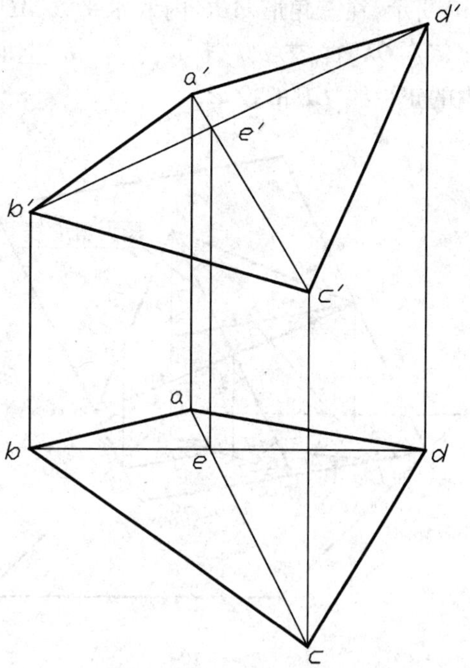

图 2-19　完成平面四边形的投影

⑤连接 $c'd'a'$,即为所求。

2. 平面内的特殊直线

(1)平面内投影面的平行线。平面内投影面的平行线分为三种:水平线、正平线和侧平线,如图 2-20(a)。

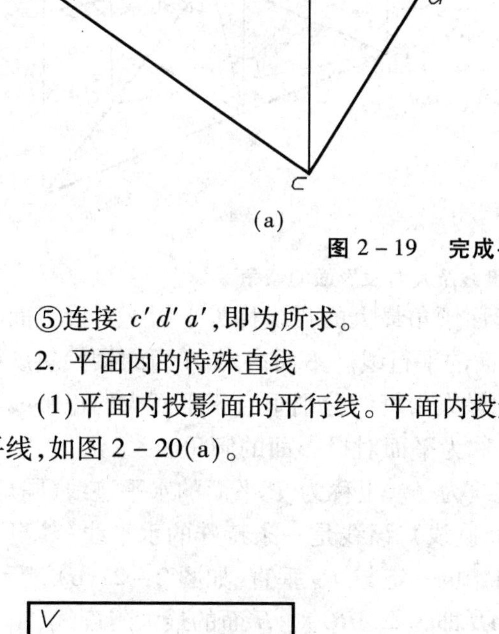

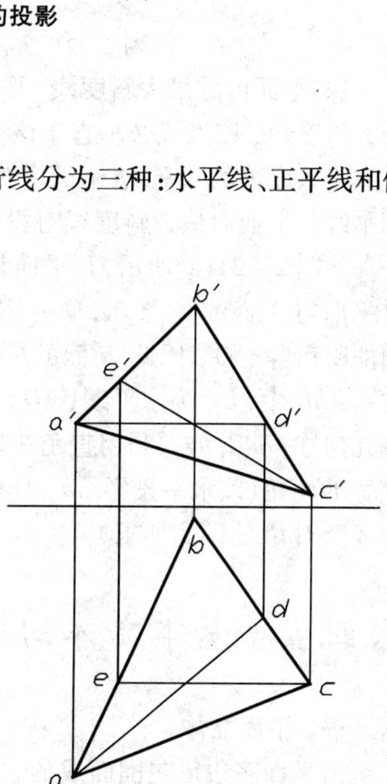

图 2-20 平面内的投影面的平行线

在平面内所取投影面的平行线,应具有前述投影面平行线的投影特性。如图 2-20

(b)所示，在三角形 ABC 内取水平线 AD，AD 线的 V 面投影应平行于 OX 轴，故过 a' 作 $a'd' /\!/ OX$ 轴，交 $b'c'$ 于 d' 点，在 bc 上取得 d，连接 ad。AD 即为所求。同理可作出平面内的正平线 CE 的投影。

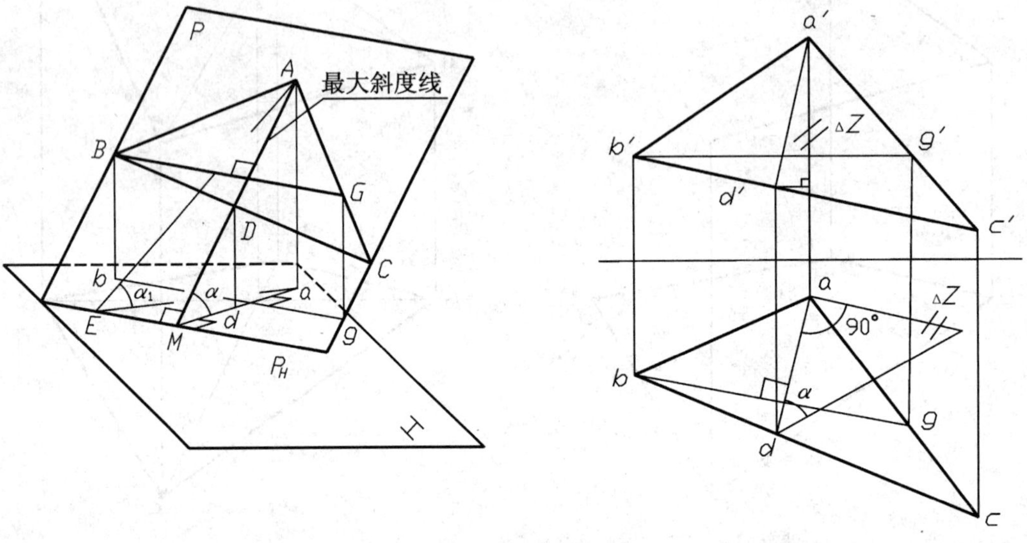

(a)　　　　(b)

图 2－21　平面的最大坡度线及其对投影面的倾角

(2)平面内的最大斜度线。平面内对投影面倾角最大的直线称为平面上对投影面的最大斜度线，该直线必垂直于该平面上投影面的平行线。平面内对 H 面的最大斜度线垂直于平面内的水平线，平面内对 V、W 面的最大斜度线分别垂直于平面内的正平线和侧平线。平面内最大斜度线对投影面的倾角称为平面对投影面的倾角。

如图 2－21(a)所示，P 平面与 H 面的交线为 P_H，也称为 P 平面的水平迹线(同理，P 平面与 V 面的交线 P_V，称为 P 平面的正面迹线)，该线是一条特殊的水平线(其至 H 面的距离等于 0)，因此 H 面的最大斜度线 AM 也一定与 P_H 垂直。如图 2－21(b) 所示，在$\triangle ABC$ 中，BG 为水平线，$AD \perp BG$，直线 AD 即为$\triangle ABC$ 对 H 面的最大斜度线，由初等几何知，$ad \perp bg$。利用直角三角形法，求 AD 对 H 面的倾角 α，α 即为平面$\triangle ABC$ 对 H 面的倾角(以水平投影 ad 和 A、D 两点的 Z 坐标差$\triangle Z$ 为两直角边，作直角三角形，$\triangle Z$ 所对角 α 即为所求)。

第四节　基本立体的投影

一、平面立体

由平面多边形包围而成的立体叫做平面立体。工程上最常见的平面立体为棱柱和棱锥。

(一) 平面立体的投影

绘制平面立体的投影需绘出平面立体的各棱面（线）的投影，不可见部分用虚线表示。当可见棱线与不可见棱线的投影重合时，用实线表示。

1. 棱柱

棱柱由多个棱面和上、下两底面组成，棱面上各条棱线互相平行。如图 2－22 所示为一正六棱柱，其上顶、下底面平行于 H 面，水平投影反映实形，正面、侧面投影积聚为一直线。左、右四个侧棱面均为铅垂面，水平投影积聚为直线，其正面、侧面投影成类似形。前、后侧棱面为正平面，水平、侧面投影积聚为直线，正面投影反映实形。

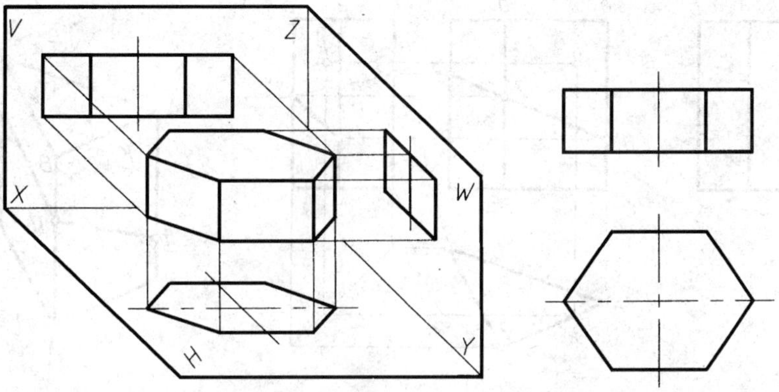

(a)　　(b)

图 2－22　正六棱柱的投影

2. 棱锥

棱锥由几个棱面和一个底面组成，棱面上各条棱线交于一点，称为锥顶。图 2－23 为三棱锥的三面投影图，三棱锥的底面为水平面，其水平投影反映实形。*SAC* 棱面为侧垂面，侧面投影积聚为一直线。*SAB*、*SBC* 棱面为一般位置平面，其三面投影均小于实形。

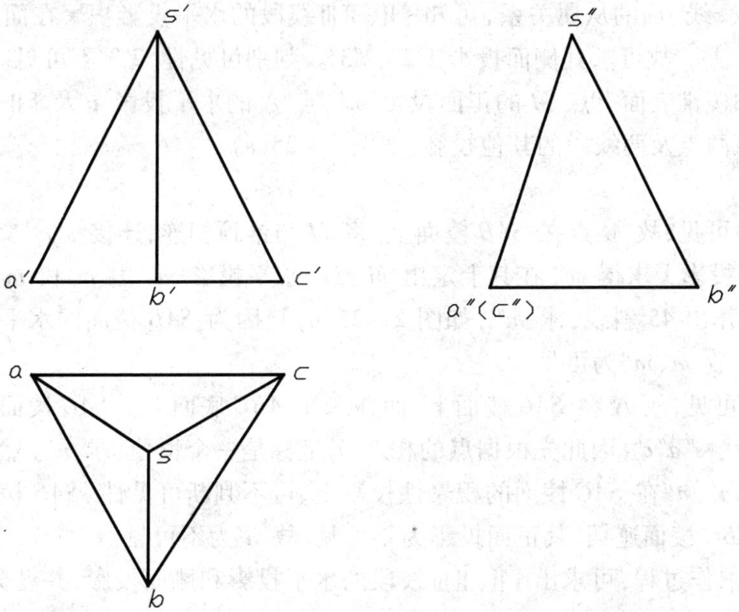

图 2－23　三棱锥的三面投影

（二）平面立体表面的点和线

在平面立体表面取点、线的方法与在平面上取点、线的方法相同。在棱柱表面上取点时，应先求出点在积聚棱面的投影，再求出点的第三面投影。在棱锥表面取点应先取线，取线时一般将该点与锥顶相连，或过点作棱锥底面多边形某一边的平行线。值得注意的是：位于立体可见表面上的点和线可见，反之为不可见。

例 8. 已知三棱柱表面上点 K 和直线 ⅠⅡ、ⅡⅢ的正面投影，求作其水平投影和侧面投影。如图 2 - 24(a)。

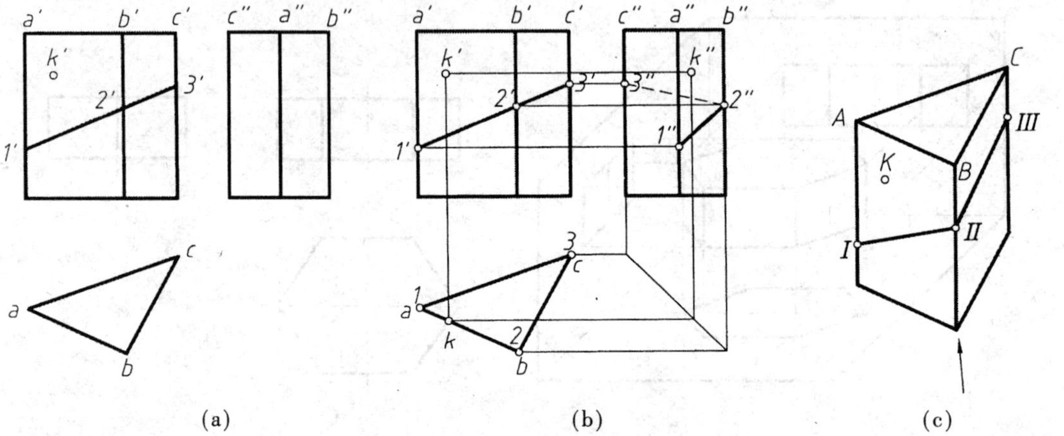

图 2 - 24 直棱柱表面上取点

解：

(1)棱柱的各侧棱面的水平投影有积聚性，所以应先求 k，由于 k' 为可见，所以点 K 在 AB 棱面上，水平投影 k 落在 AB 棱面的积聚性投影上，根据点的三面投影规律又可求得 k'' 点，因为 AB 棱面的侧面投影可见，故 k'' 应为可见。作图过程如图 2 - 24(b)。

(2)根据点、线、面的从属关系，可知ⅠⅡ、ⅡⅢ线段的水平投影积聚在面上，即 12 在 ab 上，23 在 bc 上。故可求其侧面投影 1″2″、2″3″。判别可见性，2″3″不可见。

例 9. 已知棱锥表面上点 M 的正面投影 m'、点 N 的水平投影 n 及ⅠⅡ、ⅡⅢ线段的正面投影，求该两点及两线段的其他投影，如图 2 - 25(a)。

解：

因为 m' 为可见，故 M 点在 SAB 棱面上。将 M 与锥顶相连，连接 $s'm'$ 交 $a'b'$ 于 e'，在棱锥的 H 面投影上求得 se，在其上定出 M 点的水平投影 m，由 m' 和 m 根据宽相等求出 m''〔也可作出 45°斜线，求 m''，如图 2 - 25(b)〕，因为 SAB 棱面的水平投影和侧面投影均为可见，故 m、m'' 为可见。

因为 n 为可见，故 N 在 SAC 棱面上，而并未在 ABC 底面上。SAC 棱面的侧面投影积聚成一条直线 $s''a''c''$，因此先根据点的相对 Y 坐标是一个恒值，求 n''；然后根据三面投影规律求得 n'。n'' 在 SAC 棱面的积聚性投影上，可不判断可见性。SAC 棱面的正面投影被 SAB 和 SBC 棱面遮挡，其正面投影为不可见，故 n' 为不可见。

根据点的求作过程，可求出ⅠⅡ、ⅡⅢ线段的水平投影和侧面投影，并区分可见性，见图 2 - 25(c)(d)。

二、曲面立体

由曲面包围或由曲面和平面包围的立体，叫做曲面立体。常见的曲面立体有圆柱、

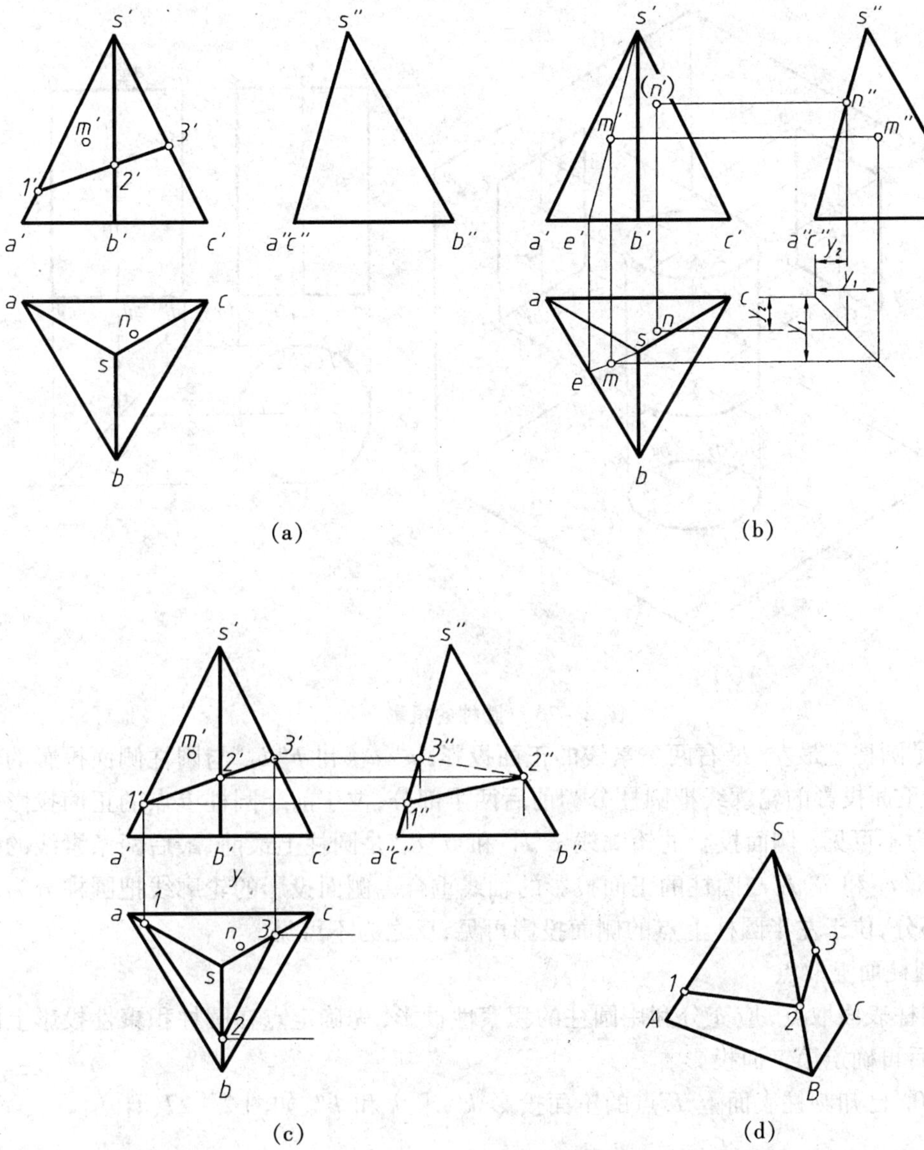

图 2 – 25　棱锥面上取点

圆锥、球、圆环等。

曲面立体同平面立体的区别在于它有曲面，因此，画曲面立体的投影需画出曲面的外形轮廓线。

(一)圆柱体

1. 圆柱体的投影

圆柱体由圆柱面、上顶圆、下底圆所围成。圆柱面可以看成是由一直线绕与它平行的轴线回转而成，运动的直线称为母线，母线旋转的任一位置称为素线，因此圆柱面上的素线都是平行于轴线的直线，如图 2 – 26(a)。

图 2 – 26(b)为圆柱的三面投影，圆柱面的水平投影积聚为一圆周，同时它也是圆柱上顶圆、下底圆的实形；圆柱的正面、侧面投影为全等的矩形。正面投影的轮廓线 $a'a_1'$

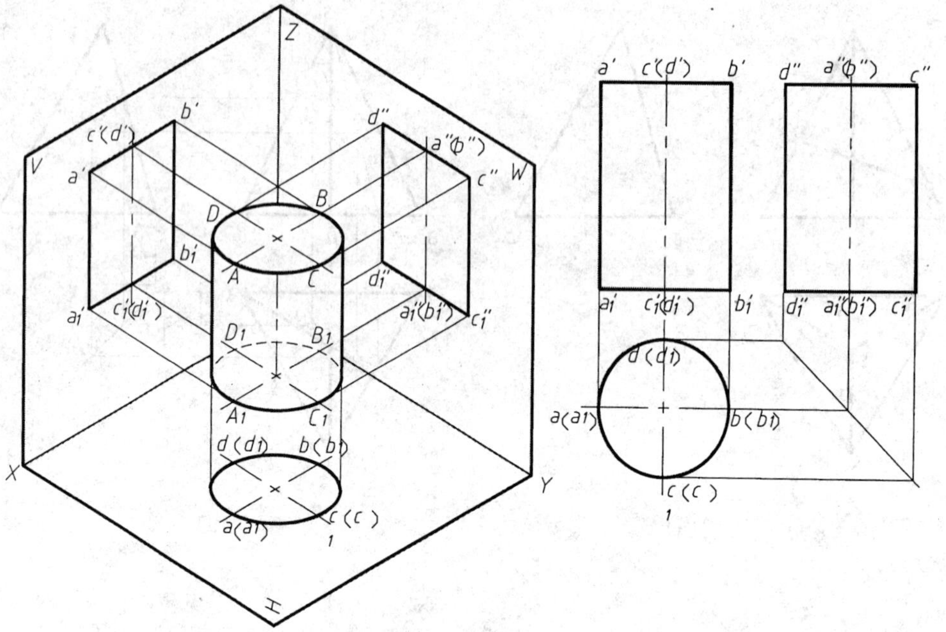

(a) (b)

图 2－26 圆柱的投影

和 $b'b_1'$是圆柱上最左、最右两条素线的正面投影，$a''a_1''$和 $b''b_1''$与圆柱侧面投影的轴线重合。正面投影的轮廓线把圆柱分为前后两半部分，位于前半圆柱上点的正面投影可见，反之为不可见。侧面投影的轮廓线 $c''c_1''$和 $d''d_1''$是圆柱上最前、最后两条素线的侧面投影，$c'c_1'$和 $d'd_1'$与圆柱的正面投影的轴线重合。侧面投影的轮廓线把圆柱分为左右两半部分，位于左半圆柱上点的侧面投影可见，反之为不可见。

2. 圆柱面上取点

在圆柱表面取点，应充分利用圆柱的积聚性投影，先确定点在圆柱积聚性投影上的位置，然后再确定第三面投影。

例 10. 已知圆柱表面上 K 点的正面投影 k'，求 k 和 k''，如图 2－27(a)。

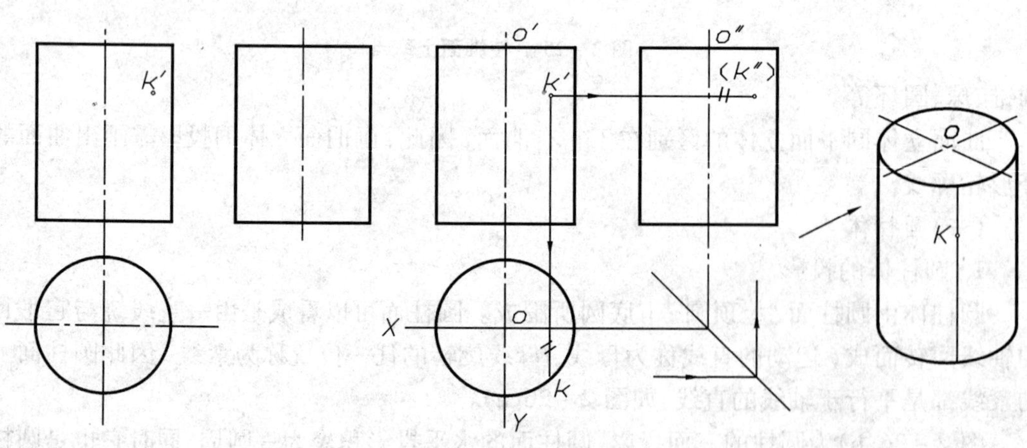

(a) (b) (c)

图 2－27 圆柱面上取点

解：

由于 k'为可见，故 K 在前半圆柱，K 点的水平投影 k 必在圆柱积聚性投影的前半圆周上，再根据三面投影规律，由 k 和 k'即可求得 k''。由 k 点的水平投影可知，K 点位于圆柱体的右半部分圆柱面上，故 k'' 为不可见点，水平投影 k 位于圆柱的积聚性投影上，可不判断可见性。

(二)圆锥体

圆锥体是由圆锥面和底面所围成。圆锥面是由一条直线（母线）绕一条与其相交的直线（轴线）回转一周所形成的曲面，底面为垂直于轴线的圆。

1. 圆锥体的投影

图 2-28 为一轴线垂直于 H 面正圆锥的立体图及其投影图。圆锥的 H 面投影也是一个圆周，但锥面没有积聚性，该圆为锥面与底圆的水平投影的重合。圆锥的 V 面和 W 面投影均为等腰三角形，三角形的底边是圆锥底圆的积聚投影，两腰是圆锥轮廓素线的投影。圆锥的 V 面投影是圆锥面上最左、最右两条素线 SA、SB 的投影，W 投影是最前、最后两条素线 SC、SD 的 W 面投影。SA、SB 把锥面分为前后两半部分，向 V 面投影时，前半圆锥可见，后半圆锥不可见。SC、SD 把锥面分为左右两半部分，向 W 面投影时，左半圆锥可见，右半圆锥不可见。向 H 面投影时，整个锥面均为可见，圆锥的底圆为不可见。

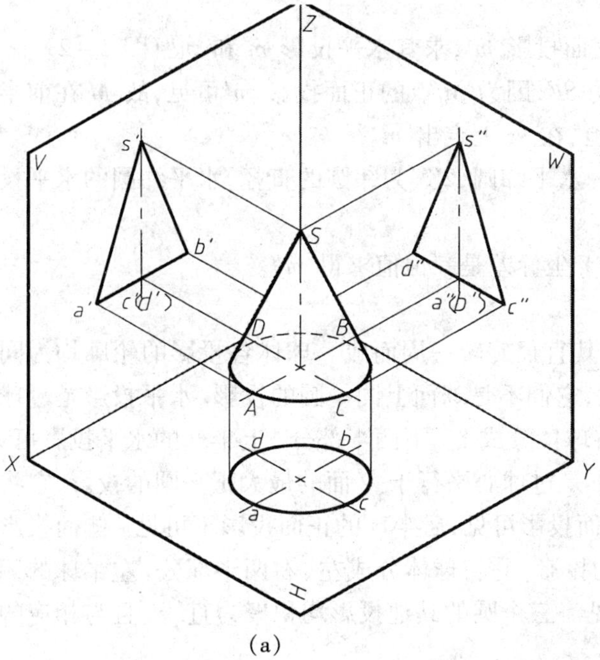

(a)

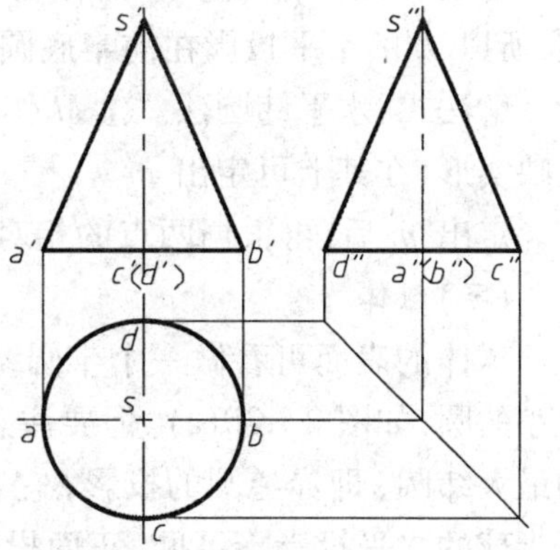

(b)

图 2-28　圆锥的投影

2. 圆锥表面取点

因为圆锥面的投影没有积聚性，因此在圆锥表面取点应采用先作辅助线，然后再在辅助线上定点的方法。为了作图简便，在曲面上作的辅助线应尽可能是直线或与投影面平行的圆。在圆锥表面作辅助线，有两种方法，见图 2-29(a)：

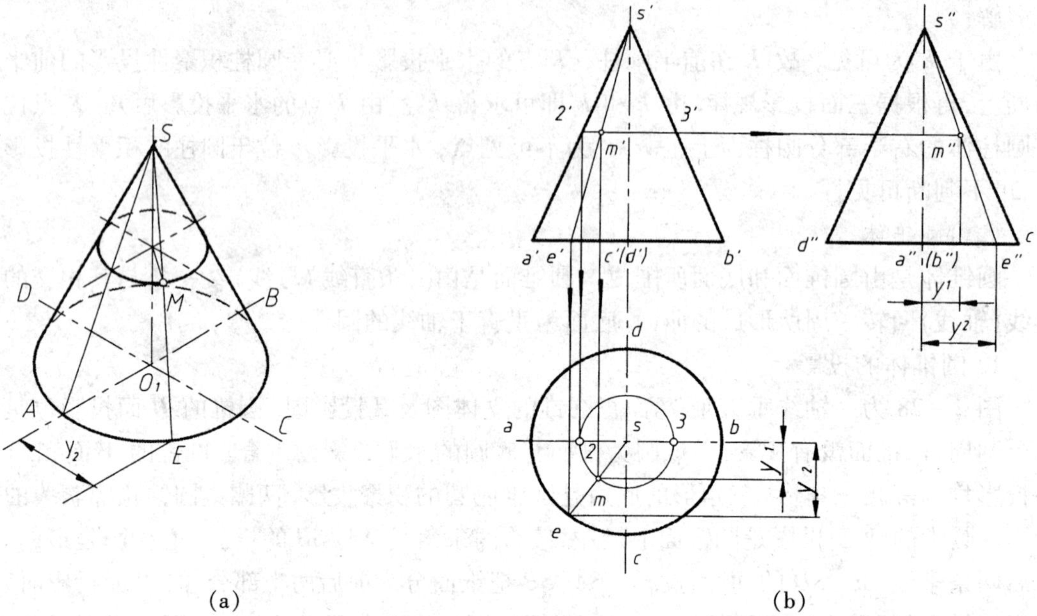

图 2-29 圆锥面上取点

(1)过锥顶取素线；

(2)取水平纬圆。

例 11. 已知圆锥面上点 M 的正面投影 m',求其水平投影 m 和 m''(图 2-29)。

解法一:素线法。过 M 点作素线 SE,因为 M 点的正面投影 m'可见,故 M 在前半圆锥,所以 E 的水平投影在前半底圆上,在 se 上定出 m。

解法二:水平纬圆法。过 M 作一水平纬圆,$2'3'$为纬圆的直径,水平纬圆的水平投影反映实形,在其上可定出 m。

定出 m 后,再根据两点的相对 Y 坐标差是一恒值求得 m''。

(三)球体

球体的表面可看做一个半圆绕其直径旋转一周而成。球体各投影的轮廓均为同样大小的圆,如图 2-30(a)。但要注意,它们不是球面上同一圆的投影。水平投影是过球心的最大纬圆,即赤道圆的投影,它将球体分成上、下两半部分,上半球的水平投影可见,下半球的水平投影不可见。正面投影是过球心平行于 V 面的最大正平圆的投影,它将球体分成前、后两半部分,前半球的正面投影可见,后半球的正面投影不可见。侧面投影是过球心平行于 W 面的最大侧平圆的投影,它将球体分成左、右两半部分,左半球的侧面投影可见,右半球的侧面投影不可见。三个圆的其他投影均积聚为直线,且与相应的轴线重合。

在球面上取点,应过点作平行于投影面的辅助圆,该辅助圆在所平行的投影面上的投影反应实形,在其上定出第二面投影,再求第三面投影。

例 12. 已知球面上 M 点的正面投影 m'和 N 点的侧面投影(n''),求其他两面投影,如图 2-30(b)。

解:

过 M 点作水平圆,$2'3'$为圆的直径,水平圆的水平投影反应实形。又因 m'为可见

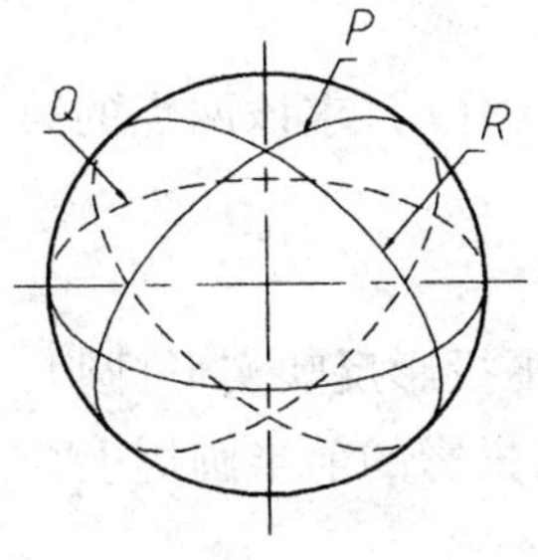

(a)

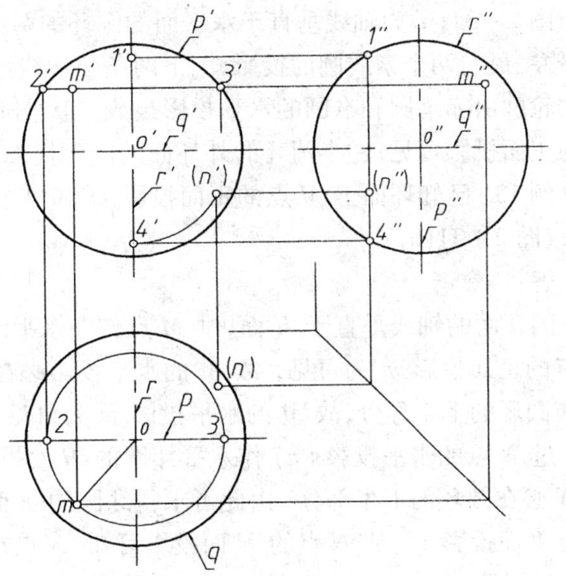

(b)

图 2-30　球的投影及在球面上取点

点，所以该点一定在前半球。在水平圆的水平投影上定出 m，过 N 点作正平圆，1"4"为正平圆的直径，该正平圆的正面投影反应实形，(n'')为不可见点，故其一定在右半球。在辅助正平圆的正面投影上定出 n'，由 n''的位置可知 N 在后半球，n'为不可见点。求得点的两面投影后，再根据点的三面投影规律，可定出第三面投影。

(四)圆环

圆环是由一个圆或圆弧绕同一平面内但不通过圆心的轴线回转而成见图 2-31(a)。

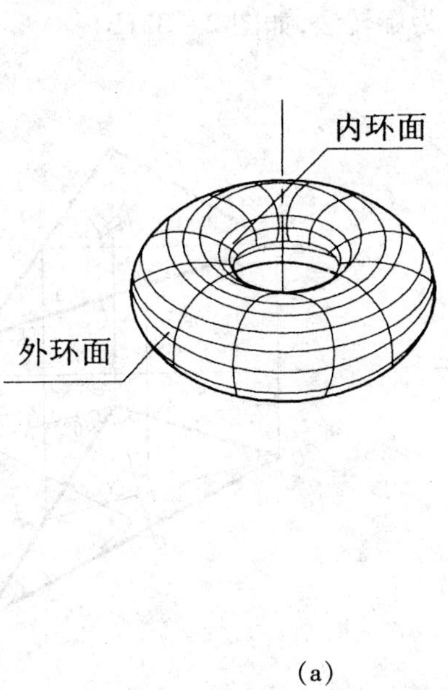

(a)

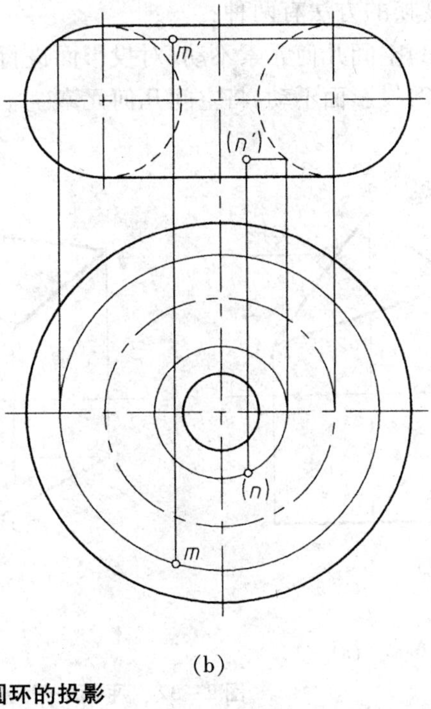

(b)

图 2-31　圆环的投影

图 2－31(b)为轴线垂直于水平面的圆环的两面投影。正面投影中左、右两个圆是环面最左、最右两个素线圆的投影，上下两条公切线是最高、最低两个纬圆的投影。水平投影的轮廓由赤道圆和喉圆的水平投影组成。上半圆环的水平投影可见；前半圆环的外环面的正面投影可见；左半圆环的外环面的侧面投影可见。

例 13. 已知环面上 M 点的正面投影 m'和 N 点的水平投影(n)，求该两点的第二面投影(图 2－31(b))。

解：

因环面的轴线垂直于 H 面，过 M 点作一水平纬圆，其水平投影反映实形(圆)，又因 M 点的正面投影 m'为可见，故 M 的水平投影必在纬圆 H 面投影的前半圆周上。又因 M 在圆环的上半部分，故 M 的水平投影 m 为可见。

过 N 点的水平投影 (n) 作水平纬圆的 H 面投影，由于 N 点的水平投影为不可见，故 N 必在圆环的下半部分，由此可求得纬圆的 V 面投影 (为一直线)，并在其上定出 N 点的 V 面投影 n'。从 N 点的 H 面投影可知，N 点在圆环的内环面上，故 N 点的 V 面投影为不可见。

第五节　投影变换

在前面章节中已经谈到，当直线或平面处于特殊位置时，容易解决度量和定位。如当平面为投影面平行面时，其在平面所平行的投影面上的投影反映实形，如图 2－32(a)；铅垂面的水平投影反映平面对 V 面的倾角 β，如图 2－32(b)，而一般位置平面的投影既不反映平面的实形，也不反映平面的倾角。求作平面的倾角十分繁杂，如图 2－32(c)，因此对于一般位置的直线或平面，应设法使其处于特殊位置，以便于问题的解决。投影变换的方法有两种：

(1)空间几何元素不动，对投影面进行更换，称为换面法，如图 2－33(a)。

(2)投影面不动，将空间几何元素绕轴旋转，称为旋转法，如图 2－33(b)。

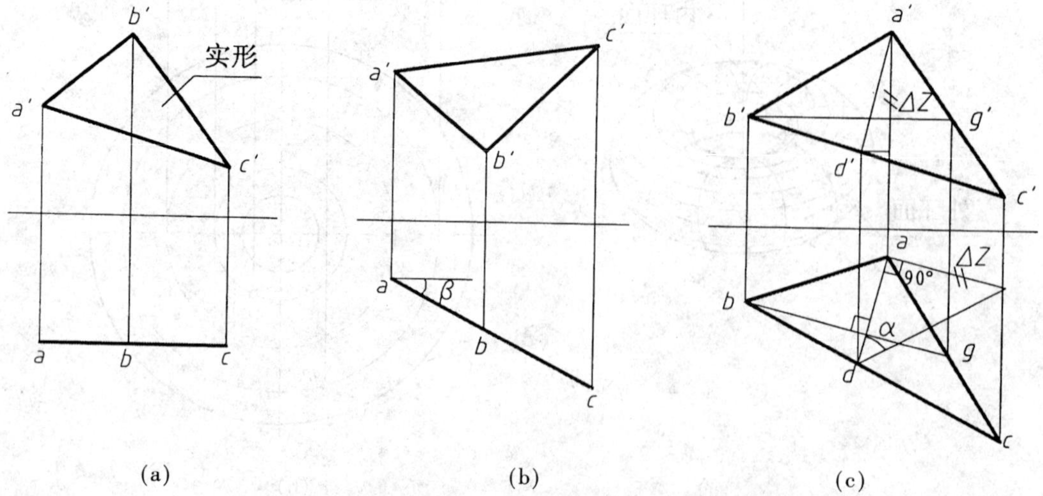

图 2－32　平面处于特殊位置时便于解决度量问题

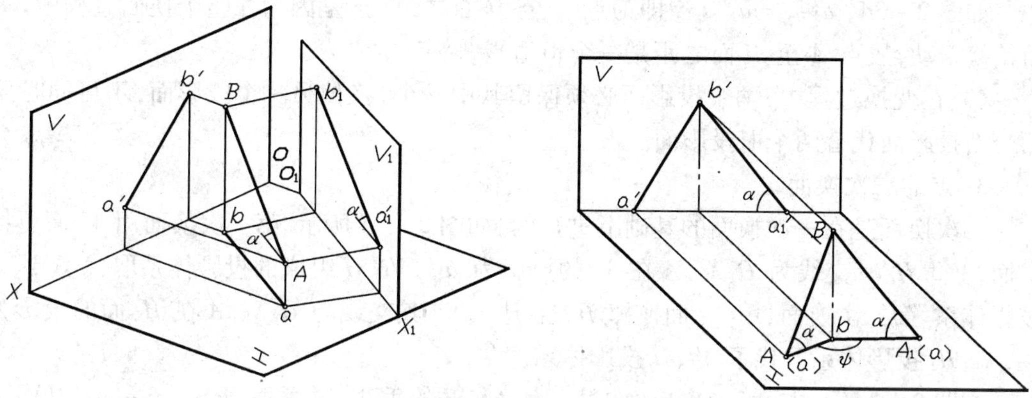

(a)　　　　(b)

图 2-33　投影变换的方法

一、换面法

(一)换面法的基本原理

如图 2-34(a)所示,在 H、V 投影体系中,空间 A 点在 H、V 投影面上的投影为 a、a',现在用新的投影面 V_1 代替 V 面,V_1/H 的交线为 O_1X_1,空间 A 点在 V_1 面上的投影为 a_1'。

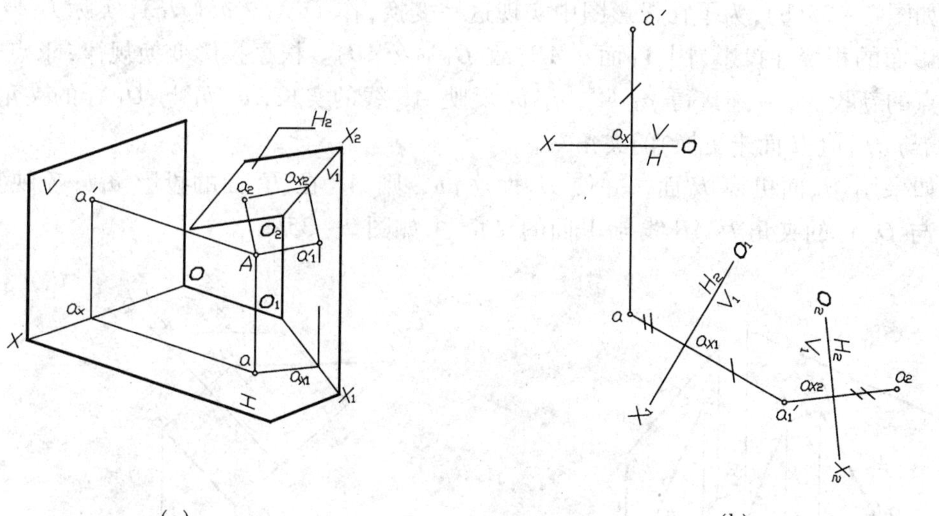

(a)　　　　(b)

图 2-34　点的变换的投影作图

1. 确立新投影面的条件

用新的投影面代替旧的投影面时,新投影面必须满足两个条件:

(1)新投影面必须垂直于一个旧有投影面;

(2)新投影面必须和空间几何要素处于有利于解题的位置。

2. 新旧投影间的规律(图 2-34(b))

(1)新投影和旧投影的连线垂直于新轴 $aa_1' \perp O_1X_1$。

(2)新投影至新轴之距等于被代替的旧投影至旧轴之距。

如图 2－34，$a'a_x = a_1'a_{x1}$，即为点 A 至 H 面之距，这是因为在整个换面过程中，H 面始终未动，故点 A 至 H 面之距是一个恒值。

(3) 在变换过程中，两个投影面必须保留其中一个，换掉另一个投影面，不可同时用两个新投影面代替两个旧投影面。

3. 点的二次换面

二次换面是在一次换面的基础上进行的，如图 2－34 所示。第一次换面用 V_1 面更换 V 面，$V_1 \perp H$，其交线为 O_1X_1，A 在 V_1 的投影为 a_1'，V_1、H 组成的投影体系取代了 V、H 投影体系。第二次换面，用 H_2 面换掉 H，且 $H_2 \perp V_1$，其交线为 O_2X_2，A 在 H_2 面的投影为 a_2，V_1、H_2 投影体系取代了 V_1、H 投影体系。

在图 2－34(b) 中，第一次换面，过 a 作 O_1X_1 的垂线，并量取 $a_1'a_{x1} = a'a_x$（H 面未更换，A 点至 H 面之距为一恒值），求得 a_1'；二次换面中，过 a_1' 作 O_2X_2 轴的垂线，并量取 $a_2a_{x2} = aa_{x1}$（V_1 面未更换，A 点至 V_1 面之距为一恒值），求得 a_2。

(二) 基本作图问题

(1) 一般位置直线变换成投影面的平行线。

如图 2－35(a)，一般位置直线 AB，用 V_1 面取代 V 面，并使 V_1 面 $/\!/ AB$。由投影面平行线的特性可知，AB 线在新投影面 V_1 面的投影反映实长，并反映 AB 线与 H 面的夹角 α。

如图 2－35(b)，为了在投影图中实现这一变换，作 $O_1X_1 /\!/ ab$（O_1X_1 实际为 V_1 面在 H 投影面的积聚性投影，因 V_1 面 $/\!/ AB$，故 $O_1X_1 /\!/ AB$）。根据投影变换规律，求点 A、B 两端点的新投影，并连接得 $a_1'b_1'$，$a_1'b_1'$ 反映 AB 线的实长，$a_1'b_1'$ 与 O_1X_1 的夹角反映 AB 线与 H 面（H 面未更换）的夹角 α。

如果用 H_1 面更换 H 面，并使 H_1 面 $/\!/ ab$，则 AB 在 H_1 面的投影 a_1b_1 反映实长，a_1b_1 与 O_1X_1 的夹角为 AB 线与 V 面的夹角 β，如图 2－35(b)。

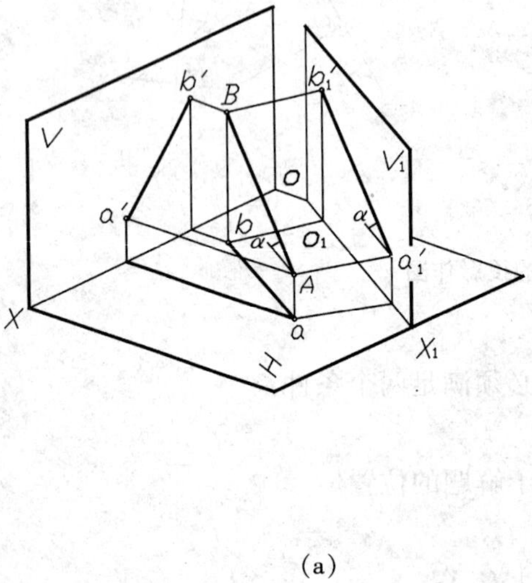

(a)

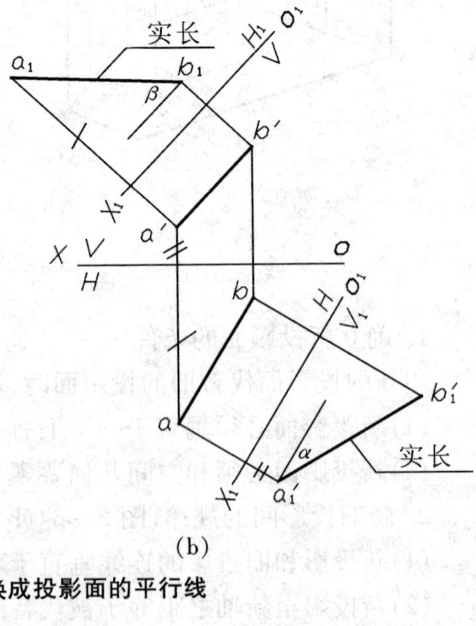

(b)

图 2－35　一般位置直线变换成投影面的平行线

(2)平行线变换成垂直线。

如图 2－36 所示，在 V、H 体系中，AB 为一条正平线，选择一新投影面 H_1，使 $H_1 \perp AB$，且 $H_1 \perp V$ 面，则直线 AB 成为 H_1 面的垂直线，AB 在 H_1 面的投影积聚为一点。

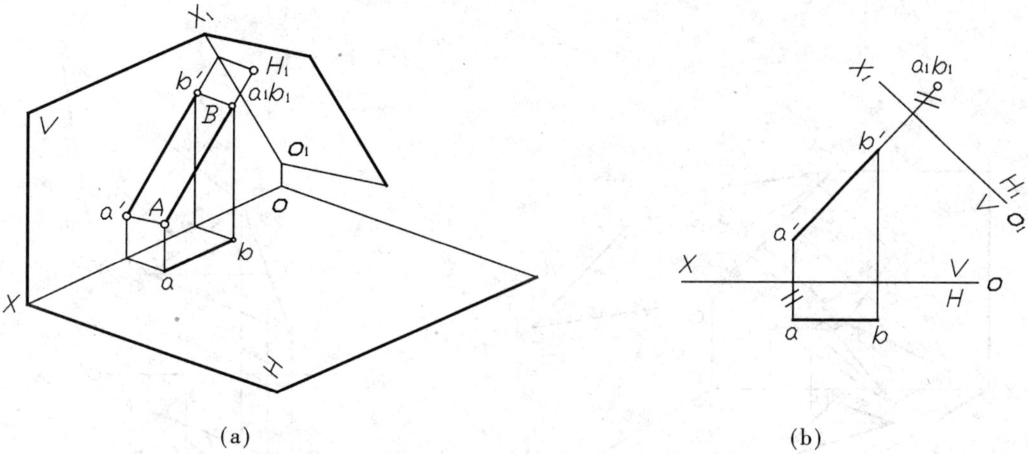

图 2－36　投影面平行线变换成投影面的垂直线

(3)一般位置直线变换成投影面的垂直线。

若建立一个新投影面垂直于一条一般位置直线，必倾斜于旧投影体系中的各投影面，故不符合确定新投影面的条件。因此，一次换面无法将一般位置直线变换成投影面的垂直线。

如图 2－37，第一次换面将 AB 线变换成 V_1 面的平行线；第二次换面将 AB 线变换成 H_2 面的垂直线。

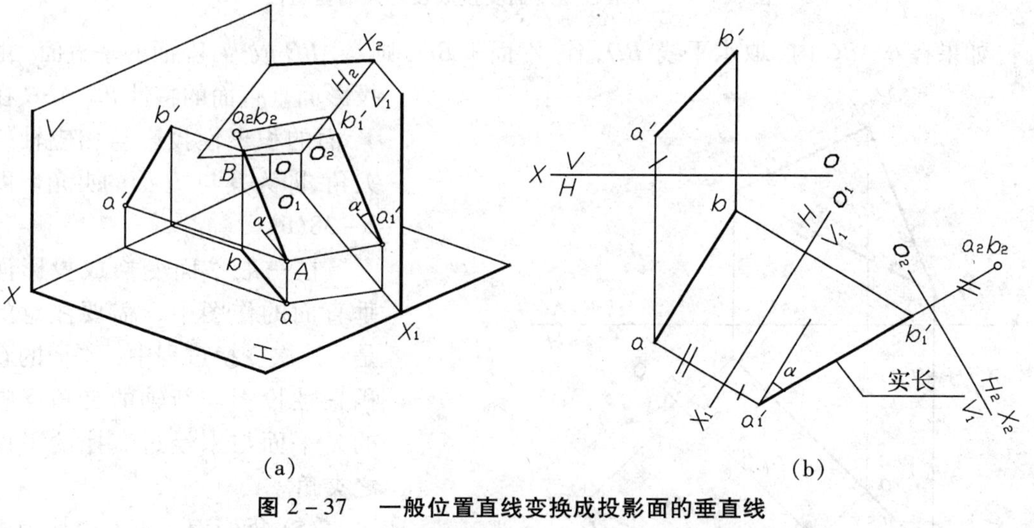

图 2－37　一般位置直线变换成投影面的垂直线

(4)一般位置平面变换成投影面的垂直面。

将一般位置平面变换成新投影面的垂直面，只要将该一般位置平面上的任一直线变换成投影面的垂直线，则此一般位置平面就成为该投影面的垂直面。在已知平面内取投影面的平行线，经过一次变换，即可变换成新投影面的垂直线。因此，一般位置平面变换成投影面的垂直面一次变换即可实现。

如图 2－38(a)、(b)所示，在△ABC 内，取正平线 CE，作 H_1 面⊥CE，则△ABC 成为 H_1 面的垂直面。由投影面垂直面的特性，△ABC 在 H_1 面的积聚性投影与 O_1X_1 的夹角，即为其与 V 面的夹角。

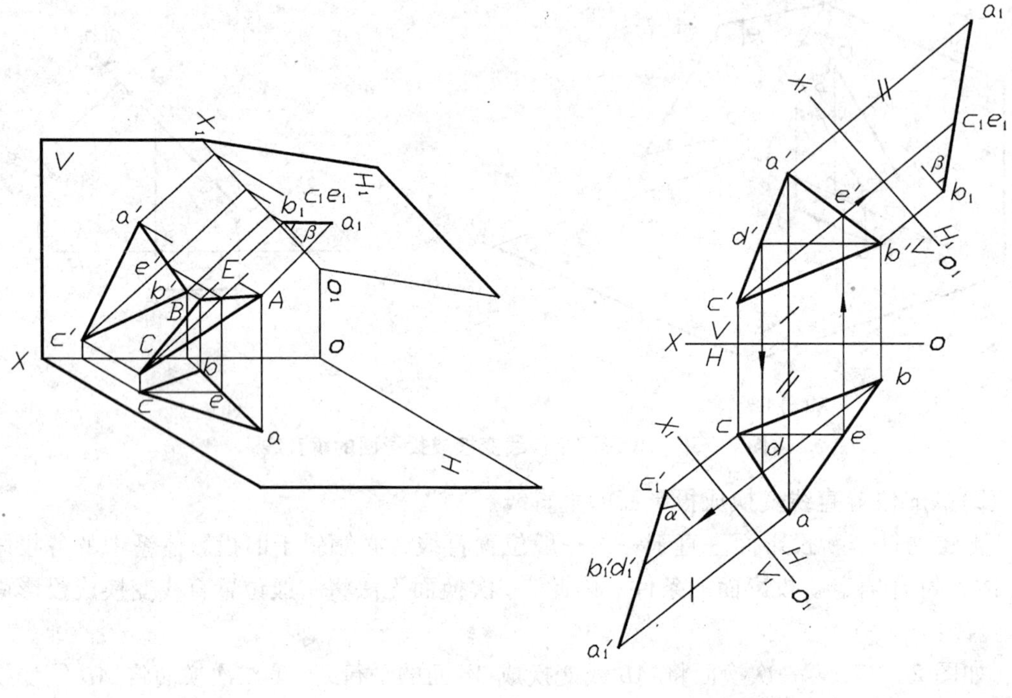

(a) (b)

图 2－38 一般位置平面变换成投影面的垂直面

如果在△ABC 内，取水平线 BD，作 V_1 面⊥BD，则△ABC 成为 V_1 面的垂直面，由投影面垂直面的特性，△ABC 在 V_1 面的积聚性投影与相应轴的夹角，即为其与 H 面的夹角。图 2－38(b)

在一般平面变换成投影面垂直面的作图中，需要注意的是：一次变换过程中，平面的新积聚性投影与新轴的夹角反映的是平面与未经过变换的平面之夹角。

(5) 投影面垂直面变换为投影面的平行面。

如图 2－39 所示，△ABC 为铅垂面，作新投影面 V_1∥△ABC，则 V_1 必垂直于 H 面，符合新投影的条件。在投影图中，作

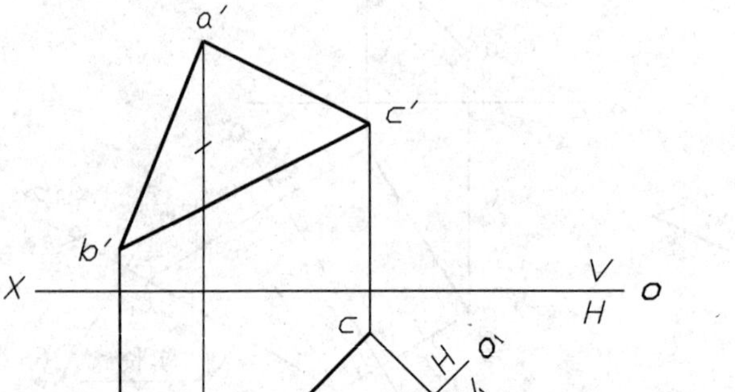

图 2－39 投影面垂直面变换为投影面的平行面

$O_1X_1 // abc$，在 V_1、H 面投影体系中，△ABC 在 V_1 面的投影△$a_1'b_1'c_1'$反映△ABC 的实形。

(6)一般位置平面变换成投影面的平行面。

若建立一个新投影面平行于一般位置平面，则它必倾斜于旧投影体系的各投影面，故不符合确立新投影面的条件。一次换面不可能将一般位置平面变换成投影面的平行面。

由图 2－38 和 2－39 可知，一次换面可将一般位置平面变换成投影面的垂直面，再经过第二次换面，将投影面的垂直面变换为投影面的平行面。

如图 2－40 所示，一次换面将△ABC 变换为 V_1 面的垂直面，第二次换面将其变换为 H_2 面的平行面。

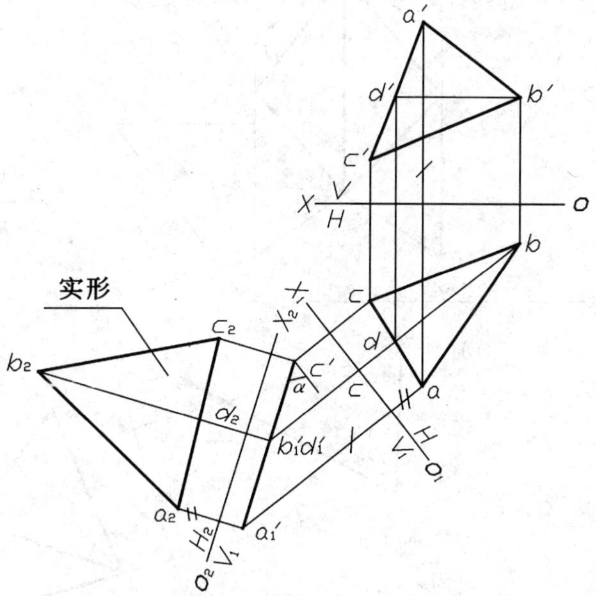

图 2－40　一般位置平面变换成投影面的平行面

例 14. 用换面法求△ABC 和△ABD 两平面的夹角。

分析：

如图 2－41(a)，当两个平面同时垂直于某一投影面时，两平面积聚性投影的夹角即为两平面的夹角，因此需将两平面的交线变换为投影面的垂直线。

解：

①第一次换面，做新轴 $O_1X_1 // ab$，在 H、V_1 投影体系中，AB 直线成为 V_1 面的平行线，相应求出△ABC 和△ABD 两平面在 V_1 面的新投影△$a_1'b_1'c_1'$和△$a_1'b_1'd_1'$。

②第二次换面，作新轴 $O_2X_2 \perp a_1'b_1'$，在 V_1、H_2 投影体系中，AB 直线成为 H_2 面的垂直线，相应求出△ABC 和△ABD 两平面在 H_2 面的新投影 $a_2b_2c_2$ 和△$a_2b_2d_2$，两平面积聚性投影的夹角即为两平面的夹角 α。

二、绕垂直于投影面的轴旋转

当用旋转法改变空间几何元素相对于投影面的相对位置时，V、H 投影体系是不变的，而是把已知形体绕一固定的轴旋转。作为旋转轴的直线通常选择投影面的垂直线或平行线。

1. 基本原理

如图 2－42(a) 所示，空间 A 点绕铅垂轴 OO 旋转，它的运动轨迹是一水平圆周，其 H 面投影反映实形，其 V 面投影为一平行于 OX 轴的直线。投影作图方法如下：

(1) 以 O 为圆心，以 Oa 为半径，逆时针旋转 ψ 角使 $Oa_1 // OX$ 轴，得 A 的新水平投影 a_1；

(2) 过 a_1 向 OX 轴引垂线，与过 a'引出的 OX 轴的平行线相交，得 A 点的新投影

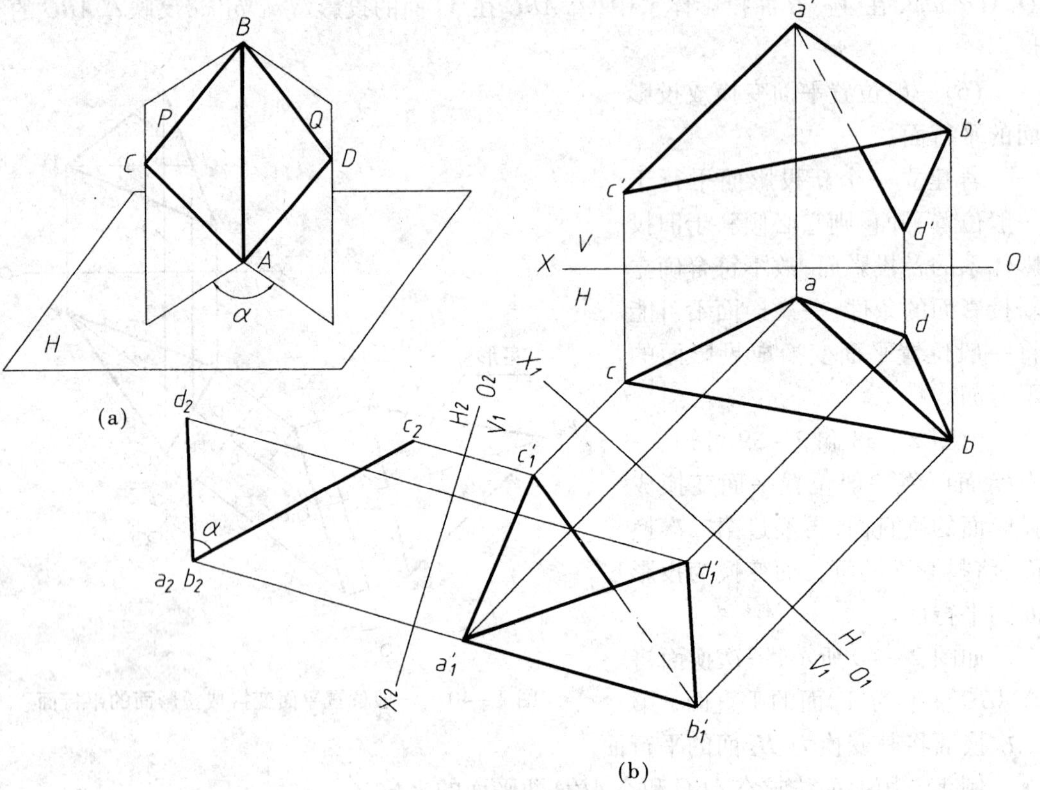

图 2-41　求两平面的夹角

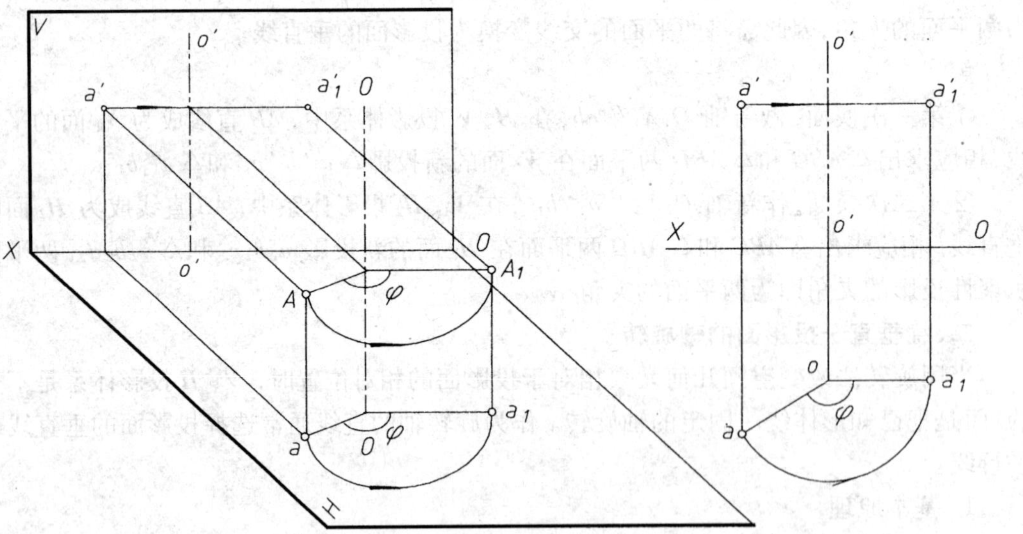

图 2-42　点绕铅垂轴旋转的投影作图

a_1',如图 2-42(b)所示。

2. 直线绕垂直轴的旋转

如图 2-43 所示,*AB* 直线绕过 *B* 点的铅垂轴 *OO* 旋转,当直线旋转到 $A_1B /\!/ V_1$ 面时，新的水平投影 $a_1b /\!/ OX$，直线在 V_1 面的新投影 $a_1'b'$ 反映 AB 直线的实长及 AB 直线与 H 平面的夹角。为了实现这一旋转，以 b 为圆心，将 ab 旋转至 $a_1b /\!/ OX$ 轴，求得 A 点在 V 面的新投影 a_1'，因在旋转过程中，B 点在旋转轴上，B 点的投影 b 和 b' 不变，连接 $a_1'b'$，求得 AB 旋转后的新投影。$a_1'b'$ 反映直线 AB 的实长，其与 OX 轴的夹角反映 AB 直线与 H 面的夹角 α。

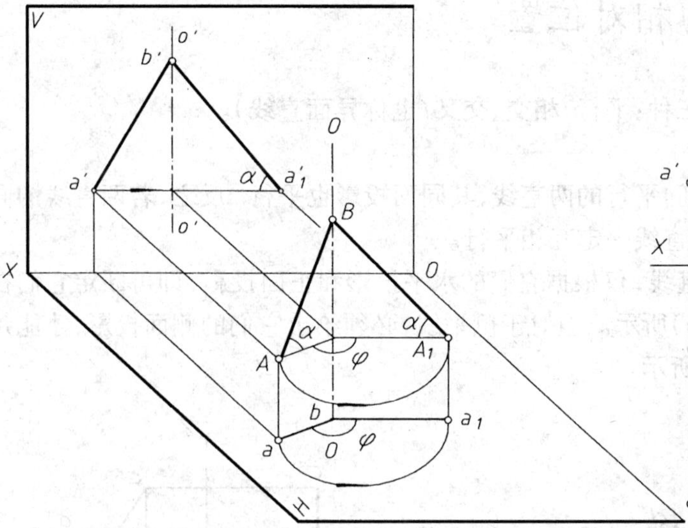

(a)

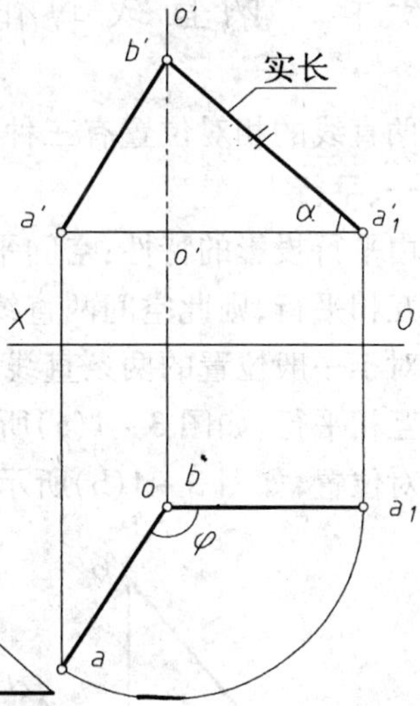

(b)

图 2－43　直线绕垂直轴旋转的投影作图

第三章 综合几何问题

第一节 两直线的相对位置

两直线的相对位置有三种:平行、相交、交叉(也称异面直线)。

一、平行

由平行投影的特性:空间平行的两直线,其同面投影也平行。反之,若两直线的同面投影互相平行,则此空间两直线一定互相平行。

对于一般位置的两条直线,仅根据它们的水平投影和正面投影,即可断定它们在空间也互相平行,如图 3-1(a)所示。但对于侧平线,必须绘出它们的侧面投影,才能判断其相对位置,如图 3-1(b)所示。

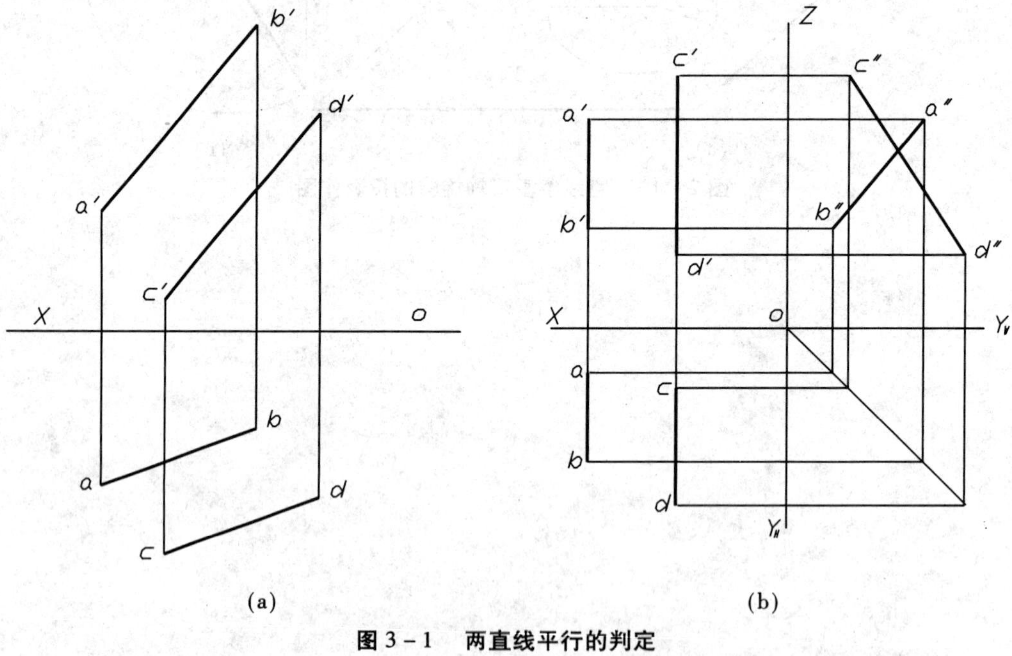

(a) (b)

图 3-1 两直线平行的判定

二、相交

空间两直线相交,它们的同面投影相交,且两投影交点的连线必垂直于投影轴(图 3-2)。

对于一般位置的两条直线,仅根据它们的水平投影和正面投影,即可断定它们在空间是否相交(图 3-2)。

对于其中有一条线是侧平线的情况,判断两线是否相交有以下两种方法。

(1) 根据点分线段的投影成定比的特性进行判断,如图 3-3(a),由 $a'b'$与 $c'd'$的交点 e'在 cd 上求 E 点的水平投影 e[作图方法与图 2-15(c)相同],所求 e 点与 ab 和

cd 的交点不重合，则说明两投影的交点并非为同一点的两面投影，直线 *AB* 和 *CD* 不相交。

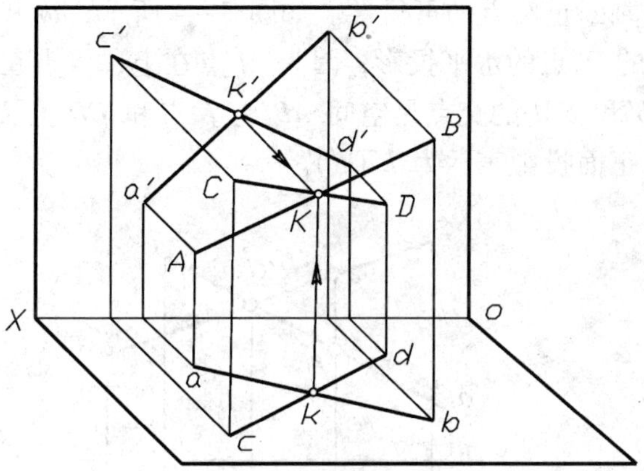

(a)

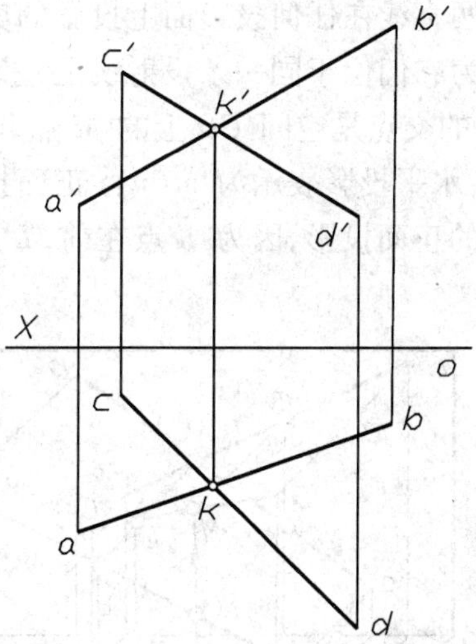

(b)

图 3－2　*AB* 与 *CD* 相交

(2)作出两线的侧面投影进行判断。如图 3－3(b)，求侧面投影 $a''b''$与 $c''d''$，$a''b''$与 $c''d''$的交点与 $a'b'$和 $c'd'$的交点连线不垂直于 *OZ* 轴，故直线 *AB* 与直线 *CD* 不相交。

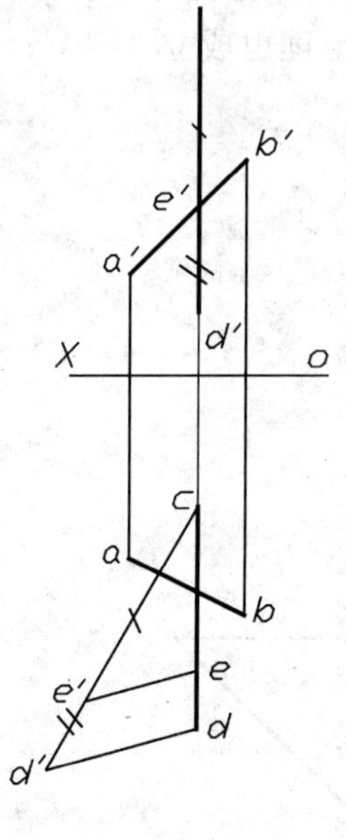

(a)

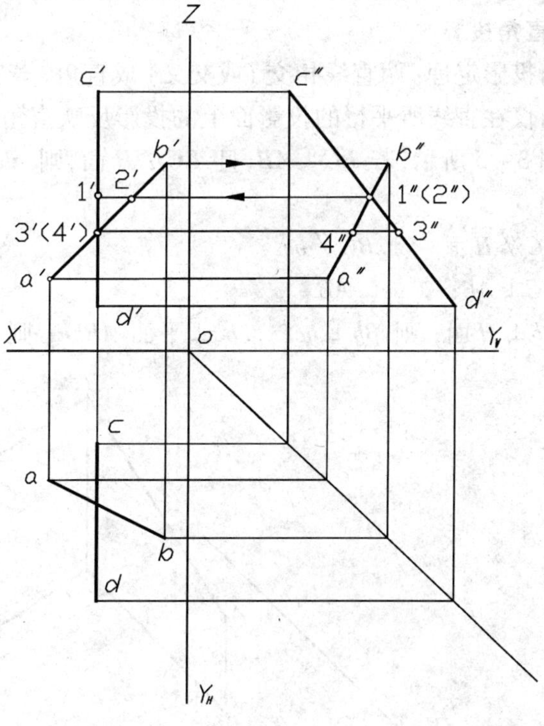

(b)

图 3－3　*AB* 与侧平线 *CD* 相交的判断

三、交叉

空间既不平行又不相交的两直线，称为交叉直线，初等几何中也称为异面直线。交叉两直线在任何投影面上投影的交点是空间两个点的投影，这两个点分属于两条直线，因为它们位于同一条投射线上，投影时需判断重影点的可见性。如图 3－4 所示，ab 和 cd 的交点是空间 CD 上的 M 点和 AB 上的 N 点的水平投影，因为 M 点在上，N 点在下，水平投影表示为 $m(n)$。正面投影 $a'b'$和 $c'd'$的交点是空间 AB 上 K 点和 CD 上 L 点的正面投影，因为 K 点在前，L 点在后，正面投影表示为 $k'(l')$。

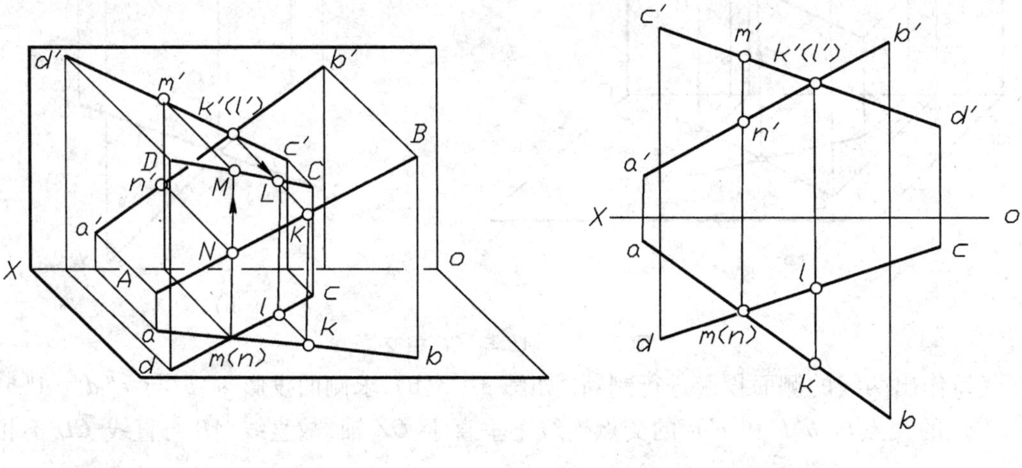

图 3－4　交叉两直线的投影及重影点可见性的判断

四、直角投影

直角投影定理：两直线相交（或交叉）成直角，若其中有一条直线与一投影面平行，则此直角仅在直线所平行的投影面上的投影反映直角，其逆定理也成立。

如图 3－5 所示，若 $BC \perp AB$，且 $BC /\!/ H$ 面，则 $ab \perp cb$。

证明：

$\because BC /\!/ H$ 面；$\therefore BC /\!/ bc$

$\because BC \perp AB$；$\therefore bc \perp AB$

$\because Bb \perp H$ 面；则 $Bb \perp bc$；$\therefore bc \perp$ 平面 $ABba$；则 $bc \perp ab$

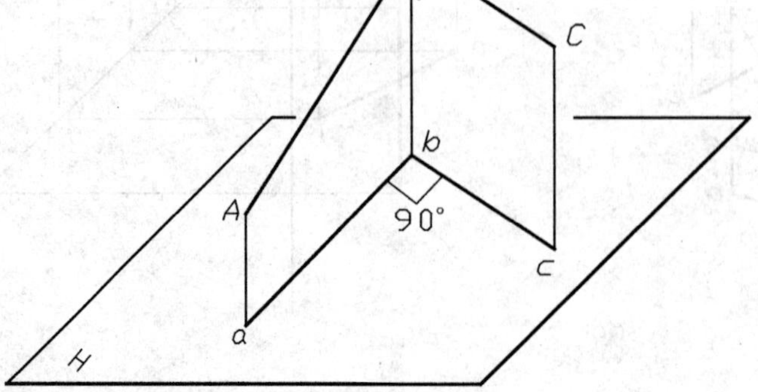

图 3－5　直角的投影

例 1. 已知 A 点和水平线 BC 的投影,求 A 至 BC 之距(图 3-6)。

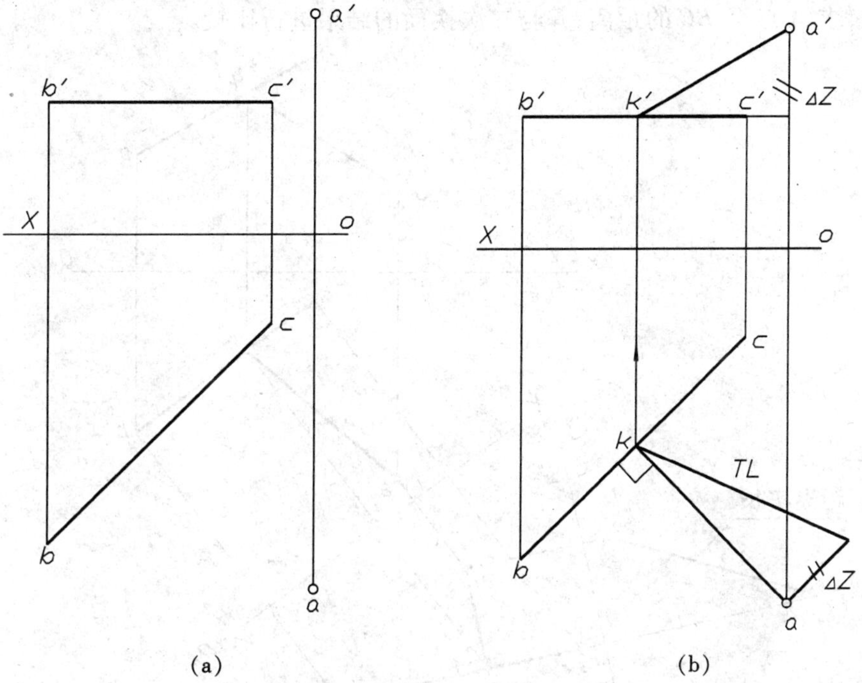

图 3-6　求点至直线的距离

分析:

求 A 点至直线 BC 的距离,需过 A 点作 BC 线的垂线,点至垂足 K 之距即为点至直线之距。因为 BC 线为水平线,根据直角投影定理,AK 线的水平投影一定与 BC 线的水平投影垂直。

解:

①作 $ak \perp bc$,交 bc 于 k 点;

②在 $b'c'$ 上定出 k' 点;

③连接 $a'k'$,并用直角三角形法求 AK 的实长。

例 2. 如图 3-7,求 A 点至一般位置直线 BC 的距离。

分析:

BC 直线为一般位置直线,在空间 A 至 BC 的距离为垂线,根据直角投影定理,其投影不反映垂直,故在投影图上不能直接画垂线。应用换面法,当直线 BC 变换为新投影面的垂直线时,过 A 点作 BC 的垂线,此垂线成为新投影面的平行线,在此投影面内,A 点的新投影至 BC 直线积聚性投影的距离反映实长,即为 A 点至 BC 的距离。

解:

①第一次换面,作 $O_1X_1 /\!/ bc$,求直线 BC 和 A 点在 V_1 面的投影 $b_1'c_1'$ 和 a_1';

②第二次换面,作 $O_2X_2 \perp b_1'c_1'$,求直线 BC 和 A 点在 H_2 面的投影 b_2c_2(积聚为一点)和 a_2;

③ BC 的积聚性投影 b_2c_2 和 a_2 的距离即为 A 点至一般线 BC 的距离。在 V_1、H_2 体系中,$BC \perp H_2$ 面,而 $AK \perp BC$,$AK /\!/ H_2$ 面,所以 a_2k_2 即为 AK 实长,作 $a_1'k_1' /\!/ O_2X_2$,根据新、旧投影连线垂直于新轴的规律,在 bc 和 $b'c'$ 相应求得 k 和 k'。

本题经过一次换面后，直线 BC 成为 V_1 面的平行线，此时可利用例 1 的作法，在 H、V_1 体系中，求 A 点至 BC 的距离，并与二次换面的结果进行比较。

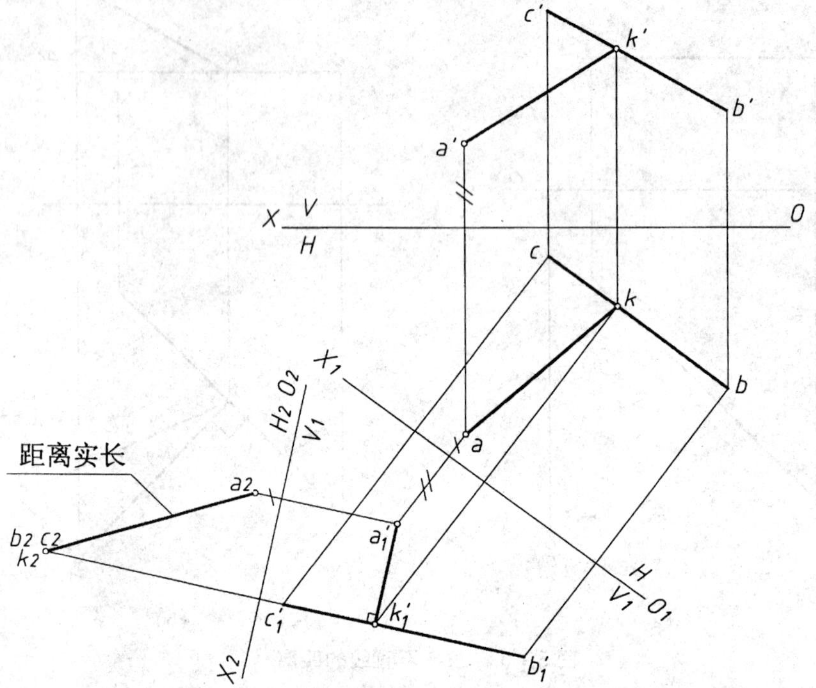

图 3－7 用换面法求 A 点至一般线 BC 的距离

例 3. 已知 AB 为铅垂线，求两交叉直线 AB 与 CD 的距离(图 3－8)。

分析：

由初等几何可知：两交叉直线 AB 与 CD 的距离即为两交叉直线公垂线 MN 的实长。由于 AB 为铅垂线，$MN \perp AB$，所以 MN 为水平线；又因 $MN \perp CD$，根据直角投影定理，$mn \perp cd$。

解：

①过 AB 的积聚性投影 $a(b)$（即 M 点的水平投影 m）作 $mn \perp cd$；

②在 $c'd'$ 上定 n'；

③过 n' 作 $m'n' /\!/ OX$，MN 的水平投影 mn 的长度即为两交叉直线 AB 与 CD 的距离。

例 4. 求两交叉直线 AB 与 CD 的距离（图 3－9）。

分析：

AB 与 CD 为两一般位置直线，经过两次换面，可将 AB 直线变换为新投影面的垂直线。在新投影体系中求两交叉直线 AB 与 CD 的距离的步骤与例 3 相同，再根据换面法的投影规律求得

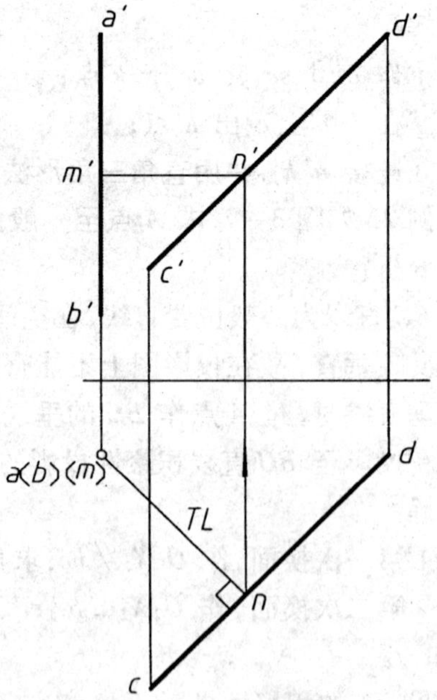

图 3－8 求两直线的距离

公垂线在原投影体系中的投影。

解：

通过两次换面将 AB 直线变换为 H_2 面的垂直线，在 V_1、H_2 体系中，求得 m_2n_2，即为两交叉直线 AB 与 CD 的距离。由 m_2n_2，根据换面法中新旧投影连线垂直于新轴的规律，在 V、H 投影体系中，分别在 AB、CD 直线上求得 m、n 和 m'、n'，连接 mn、$m'n'$得两直线公垂线的投影，作图过程见图 3-9。

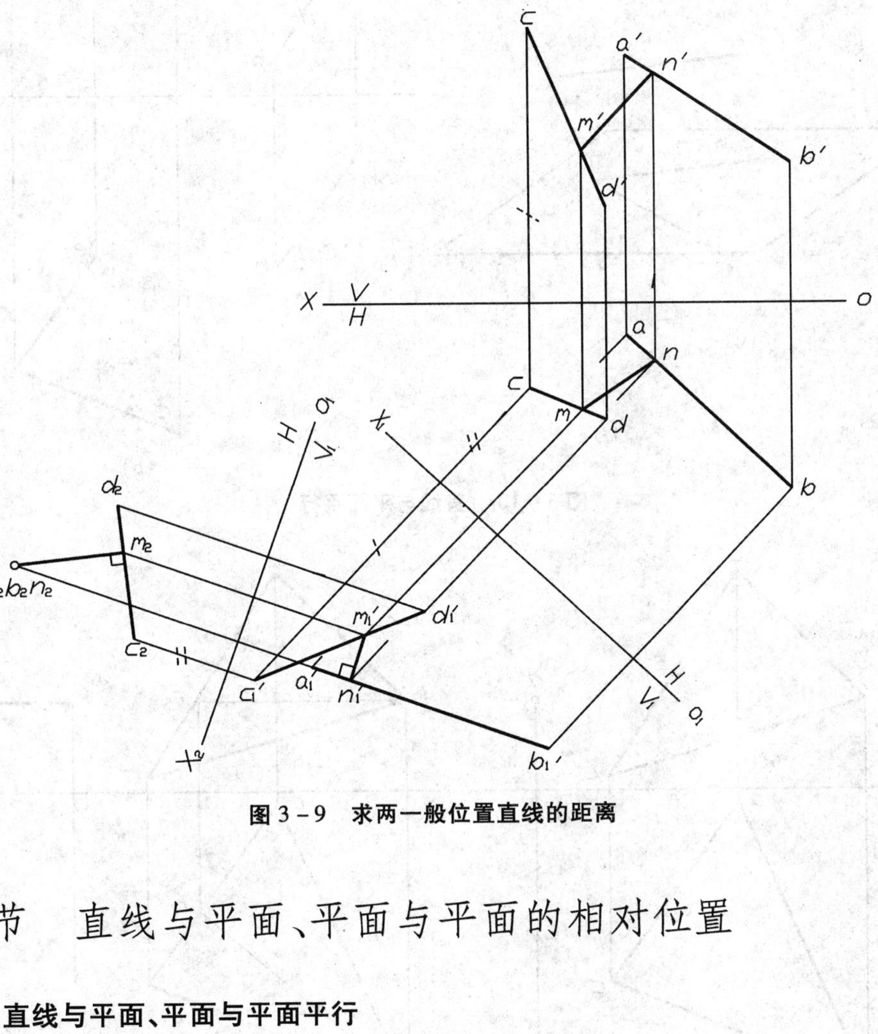

图 3-9　求两一般位置直线的距离

第二节　直线与平面、平面与平面的相对位置

一、直线与平面、平面与平面平行

(一)直线与平面平行

由初等几何可知，若平面外的一直线平行于平面内的任一直线，则该直线与平面平行。如图 3-10 所示，直线 AB 平行于由相交两直线 CD 与 ED 所决定的平面中的一直线 ED，则直线 AB 平行于平面 CDE。

例 5. 过$\triangle ABC$ 外一点 D，作一水平线 $DE /\!/ \triangle ABC$(图 3-11)。

分析：

若作 $DE /\!/ \triangle ABC$，则 DE 应平行于$\triangle ABC$ 内一直线，又因 DE 为水平线，故 DE 必平行于$\triangle ABC$ 内的水平线。

解：

在△*ABC* 内取一水平线 *BF*（$b'f'//OX$），过 *D* 作水平线 *BF* 的平行线 *DE*，即为所求。

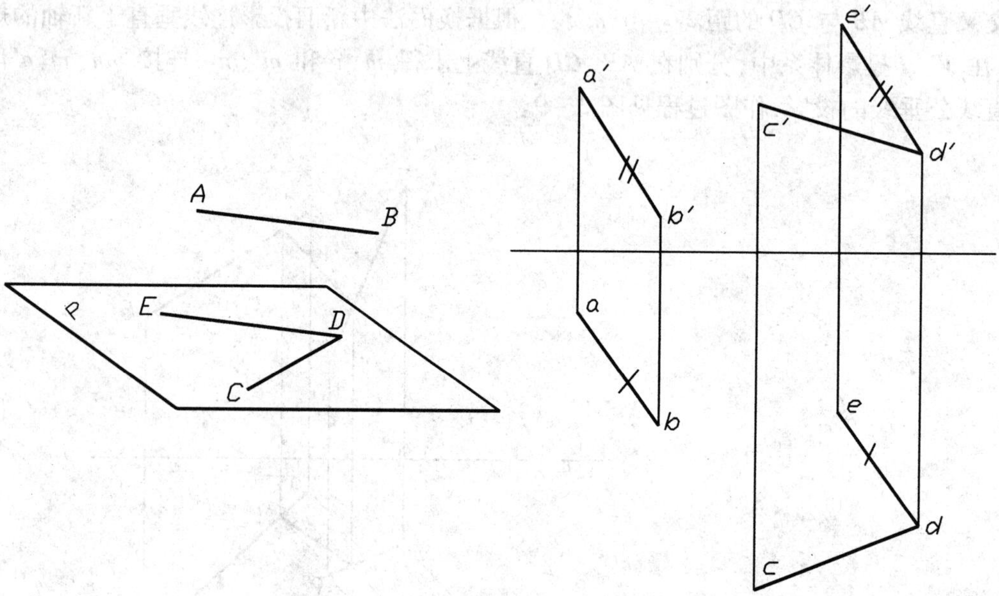

(a)　　　　(b)

图 3-10　直线与平面平行

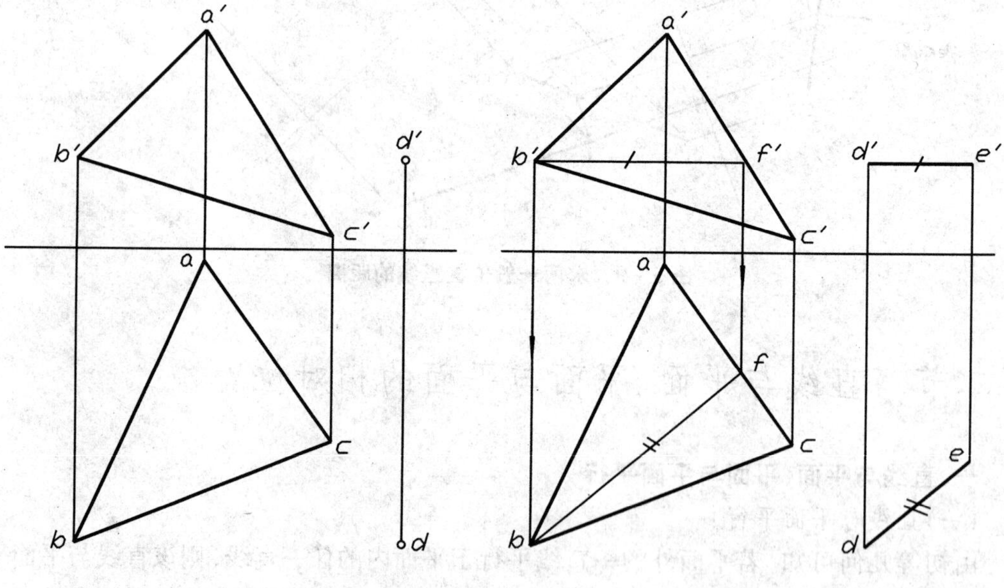

(a)　　　　(b)

图 3-11　过已知点作水平线平行于已知平面

（二）平面与平面平行

由初等几何可知，若一平面内的两相交直线与另一平面内的两相交直线平行，则平面与平面平行。如图 3-12 所示，*AB*// *DE*，*BC*// *DF*，故△*ABC*//△*DEF*。

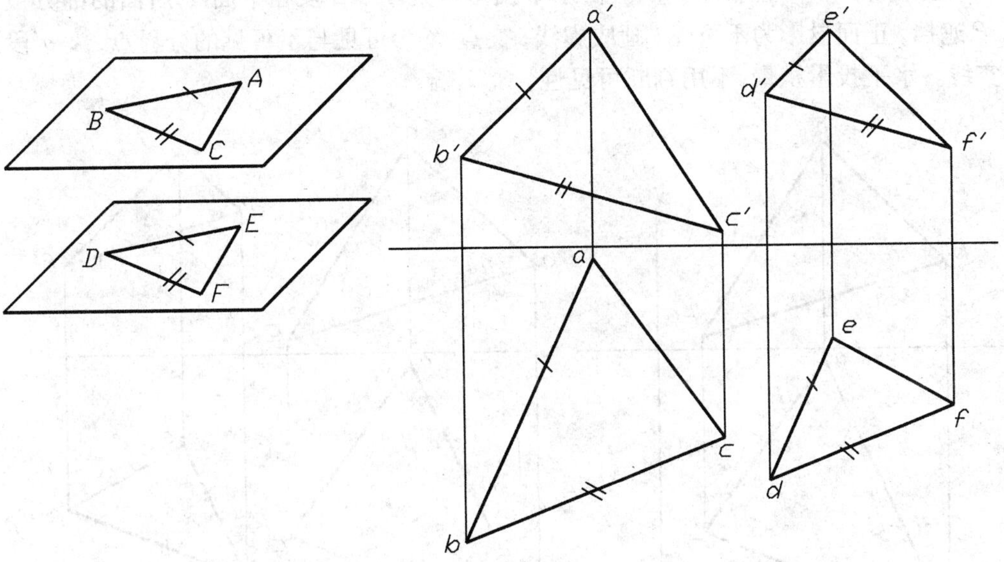

(a)　　　　(b)

图 3-12　两平面平行

对于垂直于同一投影面的两平面，只要两平面的积聚性投影互相平行，则两平面平行(图 3-13)。

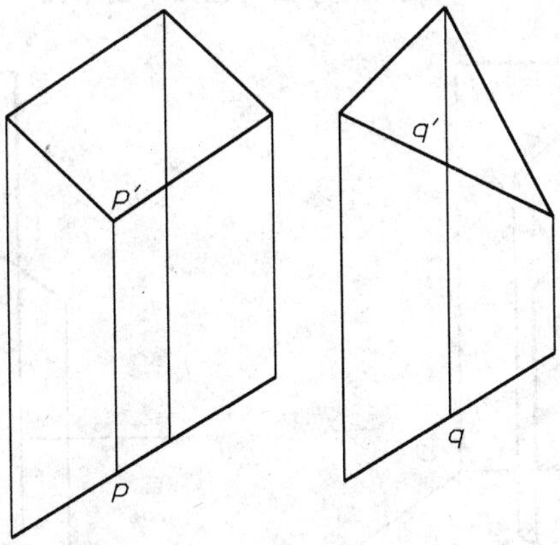

图 3-13　两平行的铅垂面

例 6. 过 D 点作一平面与△ABC 平行，如图 3-14(a)。

解：

过 D 作两相交直线分别与△ABC 平面内的两相交直线平行，则由此两相交直线所决定的平面与△ABC 平行，作图过程见图 3-14(b)。

二、直线与平面、平面与平面相交

直线与平面的交点，是直线与平面的共有点。平面与平面的交线，是两平面的共有线，当直线或平面具有积聚性时，交点(线)的投影可利用直线或平面的积聚性投影直接求得。

(一)一般位置直线与投影面垂直面相交

如图 3-15，求一般位置直线 AB 与铅垂面 P 的交点。由于交点 K 既在 P 上，又在 AB 上，因此 ab 与 P 平面积聚性投影的交点即为 K 点的水平投影 k。由水平投影 k，在

AB 的正面投影 *a′b′* 上求得 *k′* 点。由水平投影可判断 *KB* 段在平面 *P* 后面的部分被平面 *P* 遮挡，正面投影为不可见，画成虚线；交点 *K* 为可见与不可见的分界点，*k′a′* 段画成实线。水平投影积聚，不用判断可见性。

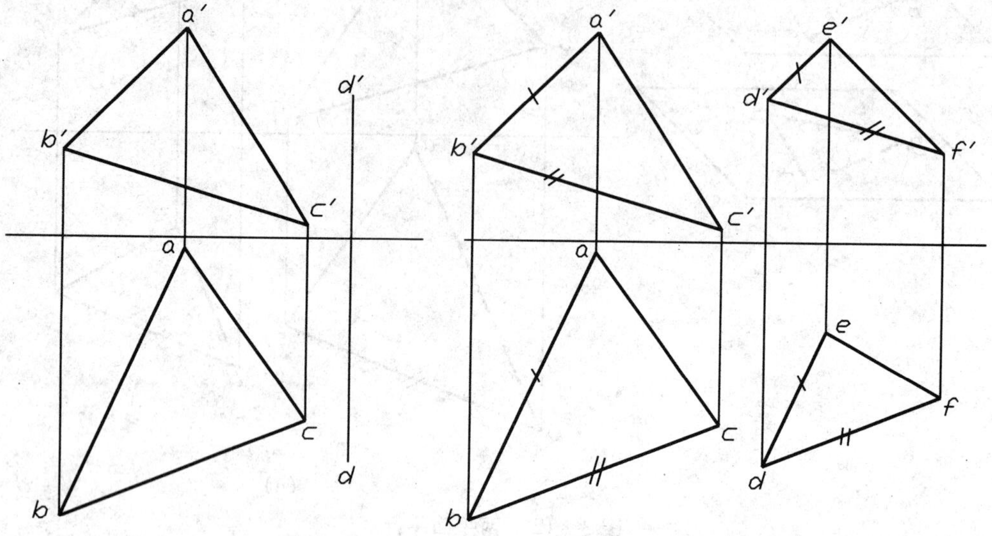

(a) (b)

图 3-14　过点作平面与已知平面平行

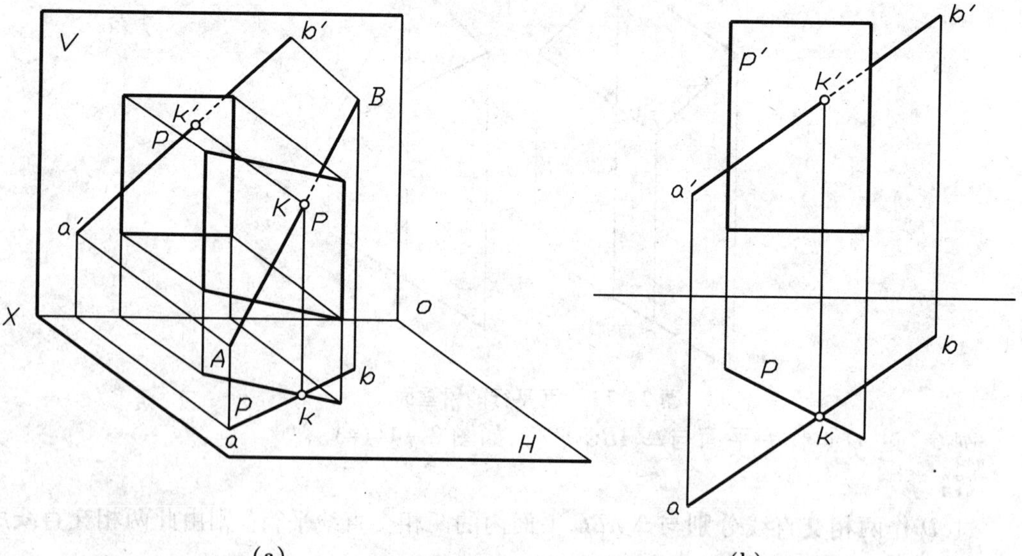

(a) (b)

图 3-15　一般位置直线与铅垂面的交点

(二)投影面垂直线与一般位置平面相交

如图 3-16，求铅垂线 *MN* 与△*ABC* 的交点。因交点 *K* 在直线 *MN* 上，所以交点 *K* 的水平投影 *k* 必在 *MN* 的积聚性投影 *mn* 上，又因 *K* 在△*ABC* 上，故在△*ABC* 内取 *KE* 线，在其上定 *K* 点即可。

由于铅垂线 *MN* 的水平投影有积聚性，故可不判断该投影的可见性。对于 *MN* 直线正面投影的可见性，可利用重影点进行判断，取 *MN* 和 *AB* 的重影点Ⅰ、Ⅱ点，直线 *MN* 上的Ⅰ点在前，AB 上Ⅱ点在后，所以 $m'k'$ 段可见，交点 K 为可见与不可见的分界点，$k'n'$ 段被平面遮挡部分为不可见。

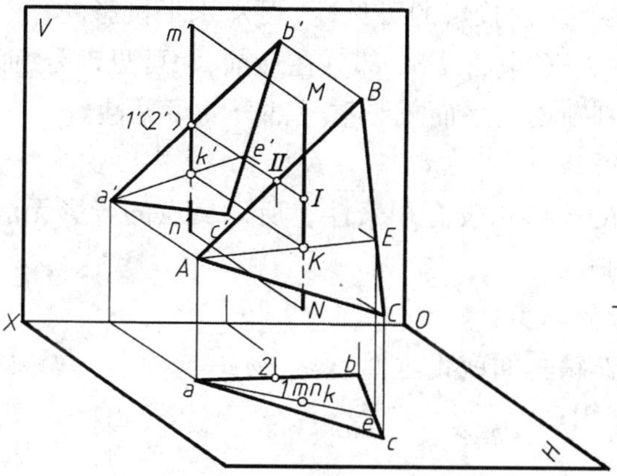

(a)

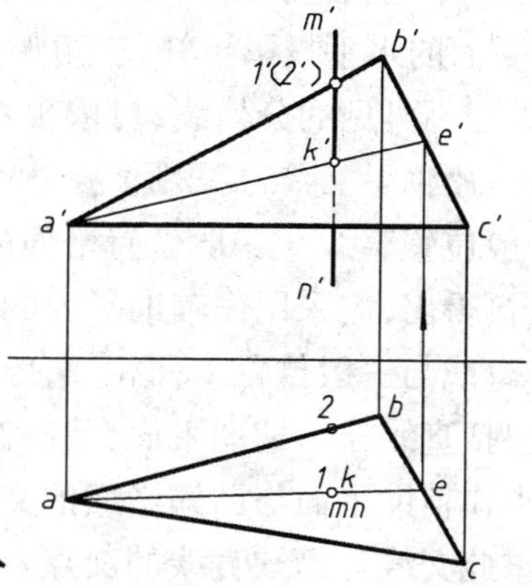

(b)

图 3－16　铅垂线与一般位置平面相交

（三）一般位置平面与特殊位置平面相交

一般位置平面与特殊位置平面相交，两平面交线的一面投影与特殊面的积聚性投影重合，交线的另一面投影可利用在平面上取线的方法求得。

如图 3－17，一铅垂面 $ABCD$ 与一般位置平面 GEF 相交，交线 KL 的水平投影与铅垂面 $ABCD$ 的积聚性投影重合，又因 KL 也在 GEF 面上，且 K 点为 EF 线与铅垂面的交点，L 为 GE 线与铅垂面的交点，根据点与线的从属关系，在 GEF 平面的正面投影上取 k' 和 l' 两点，连接 $k'l'$ 即为所求。由水平投影可知，平面 $FGLK$ 部分在平面 $ABCD$ 以前，因此，$k'f'g'l'$ 部分为可见，又因交线 KL 为可见与不可见的分界线，$k'l'e'$ 被平面 $ABCD$ 遮挡部分为不可见。水平投影有积聚性，不必判断可见性。

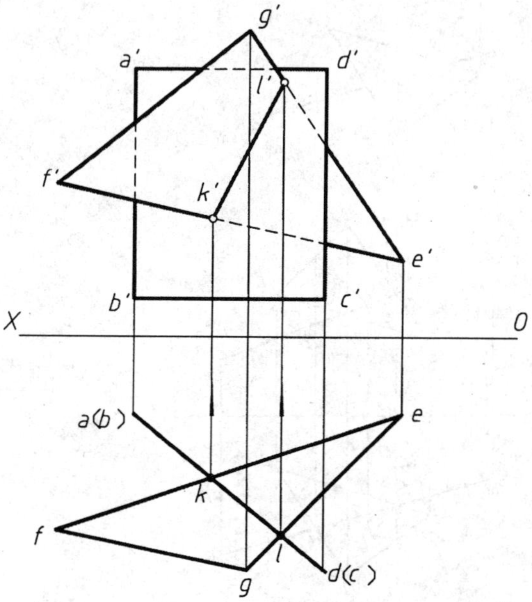

图 3－17　一般位置平面与特殊位置平面相交

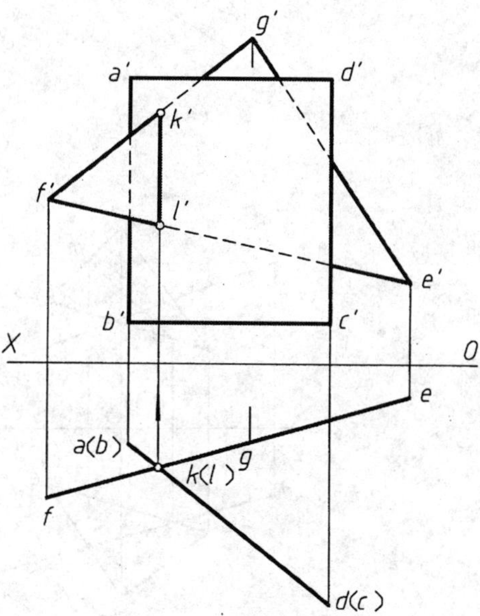

图 3－18　两垂直面相交

(四)两投影面垂直面相交

图 3－18 为两铅垂面相交，由初等几何可知：其交线也为铅垂线，交线的水平投影积聚成点 $k(l)$，正面投影 $k'l' \perp OX$ 轴。正面投影的可见性，可从水平投影的积聚性判断。由两平面的水平投影可知，三角形 EFG 中的 FKL 部分在最前，为可见部分，而交线 KL 为可见与不可见的分界线，可依次判断出两平面投影重叠部分的可见性。

(五)一般位置直线与一般位置平面相交

因一般位置直线与一般位置平面的投影均没有积聚性，所以交点的投影无法从投影图中直接得出，需采用作辅助平面的方法。

求作直线与一般位置平面相交，应分三步：

(1)包括直线作一辅助平面(一般作铅垂面或正垂面)；

(2)求作辅助平面与已知平面的交线；

(3)求此交线与已知直线的交点。

如图 3－19 所示，求一般直线 AB 与三角形 CDE 平面的交点，可包括直线 AB 作一铅垂面 R，求 R 平面与三角形 CDE 的交线 MN，最后求 MN 与 AB 线的交点 K，即为所求。判断可见性，对 H 面，取 DE 和 AB 的重影点 1(2)，DE 在上，AB 在下，KB 段被三角形 CDE 遮挡部分为不可见，交点 K 为可见与不可见的分界点，ak 段为可见；同理可判断 V 面投影的可见性，取 CD 与 AB 的重影 3′(4′)，CD 在前，AB 在后，$a'k'$被三角形 CDE 遮挡部分为不可见，$k'b'$为可见。

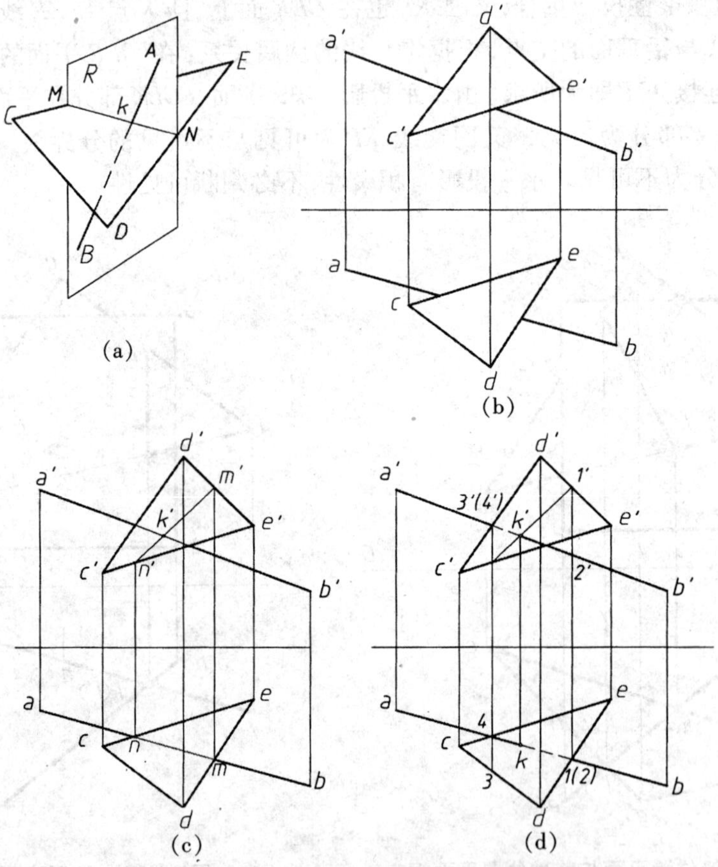

图 3－19　一般位置直线与一般位置平面交点

例 7. 用换面法求 AB 直线与平面三角形 CDE 的交点 K(图 3-20)。

分析：

若通过一次变换，将平面三角形 CDE 变换为新投影面的垂直面，其在新投影面的投影积聚为一直线，参照图 3-15。直线与平面的交点可在新投影中直接定出，再根据换面法的投影规律由新投影求得旧投影。

解：

①在平面三角形 CDE 中取一水平线 EF，更换 V 面，将 EF 直线变换为 V_1 面的垂直线，平面三角形 CDE 成为 V_1 面的垂直面。

②求平面的积聚性投影与 $a_1'b_1'$的交点 k_1'。由换面法中新旧投影连线垂直于新轴的规律，在 AB 上相应求得 k，再根据点线从属规律，求得 k'。

(3)判断可见性的方法与图 3-19 相同。

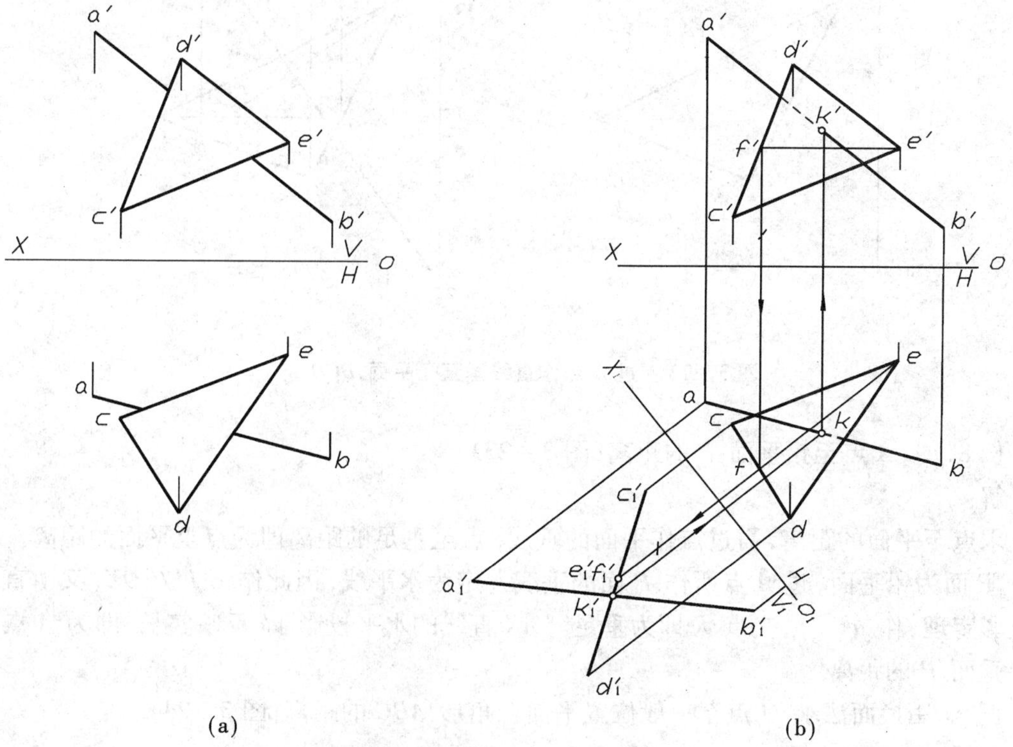

(a)　　　　(b)

图 3-20　用换面法求直线与平面的交点

三、直线与平面、平面与平面垂直

(一)直线与平面垂直

由初等几何可知，直线垂直于平面，则直线与平面内的所有直线垂直，即直线一定垂直于平面内的水平线、正平线。由直角投影定理可知，若直线垂直于水平线，则直线的水平投影定与水平线的水平投影垂直(图 3-21)；同理，直线的正面投影也和正平线的正面投影垂直。

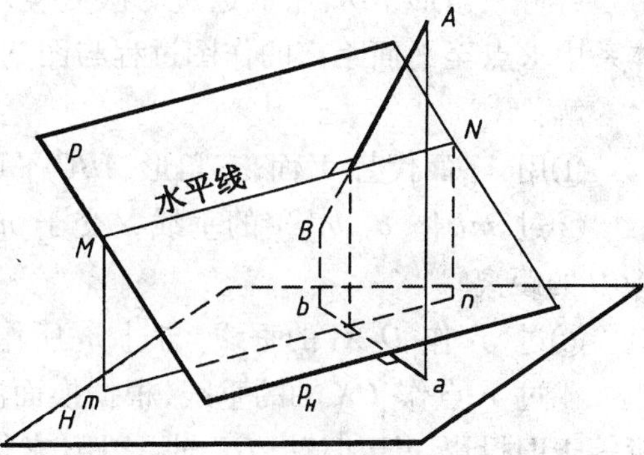

图 3-21　平面垂直线的投影特性

由初等几何还知，若直线垂直于平面内的两相交直线，则直线与平面垂直。如图3－22,过 A 作 $AE\perp$ 平面 BCD,可在平面 BCD 内取一条水平线 BM 和一条正平线 CN,根据直角投影定理,作 $ae\perp bm$, $a'e'\perp c'n'$,则 $AE\perp BCD$。

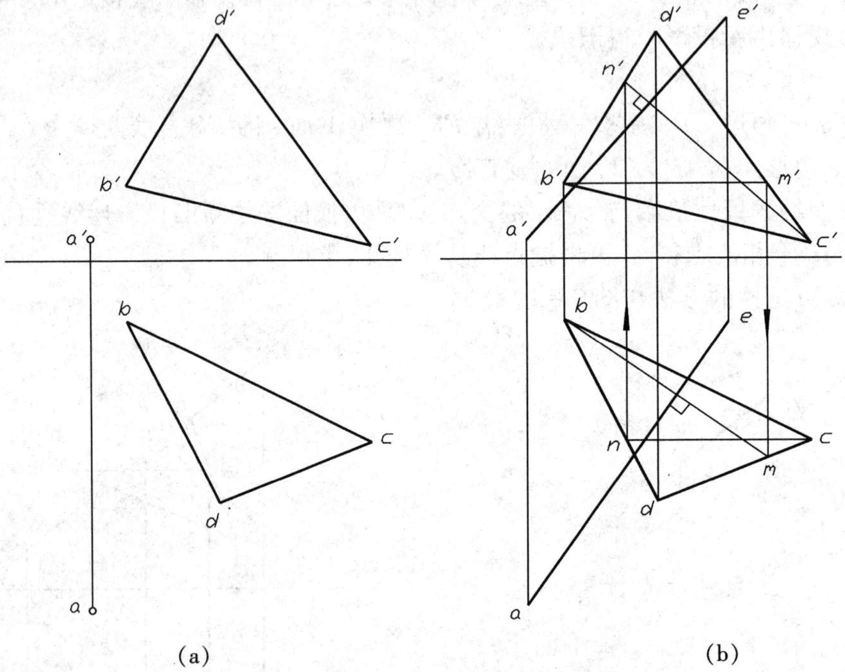

图3－22 过A点作直线垂直于平面 BCD

例8. 求 A 点至铅垂面 P 的距离(图3－23)。

解:

求点至平面的距离,需过点作平面的垂线,点至垂足的距离即为点至平面的距离。由于 P 面为铅垂面,过 A 点所作 P 面的垂线一定为水平线,因此作 $a'k'\mathbin{/\mkern-5mu/} OX$,又由直角投影定理,作 $ak\perp p$,交点 K 即为垂足。AK 直线的水平投影 ak 反映实长,即为 A 点至铅垂面 P 的距离。

例9. 用换面法求 M 点至一般位置平面三角形 ABC 的距离(图3－24)。

分析:

可将三角形 ABC 平面通过一次变换,变换成新投影面(V_1 面)的垂直面,在新投影体系中求点至平面距离的作图过程与图3－23相同。

解:

①用 V_1 面代替 V 面,三角形 ABC 平面在 V_1 面的投影积聚为直线 $a_1'b_1'c_1'$;

②过 m_1' 作 $a_1'b_1'c_1'$ 的垂线，交于 n_1'，$m_1'n_1'$ 即为 m 点至一般位置平面三角形 ABC 的距离;

③过 n_1' 作 O_1X_1 的垂线,与过 m 所作 O_1X_1 的平行线交于 n 点;

④过 n 点作 OX 轴的垂线,根据换面法规律,N 点的新投影 n_1' 至新轴(O_1X_1 轴)之距等于旧投影 n' 至旧轴(OX 轴)之距,求得 n'。

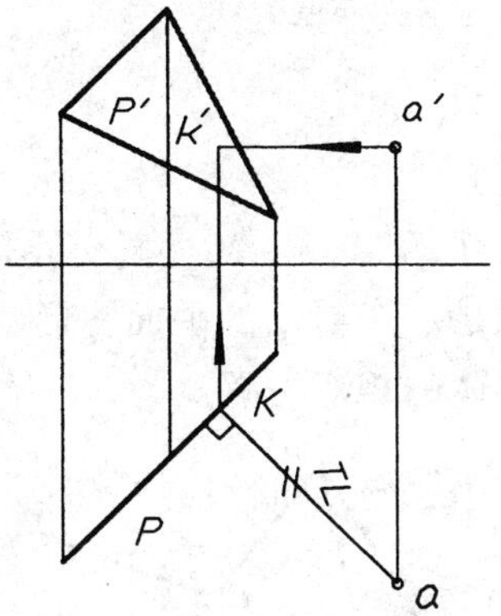

图 3-23　求点至铅垂面的距离

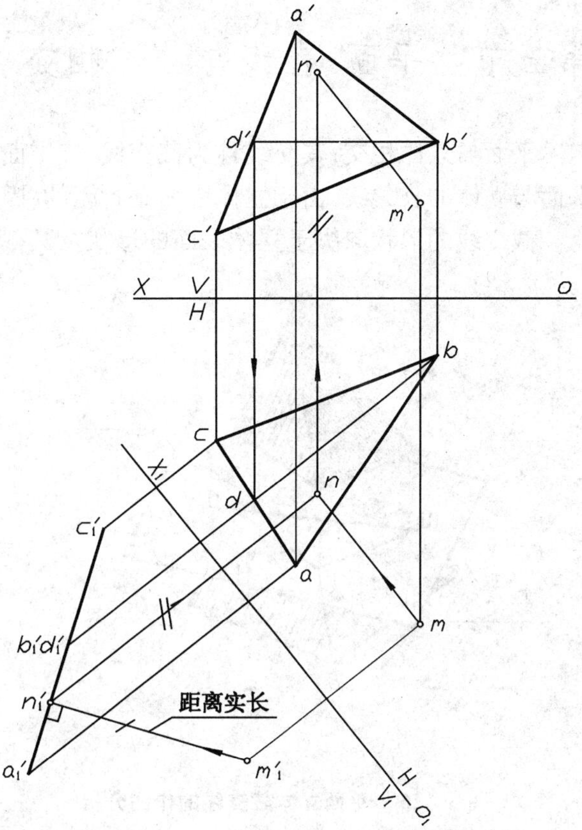

图 3-24　求点至一般位置平面的距离

(二)平面与平面垂直

由初等几何可知，若一平面经过另一平面的一条垂线，那么这两个平面互相垂直如图 3-25(a)。

如图 3-25(b)，过 *AF* 直线作平面 *AEF*⊥平面 *BCD*，只要过 *A* 点作 *AE*⊥*BM*(*BM* 为水平线)，*AE*⊥*CN*(*CN* 为正平线)，则 *AE*⊥平面 *BCD*。因为 *AEF* 平面经过平面 *BCD* 的垂线 *AE*，则平面 *AEF*⊥*BCD*。

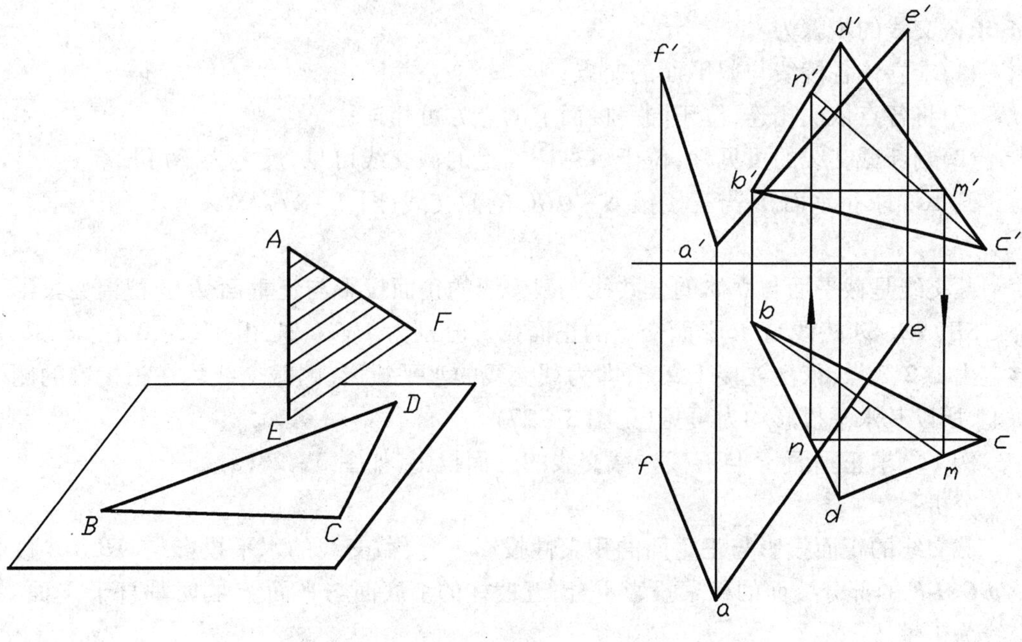

(a)　(b)

图 3-25　过直线作平面垂直于已知平面

第三节 平面、直线与立体相交

平面与立体相交，其交线称为截交线，该平面称为截平面(见图 3－26)。截交线是截平面与立体的公共线，由于立体表面是封闭的，因此截交线是一个封闭的平面图形。

截交线的形状取决于立体表面的形状及其截平面与立体的相对位置。

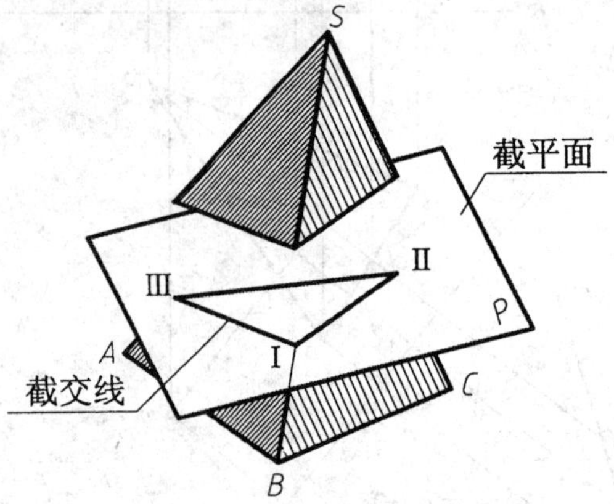

图 3－26 平面立体截交线的作图分析

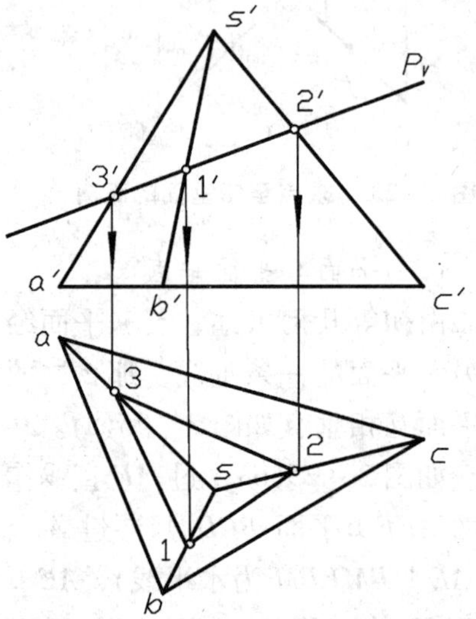

图 3－27 正垂面 P 与三棱锥的交线

一、平面与平面立体相交

平面与平面立体相交的截交线是一个平面多边形，此多边形的各顶点是平面立体的各棱线与截平面的交点，每条边是平面立体的棱面与截平面的交线(见图 3－26)。因此，求截交线的步骤为：

(1)求立体各棱线与截平面的交点；

(2)将各点依次相连，位于同一棱面上的点方可相连；

(3)判断截交线的可见性，位于可见棱面上的截交线可见，反之为不可见。

例 10．求正垂面 *P* 与三棱锥 *S*－*ABC* 的截交线(图 3－27)。

解：

截交线是截平面与立体的公共线，截交线的正面投影与正垂面 *P* 的积聚性投影重合。*SB*、*SC*、*SA* 棱线与 *P* 平面交点的正面投影分别为 1′、2′、3′，由 1′、2′、3′在 *sa*、*sb*、*sc* 上定出 1、2、3 点，依次连接 1、2、3，即为截交线的水平投影。因截交线均在三棱锥的侧棱面上，所以其水平投影均为可见(见图 3－27)。

例 11．求正垂面 *P* 与五棱柱截交线的三面投影，如图 3－28(a)。

分析：

截交线的正面投影与正垂面的积聚性投影重合，截交线的水平投影与 *AB*、*AE* 棱面及 *BC*、*DE* 的部分棱面的积聚投影重合，五棱柱的上底面与平面 *P* 同时垂直于 *V* 面，其交线为正垂线。

解：

在 A、B、E 棱上分别定出Ⅰ、Ⅱ、Ⅴ的正面投影与水平投影，在侧面投影相应棱线上定出 1"、2"、5"。上顶面两条边与 P 面的交点Ⅲ、Ⅳ的水平投影 3、4 可从投影图中直接定出，由点的三面投影规律求得 3"4"，如图 3－28(b)。

根据位于同一棱面上的点方可相连的原则，依次连接Ⅰ、Ⅱ、Ⅲ、Ⅳ、Ⅴ、Ⅰ的三面投影。截交线的二面投影呈类似形（均为五边形），其实形可用换面法将 P 面变换为投影面的平行平面求得，如图 3－28(c)。

截交线的正面投影积聚，可不用判断可见性。因 P 面位于立体的左上方，截交线的水平投影和侧面投影均为可见。最后再对轮廓线进行整理，整理时应注意轮廓的可见性及五棱柱被 P 平面截掉的部分，如图 3－28(c)。

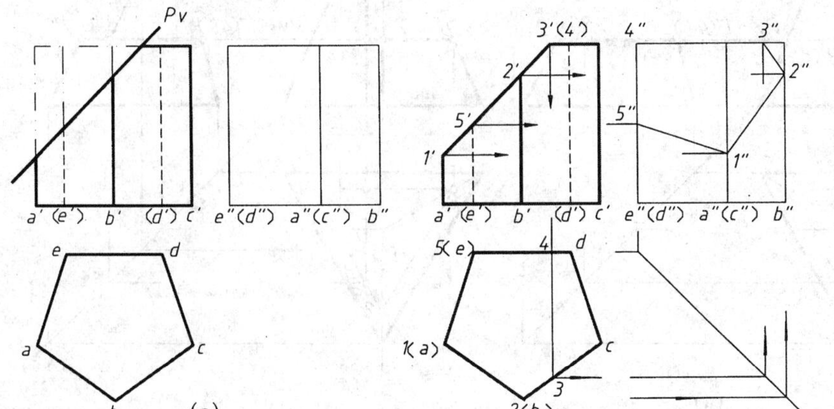

图 3－28　五棱柱被正垂面截切

例 12. 求不完整三棱锥的水平和侧面投影(图 3－29)。

分析：

不完整三棱锥可以被看作完整三棱锥被三个截平面截切，因此需求各截平面与三棱锥的截交线以及三个截平面之间的交线。由于三个截平面均为正垂面，它们的交线为正垂线。

解：

如图 3－29(a)，*P* 平面为水平面，其与三棱锥的截交线为与三棱锥底面相似的三角形，在三角形的水平投影上求得 1、2、3、4 点（Ⅰ、Ⅱ为 *P* 平面与三棱锥左、前棱线的交点，Ⅲ、Ⅳ为 *P* 平面与 *Q* 平面的交线），由三面投影规律求得 1″、2″、3″、4″点，应注意 1″、4″点位于后侧棱面的积聚性投影上。

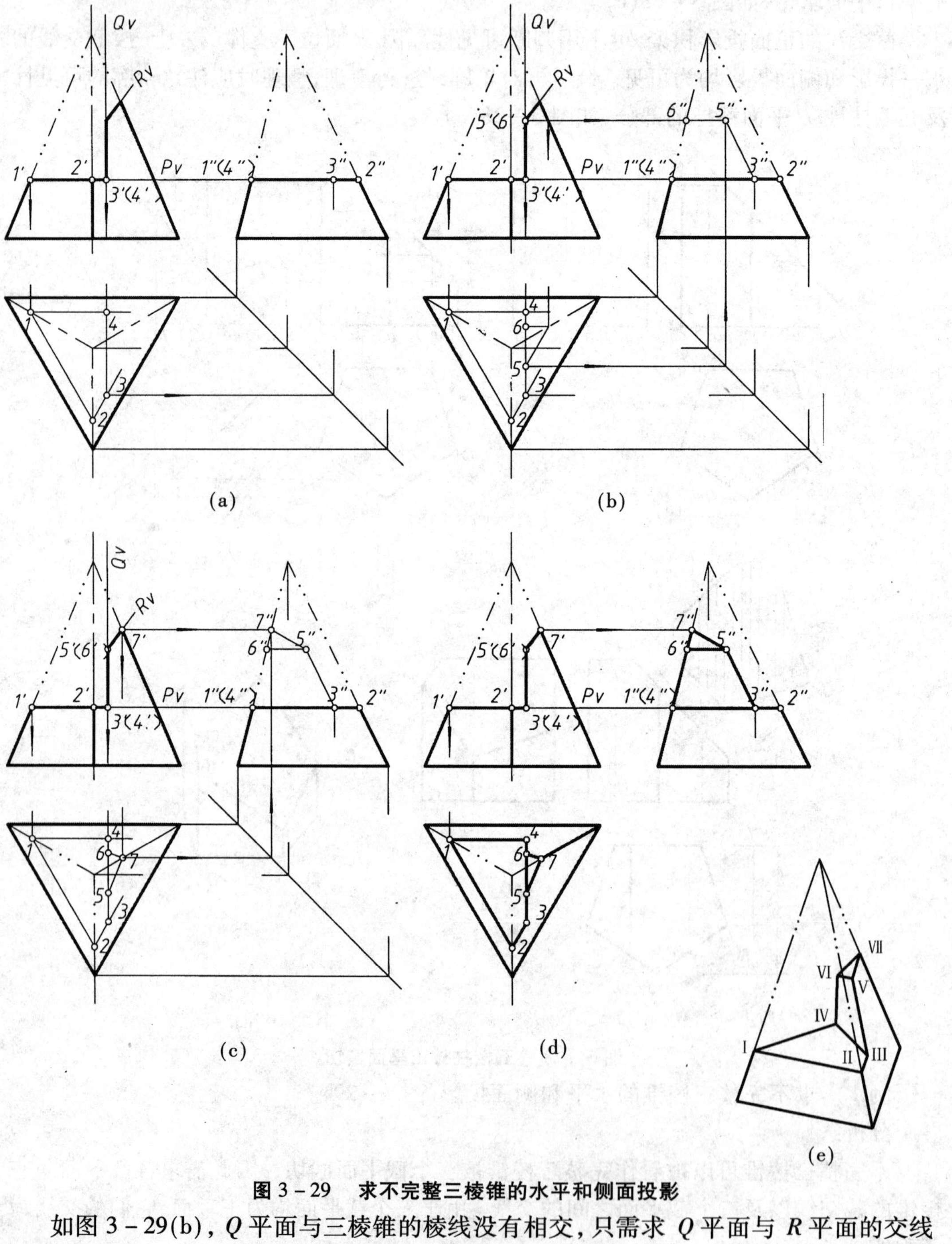

图 3－29　求不完整三棱锥的水平和侧面投影

如图 3－29(b)，*Q* 平面与三棱锥的棱线没有相交，只需求 *Q* 平面与 *R* 平面的交线Ⅴ、Ⅵ；如图 3－29(c)，求 *R* 平面与三棱锥右棱线的交点Ⅶ。

根据同一截平面而又在同一棱面上的两点才可相连，依次连接各点即得截交线的三面投影。因为三个截平面位于三棱锥的左上方，截交线的水平和侧面投影均为可见。对三棱锥的轮廓进行整理后得图 3－29(d)。

二、平面与曲面立体相交

平面与曲面立体相交，其截交线一般为平面曲线。在求截交线时，应考虑先求出它的特殊点，如最高、最低、最左、最右点以及立体轮廓线上的点，立体轮廓线上的点也是截交线可见与不可见的分界点。

(一)平面与圆柱相交

平面与圆柱相交所得截交线共有三种情况：矩形、圆、椭圆(见表 3－1)。

表 3－1 平面与圆柱相交的三种情况

截平面的位置	平行于轴线	垂直于轴线	倾斜于轴线
截交线的形状	(两平行直线)矩形	圆	椭　圆
立体图	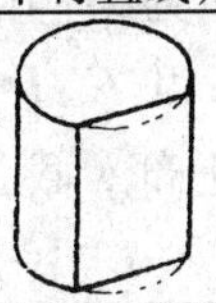	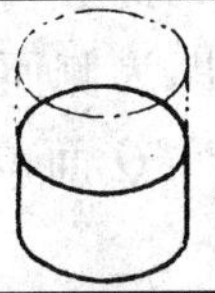	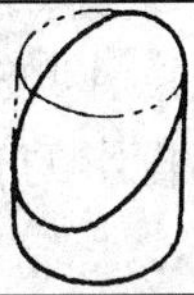
投影图	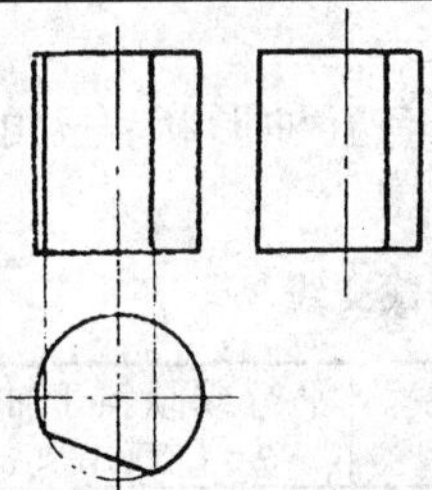	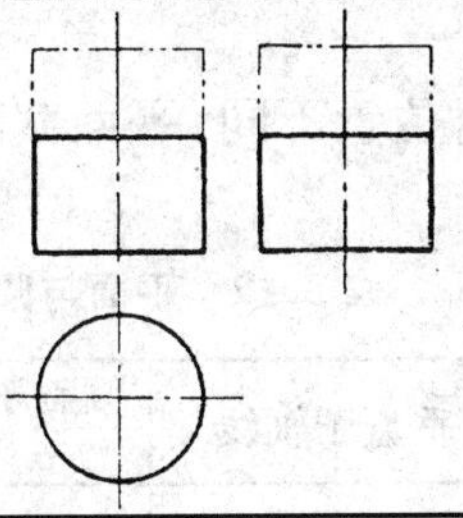	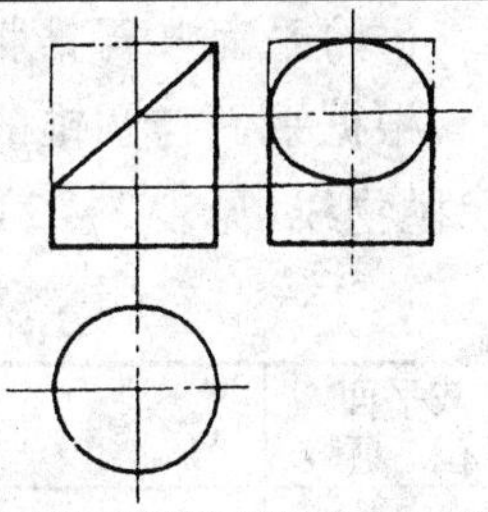

例 13. 求正垂面 P 与圆柱的截交线(图 3－30)。

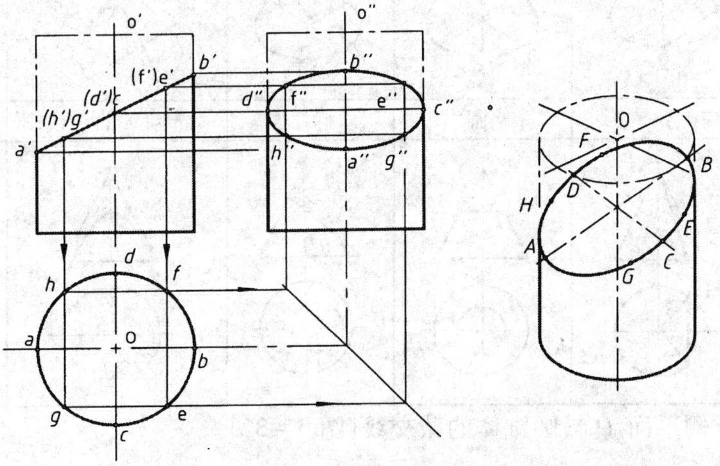

(a)　　(b)

图 3－30　求正垂面 P 与圆柱的截交线

解：

由于正垂面 P 与圆柱轴线倾斜相交，截交线为一椭圆。椭圆的正面投影与正垂面 P 的积聚性投影重合，其水平投影与圆柱面的积聚圆周重合，侧面投影为椭圆。椭圆的长、

短轴为 AB 和 CD，A、B 位于圆柱面的最左、右素线上，其侧面投影与圆柱的轴线重合；C、D 位于圆柱面的最前、后素线上，其侧面投影在圆柱轮廓上。再取出椭圆上一般点 E、F、G、H 的侧面投影 e''、f''、g''、h''（均可按圆柱面上取点的方法求出）。光滑连接各点，即完成椭圆的侧面投影。因为正垂面 P 在圆柱的左上方，椭圆的侧面投影均为可见，作图过程见图 3－30(a)。

例 14. 已知不完整圆柱的水平投影和正面投影，求其侧面投影（见图 3－31）。

解：

如图 3－31 所示，该不完整圆柱可看作圆柱被两个平面所截。P 面为侧平面，与圆柱轴线平行，其截交线为矩形，矩形的宽度可从水平投影上量取（$e''f''=ef$），矩形的高度与 P 平面的高度相同；Q 平面为正垂面，与圆柱斜交，其交线为椭圆，椭圆的投影仍为椭圆（或圆），绘椭圆的侧面投影，应绘出其长、短轴，A 为椭圆长轴的一个端点，C、D 为椭圆短轴的两个端点，EF 为 P 面和 Q 面的交线，GH 为绘椭圆所求的一般点。在这里要注意，圆柱正面投影的轴线即为侧面投影的轮廓线。以 C、D 点为界，上半部分圆柱的侧面投影的轮廓线不存在。P、Q 面位于圆柱的左、上部，截交线的侧面投影均为可见。

（二）平面与圆锥相交

根据平面与圆锥的相对位置不同，平面截圆锥有五种形状：三角形、圆、椭圆、双曲线、抛物线（见表 3－2）。

表 3－2 平面与圆锥的截交线

截平面位置	过锥顶	垂直于轴线	倾斜于轴线 $\theta>\alpha$	平行或倾斜于轴线 $\theta=0°$或 $\theta<\alpha$	倾斜于轴线 $\theta=\alpha$
立体图	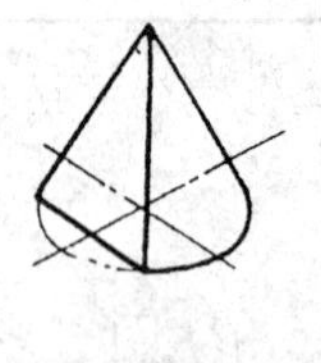	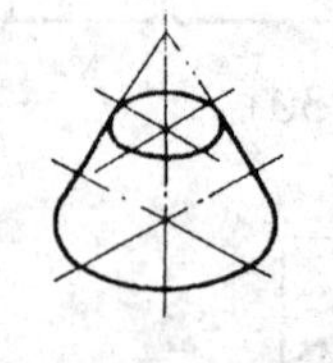			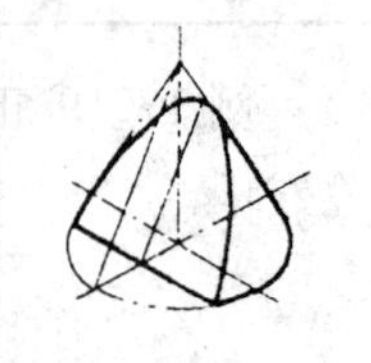
截交线	三角形	圆	椭圆	双曲线	抛物线
投影图	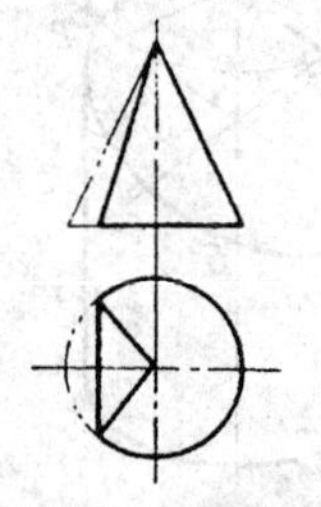	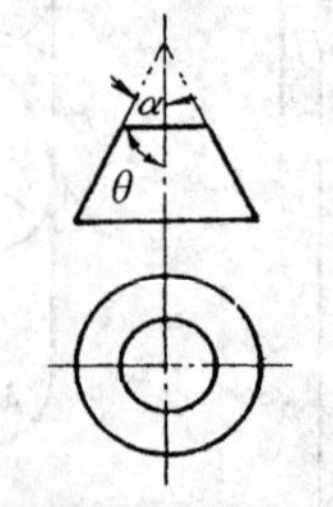	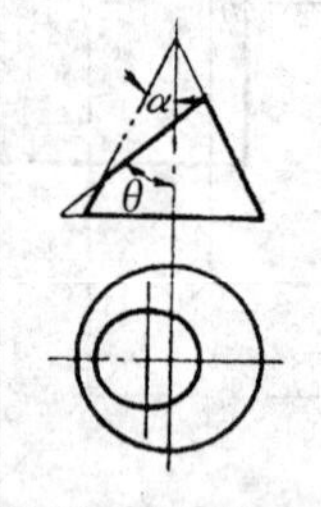	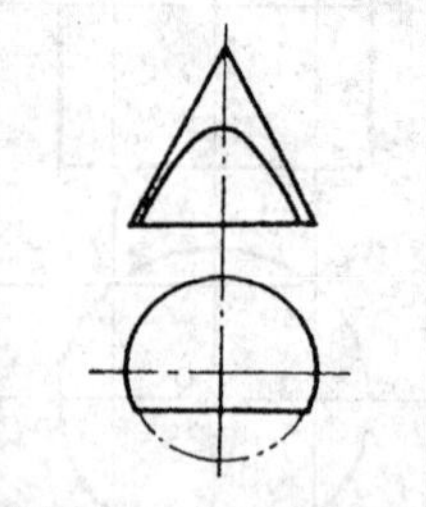	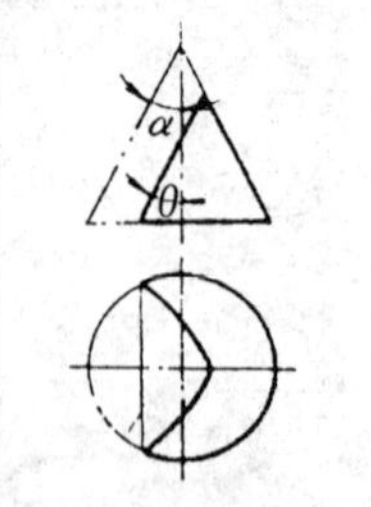

例 15. 求侧平面 Q 与圆锥体的截交线（图 3－32）。

解：

如图 3－32 所示，截平面 Q 为侧平面，截交线的正面投影、水平投影与截平面的积聚性投影重合。因截平面与圆锥的最前、最后两条素线平行，截交线为双曲线。绘制双曲线投影时，应求出双曲线的顶点 A，双曲线的最低点 B、C，E、D 为绘双曲线所求的一般点。用光滑曲线依次连接各点。因 Q 面与左半圆锥相交，截交线的侧面投影为可见。

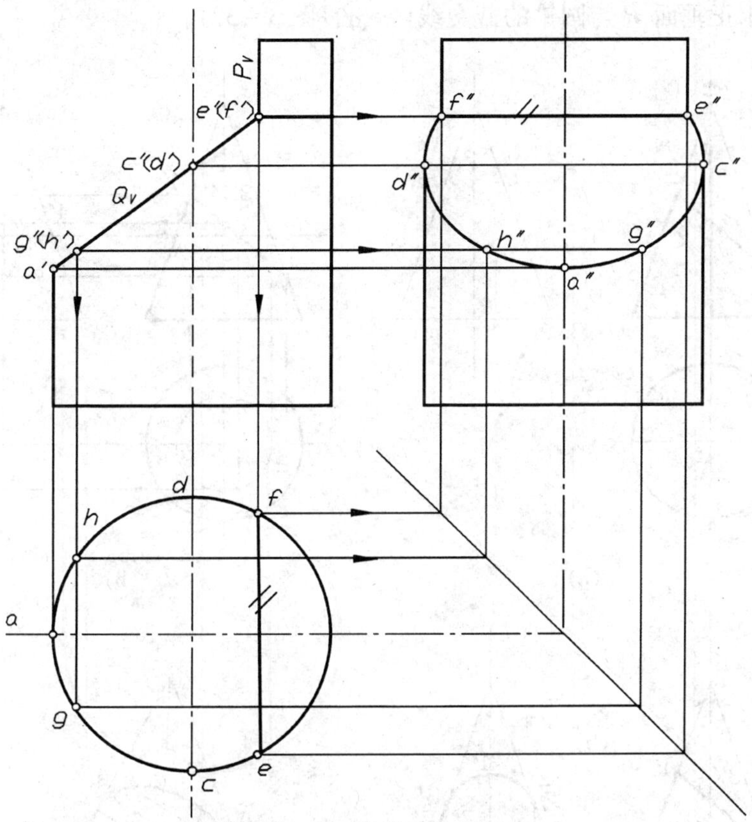

图 3-31　不完整圆柱的投影

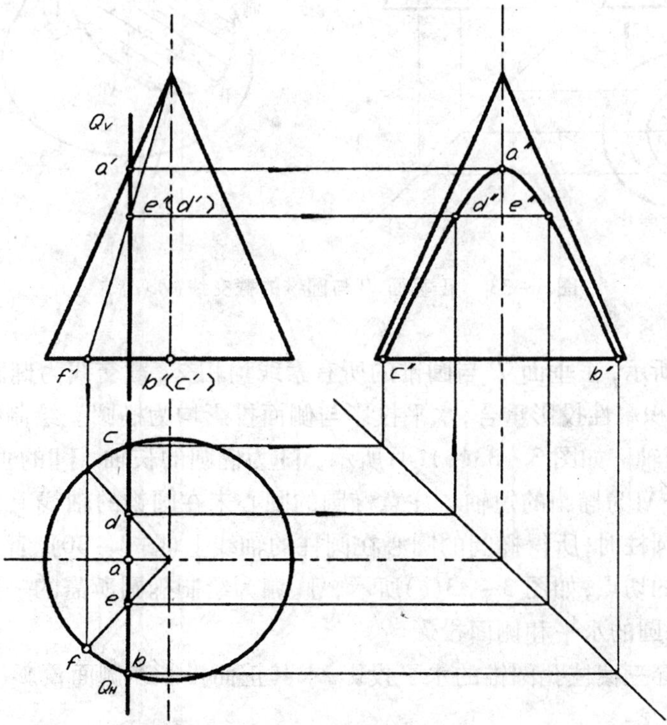

图 3-32　侧平面与圆锥的截交线

例 16. 求正垂面 P 与圆锥的截交线（$\theta>\alpha$）（图 3－33）。

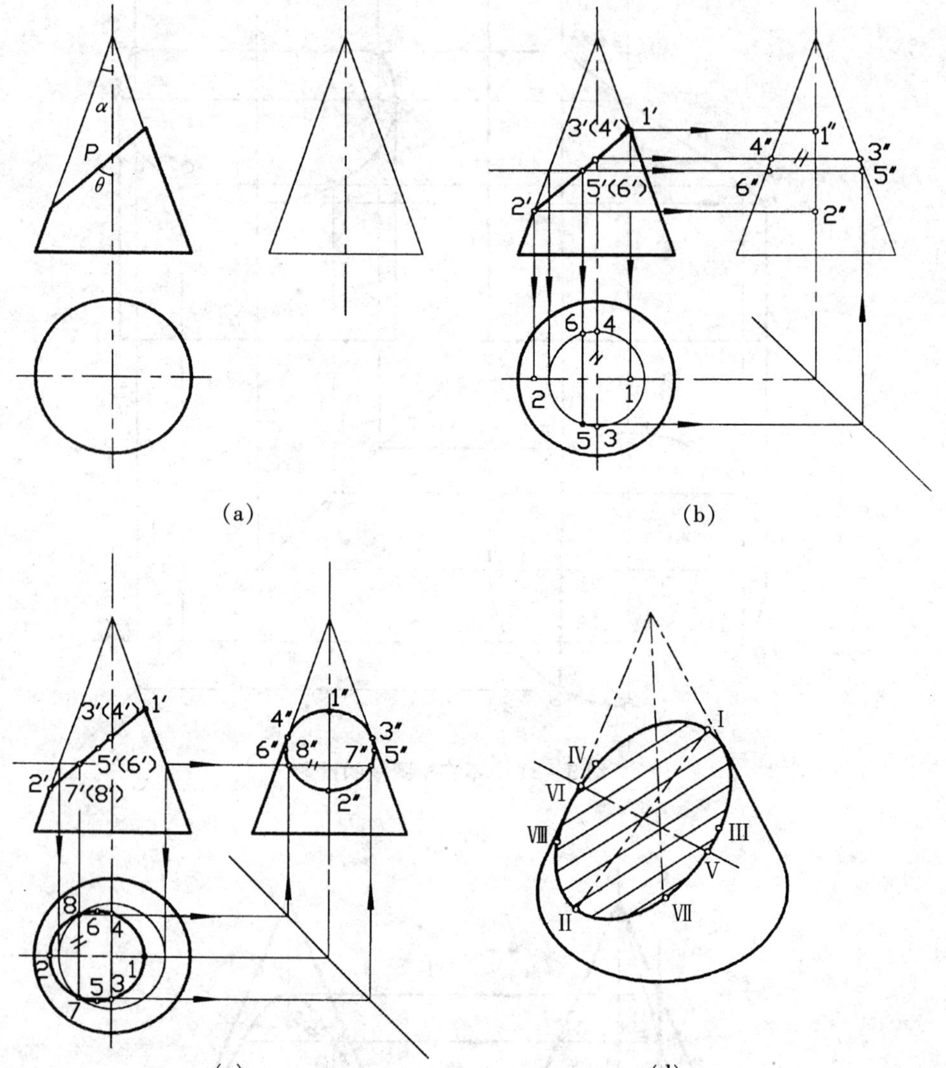

图 3－33　正垂面 P 与圆锥的截交线（$\theta>\alpha$）

解：

如图 3－33 所示，正垂面 P 与圆锥的所有素线均相交，截交线为椭圆，椭圆的正面投影与平面 P 的积聚性投影重合，水平投影与侧面投影均为椭圆。绘制椭圆的投影，应确定椭圆的长、短轴。如图 3－33(b)(d)所示，ⅠⅡ为椭圆的长轴，ⅠⅡ的垂直平分线与圆锥表面的交点Ⅴ、Ⅵ为椭圆的短轴。注意椭圆的圆心未在圆锥的轴线上，而与圆柱轴线倾斜的平面截切圆柱时，所得椭圆的圆心在圆柱的轴线上（图 3－30）。Ⅲ、Ⅳ为椭圆与圆锥侧面投影轮廓的切点，如图 3－33(c)所示，Ⅶ、Ⅷ为绘制椭圆所需的一般点，依次连接椭圆上各点，得椭圆的水平和侧面投影。

例 17. 已知穿三棱柱孔圆锥的水平投影，求其正面投影和侧面投影（图 3－34）。

分析：

三棱柱的三个棱面均为铅垂面，它们均与圆锥的轴线平行，所以孔口线由三段双曲

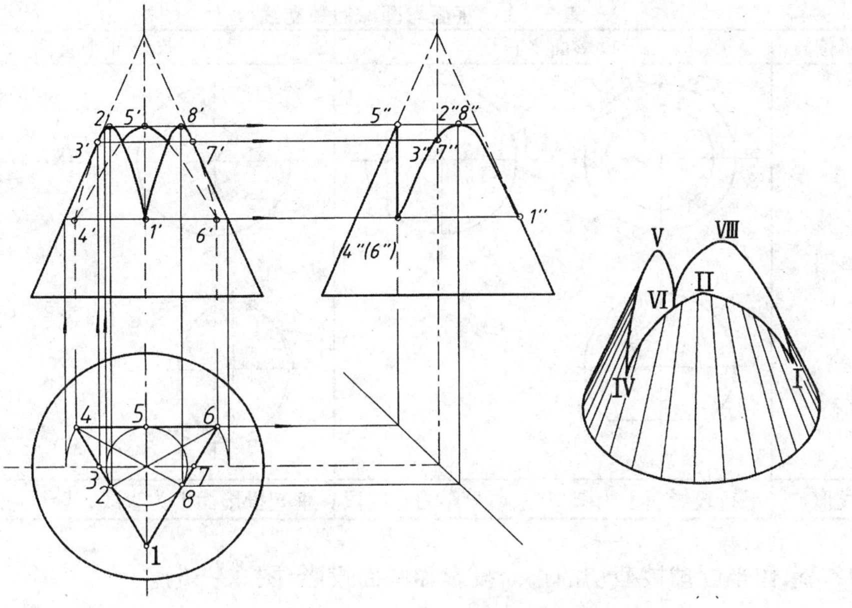

(a)　(b)

图 3-34　穿三棱柱孔圆锥的正面投影和侧面投影

线组成，其中左、右两段双曲线关于圆锥轴线对称，它们的侧面投影重合，三棱柱的后棱面为正平面，与圆锥面相交所得双曲线的正面投影反映实形，侧面投影积聚为直线。

绘制双曲线的投影应确定双曲线的顶点、最低点以及圆锥轮廓线上点。对于截平面为铅垂面的情况，双曲线的顶点的水平投影，可过锥顶 S 的水平投影 s 作截平面积聚性投影的垂线，垂足即为所求(因为其距锥顶 S 的水平投影 s 最近)。从 H 面投影可知，以锥顶 S 为圆心的一圆周内切于三棱柱的三个侧棱面 (切点为Ⅱ、Ⅴ、Ⅷ)，因此三段双曲线的顶点同高。

解：

①由于各点的 H 面投影已知，故可用圆锥面上取点的方法(纬圆法或素线法)，求取各点的正面投影和侧面投影。Ⅱ、Ⅴ、Ⅷ为双曲线的顶点，Ⅴ点的侧面投影 5″位于圆锥侧面投影的轮廓线上；Ⅰ、Ⅳ、Ⅵ为双曲线的最低点；Ⅲ、Ⅶ为双曲线的正面投影与圆锥轮廓的切点。

②判断可见性。由 H 面投影可知，双曲线的ⅠⅡⅢ段和ⅠⅧⅦ段位于前半圆锥，故其正面投影 1′2′3′和 1′8′7′为可见，画成实线；ⅢⅣ段和ⅦⅥ段位于后半圆锥，3′4′和 7′6′为不可见，画成虚线。ⅣⅤⅥ段的正面投影除当中空隙部分可见外，其余均不可见。双曲线侧面投影的可见性，因左右两段双曲线左右对称，侧面投影重合、虚实重合均画成实线。后棱面上的双曲线，侧面投影积聚为一直线段。

③整理三棱柱孔的轮廓线，三棱柱的三条棱线均被圆锥的外表面遮挡，画成虚线。

(三)平面与球相交

平面与球相交，所得截交线为圆，当截平面与投影面平行时，则截交线在该投影面上的投影反映圆的实形，其他两个投影为长度等于圆直径的直线。当截平面与投影面垂直时，截交线在该投影面的投影是长度等于圆直径的直线，其余两个投影为椭圆，见表 3-3。

表 3－3　平面与圆球的截交线

截平面位置	投影面平行面	投影面垂直面
投影图	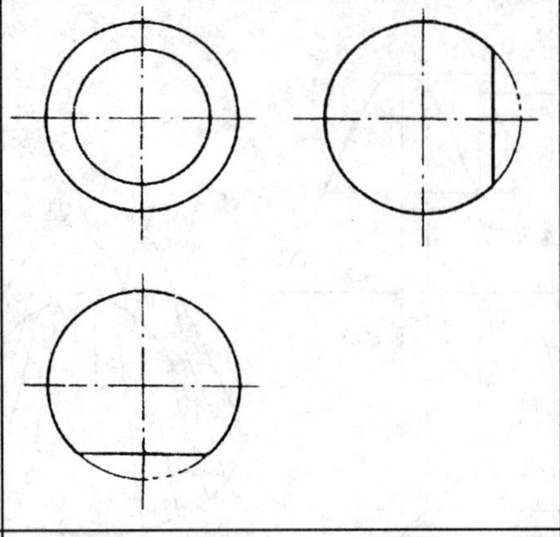	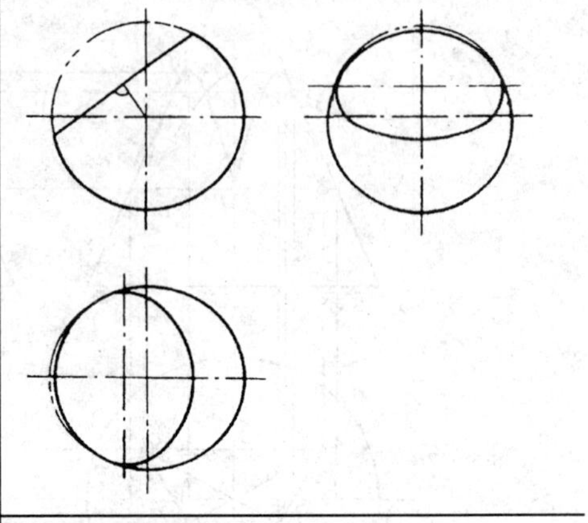
截交线形状	平行投影面上为圆，其余两投影为直线段	垂直投影面上为直线，其余两投影为椭圆

例 18. 求作半圆球被截切的正面投影和侧面投影(图 3－35)。

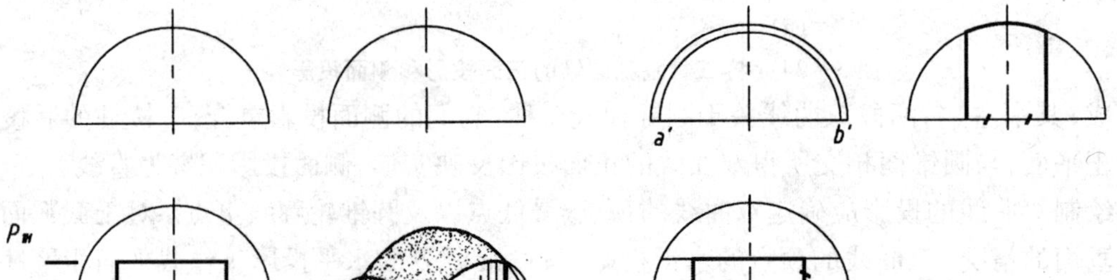

图 3－35　半圆球被正平面和侧平面截切的投影作图

解：

根据半球的水平投影作出半球的正面投影和侧面投影。如图 3－35(c)，P_1、P_2 为两正平面，它们与球的截交线的正面投影反映实形，延长 P_1、P_2 的水平投影，得 ab，即为圆的直径，由此作出该正平圆的正面投影（圆的实形）和侧面投影（为一直线）。如图

3 - 35(d)，Q_1、Q_2 为两侧平面，它们与球的截交线的侧面投影反映实形，延长 Q_1、Q_2 的水平积聚投影，得 cd，即为侧平圆的直径，由此作出该侧平圆的侧面投影(圆的实形)和正面投影(一直线)。擦去作图线，加深图线得图 3 - 35(e)。

三、直线与立体相交

直线与立体相交，其交点称为贯穿点。因为立体是封闭的几何图形，当一直线与立体相交时，则有穿入点和穿出点。相切时，则只有一个切点。

当立体表面的投影有积聚性时，可利用其积聚性直接求得贯穿点，如图 3 - 36(a)；当直线为投影面的垂直线时，贯穿点的一面投影和直线的积聚性投影重合，另一面投影可根据在立体表面取点的方法求得，如图 3 - 36(b)。

直线穿入立体内部的一段直线不必画虚线。位于贯穿点以外的直线段的可见性，可由贯穿点在立体表面上的可见性而定。

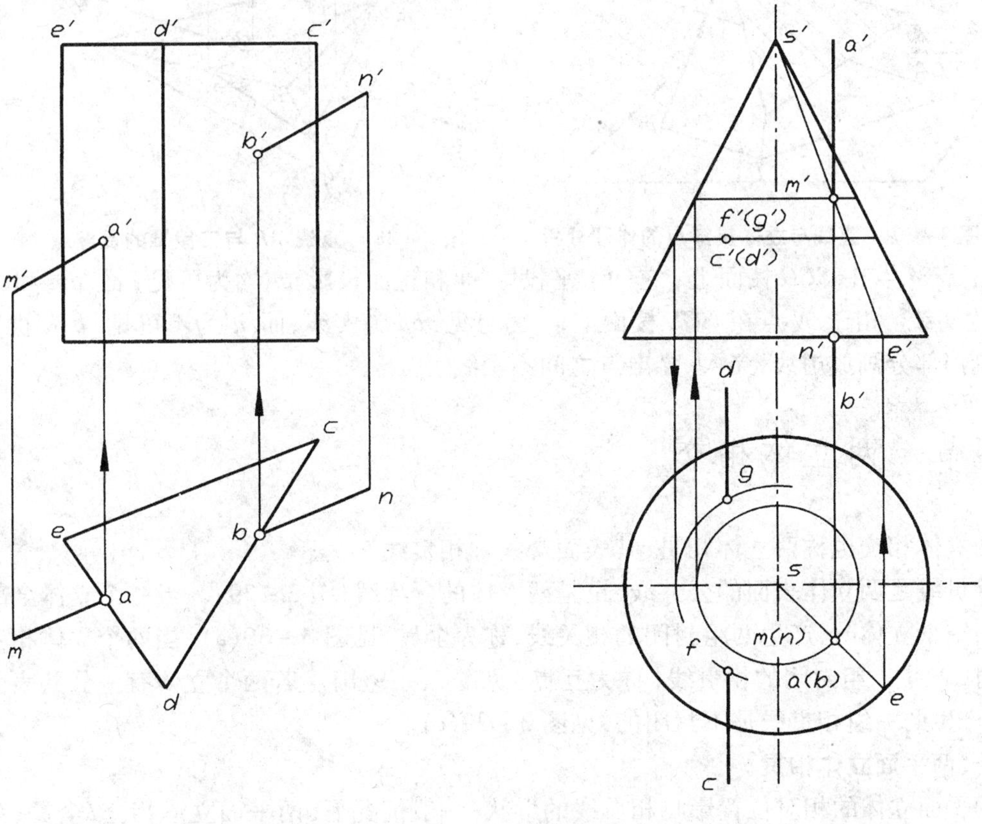

(a)　　　　(b)

图 3 - 36　直线或立体有积聚性时，求直线与立体的贯穿点

当立体或直线的投影没有积聚性时，求贯穿点的方法与求直线与平面交点的方法相同：包括直线作辅助平面，求辅助平面与立体的截交线，再求截交线与直线的交点，即为贯穿点 (图 3 - 37)。注意，选择辅助平面时，应使所得截交线的形状最简单 (直线或圆)。

例 19. 求直线 AB 与三棱锥的贯穿点，并判断 AB 的可见性(图 3 - 38)。

解：

过 AB 直线作一正垂面 P，该面与三棱锥的截交线的水平投影为三角形 123，求三角形 123 与 *ab* 的交点 *m*、*n*，即为穿入、穿出点的水平投影，由 *m*、*n* 在 *a′b′* 上定出 *m′ n′*。

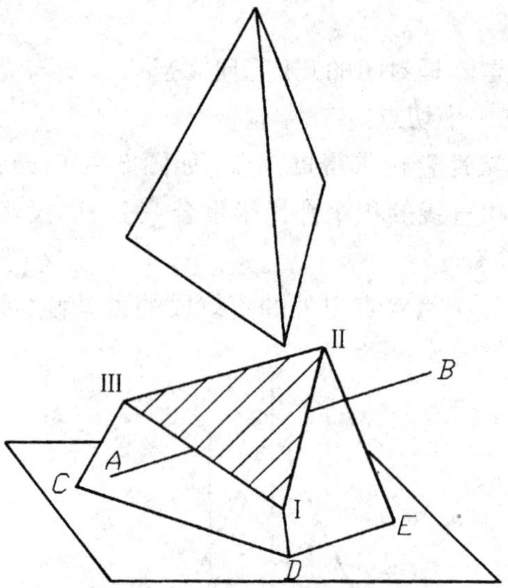

图 3-37　直线与立体贯穿点的作图分析

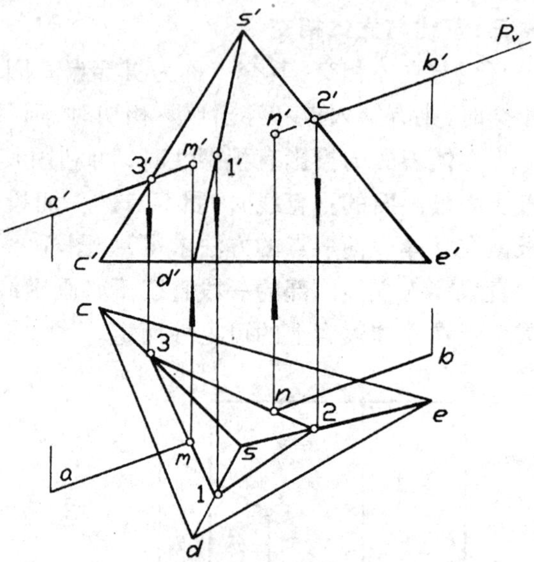

图 3-38　直线 *AB* 与三棱锥的贯穿点

由于 *M* 点在 *SCD* 棱面上，它的水平投影 *m* 和正面投影 *m′* 均为可见，故 *am* 和 *a′m′* 均为实线。由于 *N* 点在 *SCE* 棱面上，*n* 为可见，*bn* 为实线，而 *n′* 为不可见，*b′n′* 被三棱锥遮挡部分画成虚线，穿入、穿出点之间不画线。

第四节　两立体相交

两立体相交也称两立体相贯，其表面交线称相贯线。

相贯线是两立体表面的公共线，也是两立体的分界线(图 3-39)。当一个立体全部贯穿另一个立体时，产生两组封闭的相关线，称为全贯，见图 3-39(a)。当两个立体相互贯穿时，产生一组封闭的相贯线，称为互贯，见图 3-39(b)。若两个立体有一公共表面时，所产生的一组相贯线是不封闭的，见图 3-39(c)。

一、两平面立体相贯

两平面立体的相对位置影响相贯线的形状，一般情况下，两平面立体相交(全贯、互贯)的相贯线为由直线段组成的空间折线多边形，见图 3-39(a)、图 3-39(b)。当一个平面立体的几个棱面只穿过另一立体的同一棱面时，相贯线为平面折线多边形，见图 3-39(a)。

两平面立体相贯线的每一条折线，是两平面立体某两棱面间的交线，各个折点是一个立体的棱线与另一个立体的贯穿点。因此，求作两平面立体相贯线的方法有两种：

(1)求甲乙两立体相应棱面间的交线；

(2)求甲立体各棱线与乙立体的贯穿点和乙立体各棱线与甲立体的贯穿点(相贯线多边形的顶点)，将贯穿点依次相连。

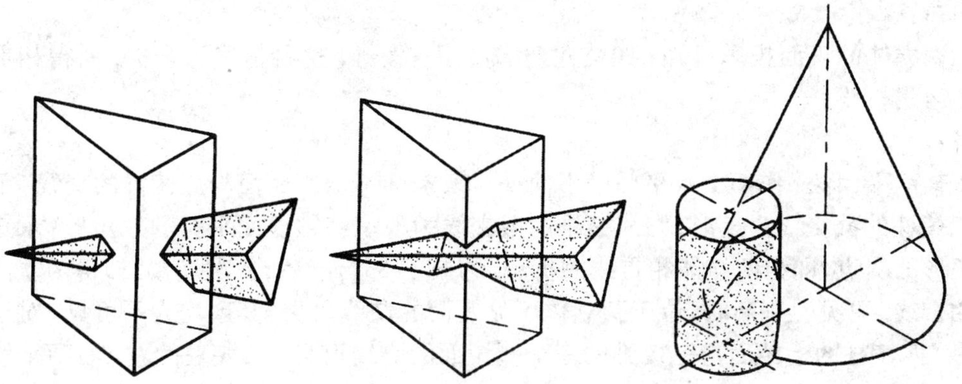

(a)　　(b)　　(c)

图 3－39　两立体相交

作相贯线时还应注意以下三点：

(1) 相贯线的连接，要注意只有位于甲立体的一个棱面上而又同时位于乙立体的同一棱面上的两点才可相连。

(2) 相贯线可见性的判别，必须是产生相贯线段的两立体表面的同面投影同时可见时，该相贯线段的投影才可见，用实线表示，但只要有一个面的同面投影为不可见时，该相贯线段的投影为不可见，用虚线表示。

(3) 在求出相贯线后，还要注意两立体投影重叠处，凡参加相交棱线或素线（轮廓线）的投影，都要连接到贯穿点处，并判别可见性。

例 20. 求作垂直于正面的四棱柱与三棱锥的相贯线(图 3－40)。

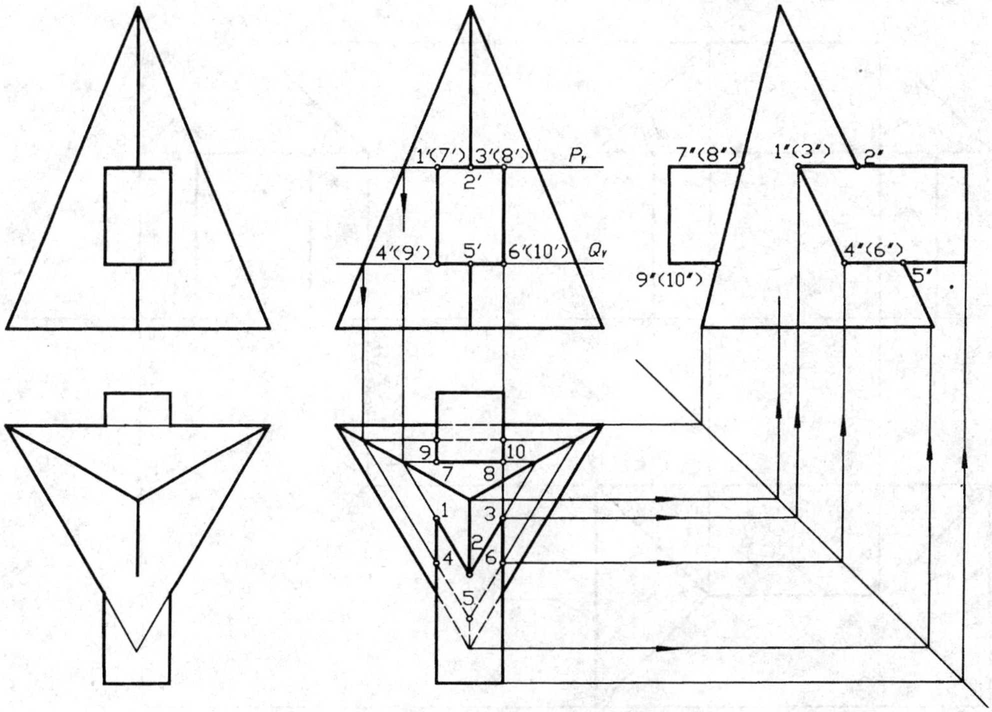

(a)　　(b)

图 3－40　四棱柱与三棱锥的相贯线

分析：

由两立体的正面投影可知：四棱柱全部贯穿三棱锥，这种情况为全贯，所得相贯线为两组封闭折线。

解：

①辅助平面法：作两个水平辅助平面 P、Q，分别求 P、Q 面与三棱锥的交线，平面 P 与四棱柱的截交线为矩形，与三棱锥的截交线为与三棱锥底面平行的三角形，求矩形与三角形的交点，即为两立体相贯线的折点。求出全部折点后，依次连接，即得两立体表面的相贯线。可见性判断时，位于两立体可见表面的交线可见，其余均为不可见。对于水平投影，四棱柱的上棱面与三棱锥的三个侧棱面的交线可见，四棱柱的左、右两个棱面与三棱锥的三个侧棱面的交线积聚；对于侧面投影，由于两立体左右对称，相贯线的侧面投影虚、实重合，表现为实线。

②利用积聚性投影作图：因为相贯线是两立体表面的公共线，相贯线的正面投影与四棱柱的积聚性投影重合，即相贯线正面投影已知，相贯线的水平投影和侧面投影可根据相贯线的正面投影，在三棱锥表面取点、线求得。

注意在画两立体相贯线时，必须将立体的各条棱线连至贯穿点处，补齐立体轮廓时，需考虑两立体相互遮挡的情况。

二、同坡屋面

如果同一屋顶上各个坡面与水平面的倾角都相等，则称为同坡屋面。

绘制同坡屋面的交线，实质上是求两平面交线的作图问题。当同坡屋檐的高度相等时（即所有屋檐在同一水平面上），可应用以下规则在水平投影上求脊棱（分平脊、斜脊或斜沟）的投影（见图 3-41）。

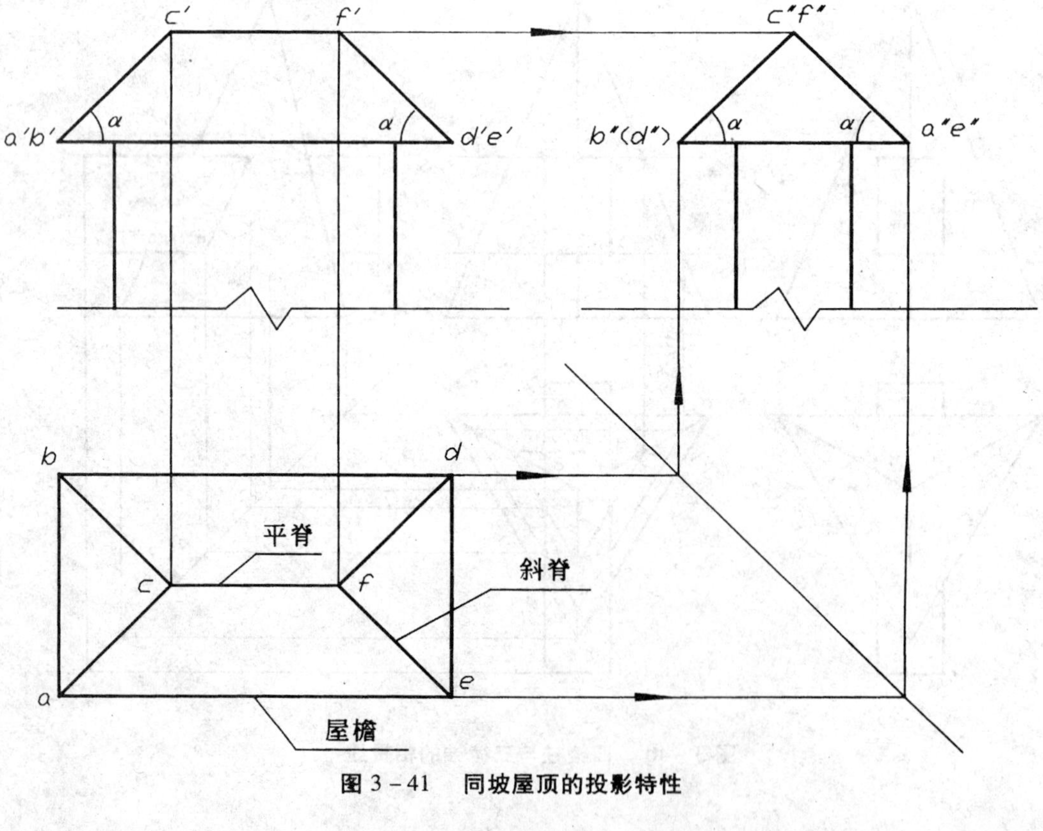

图 3-41 同坡屋顶的投影特性

(1) 两屋面的屋檐平行，两屋面交线为平脊（即屋脊）。屋脊线的 H 面投影，必平行于檐口的 H 面投影，且与两檐口线等距。如图 3－41，平脊 cf 平行于 ae 和 bd。

(2) 两屋面的屋檐相交，屋面交线为斜脊（或斜沟），它的水平投影必为这两屋檐夹角的角平分线。如图 3－41，斜脊 ef 必为屋檐夹角 aed 的角平分线。

(3) 在屋顶上，假如两条脊棱已相交于一点，则过该点必然且至少还有第三条脊线。所以，屋面上的每一点均为三线的交点。如图 3－41，过 f 点有三条脊棱 fc、fd 和 fe。

例 21. 已知同坡屋面水平投影的周界和屋面的坡角，如图 3－42(a)，求作各脊棱的投影。

解：

①先将屋面的水平投影划分为两个矩形 $abcd$ 和 $agfe$，如图 3－42(b)；

②作各矩形顶角的角平分线，以及凹角 chf 的角分线（即斜沟），如图 3－42(c)；

③由于各屋面为正垂面或侧垂面，利用它们的投影特点，由三面投影规律即可求得屋顶的正面投影和侧面投影，将图线进行整理后得图 3－42(d)。

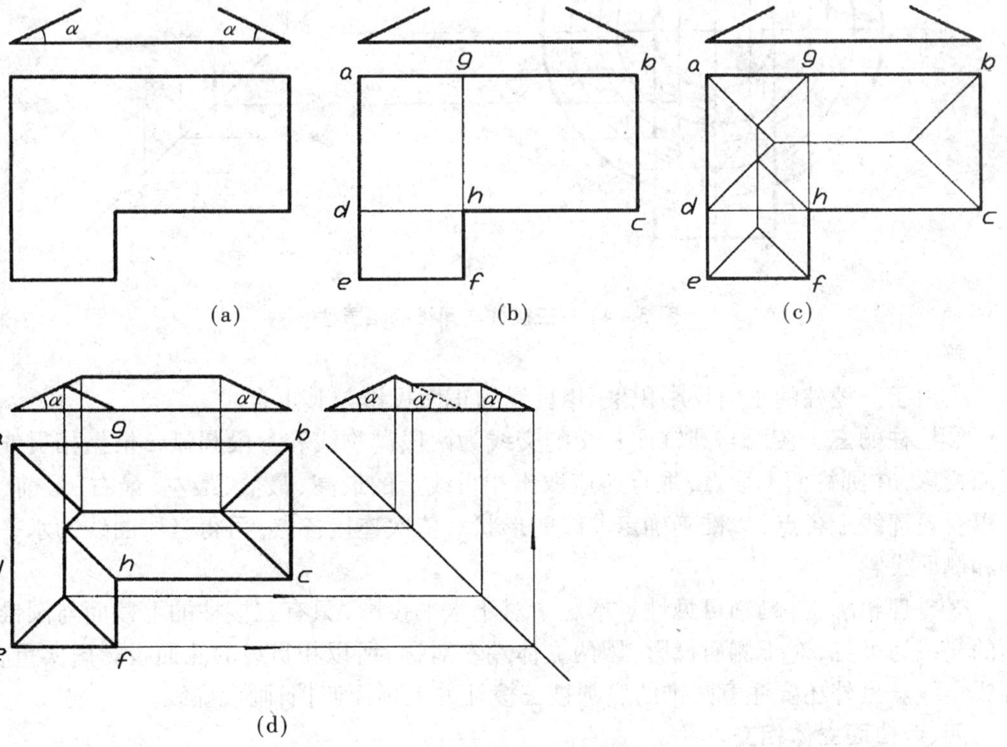

图 3－42　完成同坡屋面的三面投影

三、平面立体与曲面立体相交

平面立体与曲面立体相交，其相贯线为平面立体的棱面与曲面立体表面相交所得截交线的总和。它们之间的相贯线是由若干段平面曲线或若干段平面曲线和直线组成，相贯线的点是平面立体的棱线与曲面立体表面的交点。因此，求平面立体与曲面立体相贯线也就是求平面立体棱面、棱线与曲面立体的交线和交点的问题。相贯线的可见性判断方法同两平面立体相贯，即两立体可见表面部分相交所得相贯线为可见，其余均为不可见。

例 22. 求三棱柱与圆锥的相贯线(图 3－43)。

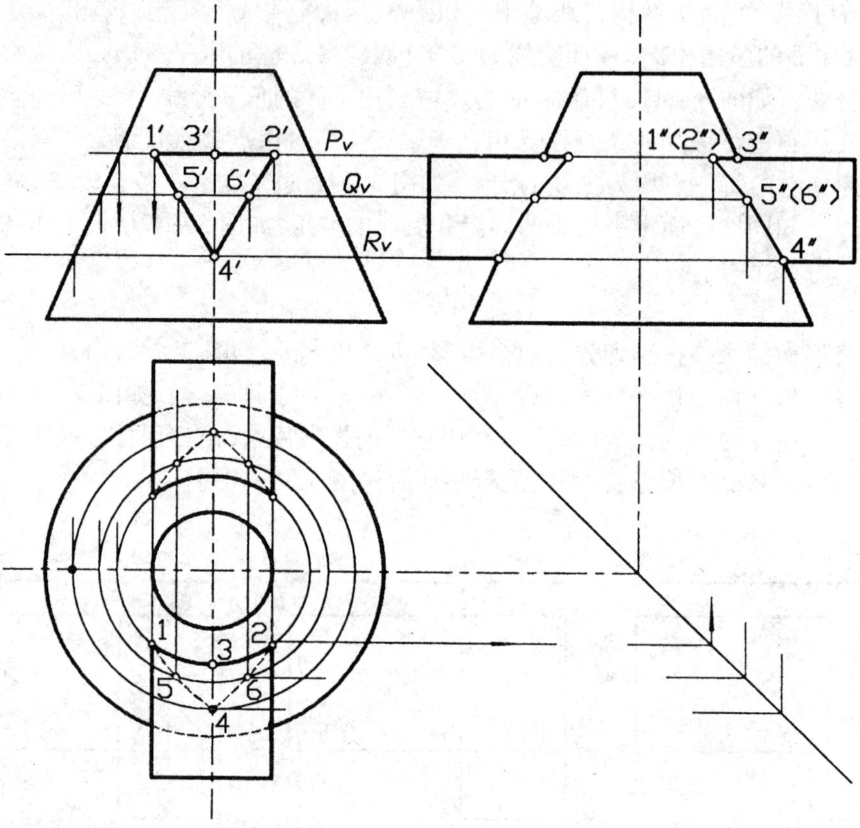

图 3－43　三棱柱与圆锥的相贯线

解：

①由于三棱柱的正面投影积聚，相贯线的正面投影与其重合。

②棱柱的三个棱面与圆锥面相交的交线为两段抛物线和一段圆弧，根据相贯线的正面投影，在圆锥面上取点，取点时应取出相贯线上的最高、最低、最左、最右、最前、最后以及轮廓线上各点，以准确确定曲线的形状。依次连接各点，可得三段曲线的水平投影和侧面投影。

③整理轮廓，并判断可见性。本题中对于水平投影，只有三棱柱的上棱面与圆锥表面的交线为可见；对于侧面投影，因两立体左右对称，所以相贯线的侧面投影虚实重合，画成实线。另外还要注意圆锥的底圆被三棱柱的上顶面遮挡，画成虚线。

四、两曲面立体相交

两曲面立体相贯，一般为封闭的空间曲线(特殊情况下也可以是不封闭的)，或是平面曲线，或是直线。对于相贯线为曲线的情况，应确定相贯线上的最高、最低、最左、最右以及轮廓上点，以控制相贯线的形状。判断两曲面立体相贯线的可见性时，位于两立体均可见部分的相贯线可见，其余为不可见。求两曲面立体的相贯线的方法有两种。

(1)利用立体的积聚性投影求相贯线。

如图 3－44 所示，求轴线正交的两圆柱的相贯线。当立体表面的投影有积聚性时，可利用积聚性投影作图。由于相贯线是两立体表面的公共线，相贯线的水平投影和侧面投影分别与两圆柱的积聚性投影重合，此问题即变成已知相贯线的两面投影求第三面投影的问题。

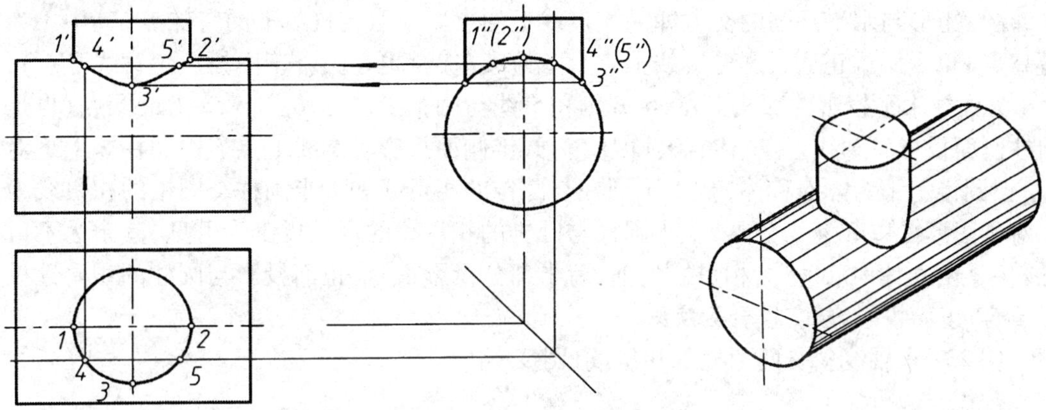

(a)　　　　(b)

图 3－44　求两正交圆柱的相贯线

由于立体前后对称，相贯线的前半部分和后半部分的正面投影重合，故可仅求出相贯线的前半部分的最高、最低、最左、最右以及轮廓上点，本图中，Ⅰ、Ⅱ为相贯线上的最左、最右点，Ⅲ为最低点，Ⅳ、Ⅴ为一般点。由于相贯线前半部分与后半部分对称，可见与不可见部分的投影重合，画成实线。

(2)利用作辅助面法求相贯线。

图 3－45 为用辅助平面法求圆柱与圆锥相交的相贯的作图过程（图中圆柱与圆锥轴线垂直交叉）。

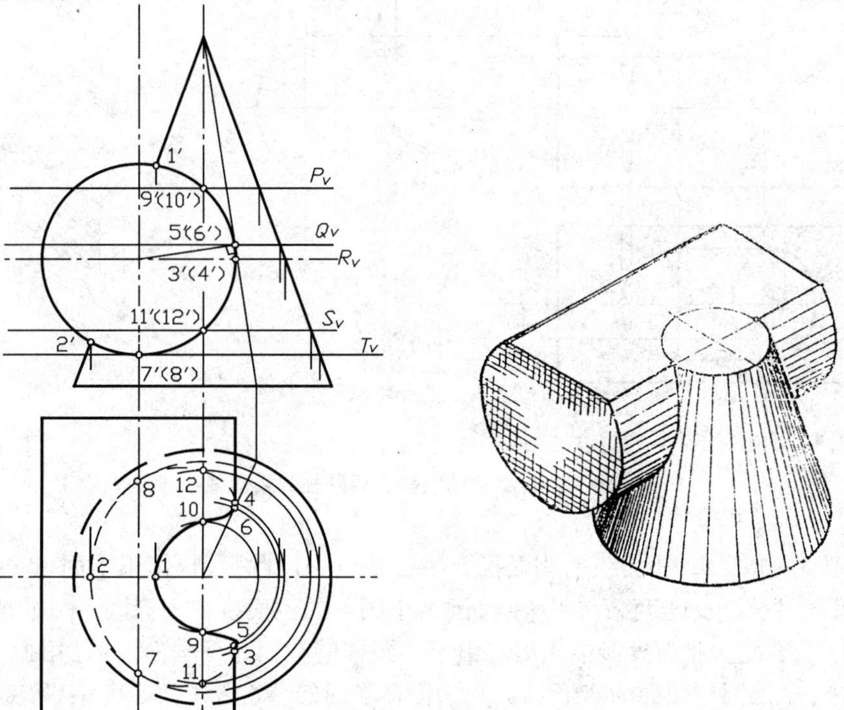

(a)　　　　(b)

图 3－45　求圆柱与圆锥相交的相贯线

作水平辅助平面，该平面与圆柱的截交线为矩形（圆柱素线），与圆锥的截交线为水平纬圆，矩形与水平纬圆的交点即为相贯线上的点。求取相贯线上的特殊点，其中 1 为最高点（也是圆锥正面投影轮廓线上点），2 为最左点（也是圆锥正面投影轮廓线上点），3、4 为圆柱水平投影轮廓线上点，5、6 为相贯线与圆锥素线的切点，7、8 为最低点（也是圆柱侧面投影轮廓线上点），9、10、11、12 为圆锥侧面投影轮廓线上点。因圆柱体上下对称，但圆锥上下为非对称体，故上半圆柱与圆锥的相贯线和下半圆柱与圆锥的相贯线为非对称图形。以 3、4 为分界，上半圆柱与圆锥的相贯线的水平投影为可见，其余为不可见。由于两立体前后对称，相贯线的前、后半部分投影重合。正面投影与圆柱的积聚性投影重合，正面投影虚、实重合为实线。

例 23. 求轴线斜交两圆柱的相贯线(图 3－46)。

分析：

大圆柱的侧面投影积聚为圆，相贯线的侧面投影在此圆周上，因此仅需作出其水平投影和正面投影。两圆柱前后有一公共对称面，因此相贯线的正面投影前后重合，相贯线的水平投影前后对称，因此仅需求相贯线前半部分的投影。由图 3－46(a)可知，两圆柱的轴线均平行于 V 面，所以可选取正平面作为辅助平面。如图 3－46(b)，正平面 P 与两圆柱的交线为两对平行素线，它们的交点为Ⅳ、Ⅴ，即为相贯线上的点。

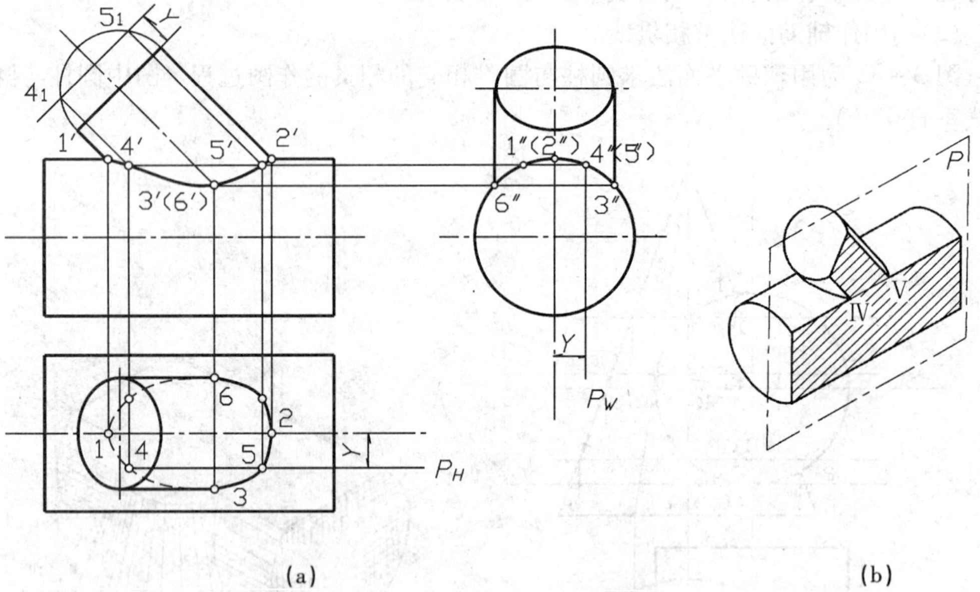

(a) (b)

图 3－46 求轴线斜交两圆柱的相贯线

解：

如图 3－46(a)，相贯线的侧面投影为已知（一段圆弧），作正平面 P 的侧面投影 P_W，与大圆柱分别交于两条水平素线；因为小圆柱的侧面投影为椭圆，平面 P 与小圆柱的交线不能准确从侧面投影中作出。由于小圆柱的端面为正垂面，为此用换面法，在正面投影中，求出圆柱端面的实形（圆），利用 P 平面的 Y 坐标，确定出 4_1、5_1 点，过 4_1、5_1 点作小圆柱轴线的平行线，即为平面 P 与小圆柱交线的正面投影。它们与大圆柱的素线的正面投影交于 4′、5′点，过 4′、5′点向下作垂线，与平面 P 的水平投影交于 4、5 点。同理还可确定出其他各点，其中Ⅰ、Ⅱ为相贯线上的最左、最右点，也是最高点；Ⅲ、Ⅵ点为最低点，也是小圆柱水平投影轮廓线上的点。根据对称的特点，光滑连接各点，即为相贯线的水平投影和正面投影。由两圆柱的正面投影可知，Ⅲ、Ⅵ为相贯线水平投影可见与不可见的分界点(同时位于两圆柱可见表面的部分相贯线为可见，其余为不可见)，相贯线的正面投影，因为可见与不可见部分重合，画成实线，侧面投影积聚不用判断可见性。

五、两曲面立体相贯线的特殊情况

(1)两回转体同轴，其相贯线为垂直于轴线的圆，如图 3－47 所示。

(2)两圆柱与圆锥共切于一球时，其相贯线是两个椭圆，如图 3－48 所示。

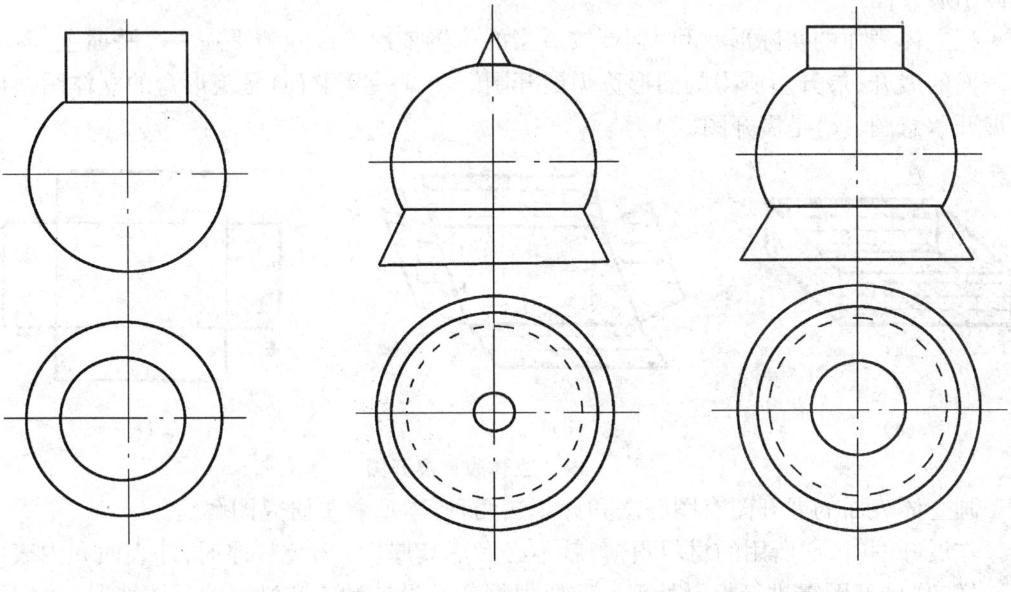

(a)　(b)　(c)

图 3－47　同轴回转体的相贯线

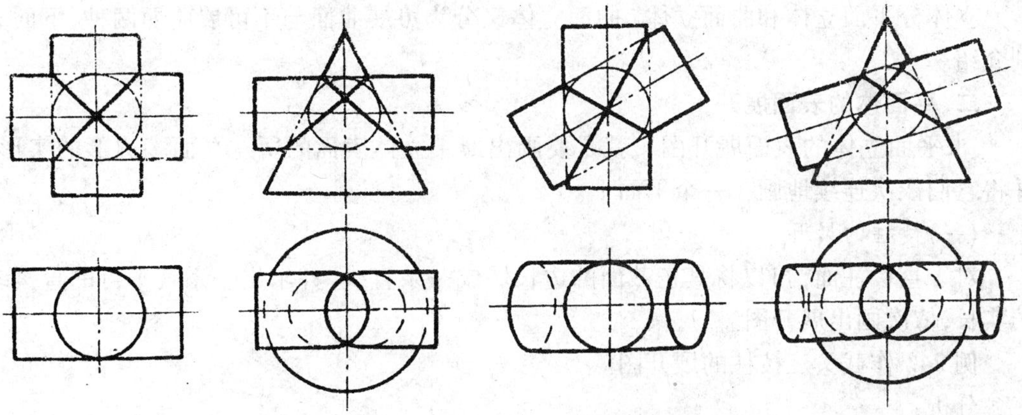

(a)　(b)　(c)　(d)

图 3－48　外切于同一球面的回转体相贯线

第五节　形体表面展开图

一、概述

展开图在各个领域中得到广泛应用，如飞机、汽车、船舶的建造；在建筑工程中制作某些混凝土构件的模板、通风管道、地下管道等。虽然应用的板材种类多样，如金属板、塑料板、纸板、木板等，各种材料的性能、加工方法、连接方式各不相同，但下料之前都应先画出展开图。

把立体表面的实际形状和大小，按适当的位置依次连续地摊平在一个平面上，称立体表面的展开，展开后所得的图形称为展开图。图 3－49 中(a)是矩形盒的立体图，(b)是展开示意图，(c)是展开图。

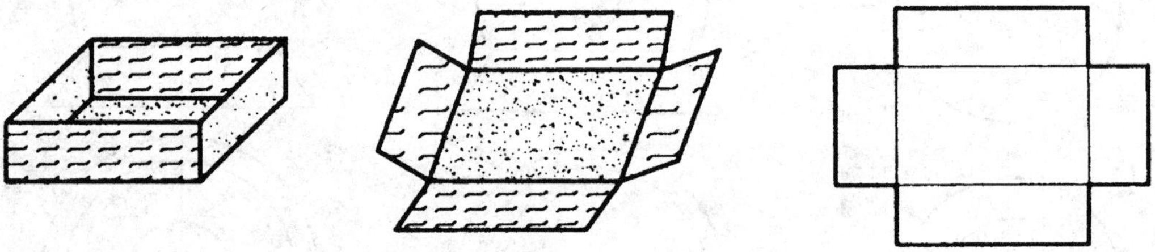

(a)　　(b)　　(c)

图 3－49　立体表面展开图

画立体表面的展开图有图解法和计算法两种，本章着重研究图解法。

作展开图时，如所用的材料很薄，就不必考虑其厚度。若比较厚时，外表面和内表面不一样，作展开图需进行板厚处理。需要根据产品设计和工艺过程的具体情况，决定画外表面还是内表面的展开图。本章着重讲述展开图的画法，不考虑材料的厚度。

立体分平面立体和曲面立体。曲面立体又分为可展曲面与不可展曲面两种，下面分别介绍。

二、平面体的表面展开

求平面立体的表面展开图，就是要画出属于立体表面的所有平面多边形的实形，并将它们依次连续地画在一个平面上。

(一)棱柱的展开

对于直棱柱面，可以将其正截面的边长展成一条直线，并求出一系列平行的直棱线的实长，依次画出展开图。

例 24. 作截头三棱柱的展开图。

分析：

图 3－50(a)是一个截头直三棱柱的投影图，正面投影中反映了各棱线的实长，水平投影反映了底面的实形。由于棱柱的各棱线均垂直于底面，各侧面均为直角梯形，所以展开后，底面的各边成为一直线。上底的实形可以用换面法求得，也可从展开的侧面边长得到。展开时，要本着接缝为最短的原则，从接缝最短处开始展起，这样形体连接牢固，故本例的侧面从 IA 棱开始展开。

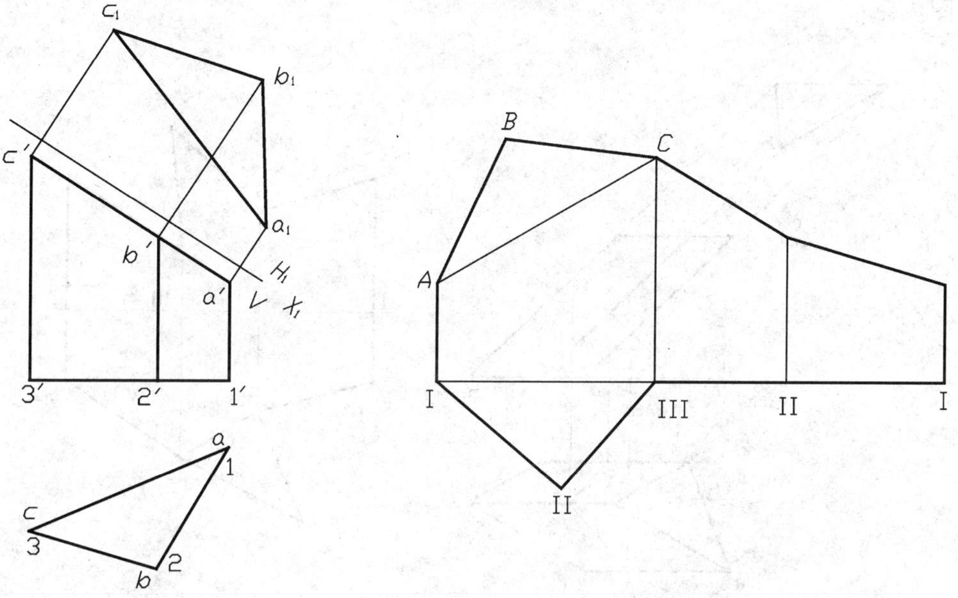

(a)　　　　　　(b)

图 3-50　直棱柱表面的展开图

作图步骤，如图 3-50(b)：

①先把底面三角形各边展成一条直线，ⅠⅡ、ⅡⅢ、ⅢⅠ，分别等于水平投影中的 13、32、21 各段。

②过Ⅰ、Ⅱ、Ⅲ点作垂线，在各垂线上量取相应棱线的实长，得到展开图中各棱线的另一端点，依次连接各端点。

③水平投影即反映下底实形，用换面法作出上底实形。分别以最长的边ⅠⅢ、*AC* 与侧面相连作出△*ABC* 实形△ⅠⅡⅢ。

由于棱柱的棱线是互相平行的，则棱柱的任意一正截面垂直于这些棱线。求出正截面所截棱柱的实形，这个截面的每一边长即反映棱柱相邻棱线间距离，且展成一条与棱线垂直的一直线，这种利用棱柱的正截面来求得立休表面展开图的方法称正截面法。

例 25. 求图 3-51(a)所示的斜三棱柱的展开图。

分析：

图 3-51(a)是一个斜三棱柱的投影图。正面投影反映各棱线的实长，水平投影反映上、下底的实形。利用正截面法作出三棱柱的正截面，将正截面实形的各边展成一条直线，再用例 1 的方法作出展开图。

作图步骤，如图 3-51(b)：

①如图 3-51(a)所示，任作一垂直于棱线的正垂面 *P*，用换面法求出截面交线的实形△$1_1 2_1 3_1$。

②如图 3-51(b)，任作水平线，并在其上截取ⅠⅡ = $1_1 2_1$，ⅡⅢ = $2_1 3_1$，ⅢⅠ = $3_1 1_1$。

③过Ⅰ、Ⅱ、Ⅲ、Ⅰ各点分别作水平线的垂线，这些垂线就是各棱线在展开图中的位置。

④在各垂线上分别量取对应棱线的实长，即Ⅰ*A* = 1′*a*′，Ⅰ*D* = 1′*d*′…等，得到 *A*、*B*、*C*、*A* 及 *D*、*E*、*F*、*D* 各点，用直线连接各点，并作出上、下底面的实形，即得斜三棱柱的

展开图。

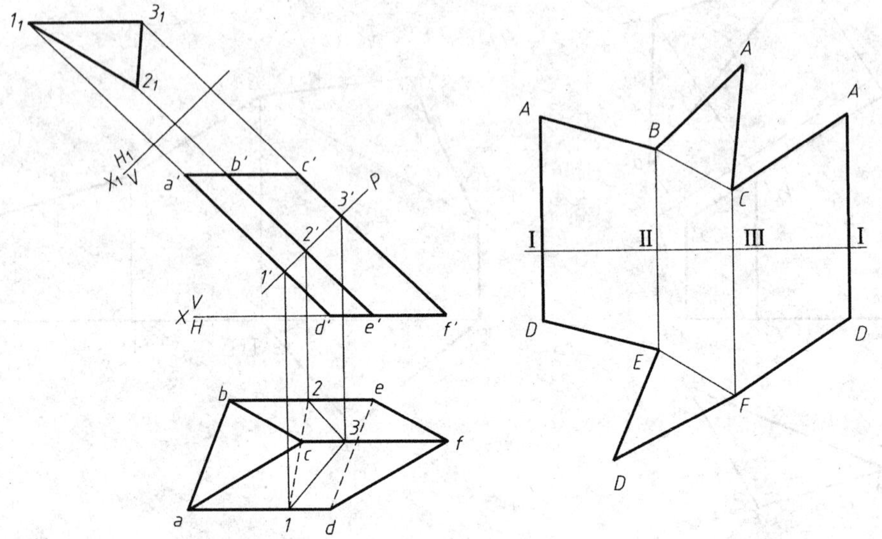

(a)　　　　　　　　　　　　　　　　　　(b)

图 3-51　斜三棱柱的展开图

(二)棱锥的展开

棱锥的侧表面都是三角形，只要求出各棱线和底边的实长，依次画出各棱面（三角形）的实形，即为展开图。

例 26. 作图 3-52(a)所示截头三棱锥的展开图。

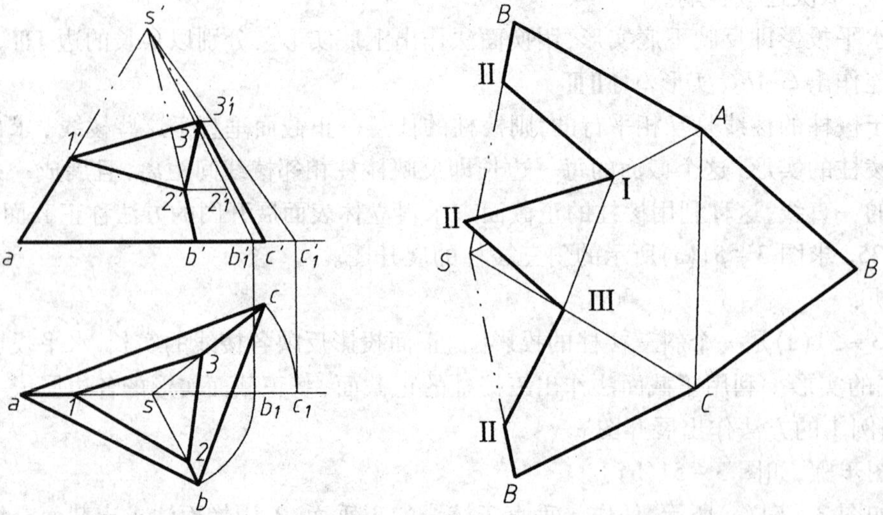

(a)　　　　　　　　　　　　　　　　　　(b)

图 3-52　斜截棱锥表面的展开图

分析：

由图 3-52(a)可知该截头三棱锥由三个四边形的棱面和一个三角形底面及一个三角形截面围成。它是由三棱锥 $S-ABC$ 被斜截而成，所以展开时，可先作出 $S-ABC$ 的展开图，然后在三棱锥上定出截点 Ⅰ、Ⅱ、Ⅲ 的位置即可连出四边形棱面，三角形下底面及三角形截面随之也确定。

作图步骤，如图 1－52(b)：

①延长各棱线交于一点 $S(s、s')$，即锥顶。

②求出各棱线实长。SA 为正平线，$s'a'$反映实长，其他两棱线 SB、SC 的实长本例用旋转法求出($s'b_1's_1'c_1'$)。

③分别在 $s'a'$、$s_1'b_1'$和 $s'c_1'$上得截口的顶点 $1'$、$2_1'$、$3_1'$。

④在适当的位置画出 SA，以 S 为圆心，SB 的长 $s'b_1'$为半径作弧，再以 A 为圆心，ab 的长半径作弧，两弧交于 B，求出 SAB 棱面实形。同法连续作出棱面 SAC、SCB 及底面 ABC 的实形。

⑤根据 SⅠ、SⅡ、SⅢ的实长，在各棱线上确定Ⅰ、Ⅱ、Ⅲ的位置，再求出截口的实形，为三角形ⅠⅡⅢ。

如果锥顶比较远时，可将各四边形棱面分成两个三角形，并求出它们的实形，然后依次展开各三角形实形，即得所求的展开图。

(三)相交平面体的展开

将相交平面体分成几部分，分别按展开棱柱或棱锥的方法展开每一部分。

例 27. 如图 3－53 为一水落管下部一段斜管投影图，作斜管的展开图。

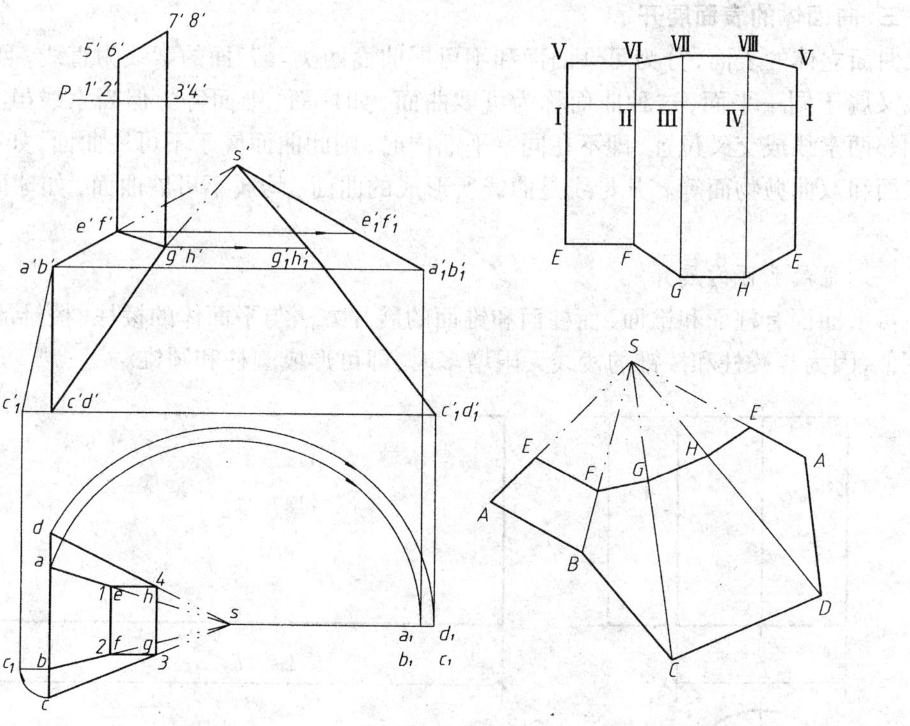

(a)　　　　　　　　　　(b)

图 3－53　斜管的展开

分析：

该斜管由一段斜截四棱柱和一段斜截四棱锥台两部分组成。斜截四棱柱可用正截面法展开；延长斜截四棱锥台的棱线，得到锥顶 S，可利用棱锥的展开方法将四棱锥台展开。

作图步骤：

①如图 3－53(a)所示，在斜截四棱柱上任作一垂直于棱线的水平面 P，其截交线的水平投影即反映截交线的实长。

②如图 3－53(b)所示将截交线展成一条直线，使得Ⅰ Ⅱ、Ⅱ Ⅲ、Ⅲ Ⅳ、Ⅳ Ⅰ分别等于 12、23、34、41。

③过各点分别作直线Ⅰ Ⅰ的垂线，在各垂线上分别量取对应棱线的实长，即 Ⅳ＝1′5′、ⅠE＝1′e'…等。用直线依次连接各点，即得斜四棱柱的展开图。

④如图 3－53(a)所示，延长斜截四棱锥台的各棱线得出以 S 为锥顶，$ABCD$ 为锥底的斜截四棱锥。

⑤求出各棱线、边线实长。棱线、边线实长用旋转法求得，截口顶点 e'_1、f'_1、g'_1、h'_1 可利用定比定律，推平行线得到；边线实长分别为 $AB = ab$，$BC = AD = b'c'_1$，$CD = cd$。

⑥在适当的位置从棱面 SAB 开始展起，连续作出 SAB、SBC、SCD、SDA 四个棱面实形，如图 3－53(b)。

⑦根据 SE、SF、SG、SH 的实长，在各棱线上确定 E、F、G、H 点的位置。顺次连接 E、F、G、H、E 各点，即得斜截四棱锥台的展开图。

三、曲面体的表面展开

曲面立体的表面，分为可展曲面和不可展曲面两类。若面的素线为直线，且相邻两素线又属于同一平面，这种曲面称为可展曲面，如柱面、锥面等。但当素线虽为直线，而相邻两素线成交叉位置，即不在同一平面内时，则此曲面属于不可展曲面，如柱状面、锥状面和双曲抛物面等。凡母线是曲线所形成的曲面，均属不可展曲面，如球面、环面等。

(一)可展曲面的展开

可展曲面有柱面和锥面，而柱面和锥面的展开方法与平面体的棱柱、棱锥的展开方法相似，因为当棱柱和棱锥的棱线无限增多时，即可形成圆柱和圆锥。

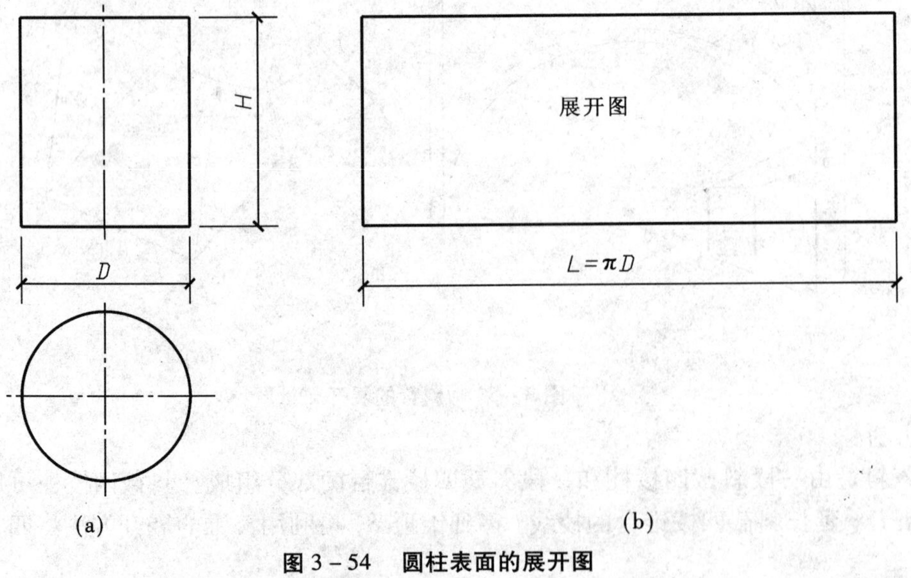

(a) (b)

图 3－54 圆柱表面的展开图

1. 圆柱的展开

(1)正圆柱的展开。

在初等几何中已经证明正圆柱面的展开图是一个矩形，矩形的一个边长等于圆柱的高度 H,另一边长等于圆周长 πD(D 为圆柱直径),图 3-54(a)是圆柱投影,图 3-54(b)是圆柱展开图。

用图解的方法展开,则是将其看成多棱柱,用正棱柱的方法近似展开(棱越多,越精确)。

(2)斜截正圆柱的展开。

例 28. 作斜截正圆柱的展开图,已知如图 3-55(a)所示。

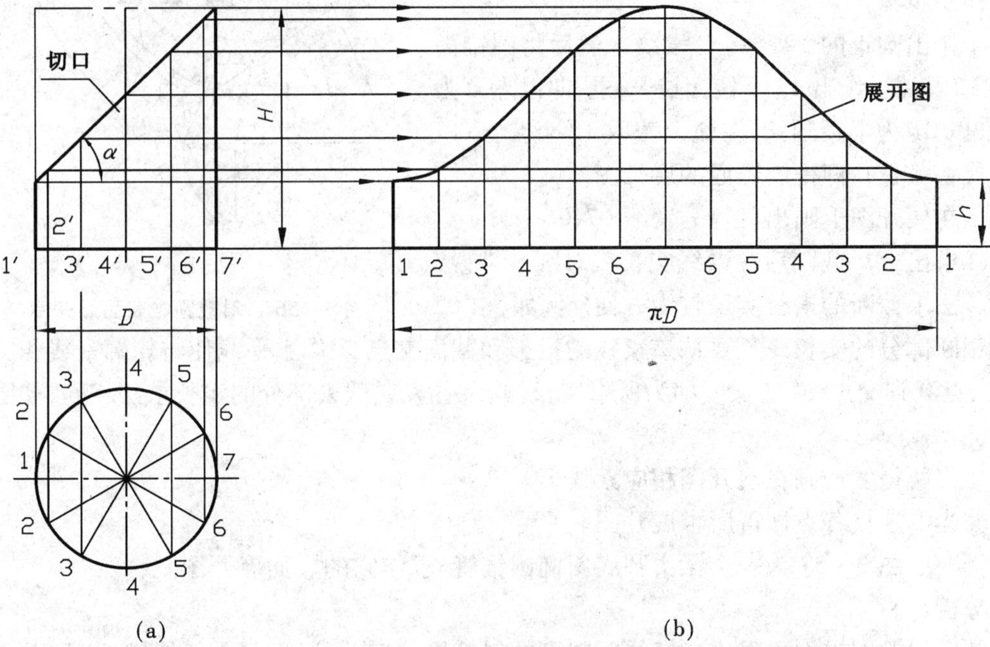

图 3-55　斜截正圆柱的展开图

分析:

图 3-55(a) 是斜截圆柱的投影图,由于圆柱的各素线长度不等,展开图不是矩形,在正面投影中反映了圆柱各素线的实长,故可确定斜截口中各素线的长度。

作图步骤:

①把圆柱底圆分成若干等份，在每一等分点上作出圆柱表面直素线在正面的投影，由于各直素线平行于正投影面,所以反映实长。

②如图 3-55(b) 所示,在正投影图的右边作一直线,以弦长代替弧长,在其上截取 12 等份,使其长度近似等于圆周的展开长度 πD。由各分点作垂直线,并在垂直线上截取线段，分别等于相应各等分素线长度，用曲线光滑连接各端点就可得到图示的展开图。

从展开图中可以看到,圆柱正截面展成一条直线,斜截面展成一条正弦曲线。

2. 圆锥的展开

例 29. 作图 3-56 的所示截头正圆锥的展开图。

分析：

由初等几何可知，圆锥的表面展开图是一扇形，扇形的半径等于圆锥素线的长度 L，圆心角 $\alpha = D/L \times 180°$，其中 D 为圆锥底圆直径。用图解法展开是将圆锥底圆分成若干等份，展开图扇形半径仍为圆锥素线的长度 L，扇形弧长等于直径为 D 的底圆周长，以若干等份弦长近似地等于周长 πD。再求出被截去素线的实长，在展开图上确定被截素线端点的位置。

作图步骤：

①作出圆锥的 12 条等分素线，然后将圆锥面看成 12 棱锥，作出 12 个棱面展开图，即以点 0 为圆心，以 01 为半径画弧，在弧上截取 12 个弦长(以弦长代替弧长)，即得圆锥面的展开图。

②在展开图上画出各等分素线 07、06…01。

③求出上口截割后各素线实长。对圆锥来说，用旋转法求截断的素线实长较为方便。例如，求 02 素线截断部分的实长，只要从该素线的投影和截面交点 b'作水平线使与轮廓素线相交于 b_0，点 0 到交点 b_0 的长度即为所求实长。其余各素线截去部分的实长求法相同，如图 3－56 所示。

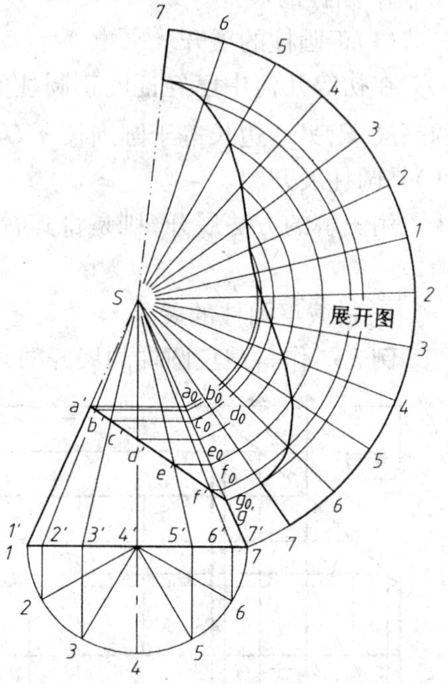

图 3－56 斜截圆锥表面展开图

④将所得实长画在展开图相应素线上。

⑤光滑连接各点即得所求展开图。

例 30. 图 3－57 为一个截头圆底斜椭圆锥管，求作它的表面展开图。

分析：

圆底斜椭圆锥面可看成是棱线无限多的斜棱锥，其表面可近似为斜棱锥面。因此先把底圆分成若干等份，再将各分点与锥顶相连，把锥面分成若干部分，将每一部分当作一个三角形，求出每个三角形的实形，依次连续地连成一个平面图形即可。

作图步骤：

①将底圆分为 12 等份，由于锥面前后对称，所以水平投影只画了前半部分的 6 等份，过各分点引素线，得各素线的水平投影和正面投影，如图 3－57(a)所示。

②用旋转法求各素线实长：$S'0'$、S' Ⅰ、S' Ⅱ、S' Ⅲ、S' Ⅳ、S' Ⅴ、S' Ⅵ，如图 3－57(a)所示。

③作展开图，依次画三角形，如图 3－57(b)所示。如取素线实长 $S'0'$、S' Ⅰ及底边 01 (以弦长 01 代替弧长 01)为三边，画出三角形 $S0$ Ⅰ。同法依次画三角形 ΔS Ⅰ Ⅱ、ΔS Ⅱ Ⅲ、ΔS Ⅲ Ⅳ、ΔS Ⅳ Ⅴ、ΔS Ⅴ Ⅵ。

④根据定比定律，线段投影比等于实长比，求得素线被截部分实长 $S'a'$、$S'B'$、$S'C'$、$S'D'$、$S'E'$、$S'F'$、$S'G'$，将所截实长画在展开图相应素线上。

⑤将上、下底面边上和各点光滑地连接，即完成斜椭圆锥面展开图。因前后对称，在

图 3－57 中只画出一半。

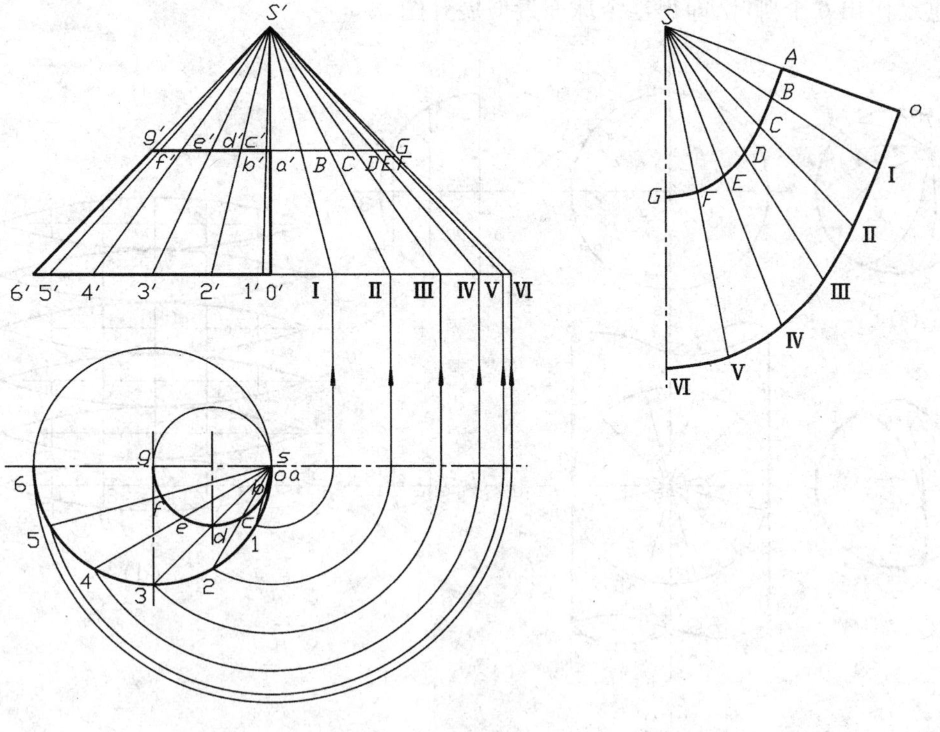

(a)　　　　　　　　　　　　　　　　　　(b)

图 3－57　截头圆底斜椭圆锥面的展开图

(二)不可展曲面展开

画不可展曲面的展开图，只能采用近似展开法，即将不可展曲面分成若干小部分，使每一部分接近某一可展的曲面如柱面、锥面，然后按可展曲面进行展开。

1. 球面的近似展开

球面近似展开常用的方法有柳叶法和锥面法两种，分别介绍如下。

(1)柳叶法(也称柱面法)。

分析：

如图 3－58(a) 通过球的同一直径，作一系列平面，将球面分成若干等份，每一等份像一片柳叶，将它近似看成球的外切柱面的一部分，如图 3－58(b)所示。然后按柱面展开，如图 3－58(d)所示，即得球面的近似展开图。

作图步骤：

①在图 3－58(c) 水平投影上，过圆心将圆分成十二等份，作出 *nasb* 这一等份球面的外切柱面，将 *nasb* 近似看成外切柱面的一部分进行展开。

②如图 3－58(d)所示，每个柳叶按柱面展开，将 *nasb* 柱面的正面投影(柱面的积聚投影)分成 6 等份，n、1′、2′、3′、4′、5′、s'，其对应的水平投影反映相应位置的素线实长，如 1 点所对应的素线实长为 *ef*。

③作柳叶片的对称轴，其长度应等于 πR，并分成 6 等分，如图 3－58(d)图所示，在水平线上量取 $n'1' = N1 = 12\cdots = 5S$。过各分点作对称轴的垂线，在其上截取相应柱面素线实长 *EF*、*CD*、*AB*、*CD*、*EF*。

④光滑边接各点即得一片柳叶展开图。

重复作出 6 个柳叶，即得半个球面近似展开图。

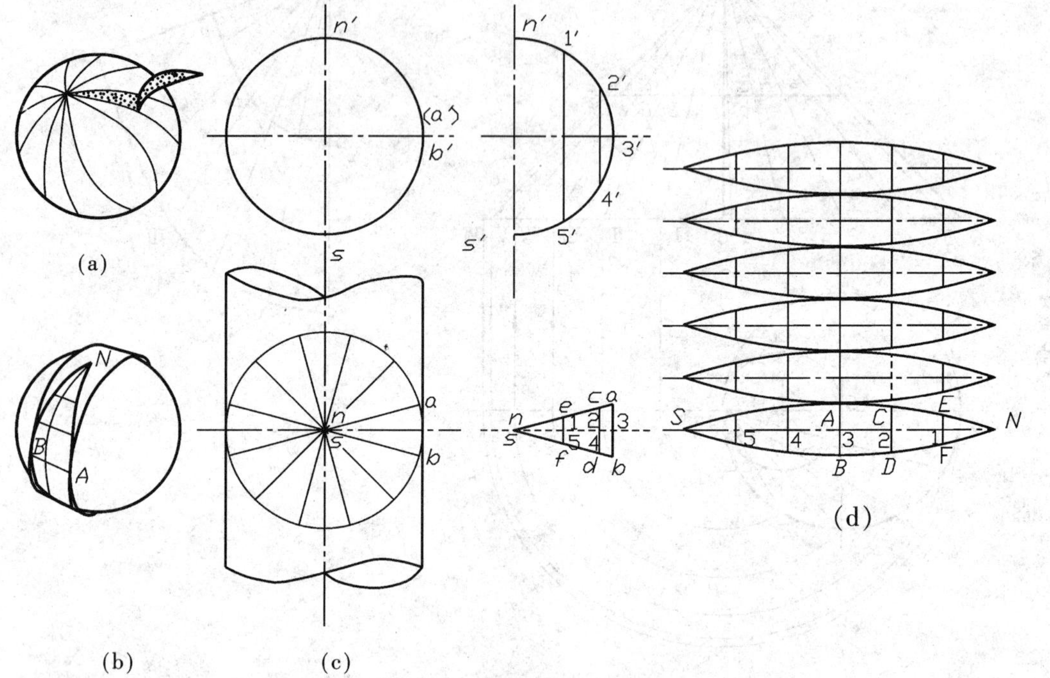

图 3－58　用近似柱面法展开球面

(2)锥面法。

分析：

图 3－59(a)为球的两面投影图。用几个水平面将球分成若干等份；一个球冠和几个球带。然后将球冠近似地按圆锥展开，球带近似地按正圆锥台展开。

作图步骤：

①将正投影图的二分之一圆分 4 等份，在相应点上作出四条纬线，这样就把半个球面分成 4 部分，如图 3－59(a)所示分别作每一部分弦线并延伸与对称轴相交，得到三个正圆锥台(其圆锥素线分别为 R_1、R_2、R_3)、一个正圆锥(其素线为 R_4)。

②如图 3－59(b) 所示，在适当的位置首先展开三个球带，分别以 O_1、O_2、O_3 为顶点，R_1、R_2、R_3 为圆锥素线实长，锥台素线长分别为弦长 1′2′、2′3′、3′4′，作出三个正圆锥台的展开图。画展开图时，将它们的顶点都画在一条对称线上。

③再画以 O_4 为顶点、素线长为 R_4 的正圆锥球冠，图 3－59(b)所示。

④作出对称的下半个球面展开(图中末作)即得完整的球面展开图。

2. 圆柱螺旋面近似展开

圆柱正螺旋面近似展开是利用三角形法。所谓三角形法，即先将表面划分成若干个三角形，求出这些三角形的三条边实长，并依次画出这些三角形。

例 31. 如图 3－60(a)，已知正螺旋面的投影图，试作其展开图。

分析：

图 3－60(a)，已知正螺旋面的投影图，一般以其一个导程为一段，画出该段展开

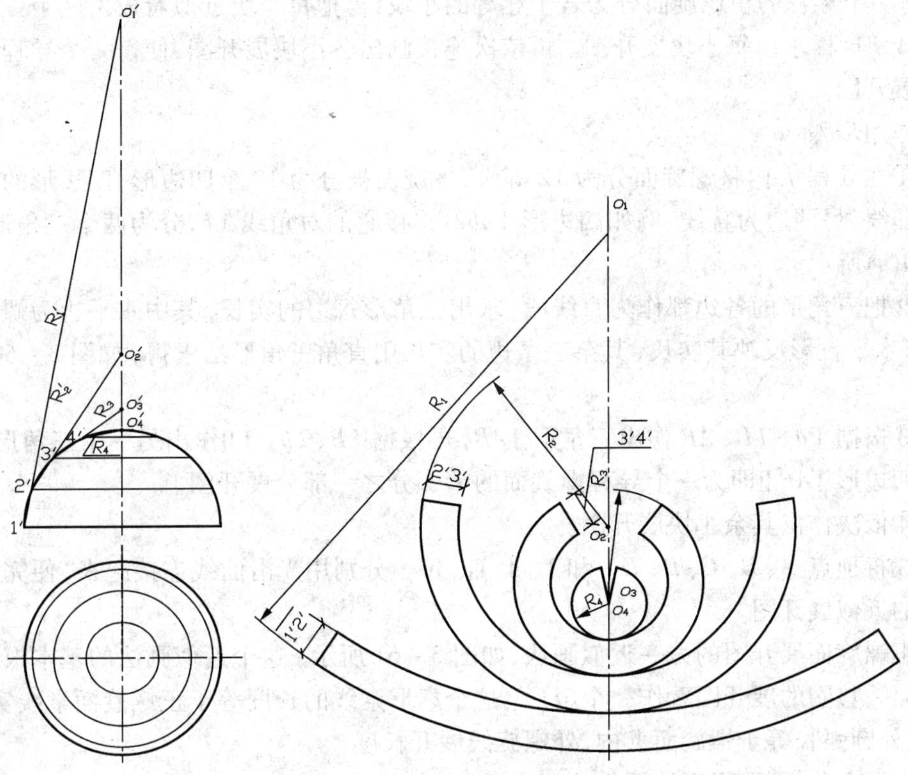

(a)　(b)

图 3-59　用近似锥面法展开球面

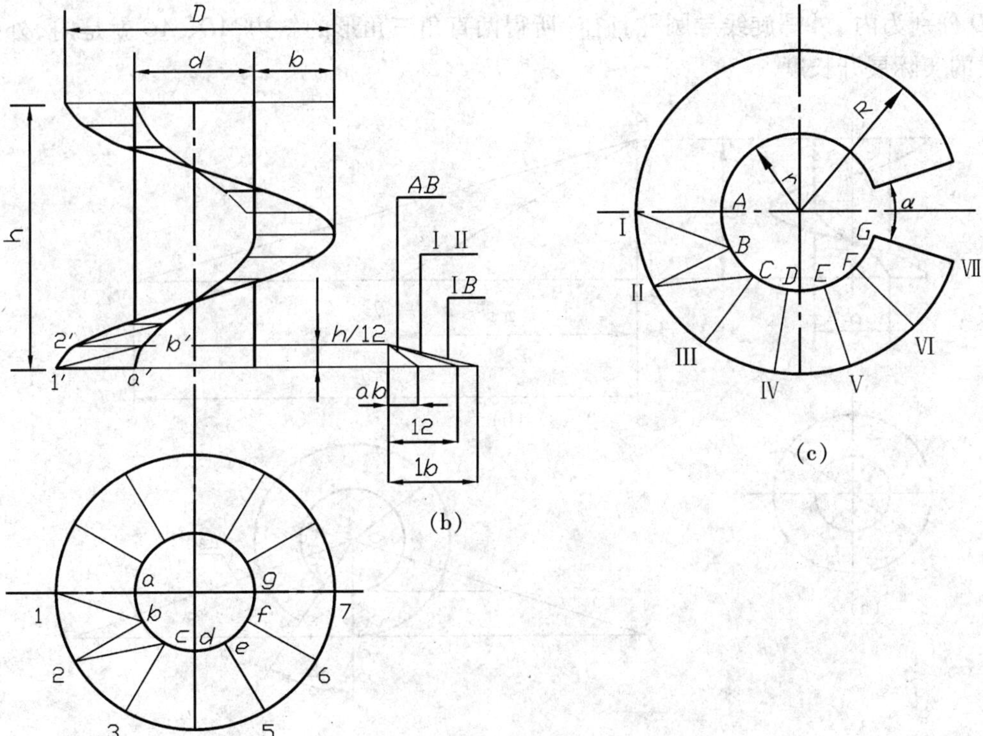

(a)

图 3-60　正螺旋面的展开

图。将一个导程的正螺旋面分为若干相等的小块，再把每小块近似看成由两个三角形平面组成。这样求出每小块展开图。再依次连接画出各小块展开图，便得一个导程的正螺旋面展开图。

作图步骤：

①在导程 h 内将螺旋面分为 12 等份，螺旋面被分为 12 个四边形，四边形的两边为空间曲线，另两边为直线。例如四边形 1ab2，连接它的对角线 1b，分为两个三角形，如图 3－60(a)所示。

②把三角形的各边都作为直线段，求出三角形每边的实长，其中水平边为螺旋面的素线，水平投影反映其实长，其余三条边的实长用直角三角形法求得，如图 3－60(b) 所示。

③根据 1a、ⅠB、AB 作出三角形 ⅠAB，再根据 ⅠB、2b、ⅠⅡ作出另一个三角形 ⅠBⅡ，那么四边形 ⅠABⅡ即为一个导程螺旋面的十二分之一部分展开图。

④依次作出其余小块展开图。

⑤将顶点 A、B、C、D、E…和 Ⅰ、Ⅱ、Ⅲ、Ⅳ…分别用光滑曲线连接起来，便完成正螺旋面的近似展开图。

正螺旋面展开图的另一近似画法，如图 3－61 所示。这个近似画法的基本根据是将螺旋面一整圈的展开图看作一个扇形。这个扇形素线的长度等于正螺旋面素线实长，而其内、外圆弧长等于螺旋面上内、外螺旋线展开长度。

由以上分析，可得出如下作法：

①用直三角形求出内、外螺旋线展开长度，如图 3－61(b)。图中，H 为螺旋线导程，d、D 分别为内、外螺旋线导圆柱直径，所得两直角三角形的斜边 AD、AC 就是内、外螺旋线的实际展开长度。

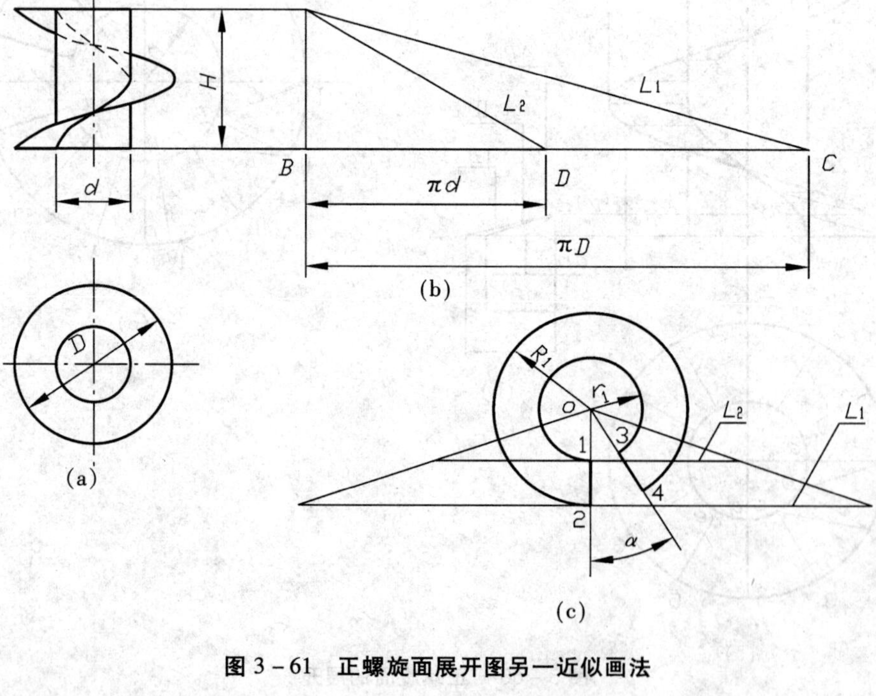

(a) (b) (c)

图 3－61 正螺旋面展开图另一近似画法

②作出近似展开图，如图 3－61(c) 作一等腰梯形，使上底等于 L_2，高等于 12，12 为 $\frac{D-d}{2}$ 的长度，下底等于 L_1，延长梯形的两腰，使之相交于 O 然后以点 O 为圆心，分别以 $O1$、$O2$ 为半径作圆弧；在大圆弧上量取弧长 $\overset{\frown}{24}$ 等于 L_1，得点 4；连接 $O4$ 交小圆弧于点 3。所得扇形即为所求正螺旋面展开图。

四、变形接头和相贯体展开

(一)变形接头

图 3－62(a) 所示的变形接头，上端是圆形，用来连接圆管，下端是方形，用来连接方管。由于两端形状不一样，所以称为变形接头。这种上圆下方的变形接头俗称"天圆地方"。

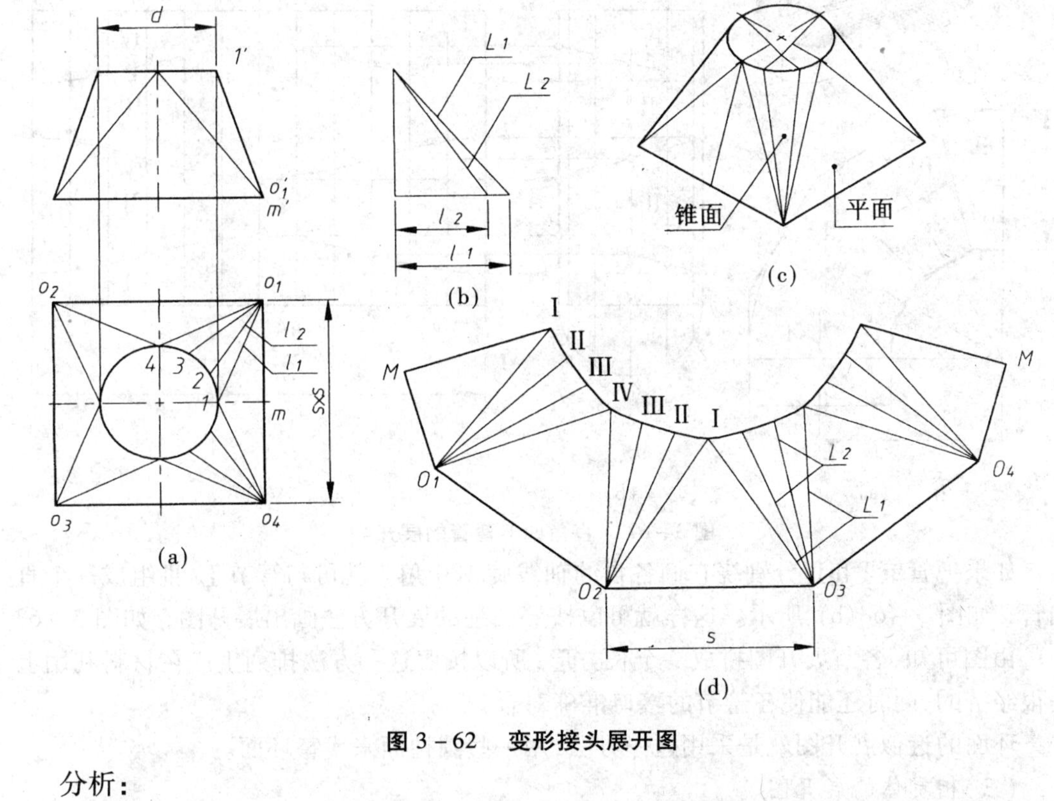

(a)　(b)　(c)　(d)

图 3－62　变形接头展开图

分析：

变形接头的表面是由四个相同的等腰三角形和四个相同的部分圆底斜椭圆锥组成。下端方形每个边就是这些等腰三角形的底边，每个顶点则是这些圆底斜椭圆锥面的锥顶。将部分圆底斜椭圆锥分成若干三角形，可用三角形法作出其展开图。

作图步骤：

①如图 3－62(a)，将四分之一圆弧 14(即一个部分的斜椭圆锥底圆) 分成三等份，将等分点 2、3 分别与顶点 O_1 相连，这样就把锥面 $O_1 14$ 分成三个近似三角形，且 $\triangle O_1 12$ 与 $\triangle O_1 34$ 对称相等。

②如图 3－62(b)所示，用直角三角形法求出 $O_1 1$、$O_1 2$ 的实长 L_1、L_2。

③如图 3－62(d) 所示，先作直角三角形 $\Delta M\text{I}O_1$，直角边 $M\text{I} = m'1'$，$MO_1 = mo_1$，斜边 $O_1 1 = L_1$。

④从展开图中 O_1 Ⅰ开始作锥面 O_1 ⅠⅣ展开图，将△ O_1 ⅠⅡ、△ O_1 ⅡⅢ、△ O_1 ⅢⅣ展开

依次画出，如图 3－62(d)所示。

⑤作等腰三角形 O_1ⅣO_2，接着作锥面……依次把三角形和锥面画在一起，即得整个变形接头的展开图，如图 3－62(d)所示。

(二)等径直角弯头的展开

图 3－63 (a)是一个用来连接两互相垂直的圆管的弯管。弯管由 4 段圆柱形管节组成，其中端部的管节Ⅰ和Ⅳ是一样的，中间的两个管节Ⅱ和Ⅲ是一样的，而且端部的管节恰好是中间管节一半。

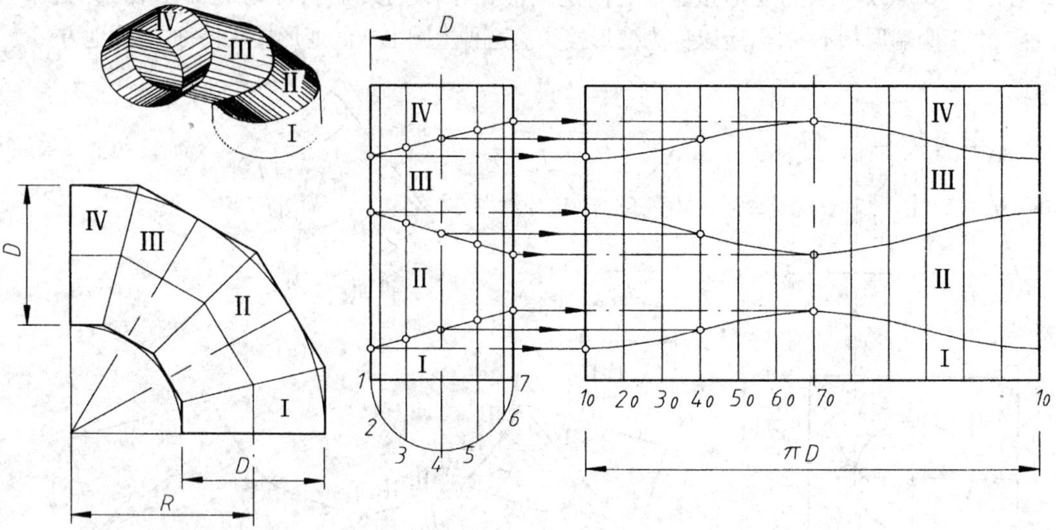

(a) (b) (c)

图 3－63 直角四节弯管的展开

如果把管节Ⅱ和Ⅳ分别绕它们各自的轴线旋 180°角。就可与管节Ⅰ、Ⅲ组成一个直圆管，如图 3－63(b) 所示。这样就可以按照圆柱的展开方法画出展开图，如图 3－63(c)，由图可知，各节展开图拼成一个长方形，所以按照这一方法排列生产在材料利用上是很经济的，同时还能使各管节的接口准确对合。

环面的近似展开图就是采用这一方法，用一些圆柱面来代替环面。

(三)相贯体的展开图

图 3－64 所示为相贯的圆锥面和圆柱面的正面投影和侧面投影。为作出它们各自的展开图，必须准确地作出相贯线的正面投影(最好定出那些在以后画展开图时所必需的点)。例如，在正面投影和侧面投影中锥面的顶部画辅助半圆，并把它们分为 6 等份，从而作出把圆锥面分为 12 等份的各素线的正面投影和侧面投影。由侧面投影中各素线与圆柱面的交点 1″、2″、3″作出正面投影中各相应素线上的点 1′、2′、3′并连成相贯线的正面投影。

为了作出锥面的展开图，在侧面投影中利用旋转法求出各素线的实长 $S''4_1''$、$S''3_1''$、$S''2_1'$按一般方法画出直圆锥面的展开图，并把该扇形分成 12 等份，得出各素线在展开图中的位置。然后以 S 为圆心，以各素线的实长 $S''4_1''$、$S''3_1''$、$S''2_1''$为半径作弧，与展示图中各相应的素线相交得点Ⅳ、Ⅲ、Ⅱ把它们连以光滑的曲线即完成作图。

把半个圆柱面的展开图画在正面投影的下面，在其上作展开后相贯线的对称线

AⅠ和 AⅣ。在直线 AI 上定出 B、C、I 各点，使 AB、BC、CI 分别等于侧面投影中各弧长 4″3″、3″2″和 2″1″。经 B、C 点引水平线，再由正面投影中 4′、3′、2′各点向下引竖直线。这些竖直线与相应的水平线相交就得出展开图中相贯线上的点。把它们连以光滑曲线即完成作图。

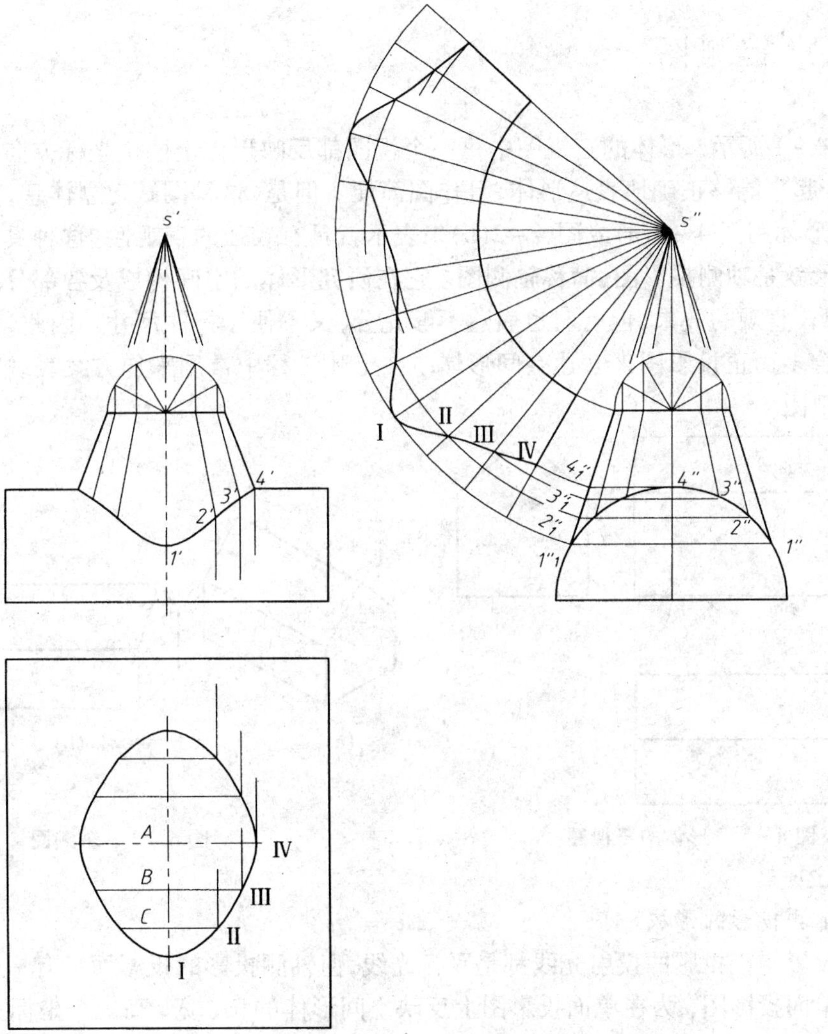

图 3-64　相贯曲面的展开图

第四章　三维形体的表达

第一节　轴测图

如图 4－1 所示，形体的三视图中每一个视图都反映形体上两个坐标方向的形状和大小，综合起来能够正确地表达形体，且作图简便。但是，这种图缺乏立体感，如果把图 4－1 所示形体用图 4－2(a)或图 4－2(b)来表示就具有较强的直观性。这种具有立体感的三维图形就是轴测投影图，简称轴测图。它在研究形体的空间构成及各部分之间关系上具有简明、直观的效果，但有时也表达不够充分，又不便于标注尺寸。因此，常作为辅助视图配合多面正投影图来表达空间形体，在土建工程中常用来作方案表现图及施工图的辅助视图。

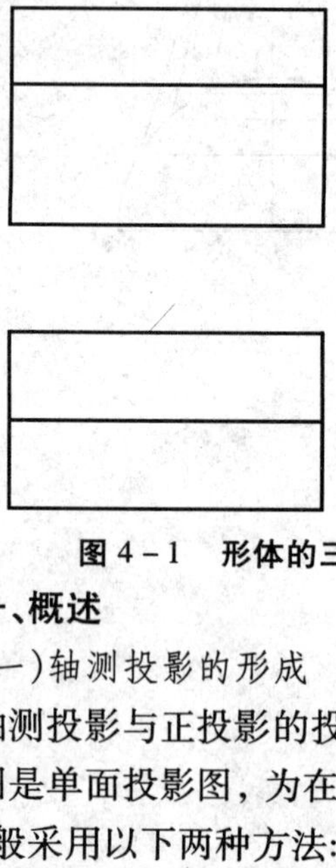

图 4－1　形体的三视图

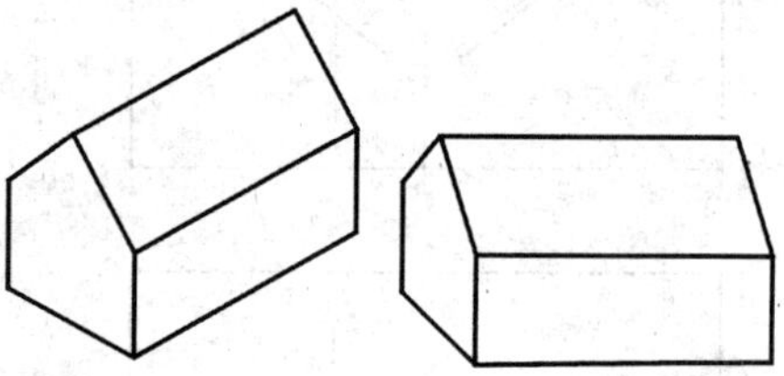

(a)　　(b)

图 4－2　轴测图

一、概述

（一）轴测投影的形成

轴测投影与正投影的投射光线都是平行光线，但轴测投影的投影面只有一个。轴测投影图是单面投影图，为在单面投影图上反映空间形体的长、宽、高三个坐标方向的形状，一般采用以下两种方法:

(1) 如图 4－3(a) 所示，将空间形体连同其三个主向的直角坐标系 $O-XYZ$ 均倾斜于投影面，按不平行于任何坐标面的方向，将其一起垂直地投射到投影面上；

(2) 如图 4－3(b) 所示，将空间形体连同其三个主向的直角坐标系 $O-XYZ$ 中的两个坐标轴平行于投影面，投射光线倾斜于投影面，将其一起投射到投影面上。

（二）轴测投影中的术语和符号

(1)轴测投影面：P；

(2)轴测投影方向：S；

(3)轴测轴：空间形体的三个主向坐标轴 OX、OY、OZ 在轴测投影面上的投影 O_1X_1、O_1Y_1、O_1Z_1 称为轴测轴；

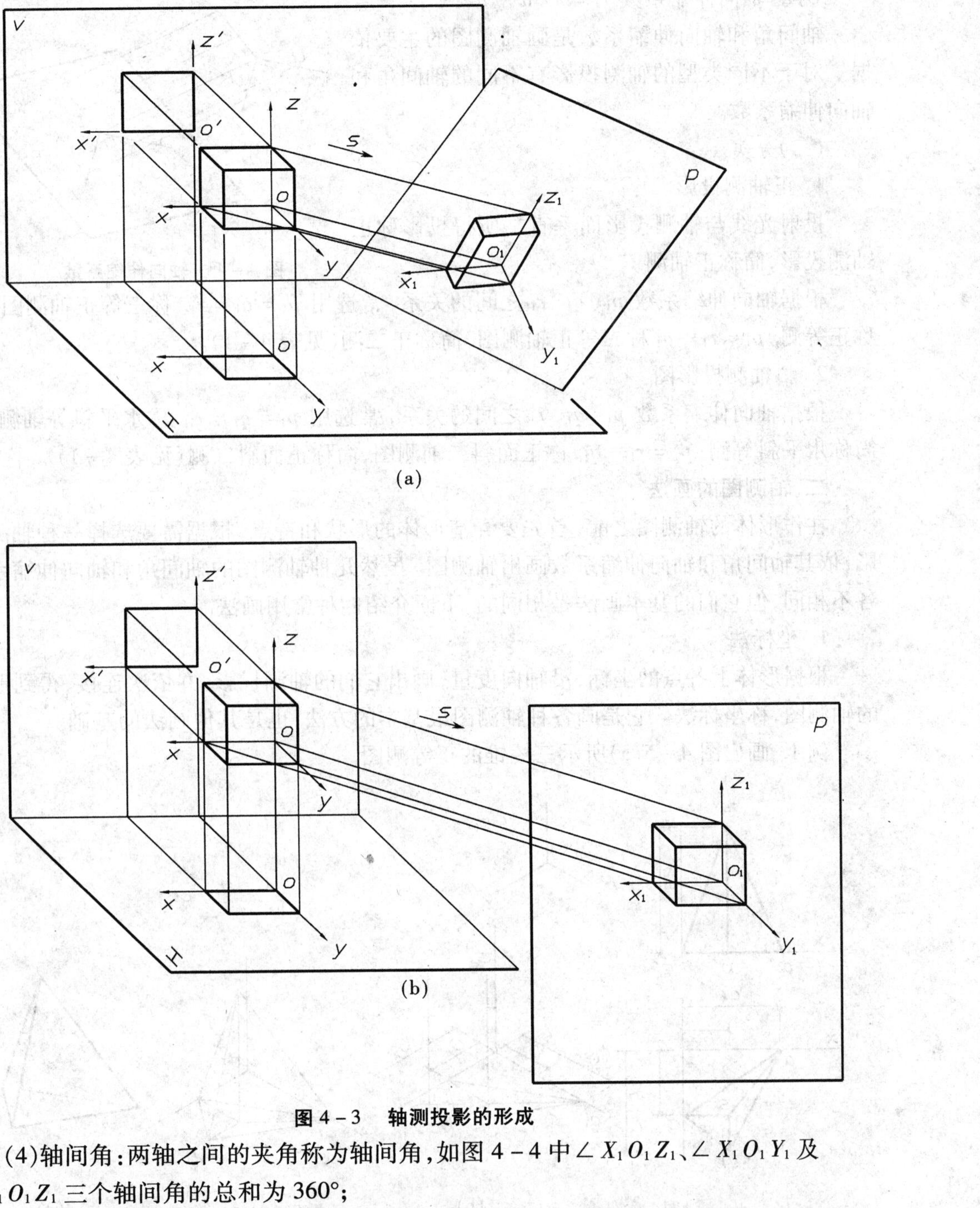

图 4－3　轴测投影的形成

(4)轴间角：两轴之间的夹角称为轴间角，如图 4－4 中$\angle X_1O_1Z_1$、$\angle X_1O_1Y_1$及$\angle Y_1O_1Z_1$三个轴间角的总和为 360°；

(5)轴向伸缩系数：直角坐标轴的轴测投影单位长度与相应直角坐标轴上单位长度的比值称轴向伸缩系数。如图 4－4 中坐标轴 OX、OY、OZ 上自原点在各坐标轴上量取 1 个单位长度 u，将其投射到相应的轴测轴 O_1X_1、O_1Y_1、O_1Z_1 上，投影长度分别为 i、j、k。

O_1X_1 轴向伸缩系数 $P_1 = i/u$

O_1Y_1 轴向伸缩系数 $q_1 = j/u$

O_1Z_1 轴向伸缩系数 $r_1 = k/u$

轴间角和轴向伸缩系数是画轴测图的主要依据。对于不同类型的轴测投影有不同的轴间角和轴向伸缩系数。

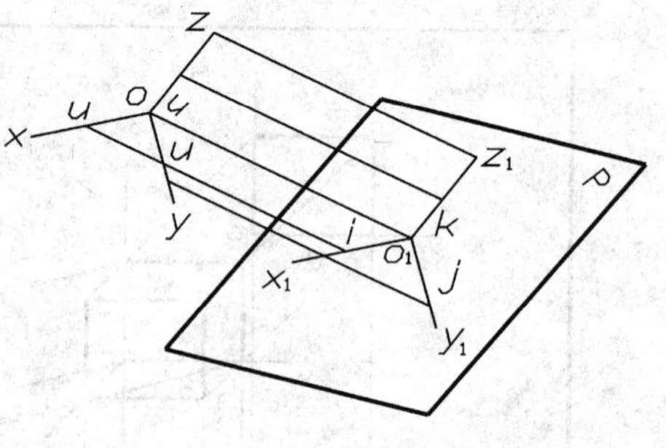

图 4－4　轴向伸缩系数

（三）分类

1. 正轴测投影

投射光线与轴测投影面垂直，所得投影称正轴测投影，简称正轴测。

根据轴向伸缩系数 p_1、q_1、r_1 之间的关系，常选用 $p_1 = q_1 = r_1$，称三等正轴测图，简称正等测；$p_1 = r_1 \neq q_1$ 称二等正轴测图，简称正二测（见表 4－1）。

2. 斜轴测投影图

根据轴向伸缩系数 p_1、q_1、r_1 之间的关系，常选用 $p_1 = q_1 = r_1$，称水平斜等轴测图，简称水平斜等测；$p_1 = r_1 \neq q_1$，称正面斜二轴测图，简称正面斜二测（见表 4－1）。

二、轴测图的画法

在作形体的轴测图之前，首先要弄清形体的形状和特点，根据需要选择一种轴测投影，依其轴间角和轴向伸缩系数画出轴测图。虽然几种轴测图的轴间角和轴向伸缩系数各不相同，但它们的基本画法是相同的，下面介绍四种常用画法。

1. 坐标法

根据形体上各点的坐标，沿轴向度量，画出它们的轴测投影，并依次连接，得到形体的轴测图，称坐标法。它是画各种轴测图最基本的方法，也是其他画法的基础。

例 1. 画出图 4－5(a)所示三棱锥的正等测图。

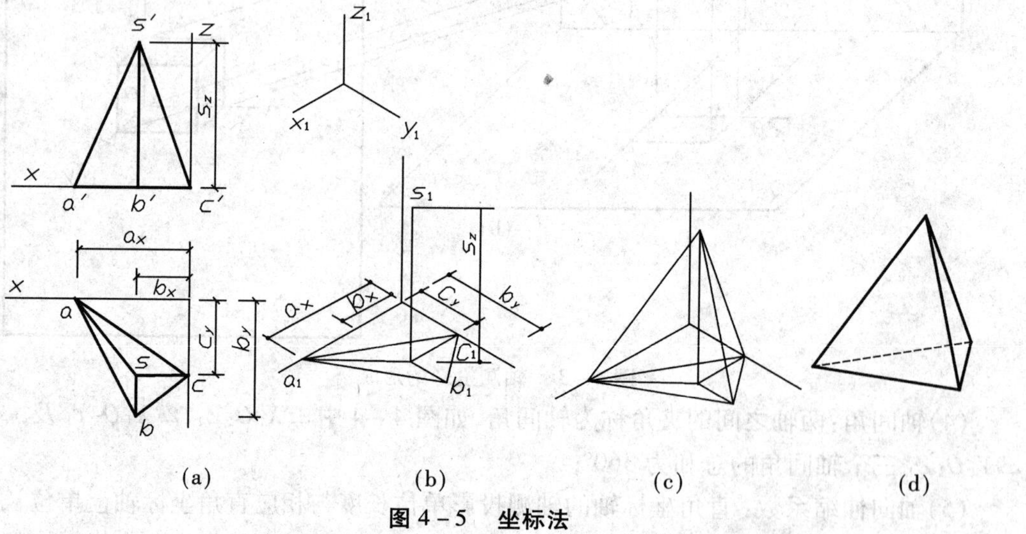

(a)　(b)　(c)　(d)

图 4－5　坐标法

解：

在图 4－5(a) 中对形体引入坐标 $O - XYZ$，从而确定三棱锥各顶点的坐标，为作图方便，使 $X_1O_1Y_1$ 面与锥底面重合，X 轴过 A 点，Y 轴过 C 点。三棱锥上的各棱线均为非轴向线，只能用坐标法画出各点的轴测投影，再连线完成。作图过程见图 4－5(b)、图

表 4－1　轴测图的分类、参数及坐标轴的画法

		正轴测投影		斜轴测投影	
特性		$S\perp P$		$S\angle P$	
轴测类型		三等正轴测投影	二等正轴测投影	水平斜轴测投影	正面斜轴测投影
简称		正等测	正二测	水平斜等测	正面斜二测
参数	伸缩系数	$p_1=q_1=r_1\approx0.82$	$p_1=r_1\approx0.94$ $q_1=\frac{p_1}{2}\approx0.47$	$p_1=q_1=r_1=1$	$p_1=r_1=1, q_1=0.5$
	简化系数	$p=q=r=1$	$p=r=1$ $q=0.5$	无	无
	轴间角	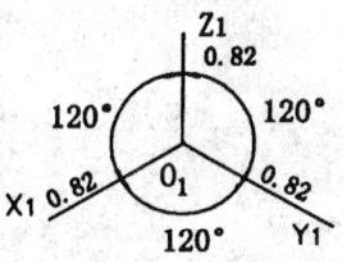	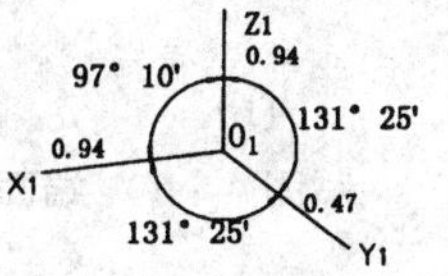	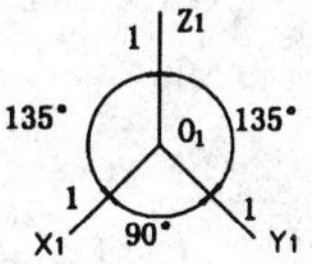	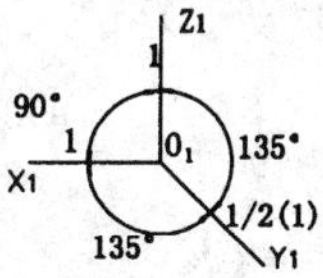
画法	轴测轴的画法	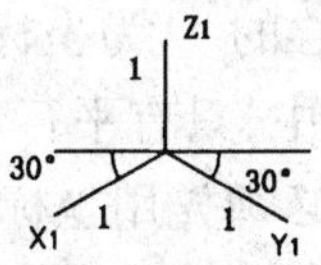	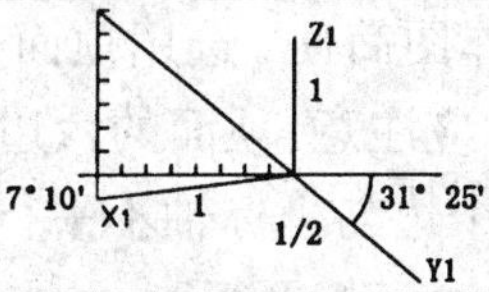	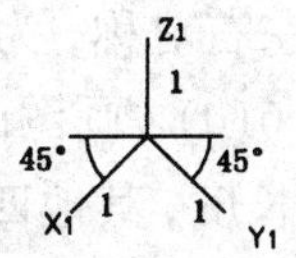	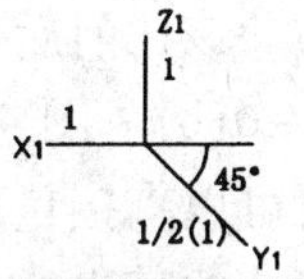
	例图		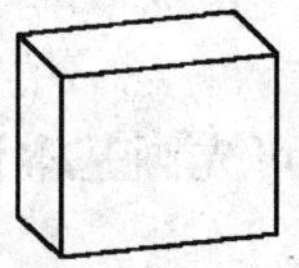	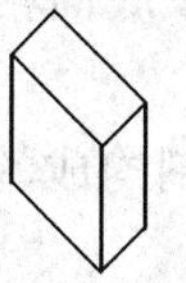	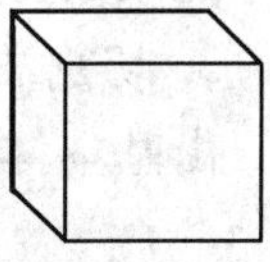
重要性质		1. 由于轴测图是用平行投影法得到的，所以它具备平行投影的一些主要特性，如点、线、面之间的从属性、平行性、定比性等，在轴测投影中保持不变。 2. 空间与坐标轴平行的直线段，其轴测投影仍保持平行，且具有与该轴相同的伸缩系数，这样的直线称为轴向线。空间不与坐标轴平行的直线，其轴测投影具有不同的伸缩系数，这样的直线称非轴向线。所以在轴测图中只有沿着轴的方向测量尺度，才与原坐标轴方向的尺度有一定的对应关系，或者说只有轴向线才有测量意义，这就是“轴测”二字的含义。			
说明		1. 正等测：三个轴向伸缩系数 $p_1=q_1=r_1\approx0.82$，为作图方便采用简化的伸缩系数为 $p=q=r=1$，则所画图形为原投影的 1/0.82≈1.22 倍。 2. 正二测：$p_1=r_1\approx0.94$、$q_1\approx0.47$ 为作图方便也采用简化伸缩系数 $p=r=1$、$q=0.5$，则所画图形为原投影的 1/0.94≈1.06 倍。 3. 斜投影所采用的轴向伸缩系数没有此问题，当正面斜二测中的伸缩系数 $q=1$ 时，可称为正面斜等测。			

4－5(c)。在轴测图中一般不画虚线，为了增强立体感，该图画上了虚线，见图 4－5(d)。

2. 端面法

为减少不必要的作图线，增加绘图速度一般先从可见端面画起，特别是一些柱类形体，画出可见端面，再画出可见的棱线和底边，整理完成轴测图。

例 2. 画出图 4－6(a)所示六棱柱的正面斜二测图。

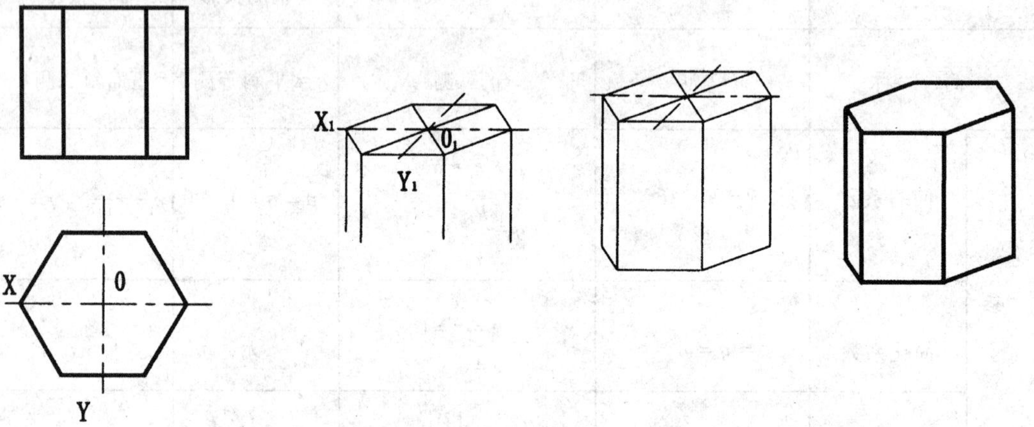

(a) (b) (c) (d)

图 4－6 端面法

解：

该柱前后、左右对称，为作图简便，选用顶面中心的 O 为坐标原点，作图方法见图 4－6(b)～图 4－6(d)。画图时应注意：顶面的六边形中，只有平行于 X 轴的两个边画图时可以直接量取长度，其他四个边与坐标轴不平行，必须先用坐标法确定每条边的端点后才能画出，上、下底面相应的边互相平行。

3. 切割法

由基本体切割构成的形体，可先画基本体，再画切割掉的部分，得该形体的轴测图。

例 3. 画出图 4－7(a)所示形体的正等测图。

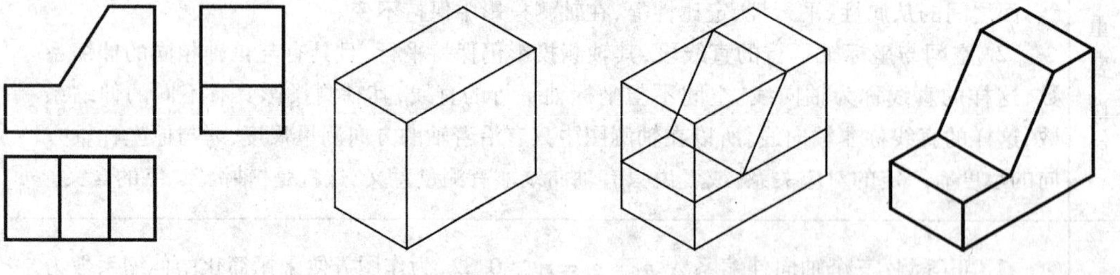

(a) (b) (c) (d)

图 4－7 切割法

解：

该形体可看成是一长方体的左上方切去一块形成的，所以画图时先画出长方体，再在其上用坐标定位，再切割成形。作图步骤见图 4－7(c)、图 4－7(d)。

4. 叠加法

对于较复杂的形体，可先分析其构成特点，对于由几个基本体叠加构成的组合体，宜将各基本体逐个画出，最后完成整个形体的轴测图，画图的顺序是先大后小，并要注意各部分之间的相互位置。

例 4. 画出图 4－8(a)所示形体的正等测图。

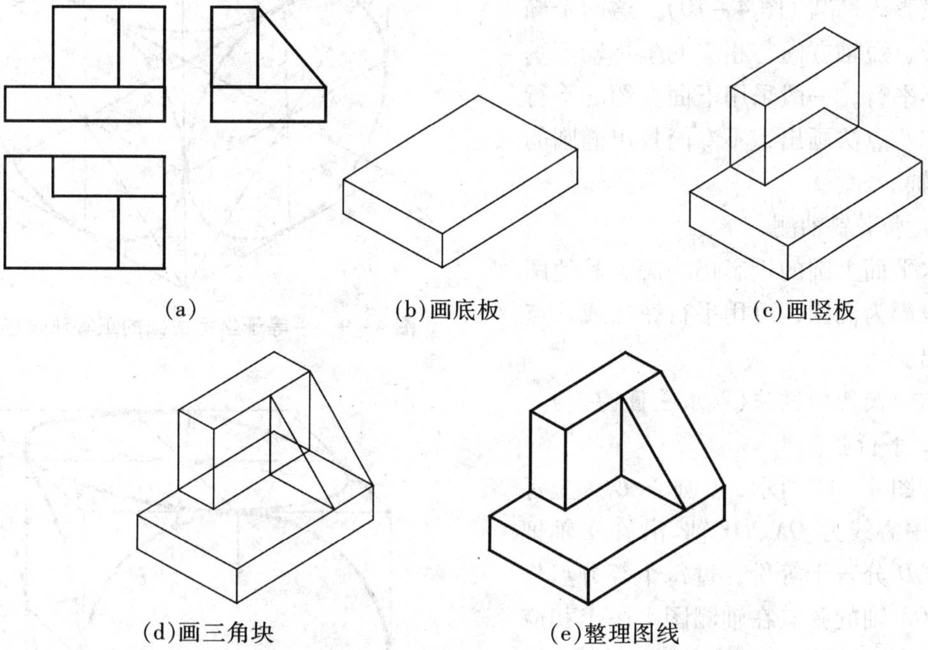

图 4－8　叠加法

解：

该形体是由两个长方体(一块底板,一块竖板)和一个三棱柱叠加构成的形体。画图步骤如图 4－8(b)～图 4－8(e)所示。

三、圆的轴测投影

(一)平行于坐标面圆的轴测投影的性质

1. 正等测

在正等轴测投影中,因三个坐标面都倾斜于投影面 P,所以平行于坐标面的圆的正等轴测投影都是椭圆。如图 4－9 所示,在立方体的三个平行于坐标面的平面上各有一个内切圆,则各圆的正等测均为内切于菱形的椭圆。椭圆的长轴方向为菱形长对角线,短轴方向为菱形的短对角线，观察分析可见：其长轴垂直于不属于该坐标面的坐标轴,短轴平行于该轴,即：

水平椭圆的长轴 $\perp Z_1$ 轴，短轴 $/\!/ Z_1$ 轴

正平椭圆的长轴 $\perp Y_1$ 轴，短轴 $/\!/ Y_1$ 轴

侧平椭圆的长轴 $\perp X_1$ 轴，短轴 $/\!/ X_1$ 轴

在正等测投影中,平行于三个坐标面相同的圆的正等测投影是三个相同的椭圆,其长、短轴与直径 d 的关系如下：

采用 $p_1 = q_1 = r_1 \approx 0.82$ 作图时,长轴为 d,短轴为 $0.58d$；

采用 $p=q=r=1$ 作图时，长轴为 1.22 d,短轴为 0.7 d。

2. 正面斜二测

平行于轴测投影面 P 的圆的斜轴测投影仍为圆，平行于其他两个坐标面的圆的投影为椭圆(图 4-10)。这两个椭圆的长、短轴方向与相应的坐标轴不垂直也不平行，一般采用下面介绍的平行弦法和八点法画出，不专门找出椭圆的长、短轴。

3. 水平斜轴测

水平面上圆的投影仍为圆，其他两面圆投影为椭圆，可用平行弦法或八点法画出。

(二)椭圆的画法(以水平圆为例)

1. 平行弦法

如图 4-11 所示，以圆心 O 为坐标原点，中心线为 OX、OY 轴。沿着 Y 轴把直径 CD 分若干等份，过每个等分点作平行 OX 轴的弦。在轴测图上画出相应的弦的轴测投影，用光滑曲线连成椭圆。

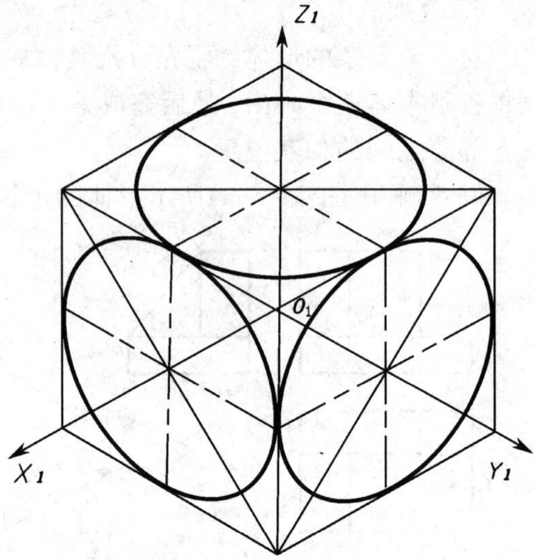

图 4-9 平等于坐标面圆的正等测投影

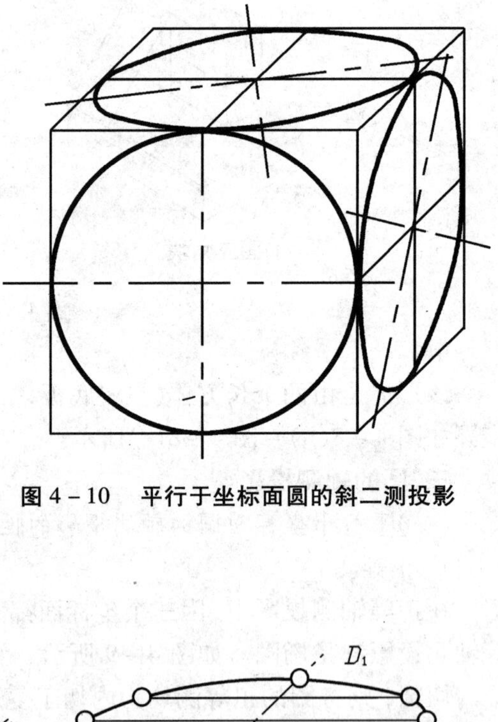

图 4-10 平行于坐标面圆的斜二测投影

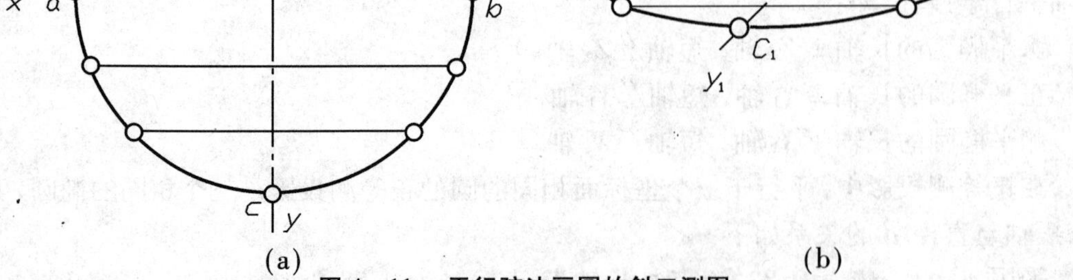

图 4-11 平行弦法画圆的斜二测图

2. 八点法

八点是指圆外切正方形的四个切点 a、b、c、d 及正方形对角线上的四个点 1、2、3、4，见图 4-12(a)。

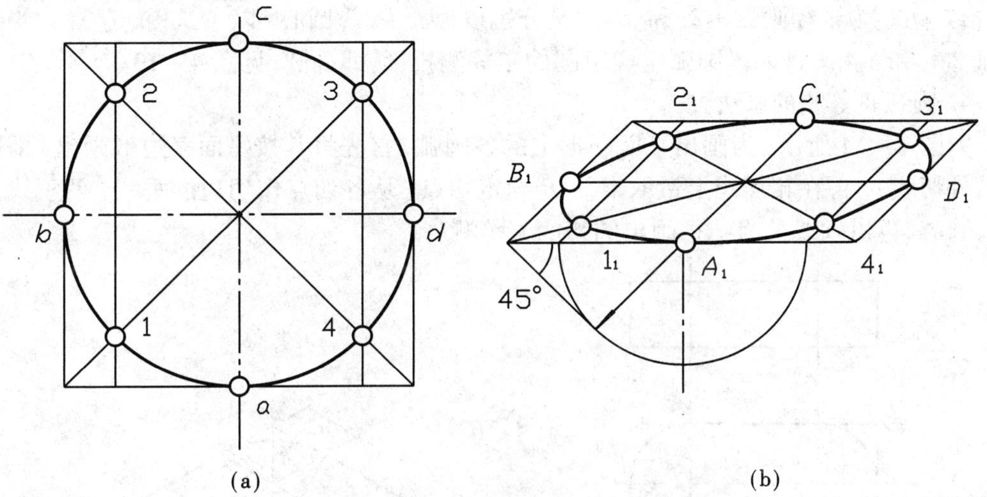

图 4-12　八点法画圆的斜二测图

在轴测图中，正方形的轴测投影为平行四边形，四条边的中点是四个切点 A_1、B_1、C_1、D_1 的轴测投影，对角线上的四个点的轴测投影为 1_1、2_1、3_1、4_1，作图方法如图 4-12(b)所示。

以上两种方法对正等测图及斜轴测图均适用。

3. 四心法

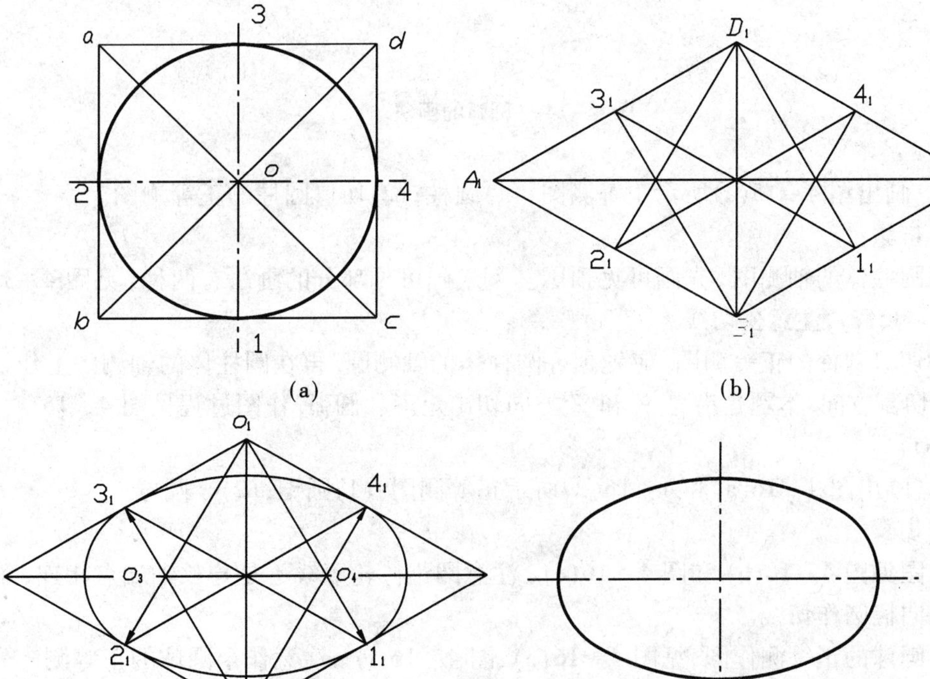

图 4-13　四心法画椭圆

这是椭圆的一种近似画法，多用于正等测图。因为圆的外切正方形的正等测是一菱形（图 4－13）。以菱形的短对角线的顶点 O_1、O_2 为两圆心，再连 O_11_1、O_12_1（或 O_23_1、O_24_1）与长对角线的交点 O_3、O_4 为另两个圆心，得四个圆心。分别以 O_1、O_2 为圆心，以 O_11_1 或 O_12_1 为半径画弧 $\overset{\frown}{1_12_1}$ 和 $\overset{\frown}{3_14_1}$；又分别以 O_3、O_4 为圆心，以 O_32_1 或 O_41_1 为半径画弧 $\overset{\frown}{2_13_1}$ 和 $\overset{\frown}{1_14_1}$。这四段圆弧组成了圆的正等测投影，即椭圆，见图 4－13。

4. 圆弧正等测的画法

如图 4－14 所示，为画出平面图形上的各圆弧，首先将其按平面多边形画出（即圆弧的外切线），再在相切线上量取半径 R 确定切点，从各切点作切边的垂线，两垂线交点为圆心，再以垂线长为半径画出圆弧的正等测。

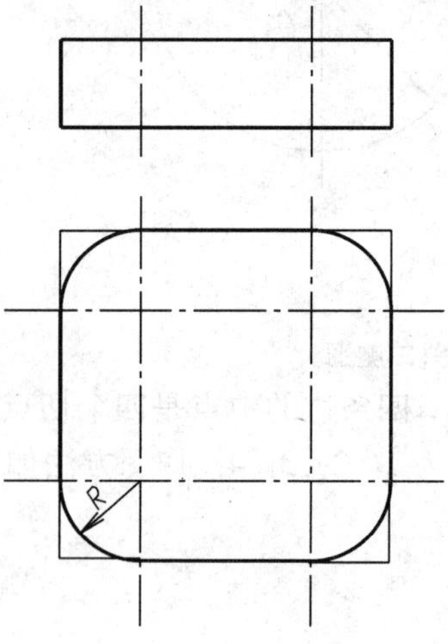

(a)

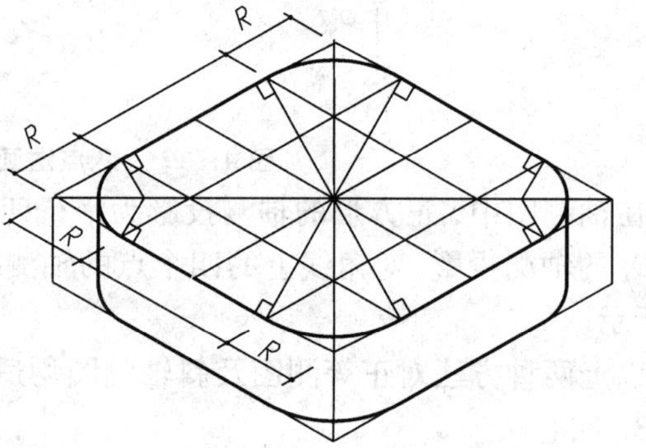

(b)

图 4－14 圆弧的画法

（三）应用举例

例 5. 画出图 4－15(a)所示正等测图：(1)圆柱；(2)切口圆柱的正等测图。

作图步骤：

①画圆柱体的轴测图，先画可见顶圆。下底圆可见部分的画法有两种，见图 4－15(b)、图 4－15(c)，注意公切线。

②画切口圆柱的正等测图，应先画好圆柱体的轴测圆，再在圆柱体的轴测图上作切割。注意切割方向，本题是沿着 X 和 Z 方向切出矩形和圆弧，作图过程见图 4－15(e)、图 4－15(f)。

例 6. 画出图 4－16(a)和 4－16(d)所示正等测图：(1)圆锥；(2)半圆球。

作图步骤：

①作图见图 4－16(b) 和图 4－16(c)，注意圆锥体轮廓线不是与长轴端点相连，而是过锥顶向椭圆作切线。

②半圆球的正等测作图，见图 4－16(e)、图 4－16(f)。注意作半圆球的正等测应先画出水平赤道圆的正等测——椭圆，再以椭圆的长轴为直径作圆，即为半圆球正等测的外形轮廓。

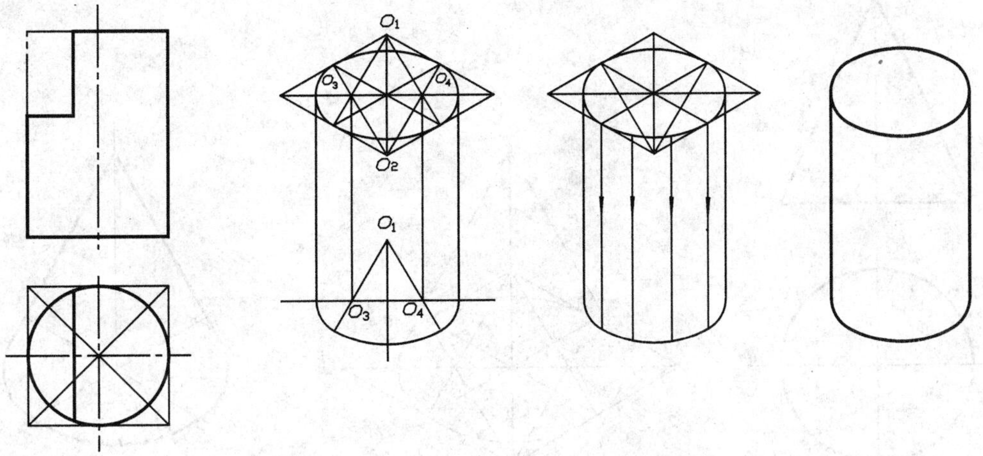

(a)　(b)移动圆心画弧　(c)量取等长素线连接椭圆弧　(d)

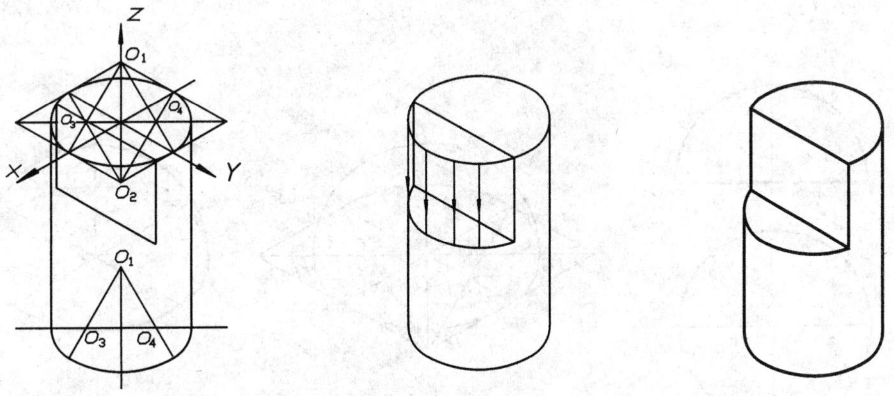

(e)沿着 X 方向和 Z 方向截取矩形　(f)沿着 y 方向和 z 方向截取椭圆，量取等长素线连接椭圆弧　(g)

图 4－15　圆柱及切口圆柱的正等测图

例 7. 画出图 4－17(a)所示形体的轴测图。

分析：

该形体平行 V 面，有两个圆和两个半圆，为使作图简便，宜采用正面斜二测。这样，平行于 V 面的圆的投影反映实形。注意圆心的位置是在沿着 Y 轴方向移动，而半径不变，同时注意前后两圆的公切线不可少，如图 4－17(b)所示。作图步骤见图 4－17(b)～图 4－17(c)。

例 8. 将上例画成正等测图。

分析：

该形体上平行 V 面的两个半圆和两个圆的正面斜二测作图较简单，而要画成正等测则要画四个椭圆，作图线较多。为作图简便、清晰，可从前端面的两同心圆画起，后面的椭圆可按图 4－15 介绍的方法完成作图。注意从孔的方向只能见到部分椭圆弧。作图步骤见图 4－18。

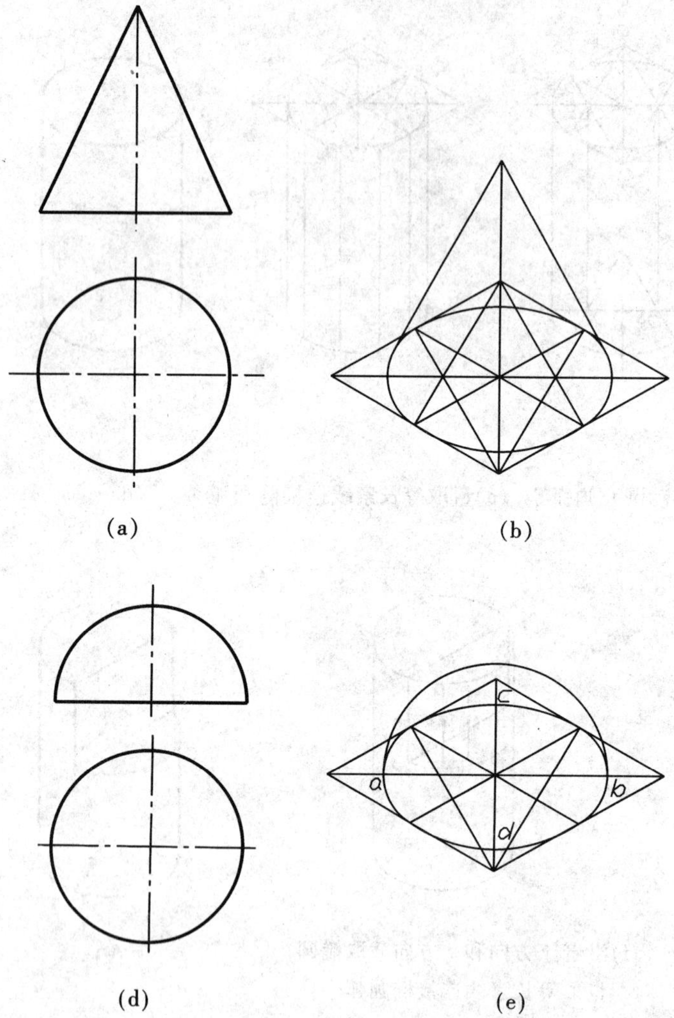

图 4-16 圆锥及圆球的正等测图

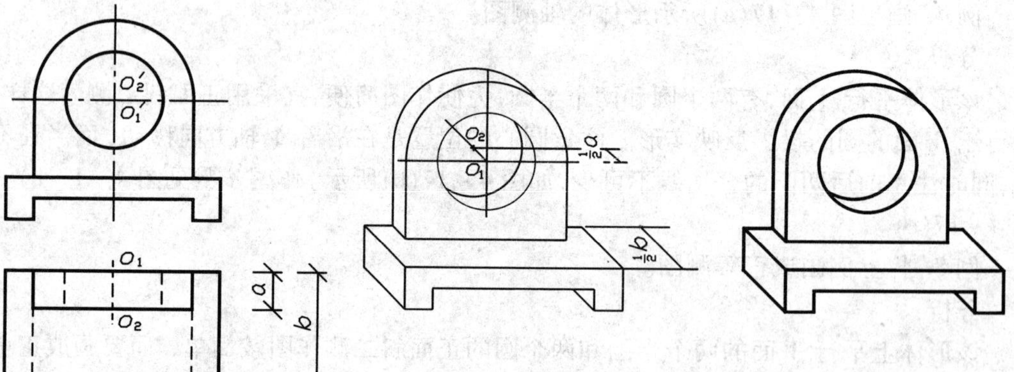

图 4-17 形体的正面斜二测图

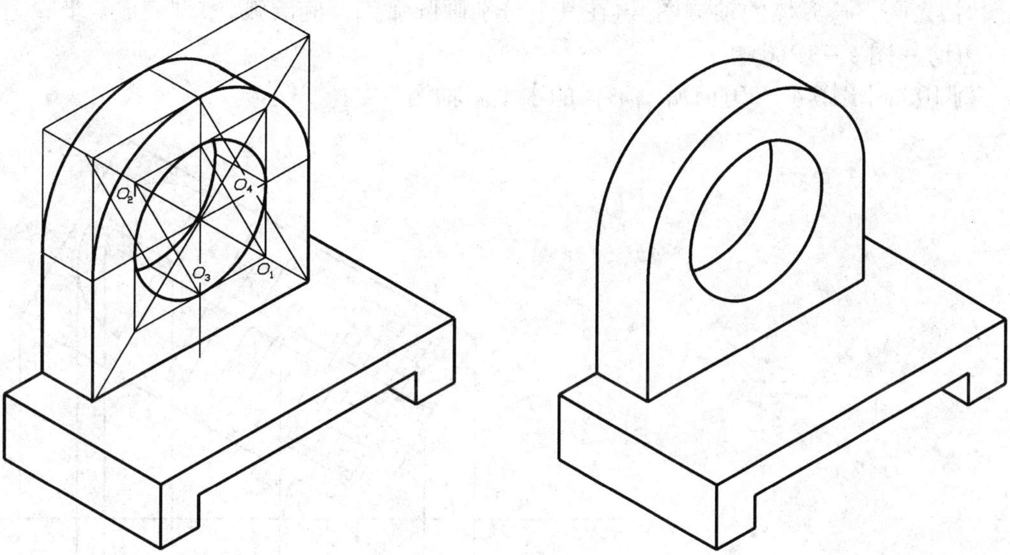

(a)　(b)

图 4－18　形体的正等测图

例 9. 画出图 4－19(a)所示形体的正等测图。

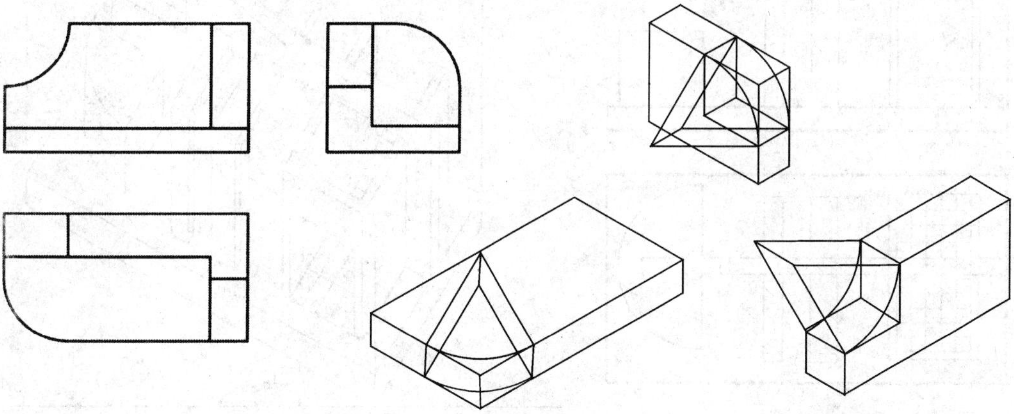

(a)　(b)

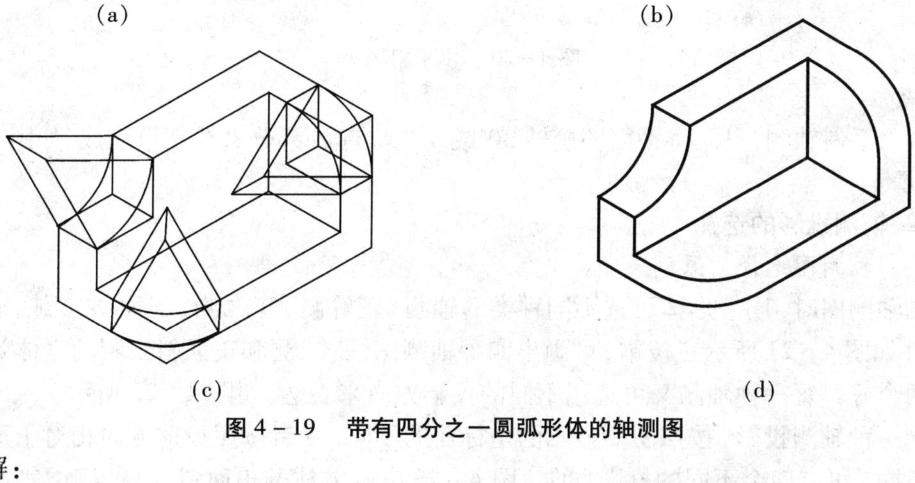

(c)　(d)

图 4－19　带有四分之一圆弧形体的轴测图

解：

该形体是由三块带四分之一圆弧的长方体组成，三个圆角的半径相等。所以在画轴测图时,先画出长方体的轴测图,再在其上分别画圆弧代替椭圆弧,整理完成。步骤见图 4－19(b)～图 4－19(d)。

例 10. 画出图 4－20(a)所示形体的水平斜轴测。

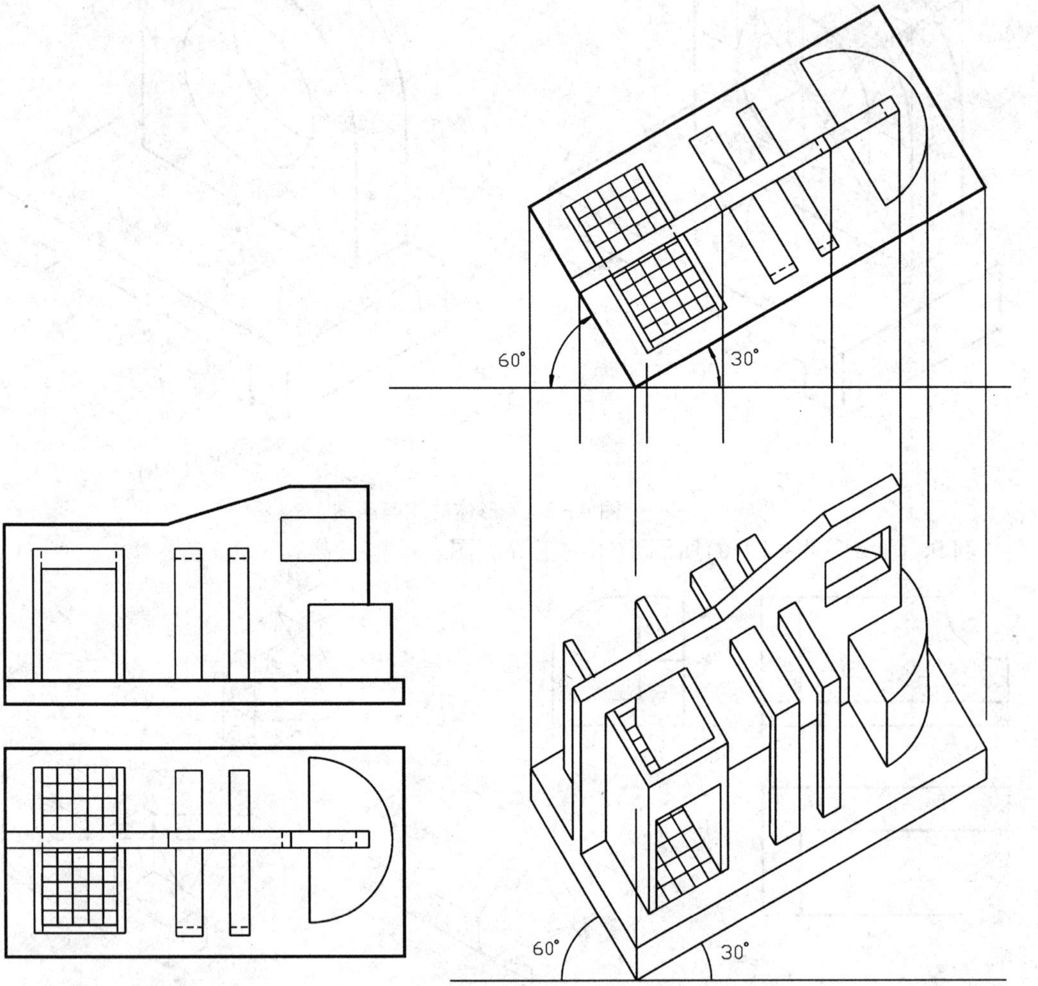

(a)　　(b)

图 4－20　水平斜轴测

解:

画水平斜轴测,只需将平面图旋转 30°或 45°,立起各部分高线即可完成,如图 4－20(b)所示。

四、轴测投影的选择

(一)轴测图选择的原则

画轴测图时,同一形体可选不同种类的轴测(正等测、正二测、正面斜二测、水平斜等测),如图 4－21 所示三棱锥,可画出四种轴测图,正二测和正面斜二测的立体效果较另外两个好。每一种轴测又可选用不同的投影方向来表达,如图 4－22 所示。

同一种轴测投影,按照所要显示的坐标面的不同,或者按照投射方向相对于形体的方位不同,可有四个不同的投影方向,图 4－23 以立方体的正面斜二测为例,表明了四个投影方向所表达形体的部位。

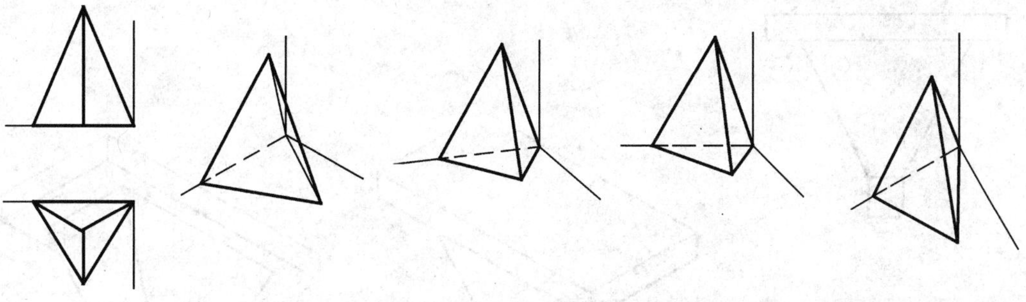

(a)　(b)正等侧　(c)正二侧　(d)正面斜二侧　(e)水平斜轴侧

图 4-21　轴测图的选择

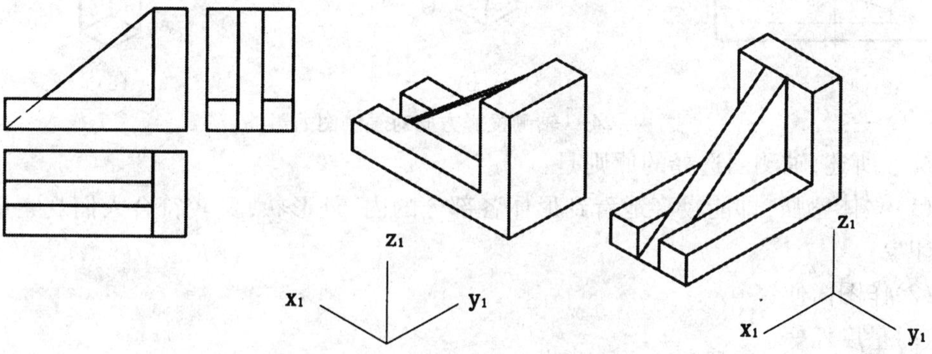

(a)　(b)　(c)

图 4-22　不同方向轴测图的表达效果

在画形体的轴测图之前，应针对形体的形状特点选择恰当的投影方向，如图 4-22 所示，图(b)不如图(c)表达的充分，图(b)不可选。如图 4-24 所示的柱头，从右下方投影比从左上方投影反映的清楚。

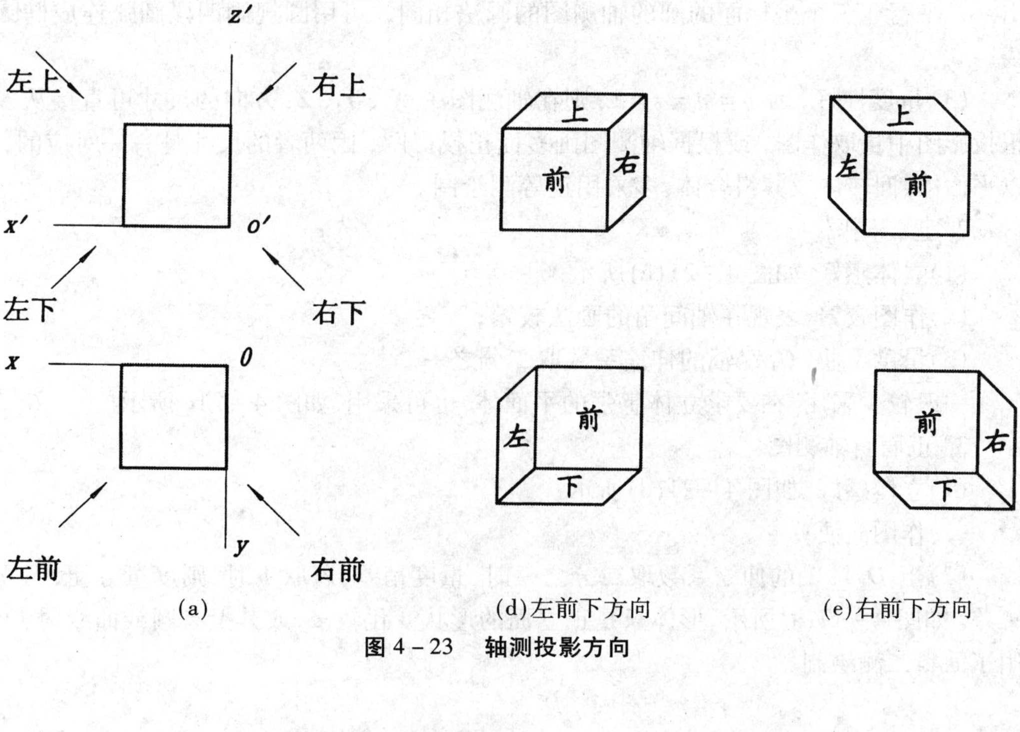

(a)　(d)左前下方向　(e)右前下方向

图 4-23　轴测投影方向

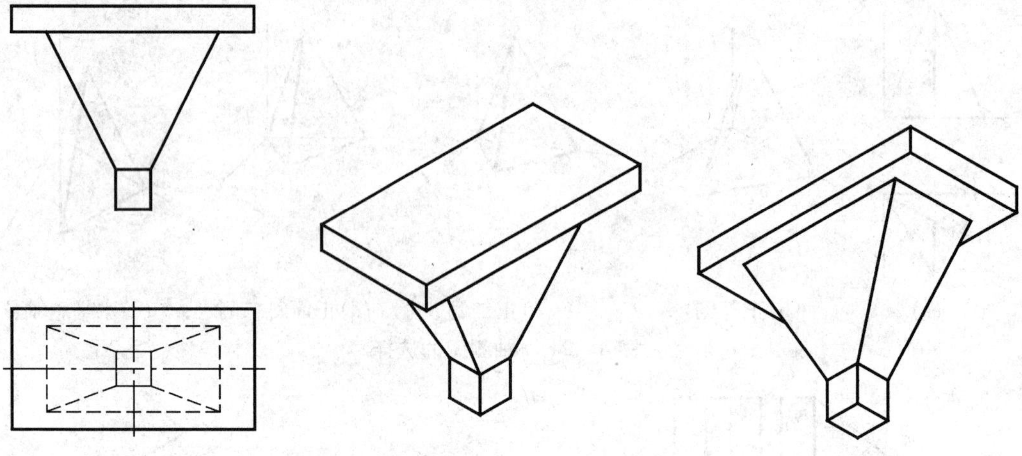

(a) (b) (c)

图 4－24 轴测投影方向对轴测图的影响

综上所述，轴测图选择的原则是：

(1)立体感强，即能较多地看到形体各部分的内、外形状，又较符合人们观察形体所得的印象；

(2)作图简便；

(3)量度性好。

(二) 四种轴测图的比较及应用

按上述原则及要求，将四种轴测图的比较及应用范围，概述如下

1. 正等测图

(1)立体感好，如图 4－24(c)所示；

(2) 作图简便，表现在轴测轴及与之平行的直线均可用丁字尺和三角板方便地画出，凡平行于三个坐标面的圆的轴测图的画法相同，可用圆规画四段圆弧连成椭圆曲线；

(3) 量度性好，因 $p=q=r=1$，则在轴测图中 X_1、Y_1、Z_1 方向的尺寸可直接从多面正投影图中量取作图，或根据轴测图画多面正投影图，因两者的尺寸是一一对应的，所以平面体、回转体及其组合体，多采用正等测绘制。

2. 正二测图

(1)立体感好，如图 4－21(c)所示；

(2)作图较繁，表现在轴间角的画法较繁；

(3)量度不便，O_1Y_1 轴的伸缩系数取二分之一。

一般较少采用，在要求立体感强的平面体，也可采用，如图 4－21c 所示。

3. 正面斜轴测图

(1)立体感好，如图 4－21(d)所示；

(2)作图简便；

(3)当 O_1Y_1 轴的伸缩系数取二分之一时，量度稍差，若取 1 时，则度量方便，但立体感差。如图 4－17(a)所示，形体只是正立面的形状变化较多，或其上有圆或曲线时，可采用正面斜二测绘制。

4. 水平斜等测图

(1)立体感稍差,如图 4－21(e)所示;

(2)作图方便;

(3)量度性好。

5. 避免直线及平面的积聚或重叠现象

由于轴测图一般不画虚线，当所要表达的形体某部分成为不可见或有的表面成为一条线的时候,就不能把它表达清楚。如图 4－25(b)中,形体的正等测投影有两个平面成为直线,不能反映出形体的特征,而改画成图 4－25(c)所示的正二测,就可得到较满意的结果。

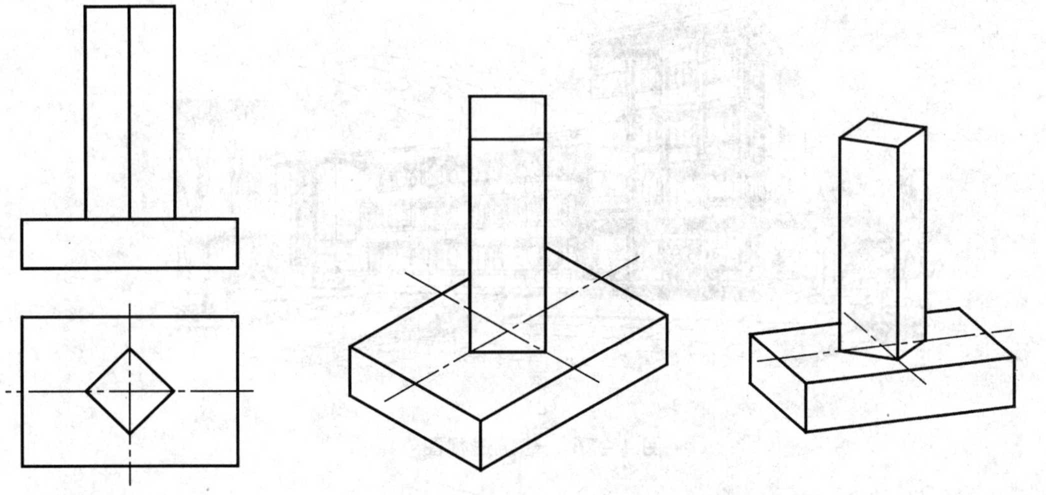

(a)　(b)正等测表现的效果不好　(c)正二测表现的立体的效果好

图 4－25　形体上的直线与平面的积聚与重叠

第二节　透视图

一、透视的基本概念

轴测图作为辅助视图配合正投影图来表达空间形体，具有简明直观的效果，如图 4－26(a)、图 4－26(b)所示。除用轴测投影表达外,还可以用透视图来表达,如图 4－26(c)所示。透视图更符合人们观看形体时,在视网膜上形成的图像,如同一张照片可以十分逼真地反映建筑的外观形状。它们都遵循了中心投影的原理。在建筑设计中,房屋还没有修建,为了准确、逼真地表现所设计的建筑形象,设计者根据建筑的正投影图(平、立、剖面图),按照中心投影原理,绘出像照片一样的建筑图,并配以景物、色彩,这就是建筑表现图——透视图,如图 4－26(d) 。

透视图与轴测图一样,都属于单面投影。但透视图是用中心投影法画出,而轴测图是用平行投影法绘制的。所以,任意的三维形体都可以用轴测图或透视图来表达。

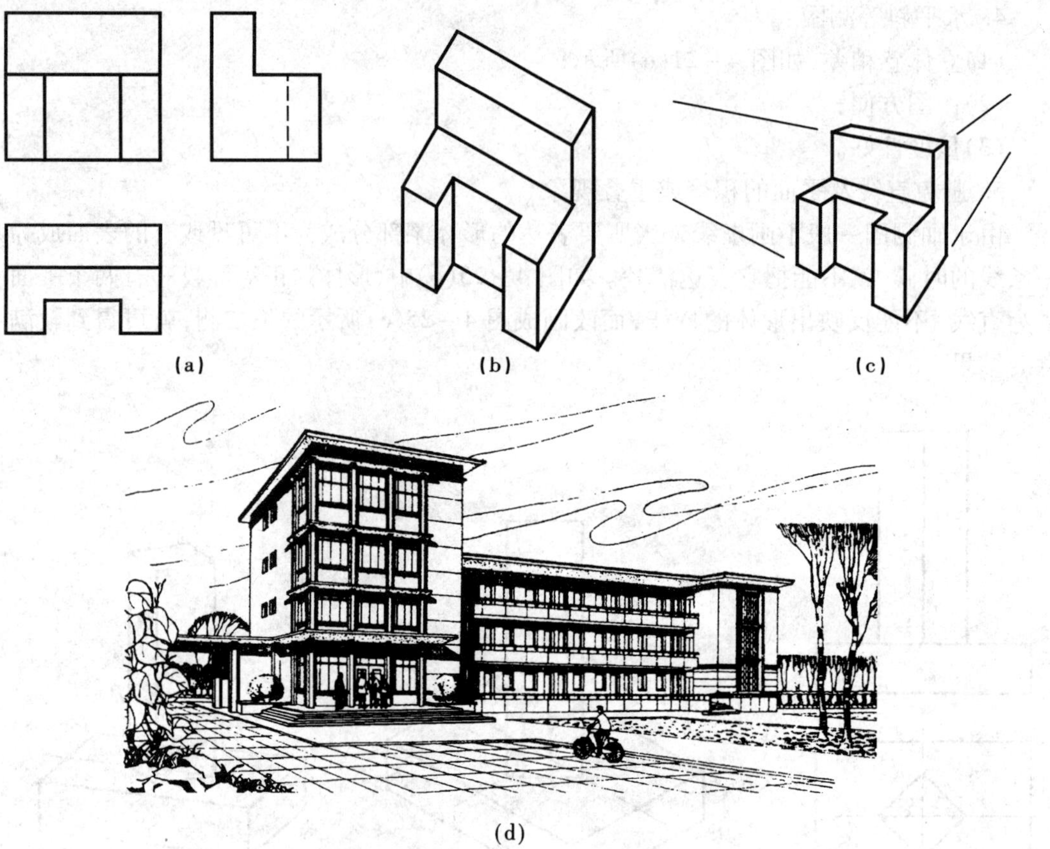

图 4－26　建筑透视图

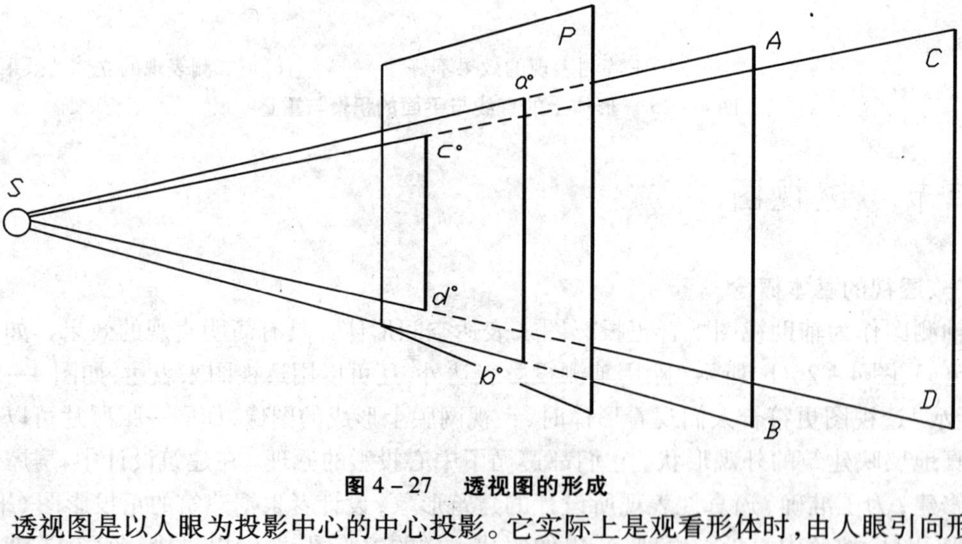

图 4－27　透视图的形成

透视图是以人眼为投影中心的中心投影。它实际上是观看形体时，由人眼引向形体的视线与画面的交点集合而成。所以，透视图的作法归结为求作直线与平面的交点问题，如图 5－27 所示。

(一)常用术语与符号(图 4－28)

基面(G)——放置建筑形体的水平面，也就是地面；

画面(P)——透视图所在平面，通常与基面垂直；

基线（$g-g$、$p-p$）——基面与画面的交线，在画面上以字母 $g-g$ 表示；在平面图中则以 $p-p$ 表示画面的位置；

视点（S）——相当人眼所在位置，即投影中心；

站点（s）——人站立的位置，即视点在基面上的正投影；

心点（$s°$）——视点 S 在画面 P 中的正投影；

主视线（$Ss°$）——引自视点并垂直于画面的视线；

视平面（H）——过视点 S 所作的水平面；

视平线（$h-h$）——视平面与画面的交线，与基线平行；

视高（Ss）——视点距地面的高度，$Ss = s°s_g$；

视距（$Ss°$）——视点距画面的距离，$Ss° = ss_g$；

点的透视——自视点 S 引向点 A 的直线称为视线，视线与画面的交点称为点 A 的透视，记为 $A°$；

点的基点——空间点 A 在基面上的正投影，记为 a；

点的基透视——基点的透视称为基透视，记为 $a°$。

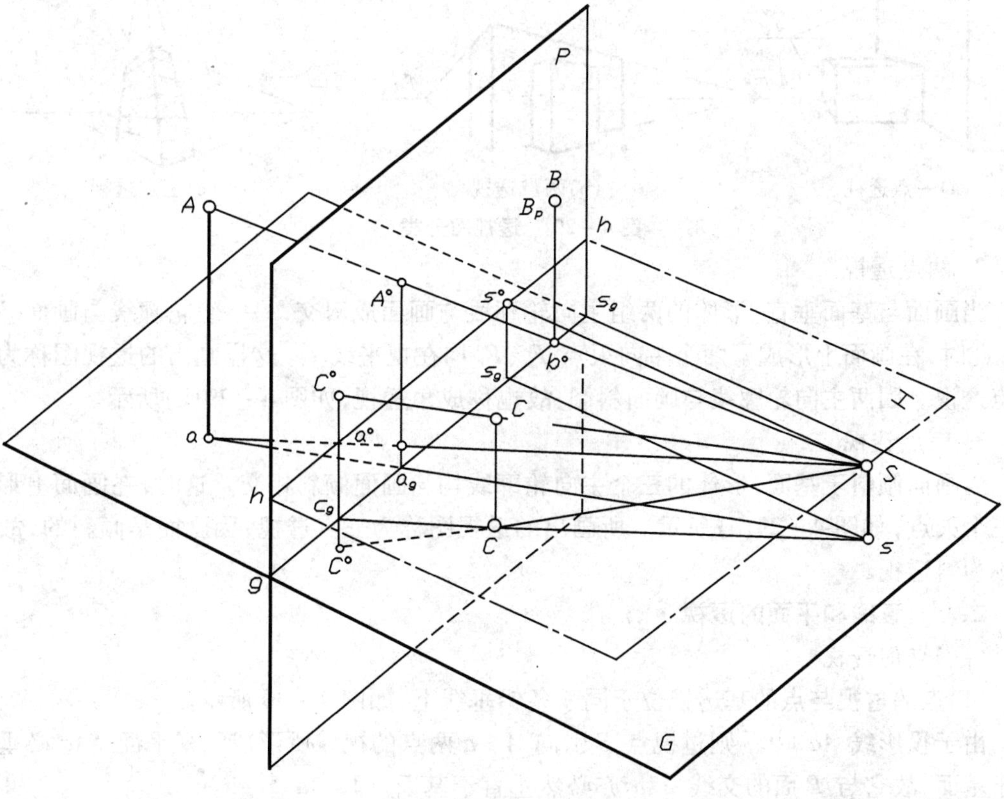

图 4-28　常用术语与符号

（二）透视图的基本特征

与平行投影比较，透视图有两个基本特征。

1. 近大远小

形体上相同高度的铅垂线，近处高，远处低。同一形体，距视中心近的部分，在画面上的尺度大；距视中心远的部分，在画面上的尺度也小。如图 4-26(c)所示。

2. 平行或相交

形体上互相平行的直线与画面有两种位置。

(1)与画面相交的一组平行线,在透视图中将汇交于一点,称为灭点。灭点在透视图上会出现一个、二个,最多三个。

(2)与画面平行的一组平行直线,在透视图中仍然互相平行,呈近大远小状,且无灭点,如图 4-26(c)中所示。

(三)透视图分类

透视图按形体与画面的相对位置的不同,分为以下三种。

1. 一点透视

当画面与基面垂直,形体上有两组主向轮廓线平行于画面,这两组轮廓线的透视就不会有灭点,而另一组轮廓线就必然垂直于画面,其灭点是心点 S^0,如图 4-29(a) 所示。这样画出的透视图称为一点透视。

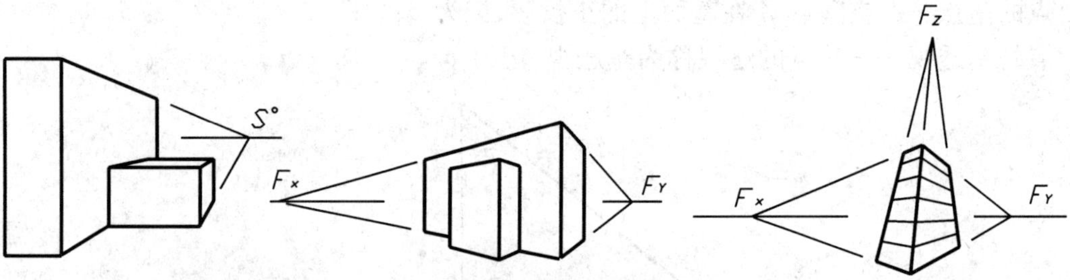

(a)一点透视　(b)两点透视　(c)三点透视

图 4-29 透视图分类

2. 两点透视

当画面与基面垂直,形体的两组主向轮廓线与画面成斜交,另一组轮廓线与画面平行。此时,在画面上形成了两个主向灭点 F_x、F_y 均在视平线上。这样画出的透视图称为两点透视。因两主向轮廓线与画面斜倾,故也称成角透视,如图 4-29(b)所示。

3. 三点透视

当画面倾斜于基面,形体的三个主向轮廓线均与画面倾斜相交。这时,在画面上形成三个灭点,如图 4-29(c) 所示。所画出的透视图称为三点透视,因画面是倾斜的,故又称为斜透视。

二、点、直线和平面的透视

(一)点的透视

(1)点的透视与点的基透视位于同一条铅垂线上,如图 4-30 所示。

由于投影线 $Aa \perp G$,则过视点 S 引向 A、a 两点的视线所形成的视平面 SAa 必垂直于基面,故它与 P 面的交线 $A^\circ a^\circ$亦必然垂直于基面,即 $A^\circ a^\circ \perp gg$。

(2)点的基透视是确定点透视高度的起点,而且可判别点的空间位置。

如图 4-28 所示,位于画面后方的点 A,其基透视 a°在 gg 的上方;位于画面前方的 C 点,其基透视 c°在 gg 的下方;B 点属于画面,其基透视 b_g°在 gg 上。

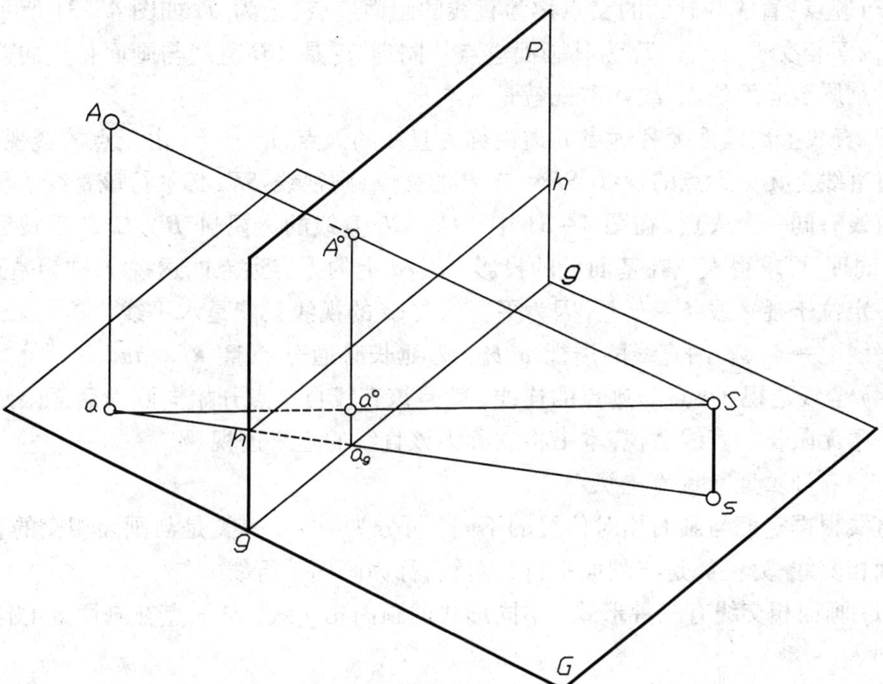

4－30　点的透视

(二)直线的透视、迹点、灭点及全线透视

(1) 直线的透视一般仍为直线，是过直线的视平面与画面的交线，如图 4－31 所示。

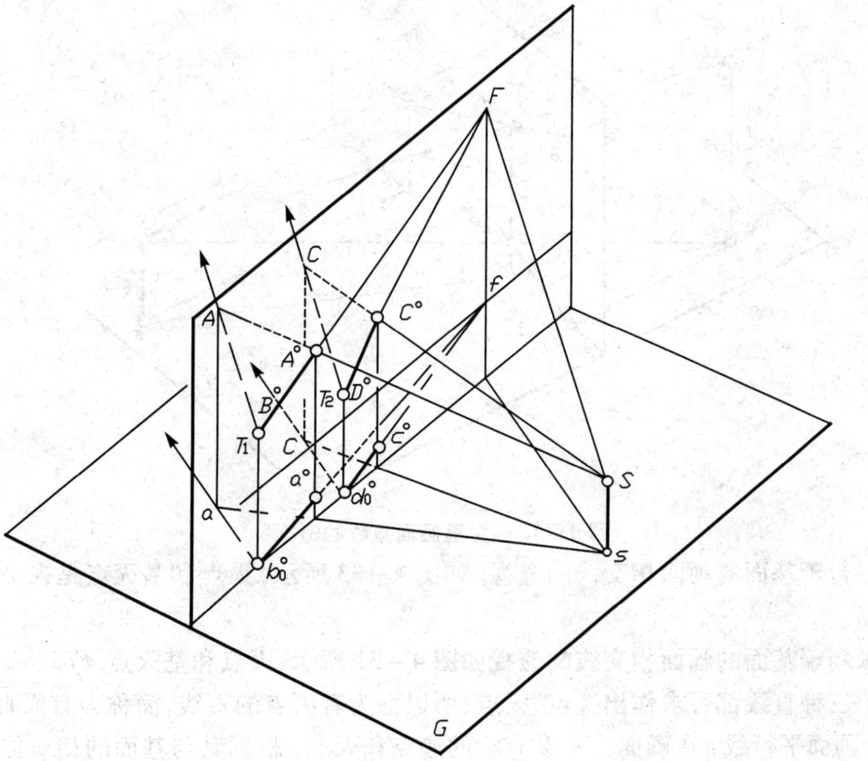

图　4－31 直线的透视

(2)迹点：直线与画面的交点称为直线的画面迹点，记为 T，如图 4－31 所示。直线 AB 与画面相交于 T_1 点，T_1 为其画面迹点。同理 T_2 是 CD 直线与画面相交的迹点。由于迹点是属于画面的点，故其透视就是其本身。

(3)直线上离画面无穷远点的透视称为直线的灭点，记为 F。由于点的透视可知，灭点是过直线上无穷远点的视线 $SF\infty$ 与 P 的交点，则视线 SF_∞ 必平行该直线。显然二组平行直线有同一个灭点，在图 4－31 中，AB、CD 直线的透视 $A^\circ B^\circ$、$C^\circ D^\circ$ 延长后均通过 F 点。同理，可求得直线在基面上的投影 ab、cd 上的无穷远点的透视 f，称为基灭点。基灭点一定位于视平线 $h-h$ 上，因为平行 ab、cd 的视线只能是水平线，它与画面只能交于视平线上一点 f。两直线的透视 $a^\circ b_g$、cd_g 延长必通过 f，且 $Ff \perp hh$。

(4) 全线透视：灭点与迹点的连线，就是该直线自迹点开始向画面后无限延伸所形成的一条无限长的直线透视，本书将它称为该直线的全线透视。

(三)各种位置直线的透视

直线根据它们与画面相对位置的不同，可分为两类，一类是与画面相交的直线，称为画面相交线；另一类是与画面平行的直线，称为画面平行线。

(1) 画面相交线有三种形式，不同形式的画面相交线，其灭点在画面上的位置也各不相同。

①垂直于画面的直线的灭点为心点 S°，其基灭点也是心点 S°，如图 4－32 所示。

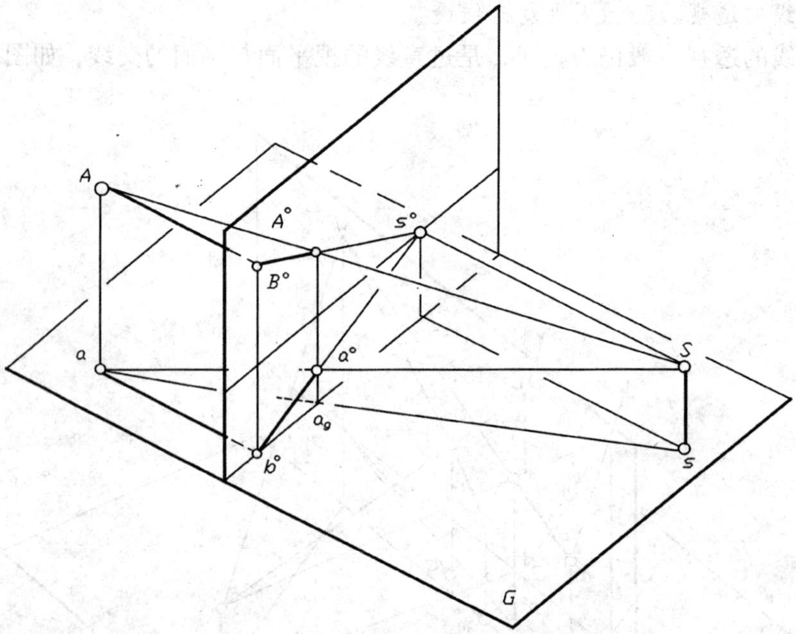

图 4－32 垂直画面直线的透视

②平行于基面的画面相交线的透视，如图 4－33 所示，灭点和基灭点是视平线上同一个点 F。

③倾斜于基面的画面相交线的透视如图 4－31 所示，灭点和基灭点 $Ff \perp hh$。

以上三种直线都可求作出迹点、灭点，所以称为有灭点的直线，简称为有灭直线。

(2) 画面平行线，在画面上不会有它的迹点和灭点，根据其与基面的相对位置不同也有三种形式。

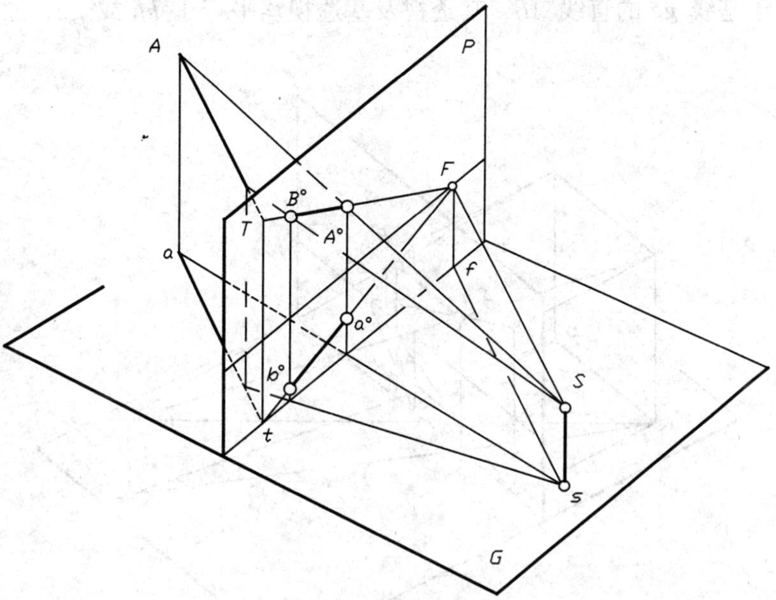

4－33　**水平线的透视**

①垂直于基面的直线（铅垂线），如图 4－33 所示，$A°a°$、$B°b°$为等长的铅垂线的透视，透视仍为铅垂线，透视仅反映出近大远小的特点。

②倾斜于基面的画面平行线的透视如图 4－34 所示。由于空间直线 AB 平行于画面 P，因此与画面就没有交点（迹点），同时自视点 S 引平行于 AB 的视线与画面也是平行的，无交点（灭点）。因此，其透视 $A°B°/\!/AB$，$A°B°$与基线的夹角反映了 AB 线对基面的夹角 α，其基透视 $a°b°/\!/ab/\!/gg$。

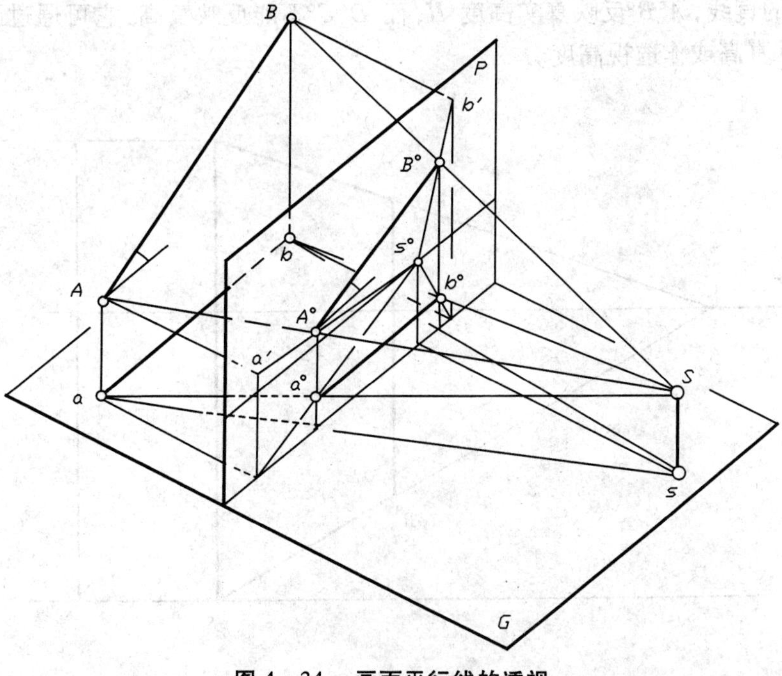

图 4－34　画面平行线的透视

③平行于基线 gg 的直线 AB，其透视及基透视均平行于 hh 或 gg，如图 4-35 所示。

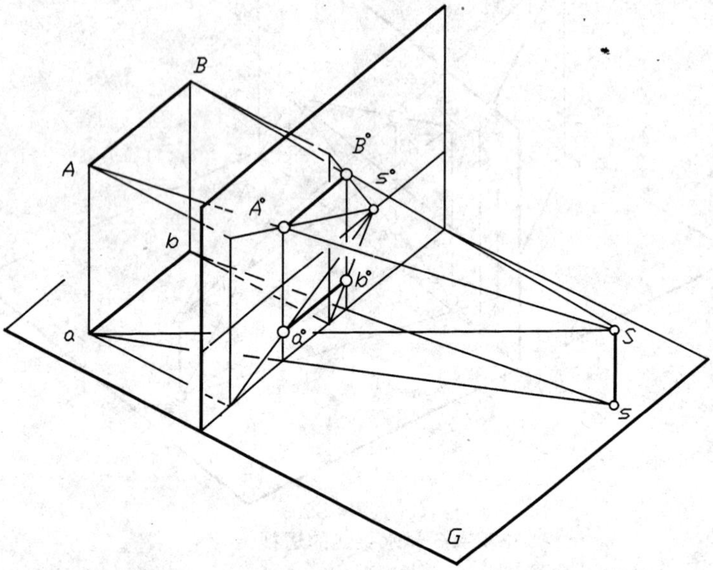

图 4-35　侧垂线的透视

(四)透视高度的量取

(1)根据前述可知：铅垂线若位于画面上，则其透视为该直线本身，它反映直线的真实高度，称为真高线。可利用它来解决透视高度的量取和定位问题。

如图 4-36 所示，四边形 $A^\circ B^\circ C^\circ D^\circ$中的两直线 $A^\circ C^\circ$和 $B^\circ D^\circ$汇交于视平线上同一个灭点 F。因此，空间两直线为水平线且互相平行，故四边形为矩形。AB 和 CD 等高，但 AB 是画面上的直线，$A^\circ B^\circ$反映真实高度 H，而 $D^\circ C^\circ$不能反映真高，它可通过画面上的 $A^\circ B^\circ$来确定其真高或作透视高度。

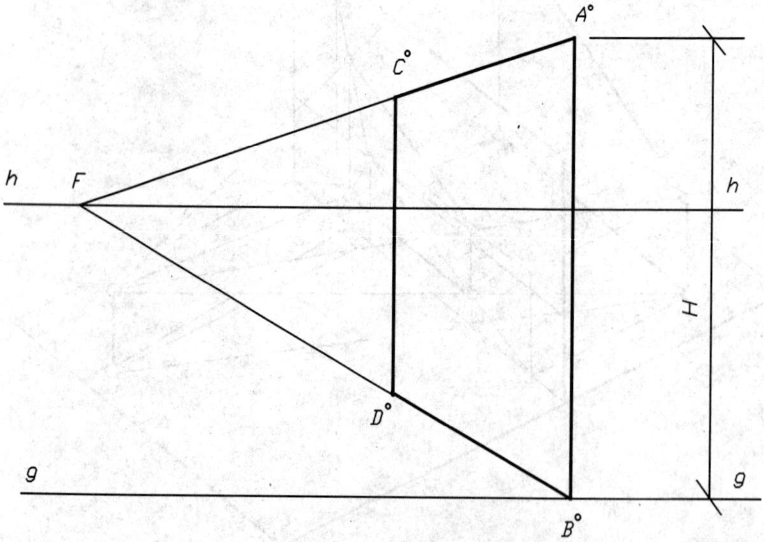

图 4-36　真高线

(2)在图 4－37 中，欲自 a°作一铅垂线的透视，使其高度等于 H。首先在视平线上适当位置取一点 F，连 F 和 a°两点，并延长交基线于 t，再自 t 作铅垂线，量取 tT 等于真高 H，再连接 TF，与过 a°处的铅垂线相交于 A°，则 $A^\circ a^\circ$就是过 a°真高为 H 的铅垂线的透视。

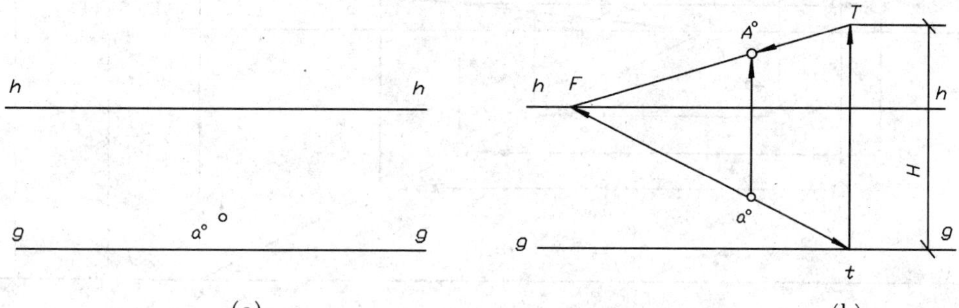

图 4－37 求透视高度的方法

(3)图 4－38 所示是两条铅垂线的透视 $A^\circ a^\circ$、$B^\circ b^\circ$，它们的基透视 a°、b°对于基线的距离相等。

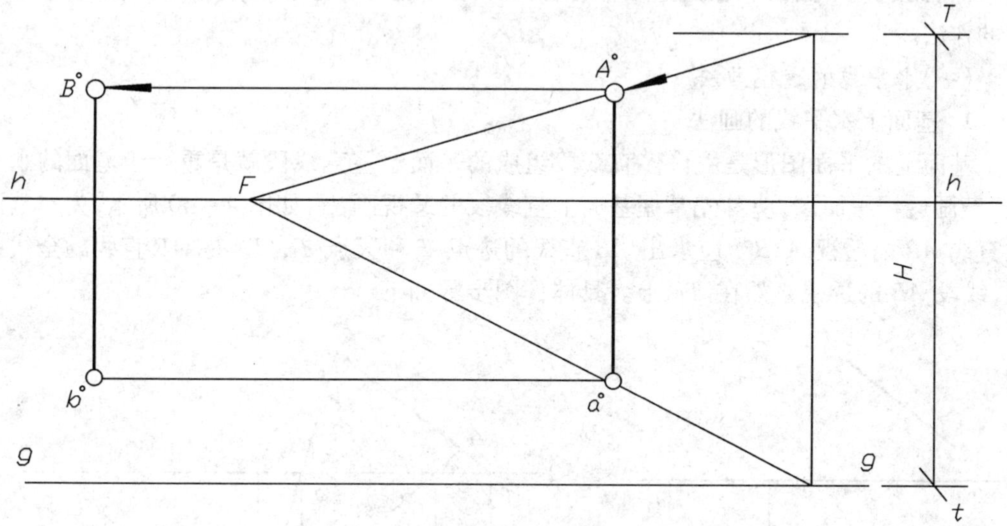

图 4－38 集中真高线的根据

这表明空间两直线 Aa、Bb 距画面等距。又因 $A^\circ B^\circ /\!/ a^\circ b^\circ$，故两直线在空间是等高的，均为 H。

在以后的作图过程中，为了避免每确定一个透视高度就要画一条真高线，可集中利用真高线定出图中所有的透视高度，这样的真高线称为集中真高线，如图 4－39 所示。

三、建筑师法画透视图

建筑师法也称为视线法，是建筑师经常采用的一种方法。前述各例均为用视线法求得的，其原理如图 4－30 所示。由于 Ss 和 Aa 都垂直于基面，因此平面 $SAas$ 与画面 P 的交线必垂直于基面，而 A°、a°及直线 Sa 与 gg 的交点 a_g 都在此线上，即三点 A°、a°、a_g 在一条铅垂线上。建筑师法正是利用这一特点作出形体上任意一点的透视，从而完成整个形体的透视。

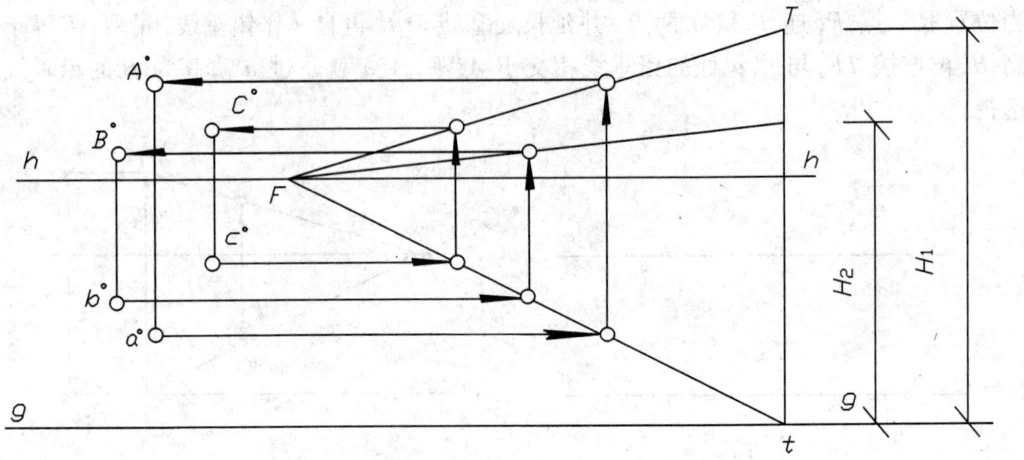

图 4-39　集中真高线的利用

形体透视图的具体绘制通常是从平面图开始的。首先将该形体的平面图的透视画出来，即得到透视平面图。在此基础上将各部分的透视高度立起来，就可以完成整个透视图的作法。

(一)水平线的透视画法

1. 基面上水平线的画法

基面上的平面图形是由许多直线段组成的，而这些直线段就是重合于基面的水平线。若画透视平面图，应首先掌握基面上直线段的透视画法。如图 4-40 所示，为作基面上直线 *AB* 的透视 $A°B°$，应求出 *AB* 直线的迹点 *T* 和灭点 *F*，*TF* 是 *AB* 直线的全线透视，线段 *AB* 的透视必然在 *TF* 上。具体作图步骤如下：

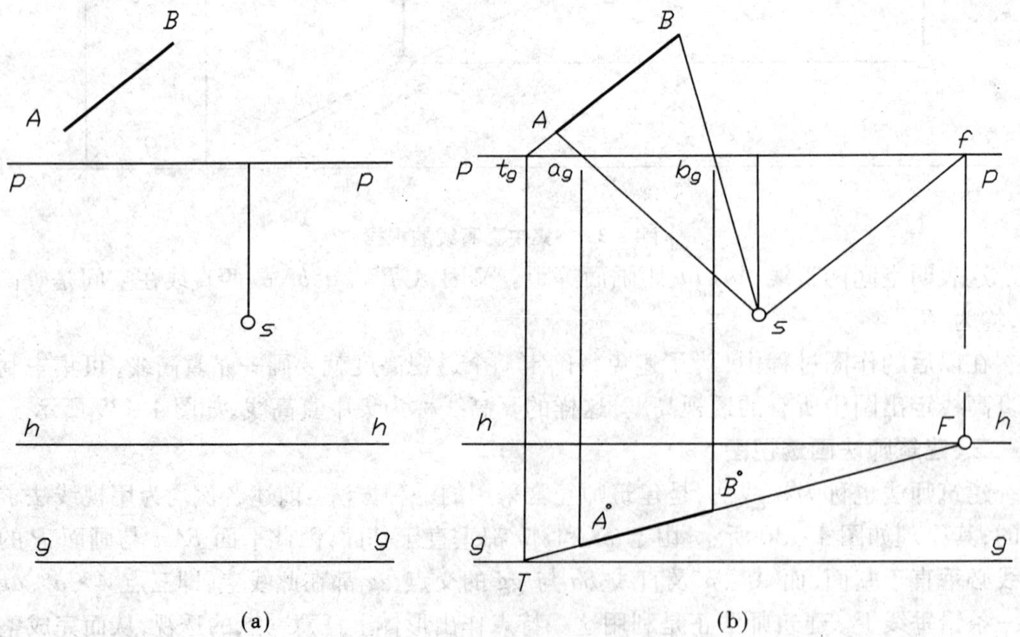

(a)　　　　(b)

图 4-40　基面上水平线的画法

①如图 4－40(b)所示，将基面与画面分开，上下对齐安放，使基面上的画面线 pp 和画面上的视平线 hh 及基线 gg 互相平行。

②在基面上延长 AB 与 pp 交于 t，再过站点 S 平行于 AB 作 Sf 线，与 pp 相交得 f。

③自 t 下投与 gg 相交得 T；自 f 下投与 hh 相交得 F，T 和 F 是 AB 的迹点和灭点，连 TF 成直线，则 $A^{\circ}B^{\circ}$ 必在其上。

④在基面上，自站点 S 引 SA 和 SB，与 pp 相交得 a_g、b_g，自 a_g 和 b_g 下投与 TF 相交得 A°、B°，$A^{\circ}B^{\circ}$ 为 AB 的透视。

2. 空间水平线的透视画法

如图 4－41 所示，将 AB 线升高一段距离为 H，AB 是空间一条水平线，ab 为其在基面上的投影，用建筑师法作其透视。如前所述，设已求得 ab 线的灭点 F，由于 $AB /\!/ ab$，故 AB 的灭点仍是 F；再求 AB 的迹点 T，此处应注意到 Tt 之间的距离正是 AB 离开基面的高度 H。TF 是 AB 线的全长透视，tF 是 ab 线的全长透视，其透视和基透视均在全长透视上截取，作图步骤见图 4－41。

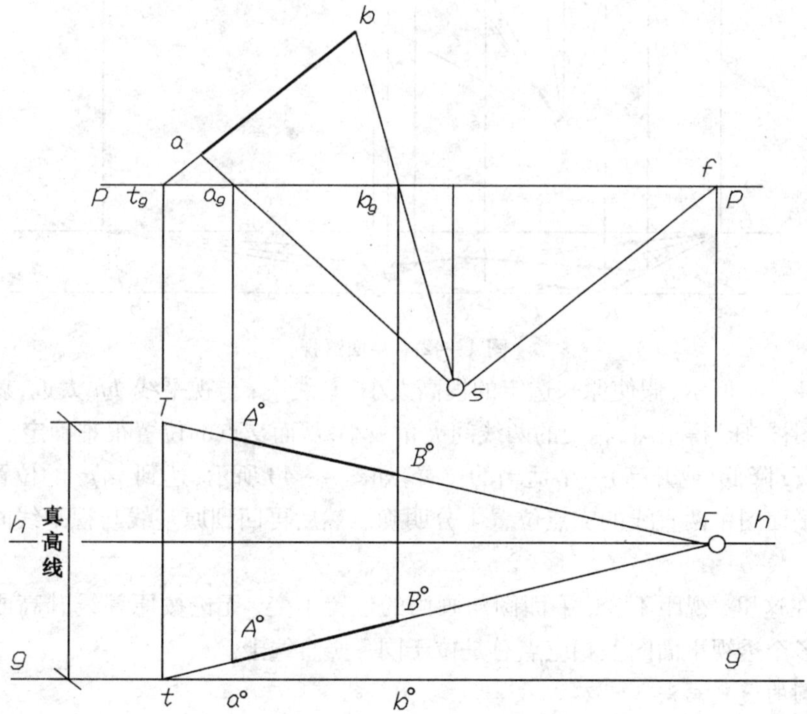

图 4－41　空间水平线的画法

(二)平面的透视画法

1. 平面多边形的透视画法(图 4－42)

(1)首先求出平面图中互相垂直两主向直线的灭点。自站点 S 平行于两主向直线作视线与 pp 相交于 f_x 和 f_y，再由 f_x、f_y 下投到视平线 hh 上，即得两主向灭点 F_x 和 F_y。

(2)从平面图中看到 a、c 点在 pp 上，也就是在画面上，其透视 a^0c^0 应在基线上。自 ac 向下投到 gg 线上，即为 a^0c^0。

(3)自 a^0c^0 向 f_x 和 f_y 引直线，即为 ag, cb 线和 af、cd 线的全长透视。由 S 向 d、e…

各点引视线与 pp 相交于 d_g、e_g… 各点，再从这些点向下投到相应全长透视上，即得各点透视 d^0、e^0…各点相连即完成透视平面图的作图。

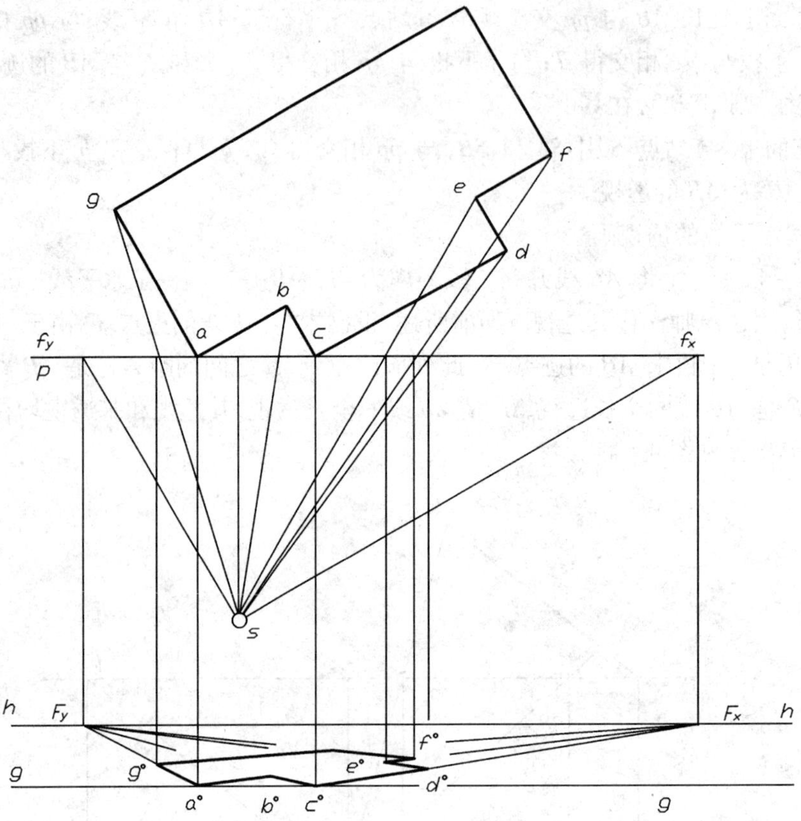

图 4－42　平面透视

如图 4－42 所示，假使原来选定的视高太小，基线 gg 与视平线 hh 太近，就使所作的透视平面图被“压”得很扁，相交的两线间夹角极小，从而交点的位置很难确定。此时，就可以将基线 gg 降低（或升高）一个适当的位置，如图 4－43 所示，达到 g_1g_1 的位置。据此画出的透视平面图中两直线的交点位置十分明确。然后再回到原基线与视平线间求得透视平面图。

因为在这里，视距不变，平面图与画面的位置不变，无论按原基线升高或降低基线所画出的各个透视平面图上相应点总是位于同一竖直线上。

（三）圆的透视画法

1. 平行于画面圆的透视画法

当圆所在平面与画面平行时，圆的透视仍为圆。圆的透视大小依圆距画面的远近而定，如图 4－44。给出了一个落在基面上，半径等于 R 的正平圆，此时只要求出圆心的透视位置和半径的透视长度就可以画圆。为此，过圆心 O 向画面引一条垂线，并与画面交于 tg，过 tg 向下投到 gg 上得 t，再根据原半径得 T，$TS°$、$tS°$是过圆心向画面引的垂线的全线透视，圆心 $O°$的透视必在其上。自 $S°$与圆的两端 a、b 及圆心 O 连线与 pp 交 a_g、O_g、b_g，a_g、b_g 之间的尺度即为透视圆的直径 O_gb_g。将 O_g 下投到 $TS°$上得透视圆心 $O°$，过 $O°$作互相垂直的直径，以 $O°$为心，以求得的透视半径 a_g、b_g，画出圆即为平行画面圆的透视。

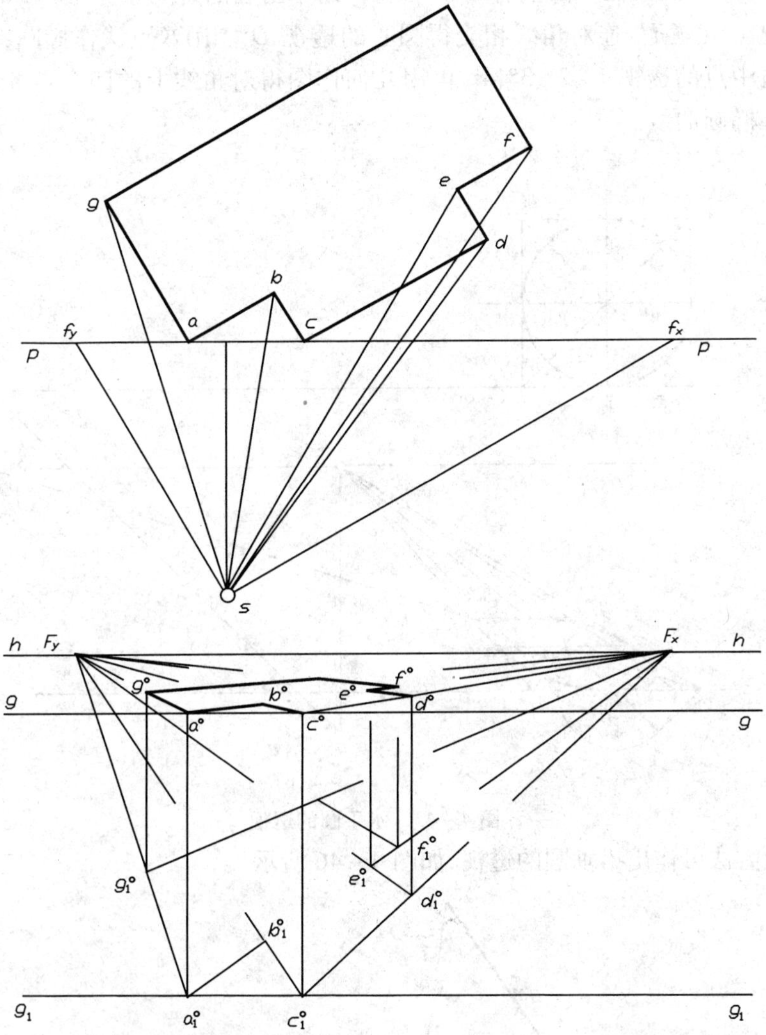

图 4－43　降低基线画平面透视

2. 水平圆及侧平圆

水平圆及侧平圆的透视在一般情况下是椭圆。为了画出其透视，采用类似轴侧投影中的八点法，其中四点为外切正方形与圆的切点，另外四点是正方形对角线与圆的交点。

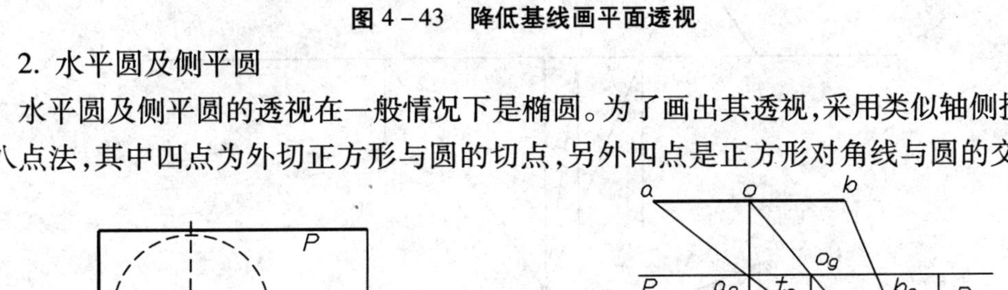

(a)　　　　　　　　　　　　(b)

图 4－44　正平圆的透视

如图 4－45 所示，在基面上有一水平圆。先作出圆的外切正方形 $abcd$，再作外切正方形的透视 $a^{\circ}b^{\circ}c^{\circ}d^{\circ}$，连对角线相交得圆心的透视 O°。用八点法作椭圆，过 O°作透视正方形对边中点的透视 1°、2°、3°、4°，再用几何作图得对角线上的四个点 5°、6°、7°、8°，而后光滑连成椭圆曲线。

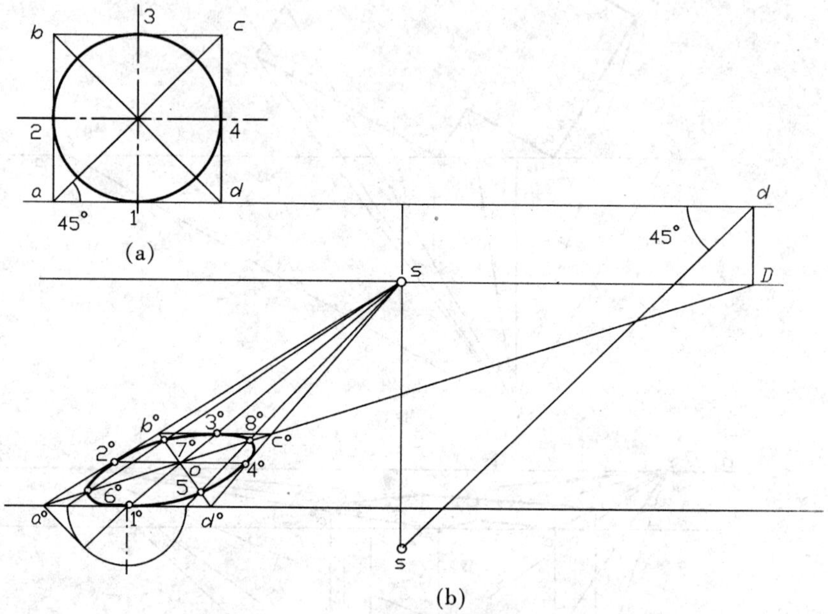

图 4－45　水平圆的透视

用类似方法可作出铅垂圆的透视，如图 4－46 所示。

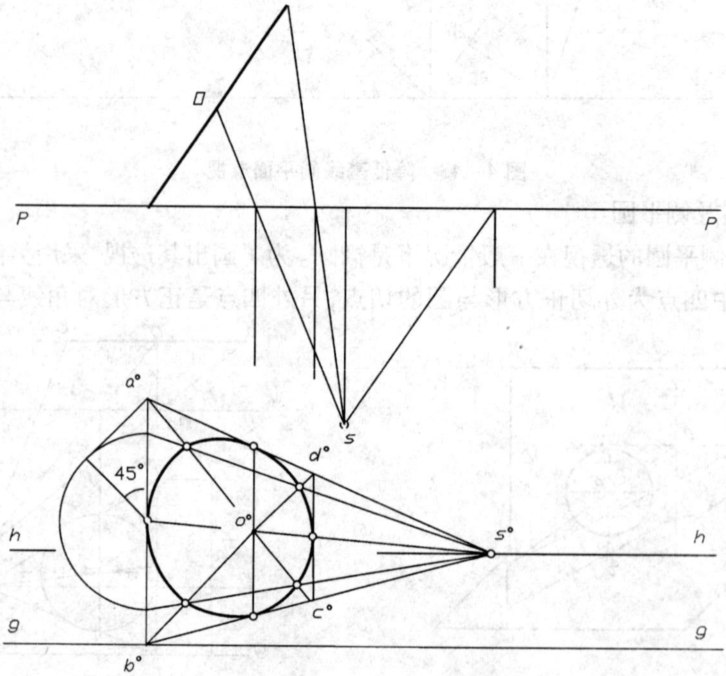

图 4－46　铅垂圆的透视

图 4－47 是圆柱的透视图例。对圆柱，首先作出两端底圆的透视，然后再画出与两透视底圆公切的轮廓素线即可，如图 4－47(a)所示。但是，水平放置圆柱的轮廓素线应消失到同一个灭点，如图 4－47(b)所示。

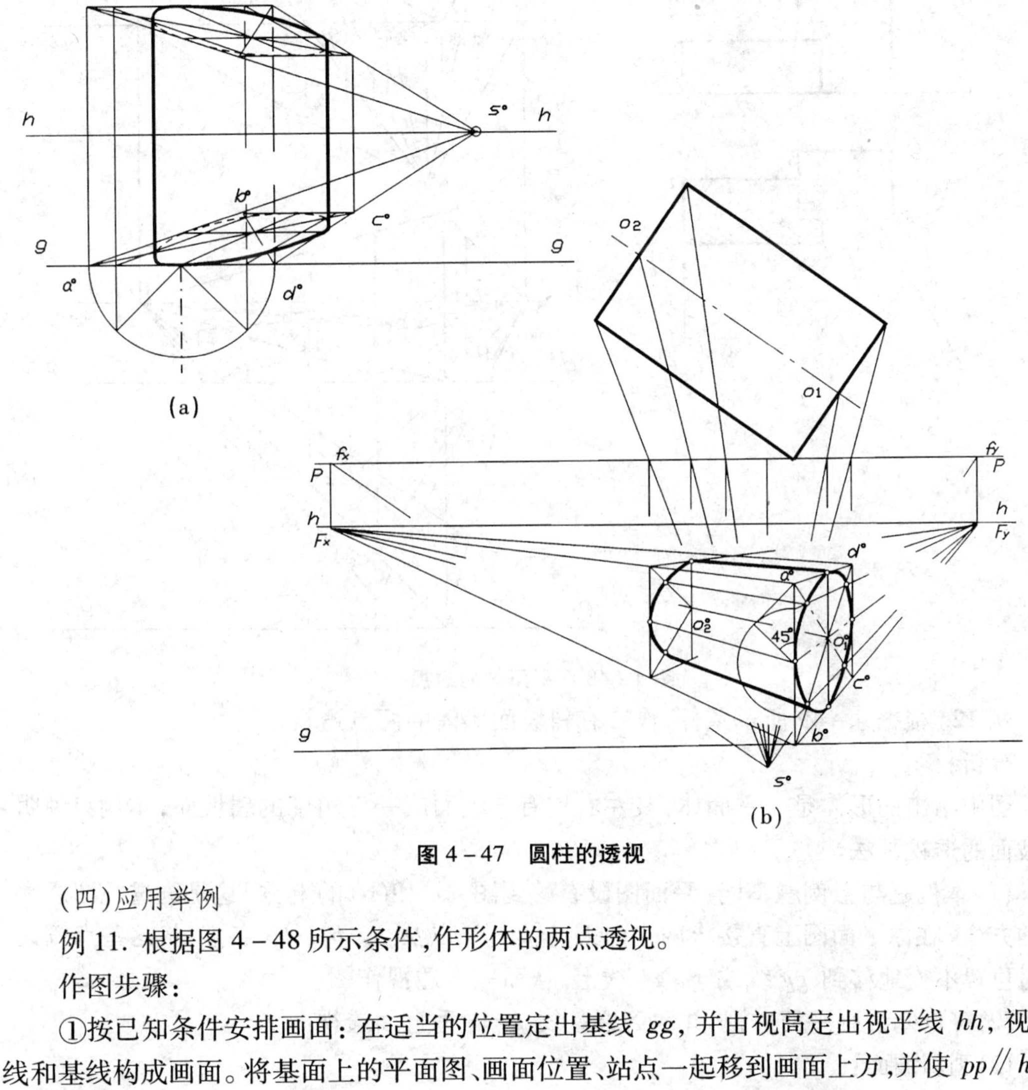

图 4－47 圆柱的透视

(四)应用举例

例 11. 根据图 4－48 所示条件，作形体的两点透视。

作图步骤：

①按已知条件安排画面：在适当的位置定出基线 gg，并由视高定出视平线 hh，视平线和基线构成画面。将基面上的平面图、画面位置、站点一起移到画面上方，并使 $pp /\!/ hh$，如图4－48(b)所示。

②在基面上作两主向线的灭点 f_x、f_y，下投到视平线上得 F_x、F_y。

③因视高较小，为准确定位，降低基线至 g_1g_1，如前所述画出透视平面图。

④再回到原基线作形体透视。从所给的两视图中可以看出，该形体左边高、右边低，a 点在基线上，过 a 点的棱线在画面上反映真高，其尺寸可从正立面图上量取，完成左边部分的透视作图。

为作出右边形体的透视高度，可单独设真高线，即延长 ef 与 pp 相交得 t_g，过 t_g 的垂直线是右边长方形的真高线，利用其作出右边长方形的透视。

⑤整理加深图线，完成形体的两点透视作图。

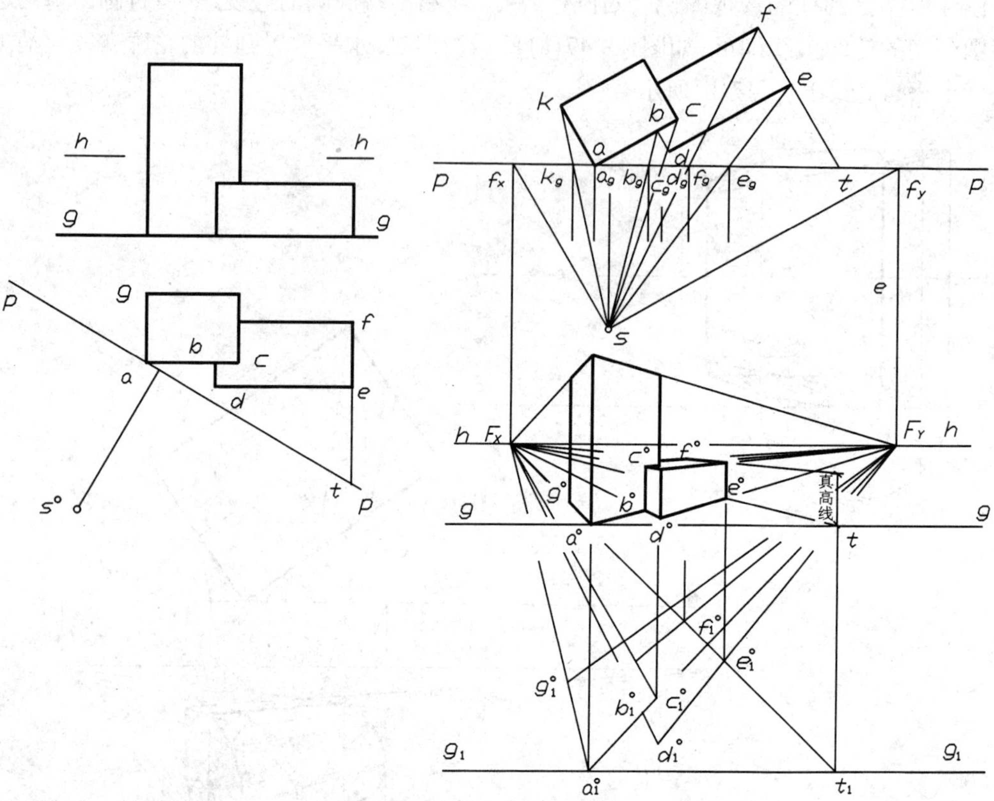

图 4－48　平面体的透视

例 12. 根据 4－49 所示条件，作带有斜坡面形体的两点透视。

分析：

图中给出的形体是一平面体，其左右均有与地面成一定角度的斜坡面，本例只说明斜坡面的透视画法。

(1) 本例题与上例题不同，平面图没有移到图 4－49(b) 的上方，这是画透视图通常用的方法。在原平面图上直接求两主向灭点 f_x、f_y 以及 a_g、b_g、c_g…各点，将这些点按其相对位置不变地移到 gg 线或 g_1g_1 线上，从而完成透视作图。

(2)降低基线画平面透视，并回到原基线 gg 画垂直面透视。

(3)画斜坡面：

①先画平面体垂直面的透视，$a°$为集中真高线处。

②画形体上右边小三角块上的斜面。因小三角块的斜面透视由两条斜线透视决定，两斜线的右端点 Ⅰ°Ⅳ°已确定。左边两点的透视高度，自真高线处量取其真高 H_1，连向 F_x，在 $b°$处得 $K°$点，再自 $K°$连向 F_y，确定其透视高度 Ⅱ°、Ⅲ°，再与 Ⅰ°、Ⅳ°连线，完成其透视。

③画左边斜面的透视。先画 MN 线透视，自 $a°$处量取真高 H_2，连向 F_x 得 $N°$点。再在 $a°$处量取真高 H_3，连向 F_x 得 $M°$点，连 $M°N°$为其透视。再自 $M°$连向 Fy 得斜面上水平线的透视。此时斜面的透视看不见，不必再画。

④整理图线，完成透视。

由上述作图可见，斜线的透视由线上两点的透视来确定。

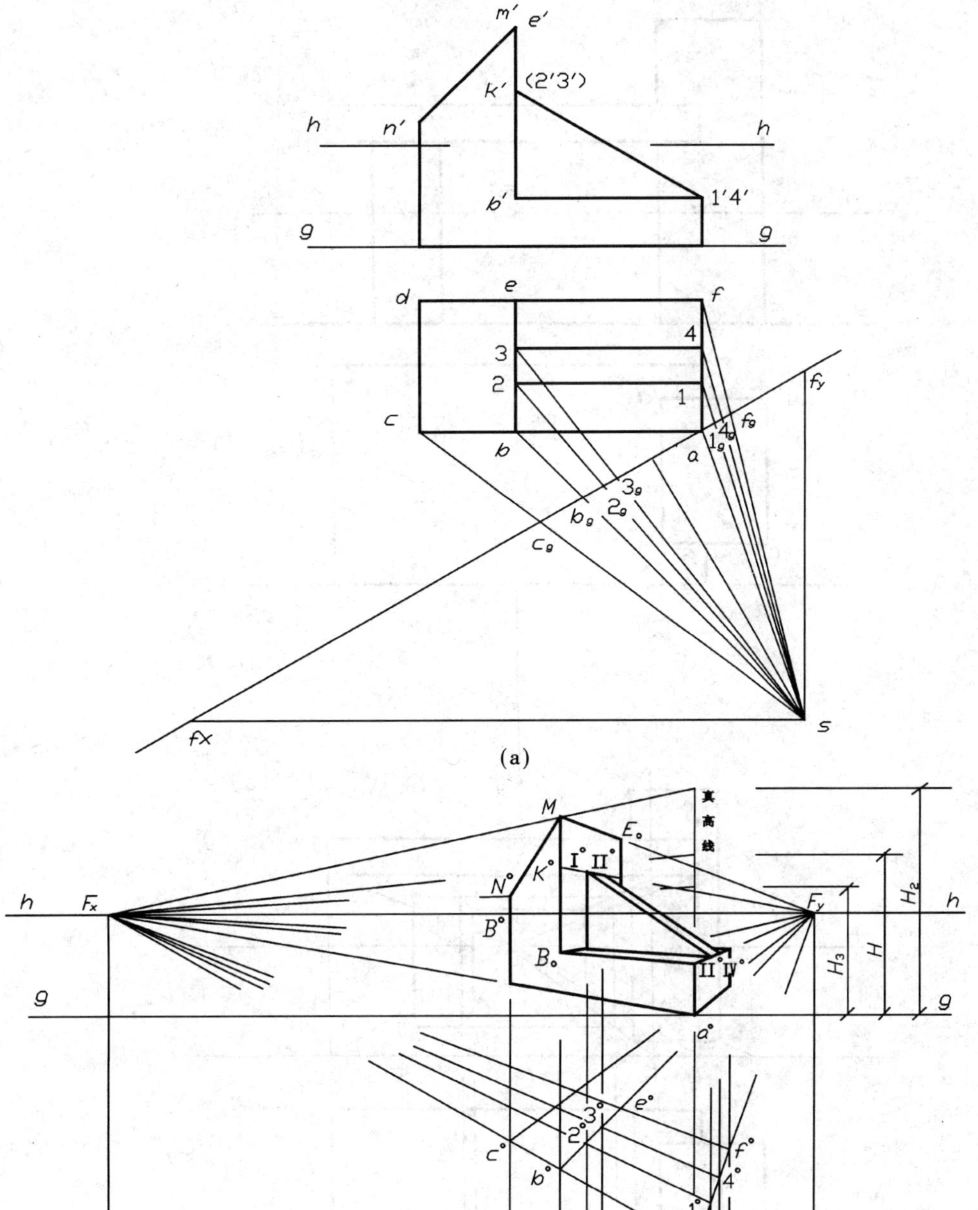

(a)

(b)

图 4－49　带有斜坡面形体的透视

例 13. 完成图 4－50 所示形体的一点透视。

分析：

该形体由两个直立长方形和一水平放置的长方形组成，左边高，右边低。从平面图中可知，画面与水平长方形前端面重合。形体的三个主向线只有 Y 向垂直画面，故此心点 S°为灭点。

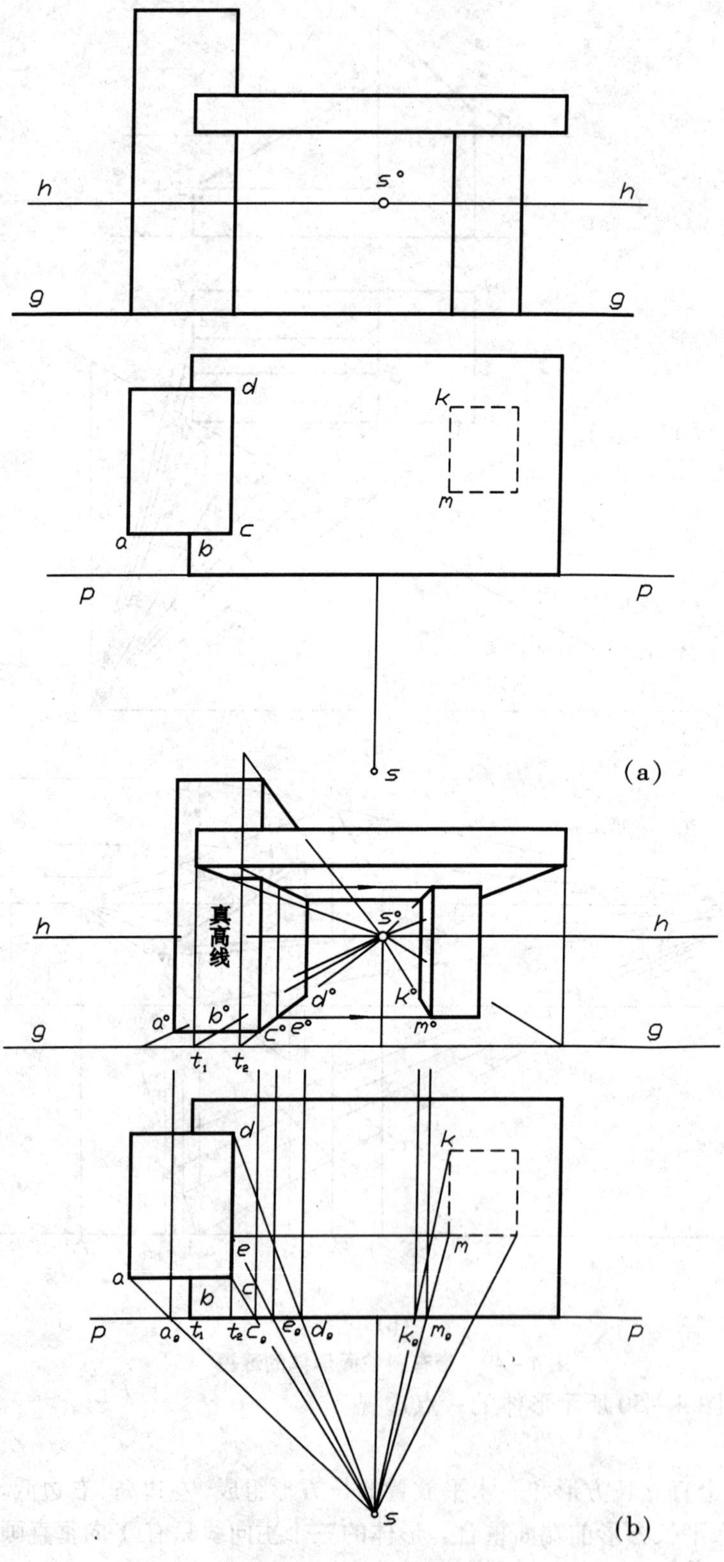

图 4－50 形体的一点透视

作图步骤：

①画出水平长方体与画面重合部分实形。

②利用水平长方形前端面的真高完成其透视。

③利用集中真高线完成左、右两直立长方形的透视。

④整理加深图线，完成透视作图，如图 4－50 所示。

例 14. 分别作圆拱的一点、两点透视，如图 4－51 所示。

分析：

作拱门的一点透视，关键是求圆的透视半径及圆心，求作方法前面已讲过，不再详述。具体步骤见图 4－51 所示。

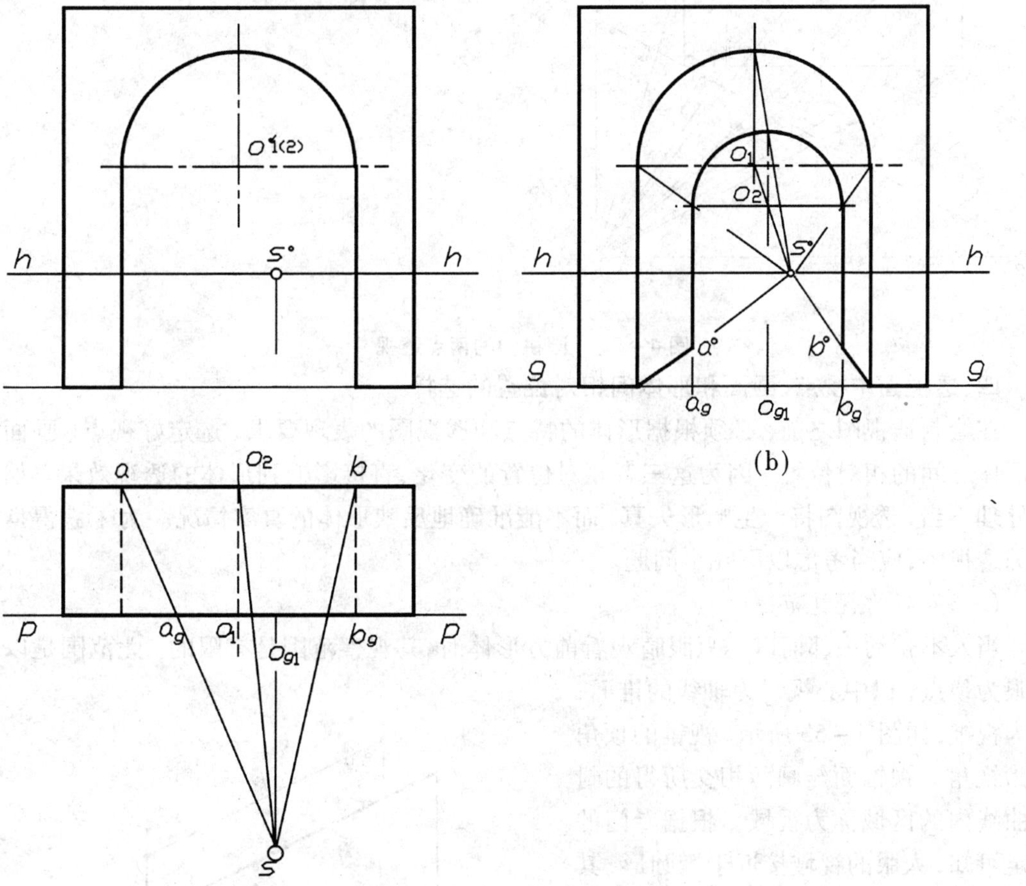

(b)

(a)

图 4－51　圆拱门的一点透视

求作圆拱的两点透视，关键是解决其前后两个半圆的透视作图，如图 4－52(a) 所示。作半圆弧透视，就是将半圆弧纳入半个正方形中，作出半个正方形的透视，就得半圆弧上的三个点 1^0、3^0、5^0，再作出两条对角线与半圆弧交点的透视 2^0 及 4^0，将 5 个点光滑地连接起来，即为半圆弧的透视，如图 4－52(b)所示。

后半圆弧的透视，可用同法作出，也可用图中所示方法画出。图中所示方法是引用过前半圆上已知五点所引柱面素线，再利用拱门的平面为其基透视，从而确定后半圆弧上五个点的透视高度，再顺次连成半圆弧的透视，如图 4－52(b)所示。

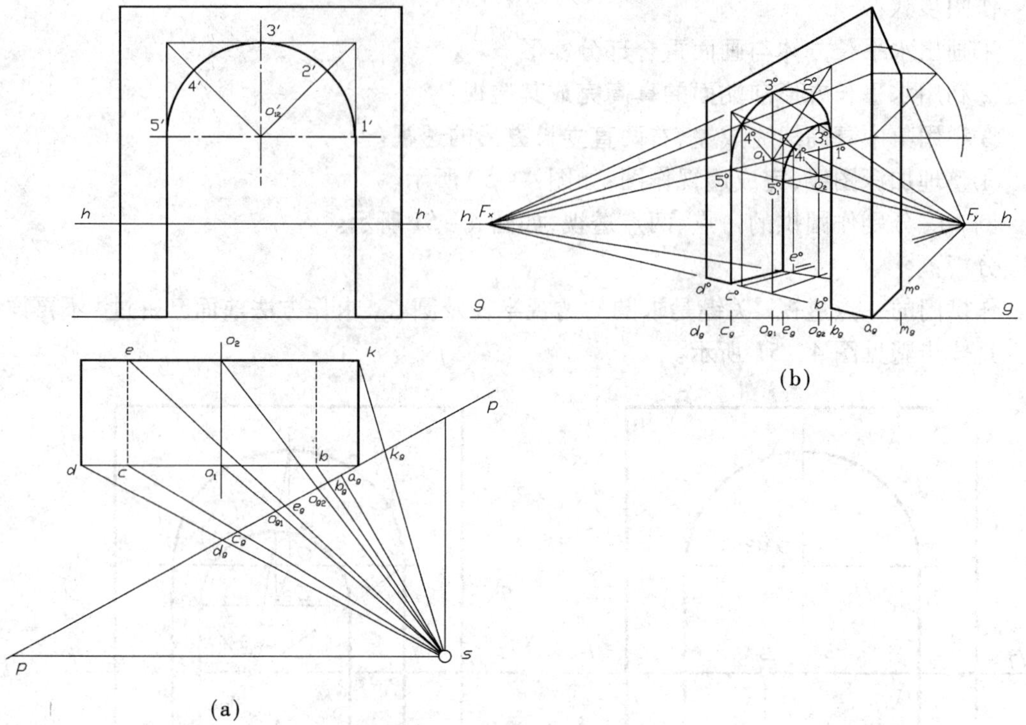

图 4－52　圆拱门的两点透视

四、透视图中视点、画面和形体间相对位置的选择

在绘制透视图之前，必须根据形体的特点和透视图的表现要求，选定好视点、画面与形体之间的相对位置。因为这三者相对位置的变化，直接影响到形体的透视效果。如果处理不当，透视图将产生畸形失真，而不能准确地反映形体的真实情况。为了获得良好的透视图，应当考虑以下几个问题。

(一)人眼的视觉范围

当人不转动头部而以一只眼睛观看前方形体时，其观察范围是有限的。此范围是以人眼为顶点，以中心视线为轴线的锥面，称为视锥，如图 4－53 所示。视锥的顶角称为视角。视锥面与画面相交所得的封闭曲线内的区域称为视域。根据专门的测定可知，人眼的视域接近于椭圆形，其长轴是水平的。也就是说，视锥是一个椭圆锥，其水平视角可达到 120°～148°，而垂直视角 δ 可达到 110°～ 125°。然而清晰范围只是其中很小一部分。因此，在实用上为了方便起见，可把椭圆锥看成是正圆锥。于是视域也就成为圆形了。在绘制透视图时，视角通常被控制在 50°以内，而以 28°～ 37°为佳。在特殊情况下，如画室内透视，由于受到空间和场地的

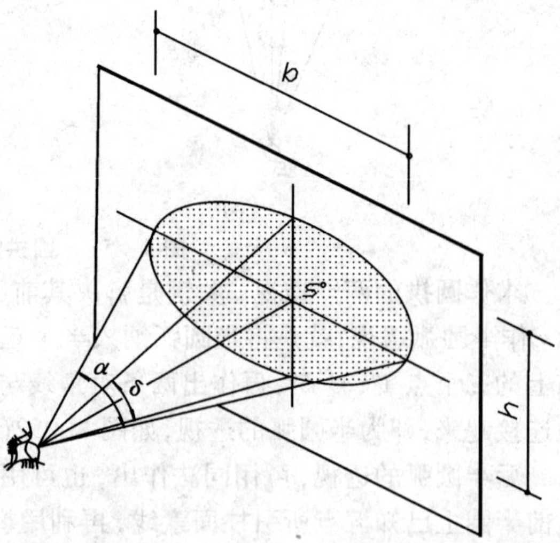

图 4－53　视锥

限制，视角可稍大于 50°，但也不宜超过 90°。

（二）视点的选定

视点的选定包括两方面的内容，即站点的位置和高度。

1. 站点的选定

（1）保证视角大小适宜，如图 4－54 所示。站点 S_1 与形体距离较近，其水平视角 α_1 就较大，两灭点相距过近，形体收敛得过于急剧，图像给人的视觉感受不佳。如将 S_1 点移至 S_2 处，此时视角 α_2 接近 40°，两灭点相距较远，水平透视显得平缓，图像看起来比较开阔舒展。可见视角大小对透视形象的影响很大。

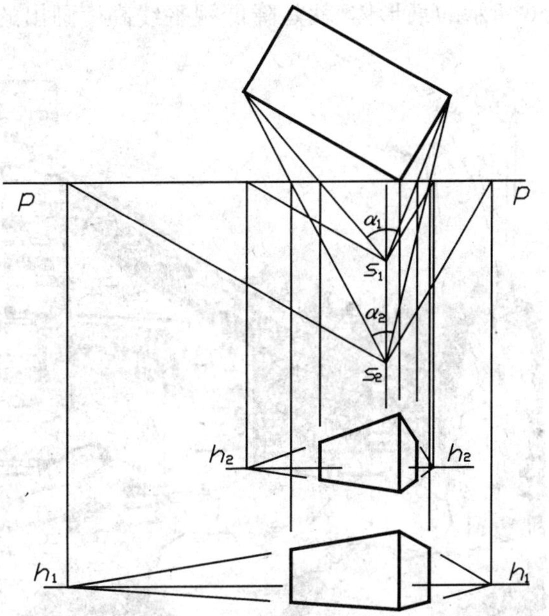

图 4－54 视角大小对透视图的影响

（2）选定站点，应充分体现形体的特征，如图 4－55 所示。当站点位于 S_1 处，如图 4－55(a)就较 S_2 处要好，如图 4－55(b)。因为，前者能反映出该形体两部分的大小和相对位置，而后者则不能。此外，还考虑所选定的站点应在人员较多且环境许可的位置上。

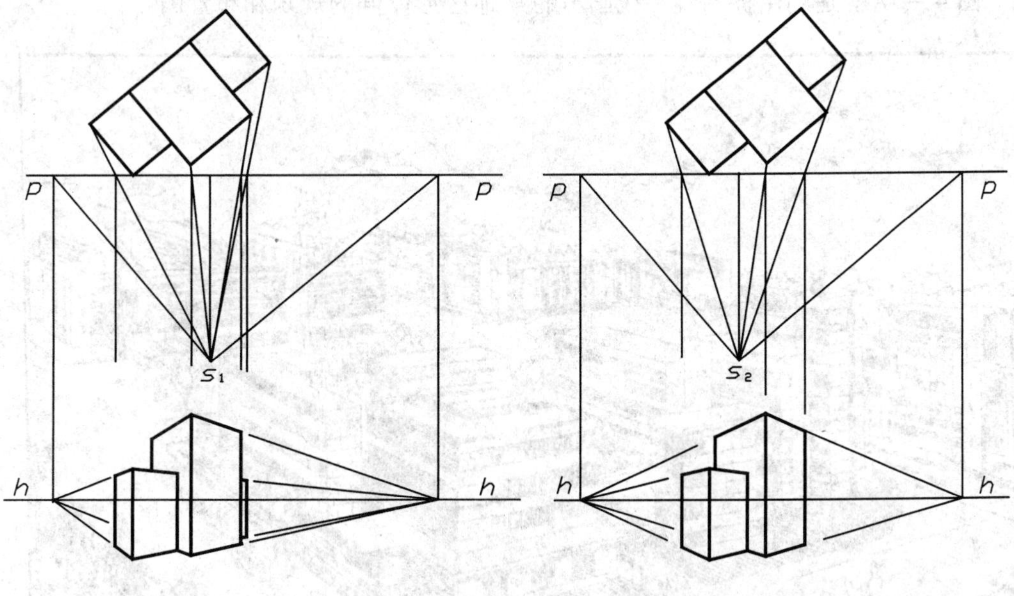

图 4－55 站点的位置充分体现形体特征

2. 视高的确定

视高应按人的身高 1.5 m～1.8m 确定。但有时为了使透视图取得某种特殊效果，可将视高适当地提高或降低。

降低视平线高度而画出的形体透视图称为仰望透视，给人以高耸雄伟之感。图4－

56所示的某形体,就是降低视平线高度画出的透视图。

图 4-56 降低视平线的效果

提高视平线高度而画出的透视图可称为鸟瞰图，可使地面在透视图中展现得比较开阔。图 4-57 就是利用提高视平线画出的某地区形体群的规划和布置图。

图 4-57 提高视平线的效果

(三)画面与形体的相对位置

(1)画面与形体立面的偏角大小对透视形象的影响。

一般情况下，应使形体的主要立面与画面的夹角成 30°，这样画出的透视图能使形体的主次面分明，突出了主要立面，如图 4－58(a)。如果形体的两个面与画面的夹角相等 $\theta_2=45°$，则透视轮廓线的两个方向斜度差不多。对于平面图接近方形的形体来说，透视图显得特别呆板，如图 4－58(b)中，当 $\theta_3>45°$时，则透视图中较宽阔的主要立面反而比侧立面为窄，不符合两个立面原来的长宽之比，如图 4－58(c)。当然，设计人员有意要突出侧立面的特点也未尝不可。

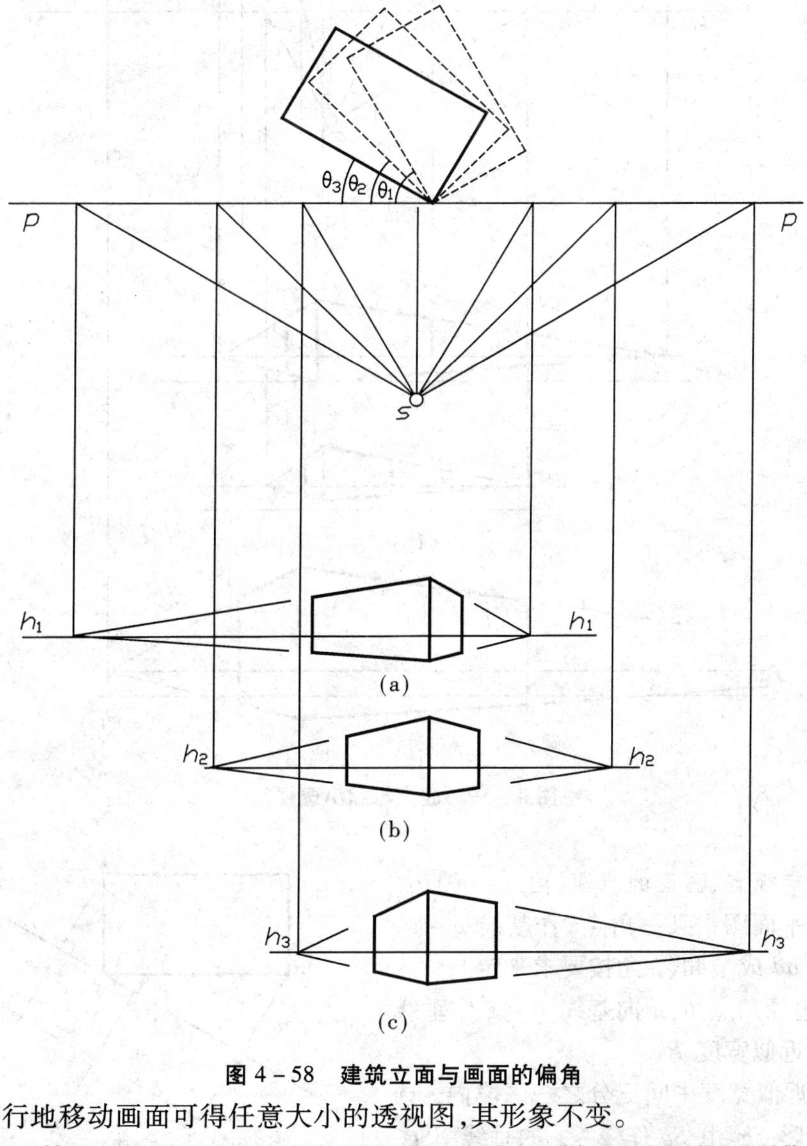

图 4－58　建筑立面与画面的偏角

(2)平行地移动画面可得任意大小的透视图，其形象不变。

视点与形体的相对位置不变，仅使画面前后移动，这样画出的透视图形状完全一样，但大小不同，如图 4－59 所示。画面位于形体后方时，如在 p_1-p_1 位置时，画出的透视图是放大透视图。画面位于形体的前方时，如在 p_3-p_3 位置时，画出的透视图是缩小透视图。为使作图方便，常使画面与形体平面图的一个角点接触，也就是说使形体的一墙角线位于画面上，这样其透视高度就反映真高，有利于作图，如图中的 p_2-p_2 所示。

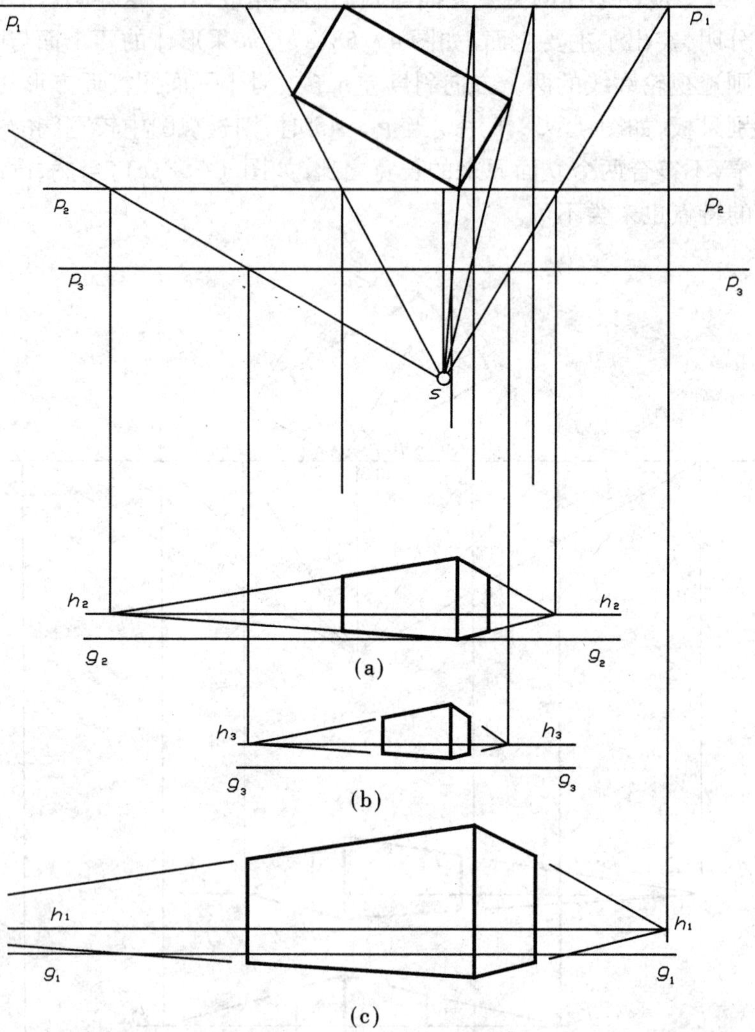

图 4-59 放大与缩小透视图

(四)确定视点、画面的步骤(图 4-60)

(1) 过平面图中某一角点a 作基线 $g-g$，使与长方向 ad 成 θ 角(θ 角按要求来定)；

(2)过边缘角点 b、d 向基线 $g-g$ 作垂线得透视图的近似宽度 B；

(3) 在近似宽度中间三分之一区段内，选取心点的投影 Sg。由 Sg 作 $g-g$ 的垂线 SSg，SSg 的长度约等于画面近似宽度 B 的 1.5～2.0 倍，即确定了站点 S 的位置。

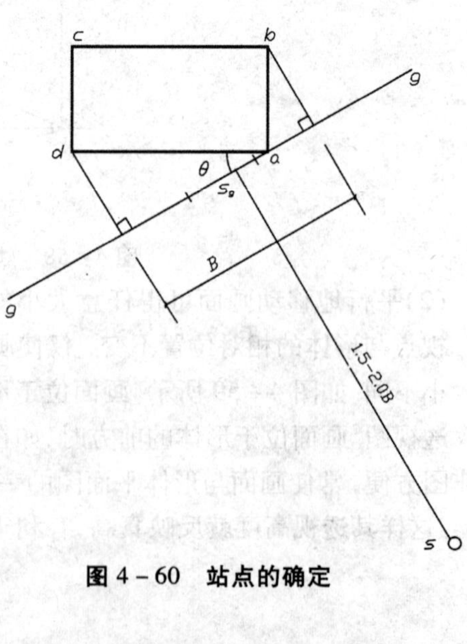

图 4-60 站点的确定

第三节　正投影图的阴影

一、概述

(一)阴影的概念

空间形体在阳光或灯光的照射下，其表面一部分受光，另一部分背光。受光的表面叫阳面，背光的表面叫阴面。阳面和阴面的分界线叫阴线。由于形体的遮挡，在形体的自身和周围的阳面形成暗区，称为影。影所在的阳面称为承影面。影区的轮廓线，称为影线。影线就是阴线的落影，如图 4－61 所示。

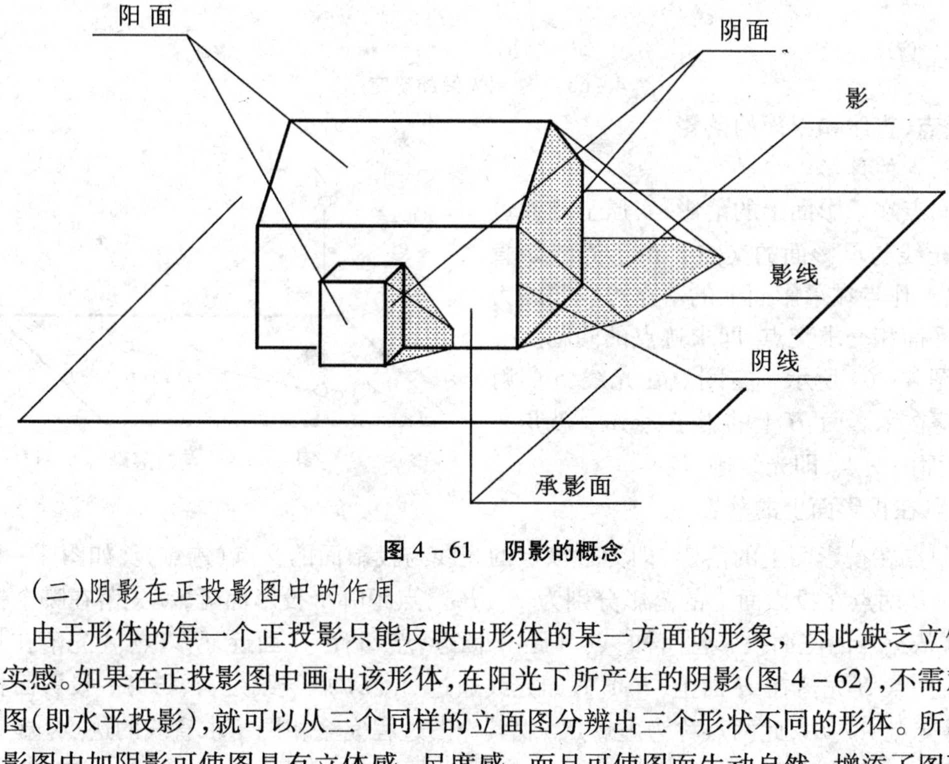

图 4－61　阴影的概念

(二)阴影在正投影图中的作用

由于形体的每一个正投影只能反映出形体的某一方面的形象，因此缺乏立体感和真实感。如果在正投影图中画出该形体，在阳光下所产生的阴影(图 4－62)，不需观看平面图(即水平投影)，就可以从三个同样的立面图分辨出三个形状不同的形体。所以在正投影图中加阴影可使图具有立体感、尺度感，而且可使图面生动自然，增添了图面的艺术感染力，因此阴影常用在建筑设计的表现图中。

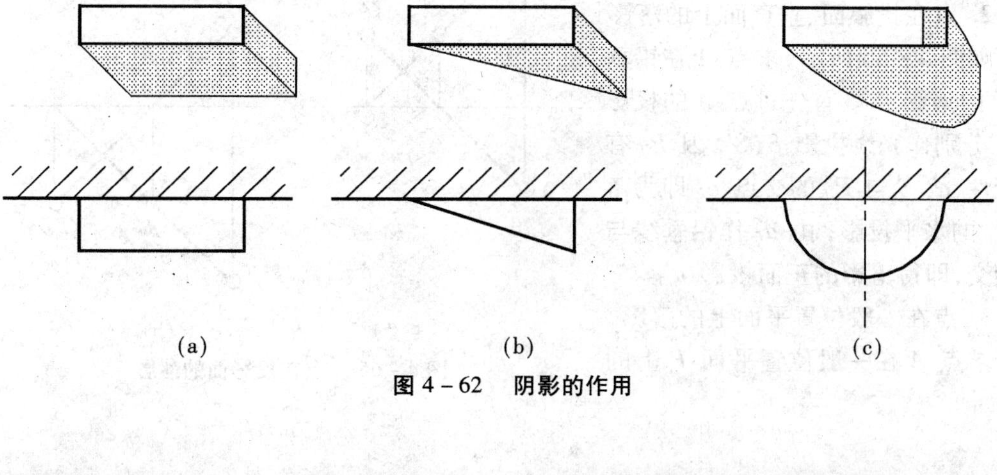

(a)　(b)　(c)

图 4－62　阴影的作用

(三)常用光线

为了作图简捷和度量方便，常采用一种特殊的平行光线，称为常用光线。常用光线的空间方向为表面平行于各投影面的立方体的体对角线的方向，它与三个投影面倾角均相等，即 $\alpha=\beta=\gamma\approx35°$。

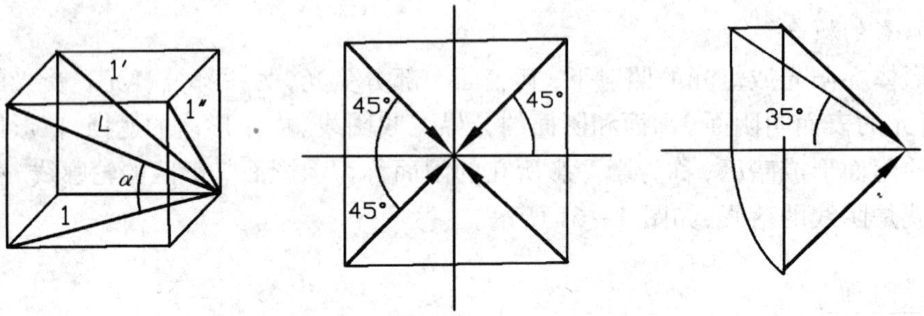

(a) (b) (c)

图 4-63 常用光线的确定

二、点、直线和平面的落影

(一)点的落影

空间点在承影面上的落影，实质上是通过该点的光线与承影面的交点。由于光线是直线，所以求作点在承影面上的落点可以归纳为直线与平面相交求交点，即求迹点的问题。

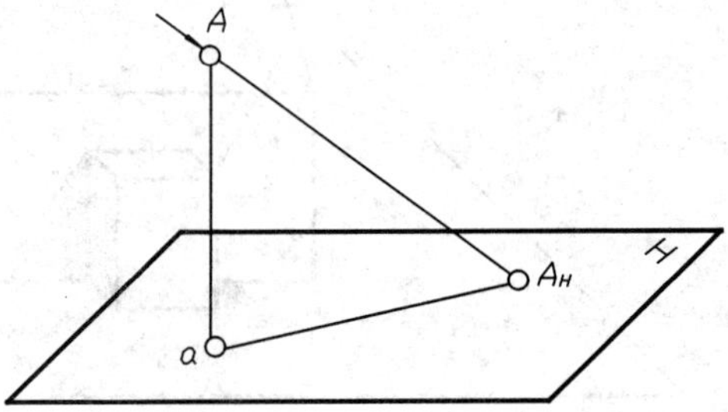

图 4-64 点的落影

如图 4-64 所示，空间点在光线 S 照射下，投落在承影面 H 上的影子为 A_H，就是光线与 H 面的交点，即光线迹点。

1. 点在投影面上的落影

空间点在投影面上的落影，即为过该点的光线与投影面的交点(迹点)。如图 4-65 所示，A、B 两点在投影面上的落影分别为 A_V、B_H。点距哪个投影面近，就先落在哪个投影面上。依据点的三面投影性可知，点 A 距 V 面近，点 B 距 H 面近，所以点 A 先落在 V 面上(A_V)，点 B 先落在 H 面上(B_H)。假如光线通过 A_V、B_H 后继续延长，与另一投影面相交，则得交点 A_H、B_H，此两点称为虚影点。观其作图过程完全相同于求直线的迹点。虚影一般不画出，但在后面求作阴影时要用到它。

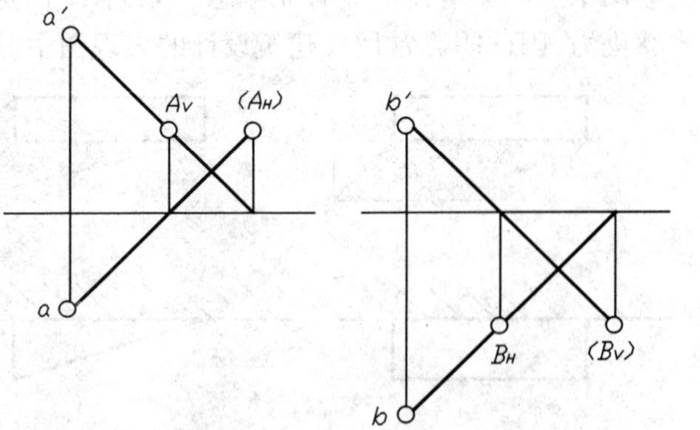

(a) (b)

图 4-65 点在投影面的落影

2. 点在投影面、垂直面上的落影

如图 4-66 所示，求点 A 在铅垂面 P 的落影 A_P。首先过点 A 的投影 a、a'分别作光线投影 S、S'。因 P_H 有积聚性，故 S 与 P_H 的交点 a_P 即为落影 A_P 的水平投影；由 a_P 作铅垂线与 S'相交，即得落影的正面投影 a'_P。

3. 点在一般位置平面上的落影

求点 A 在一般位置平面 P 上的

落影 B_P。首先过 a、a'作光线的投影 S、S'。用求一般位置直线与一般位置平面相交求交点的方法,即可求出落影 A_P 的投影 a_P 和 a'_P,如图 4－67 所示。

上述对点在特殊位置平面(包括投影平面)上的落影的求法可称为光线迹点法;对点在一般位置平面上的落影的求法,可称为光截面法。

(二)直线的落影

直线的落影就是过直线的光线平面与承影面的交线。因此,求作直线的落影就是求作两面交线。一般情况下,直线在承影面上的落影仍是直线,只有直线与光线方向一致时,其落影才是一个点,如图 4－68 所示。

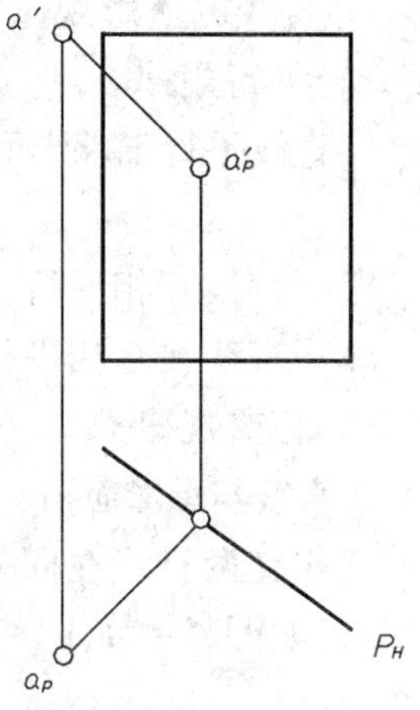

图 4－66 点在铅垂面上的落影

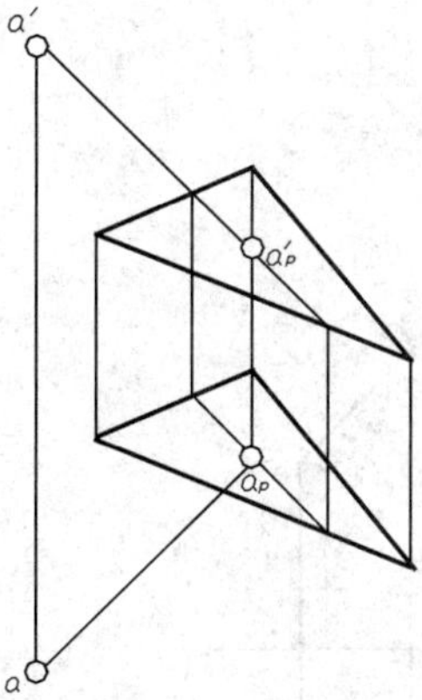

图 4－67 点在一般平面上的落影

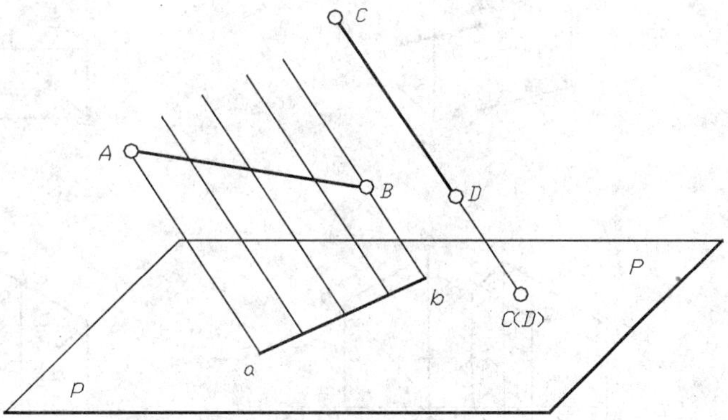

图 4－68 直线的落影

1. 直线在投影面上的落影

求线段在投影面上的落影,只需求出线段两端在同一投影面上的影,然后连接两个影点即为所求,如图 4－69(a)、图 4－69(b) 所示。当直线两端点落在不同的投影面时,如图 4－69(c)所示,E 点先落在 H 面上 E_H,点 F 落在 V 面上 F_V,这两个点不能连成直线,应先作出该两点在同一投影面上的落影 E_H、F_H(虚影),两点连线与 OX 轴的交点 K 称为折影点,然后连接 K 和 F_V,则 E_HKF_V 就是 EF 的落影。当直线平行于光线方向时,其落影为一点,如图 4－69(d)所示。

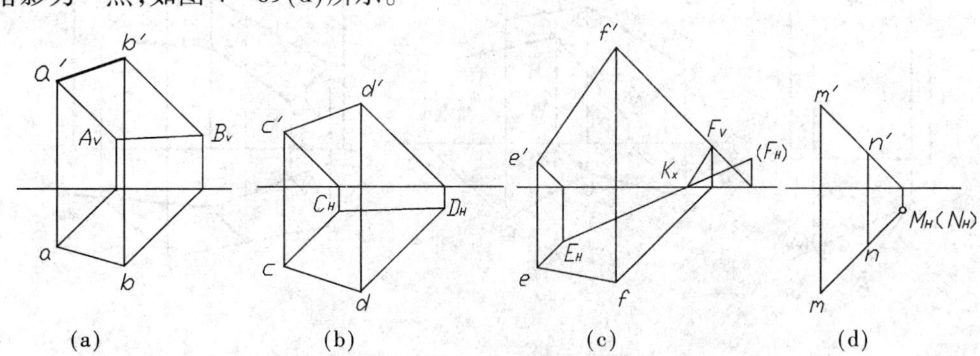

(a) (b) (c) (d)

图 4－69 直线在投影面上的落影

2. 直线的落影规律

(1)平行规律。

①直线平行于承影面,则其投影与该直线平行且等长,如图 4-70(a)、图 4-70(b)所示。

②两直线互相平行,它们在同一承影面上的落影互相平行,如图 4-70(c)所示 。

③一直线在互相平行的承影面上的落影互相平行,如图 4-70(d)所示。

(2)相交规律。

①直线与承影面相交,则直线在该承影面上的落影必经过其交点,如图 4-71(a)所示。

②相交两直线在同一承影面上的落影必然相交,且其交点的落影必为两直线落影的交点,如图 4-71(b)所示。

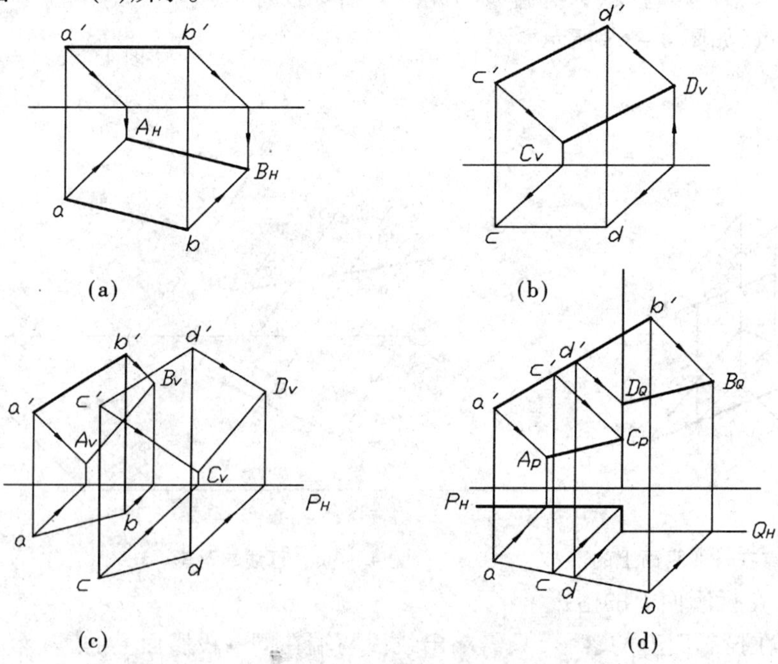

图 4-70 平行规律

③一直线在两相交承影面上的投影为一折线,其折影点必在两承影面上的交线上,如图 4-71(c)所示。

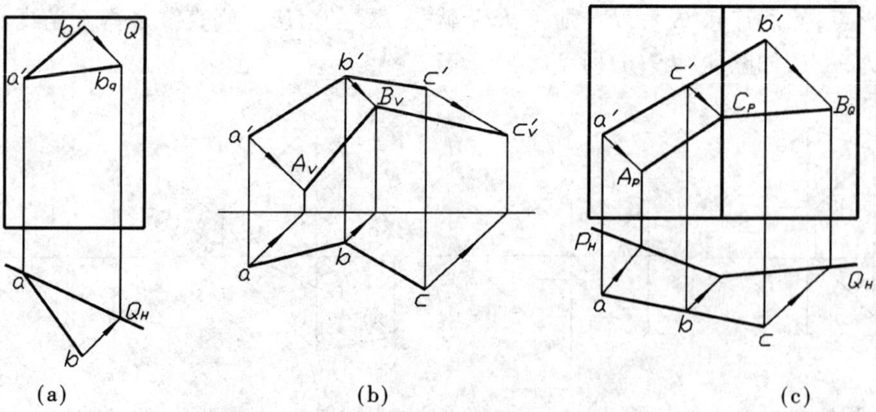

图 4-71 相交规律

(3)垂直规律。

直线垂直于某投影面，则该直线在投影面上的落影为一条与光线投影方向一致的45°直线,且落影的其余两投影彼此呈对称图形。

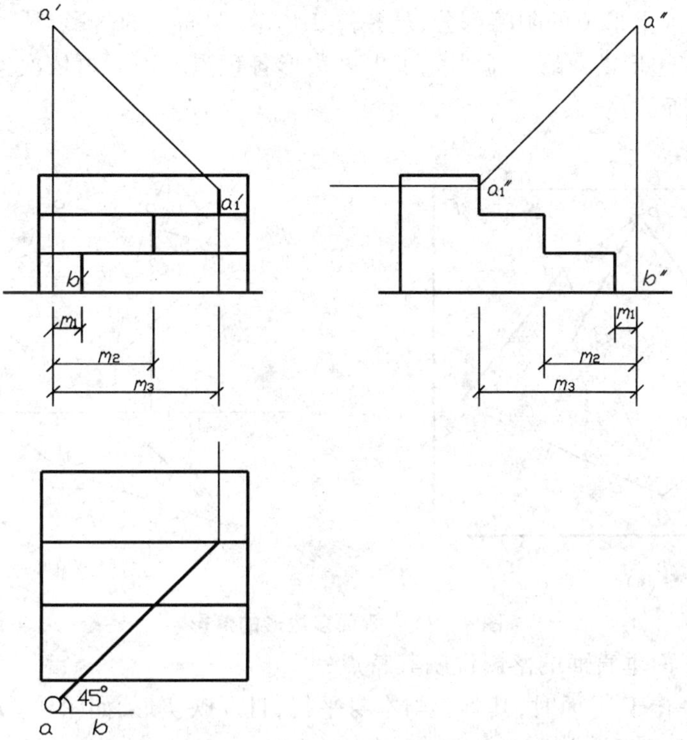

图 4－72　垂直规律

如图 4－72 所示,直线 *AB* 为铅垂线,包含它的光平面为铅垂面,不管光平面与承影面的交线如何,其影的水平投影一定是一条与水平方向成 45°角的直线。又因光平面对 *V* 面和 *W* 面倾斜角度相等,均为 45°角,所以,光平面与承影面的交线,在正立面和侧立面的投影呈对称形。图 4－73 中直线 *AB* 为侧垂线,其侧立面的投影为一 45°角直线,影的水平投影和正面投影呈对称。

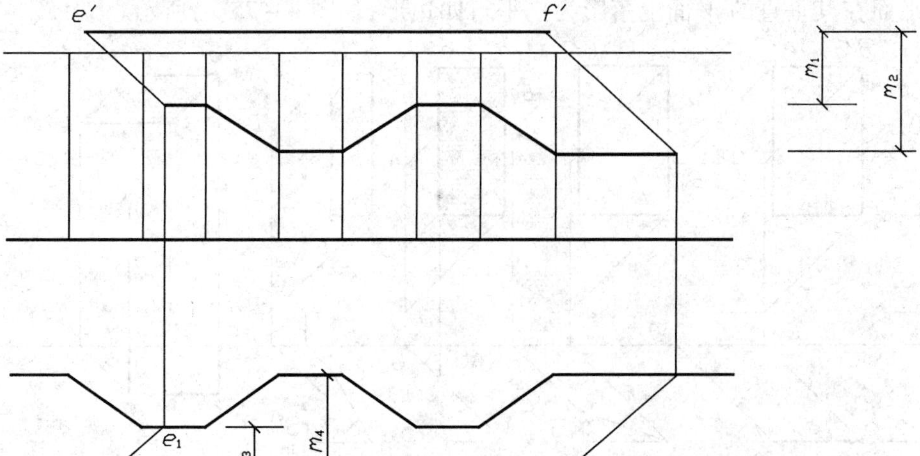

图 4－73　侧垂线的落影

(三)平面图形的阴影

1. 平面多边形

平面多边形的落影是由其各边的落影所围成的。如图 4－74(a)所示,光线被△*ABC* 遮挡,在承影面 *V* 上形成的阴暗部分,就是△*ABC* 在 *V* 面上的落影。

为求平面多边形的落影,应当先求出多边形各顶点,而后再依次连接它的同面落影,如图 4－74 所示。

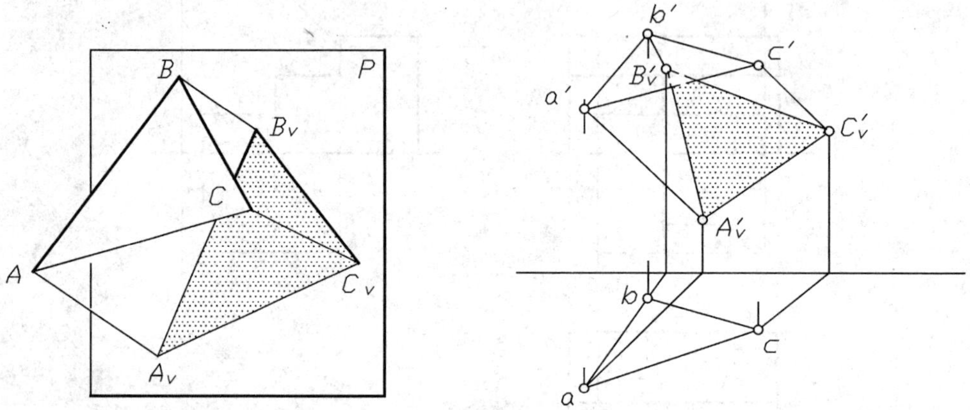

(a) (b)

图 4－74 平面多边形的落影

下面以投影面垂直面的落影说明其特点:

当正平面平行于 *V* 面时,其落影与本身平行,且反映实形,如图 4－75(a)所示。

当铅垂面与 *V* 面的夹角小于 45°时,平面的正立面投影是受光一侧的投影,因而是阳面,其落影为近似形,如图 4－75(b)所示。

当铅垂面与 *V* 面的夹角等于 45°(与光线方向平行),它在承影面上的落影成一直线段,此时多边形平面均呈阴面,如图 4－75(c)所示。

当铅垂面与 *V* 面的夹角大于 45°时,平面的正立面投影是背光一侧的投影,因而是阴面,落影为其近似形,如图 4－75(d)所示。

水平面在其垂直的 *V* 面上落影为一平行四边形,如图 4－75(e)所示。

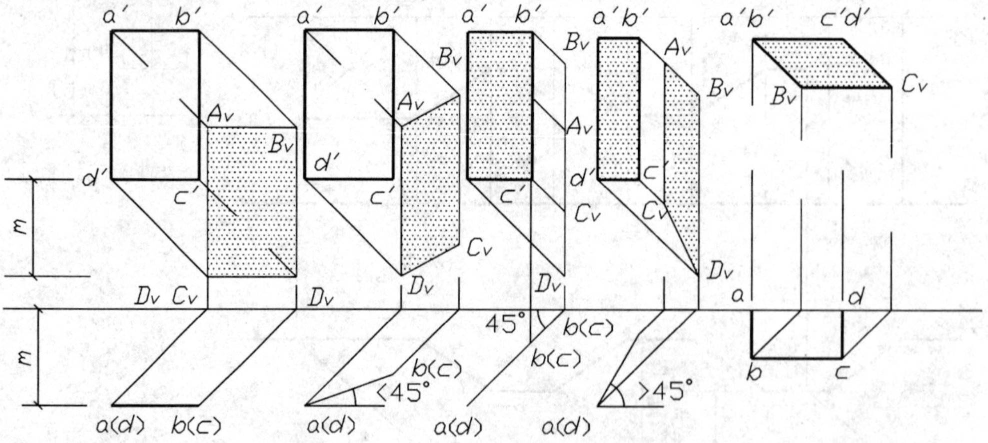

(a) (b) (c) (d) (e)

图 4－75 铅垂面在 *V* 面上落影的四种情况

2. 圆

(1)圆在其平行的投影面上的落影是一个大小相同的圆。作图时,只须将圆心的落影求出后,画一同样大小的圆即可,如图 4－76(a)所示。

(2)圆在它垂直的投影面上的落影是一个椭圆,如图 4－76(b)所示。

作图步骤:

①作出已知圆的外切正方形 $ABCD$;

②用光线迹点法作出正方形 $ABCD$ 在 V 面上的落影▱$A_VB_VC_VD_V$,其对角线的交点为圆心 O 在 V 面上的落影,即椭圆的中心。

③用八点法作出椭圆,即为圆的落影。图 4－76 所示是求对角线上四个点的简易作法。

图 4－76(c)是紧靠正立面的半个水平圆弧落影的简易作法。

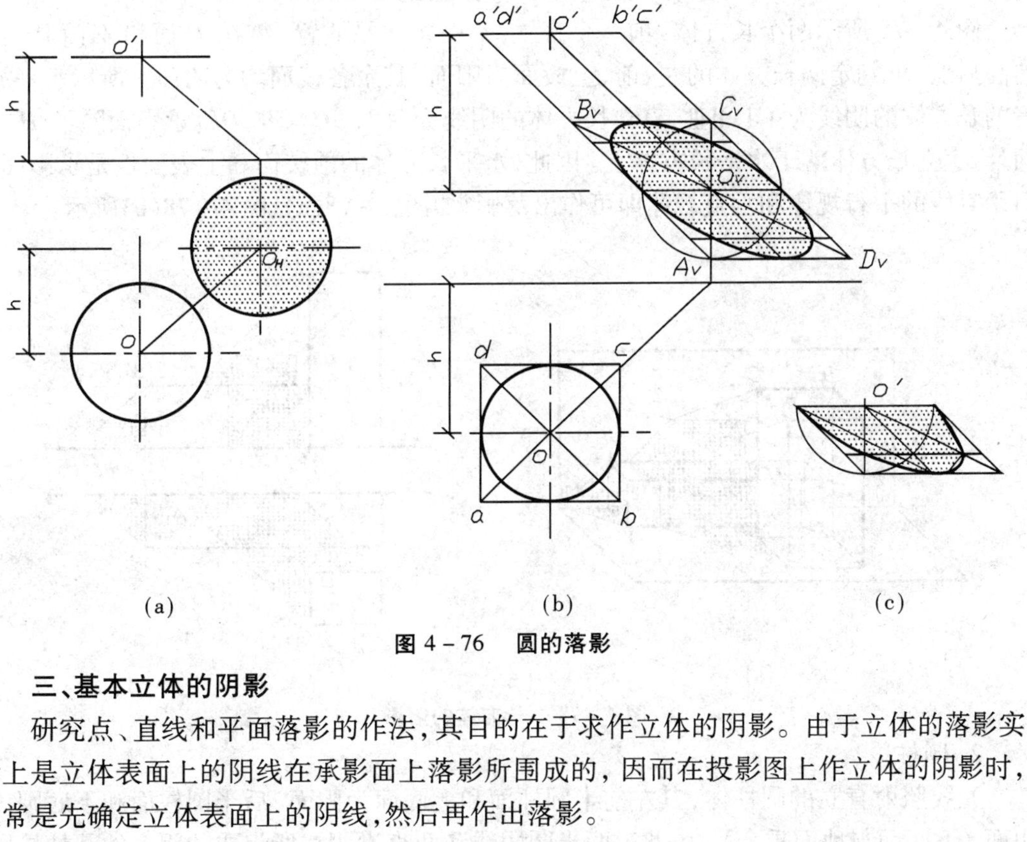

(a) (b) (c)

图 4－76 圆的落影

三、基本立体的阴影

研究点、直线和平面落影的作法,其目的在于求作立体的阴影。由于立体的落影实际上是立体表面上的阴线在承影面上落影所围成的,因而在投影图上作立体的阴影时,通常是先确定立体表面上的阴线,然后再作出落影。

1. 棱柱

平面立体受光的棱面是立体的阳面,背光的棱面是阴面,阳面和阴面的分界线是立体的阴线。通过立体阴线的光线构成一个光线柱面,光线柱面与承影面相交即得立体的影线,影线内是立体的落影,如图 4－77(a)所示。

根据光线方向可知,四棱柱左、前、上三个面受光为阳面,而左、后、底(与 H 面重合)三个面背光为阴面,从而确定棱线 AB、BC、CB、DE 是阴线。由此作出阴线的落影。由于两立体距 V 面远近不同,一个立体全部落在 H 面上,另一个先落在 H 面上又折在 V 面上,如图 4－77(b)所示。

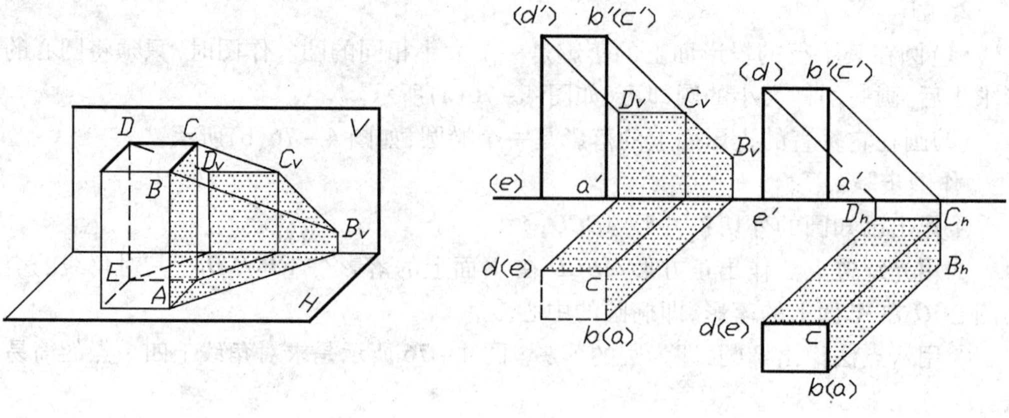

(a) (b)

图 4－77 四棱柱阴影

图 4－78 所示两个长方体，前一个直立，后一个水平放置，靠在 H 面和 V 面上，且前高后低，可判定两长方体的左、前、上棱面为阳面，其余各棱面均为阴面。所以水平放置的长方体的阴线为 ⅠⅡ、ⅡⅢ，直立长方体的阴线为 AB、BC、CB、DE。承影面除了 H、V 面外，直立长方体落于水平长方体上。因此，水平长方体的前棱面和上表面也是承影面，引用直线的平行规律和垂直规律即可作出落影，如图 4－78(a)、图 4－78(b)所示。

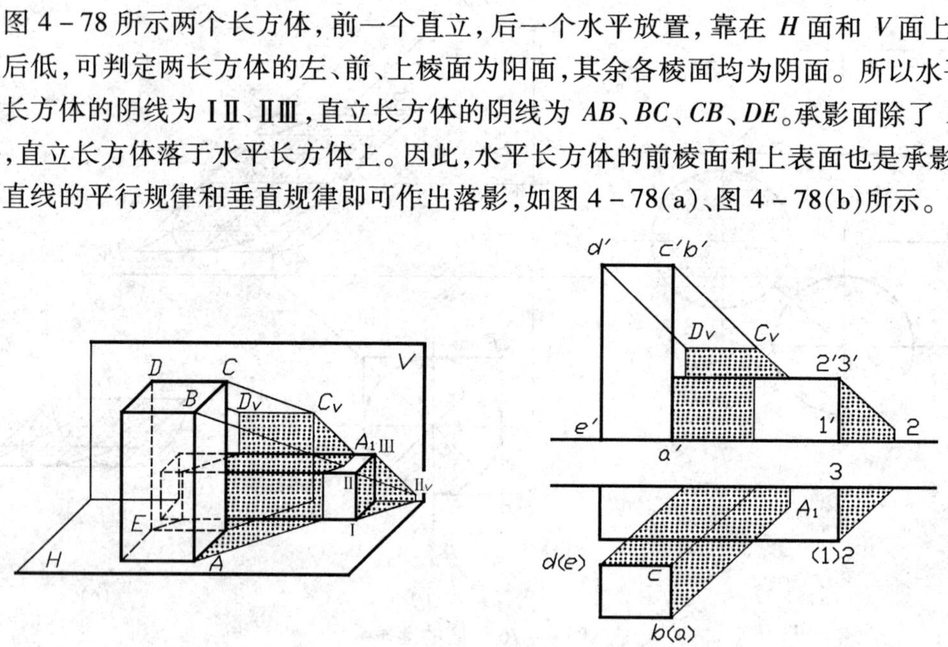

(a) (b)

图 4－78 长方体的落影

2. 圆柱

光线照射直立的圆柱体，其左前半圆柱面和上底面为阳面，后半圆柱面和下底圆为阴面（下底面与地面重合），由此得两半圆阴线和两直素阴线所组成的闭合的圆柱体阴线，如图 4－79(a)所示，两直素阴线为光平面与圆柱面的切线。

圆柱面上阴线的求法如图 4－79(b)所示。在水平投影中由光线与圆柱的切点向上作竖直线，圆柱的落影为上下底圆阴线的落影和两直线阴线的落影所围成。当直立于 H 面上的圆柱的影全部落于 H 面上时，先作出圆柱上底圆的落影，即找出圆心 O 的落影 O_H。再以 O_H 为心作圆，此圆与两素线的落影相切，完成作图，如图 4－79(b)所示。

图 4－80 表示了一圆柱同时在 H 和 V 面上有落影的画法。顶圆阴线在 V 面上的落影画法与前面讨论过的水平圆在 V 面上的落影画法相同，具体步骤见图 4－80 所示。

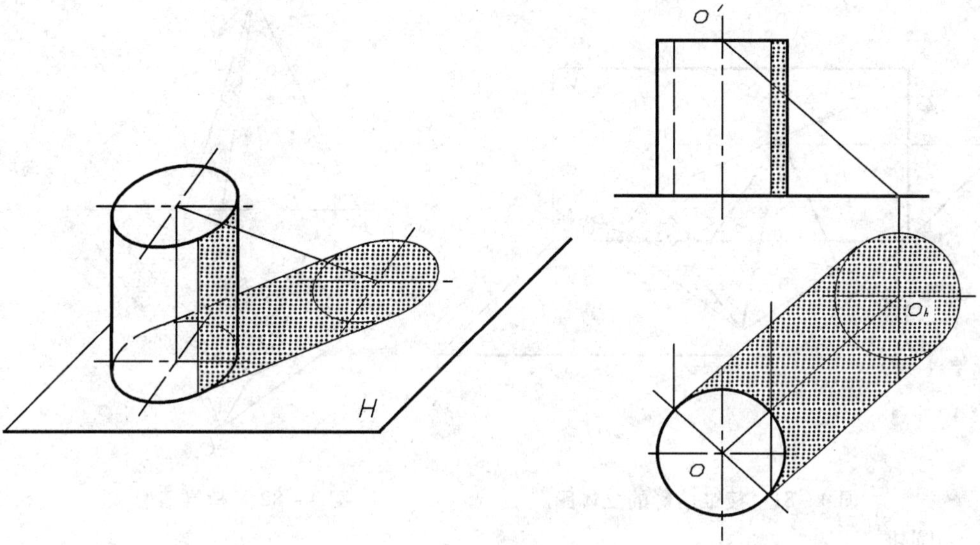

(a) (b)

图 4-79 圆柱体的落影

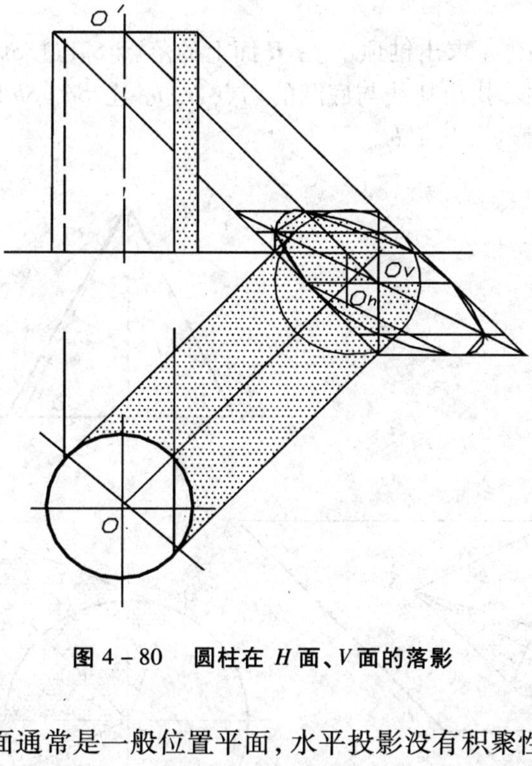

图 4-80 圆柱在 *H* 面、*V* 面的落影

3. 棱锥

由于三棱锥的棱面通常是一般位置平面，水平投影没有积聚性，难于直接确定棱锥的阴线，作图时可采用先作出影线再作出阴线的方法来确定棱锥体的阴阳面。

图 4-81 所示为锥顶在 *H* 面上的虚影 S_H，连 S_HA, S_HB, S_HC 即为三条棱线在 *H* 面上的落影。很明显 S_HA, S_HB 为三棱锥的影线，由此可知 *SA*、*SB* 为该形体的阴线，*SAB* 为阳面，*SBC*、*SAC* 为阴面。

三棱锥在 *V* 面上的落影由 S_V 与两折影点连线确定，如图 4-82 所示。

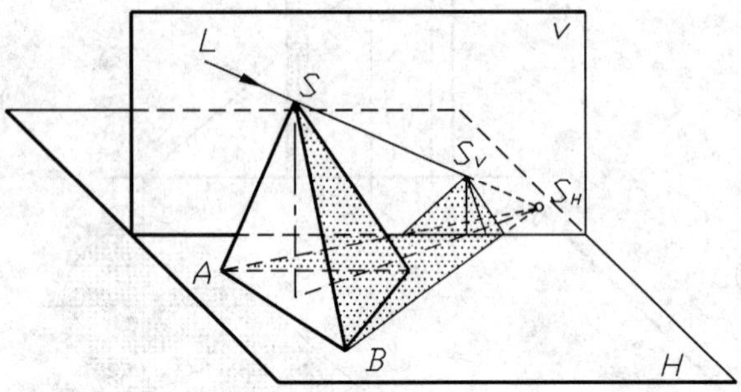

图 4－81　棱锥落影的立体图

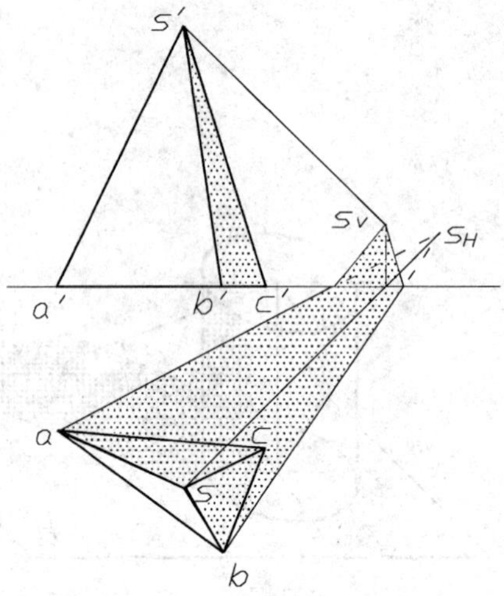

图 4－82　棱锥落影

4. 圆锥

光线照射圆锥，形成光平面与圆锥面相切，两条切线就是圆锥面的阴线，即为锥面上的两条素线，如图 4－83(a)所示。因圆锥面投影无积聚性，在投影中锥面上的阴线需要通过落影反求。

如图 4－83(b)所示，先求出锥顶 S 在 H 面上的落影 S_H；过 S_H 向底面作切线，即为圆锥面在 H 面上的落影；找出切线与底圆的切点 a、b，连 Sa、Sb 即为圆锥阴线的水平投影，进而作出正面投影 $s'a'$、$a'b'$。

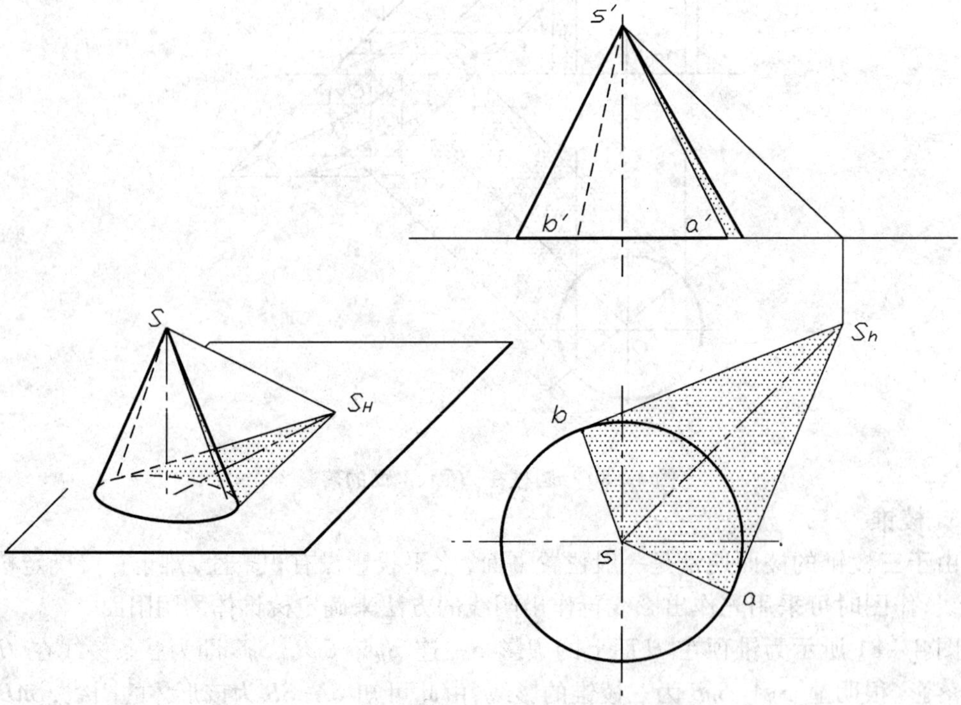

(a)　　　　　　　　　　(b)

图 4－83　圆锥落影

若锥顶落在 V 面上时，可通过锥顶在 H 面上的虚影 S_H 完成圆锥的阴影作图。

四、建筑形体的阴影

(一)建筑细部的阴影

1. 门窗洞口

立面图上门窗洞口的阴影就是洞口边缘阴线在门窗扇或墙面上的落影。一般情况下，洞口边缘和门窗扇及墙面是互相平行的，所以可按平行线的落影规律作图。图 4－84 列举了几种洞口阴影的例子。从图中可以看出，洞口边缘无论是什么形式，其落影和它本身的阴线总是平行的。当阴线与投影面垂直时，落影的宽度等于阴线到承影面的距离(45°关系)，如图中的 m、n 等。因此，在立面图中作门窗洞口的阴影，只要在平面图中查到铅垂、侧垂阴线与承影面的距离，就可以直接作图，如图 4－84。

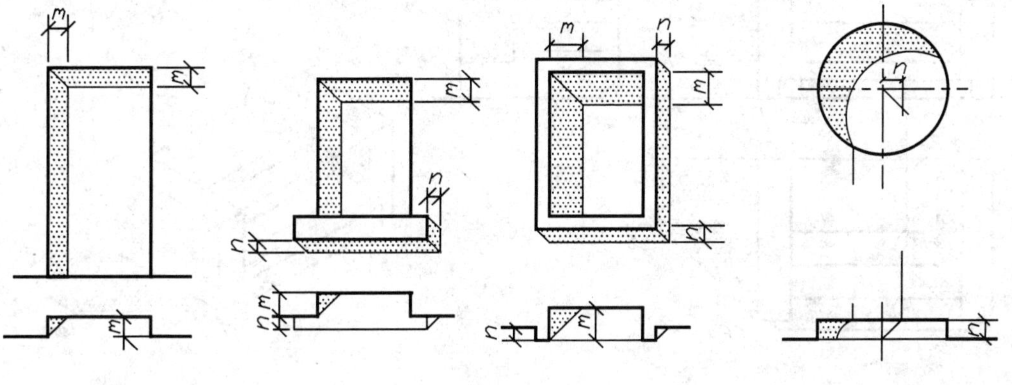

(a)　(b)　(c)　(d)

图 4－84　门窗的落影

2. 雨篷、门洞

图 4－85 所示是一雨篷门洞的二视图，水平投影中的虚线为雨篷的形状及尺寸。雨篷、门洞的落影由在门扇和墙面上的落影叠加而成。雨篷上的阴线为折线 $ABCDE$，其中 AB、DE 垂直于墙面，在门洞、墙面上的落影均为 45°线。BC 为侧垂线，CD 为铅垂线，均与墙面平行，落影也与其平行，见图 4－85 所示。

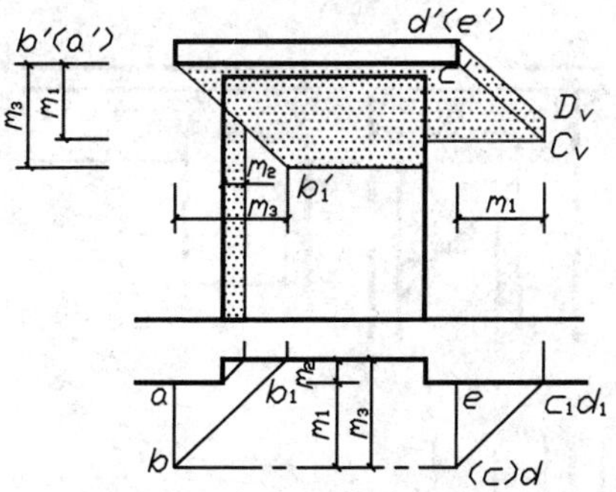

图 4－85　雨篷、门洞阴影

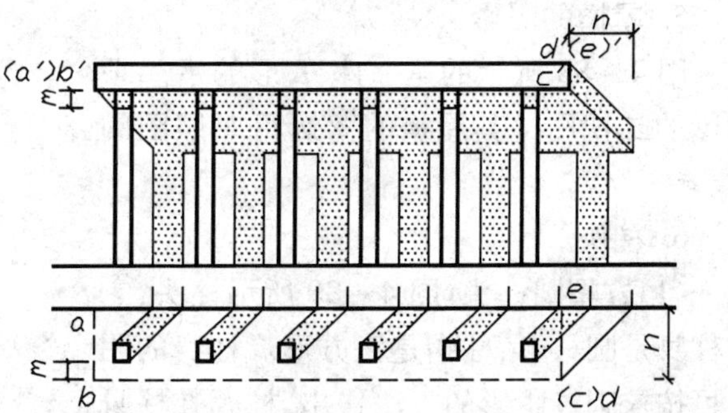

图 4－86　雨篷、门柱阴影

3. 雨篷、廊柱的阴影

雨篷与廊柱的落影包括雨篷、廊柱、廊框在墙面、地面上的落影以及雨篷在廊柱上的落影构成，如图 4－86 所示。雨篷上的阴线及落影如上例所述，不详述。

廊柱的阴影为左后、右前两铅垂线，在地面上的落影为 45°线，转到门扇及墙面上的落影与自身平行。

雨篷与廊柱在墙面、门扇的落影相交，表明雨篷前檐的侧垂线的一部分先落在了廊柱左侧面及前端面，其落影位置可用侧垂线与柱面距离 m 确定；或用反回光线法确定，见图 4－86 所示。

4. 台阶

图 4－87 所示的台阶两侧挡墙是长方形。从立体图中可以看出，挡墙在台阶和地面上产生落影。由于挡墙的阴影是铅垂线和正垂线，所以根据投影面垂直线的落影规律，就可以求出这些阴影在台阶踏面、踢面、墙面上的落影。

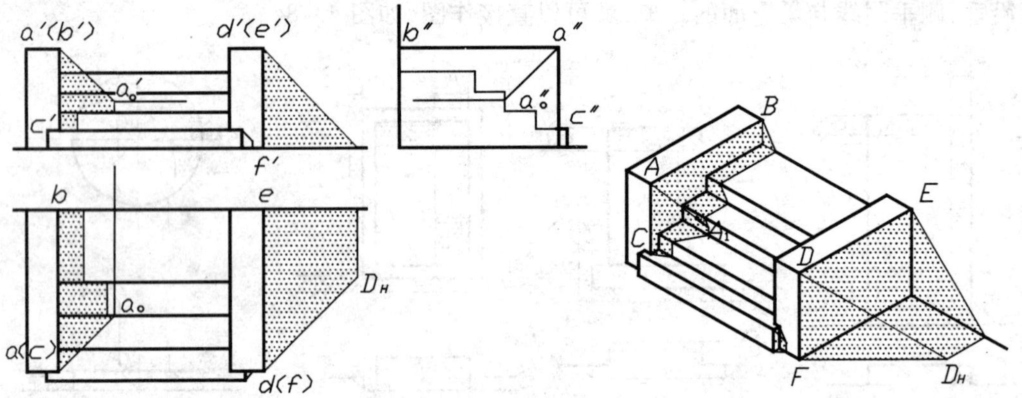

图 4－87　台阶阴影

左挡墙上的阴线是 AB 和 AC，AB 是正垂线，其落影的正面投影为 45°线，水平投影反映台阶的侧面形状。AC 是铅垂线，其落影的水平投影为 45°线，正面投影与台阶的侧面投影对称。两条影线相交，可得 A 点落影的投影 a_1、a'_1。A 点落影的位置也可以通过侧面投影求得。

右挡墙上的阴影是 DE 和 DF。DF 是铅垂线，在地面落影为 45°线；DE 是正垂线，在墙面上的落影为 45°线，从墙面转落于地面，与其平行，如图 4－87 所示。

5. 屋檐的阴影

图 4－88 所示的是一座 L 形的平屋顶房屋的二视图，其屋檐的落影可对照图阅读。

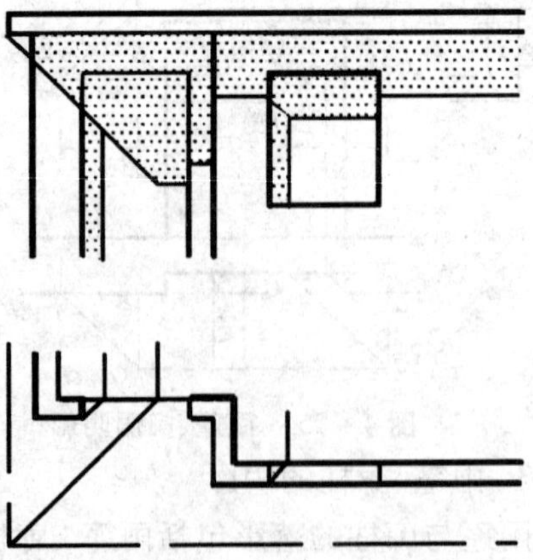

图 4－88　平屋檐的阴影

6. 柱头

(1)方帽圆柱头。图 4－89 所示柱头，它的柱身是圆柱形，柱帽是正方形。柱身的阴影可按求圆柱阴影的方法作出。柱帽在柱身上的落影是由垂直于 V 面的左下沿 AB 和垂直于 W 面的前下沿 AC 两条阴线的落影求得。为此，需经过阴线 AB 和 AC 作光截面并求其与圆柱的截交线，从而作出柱头立面阴影。

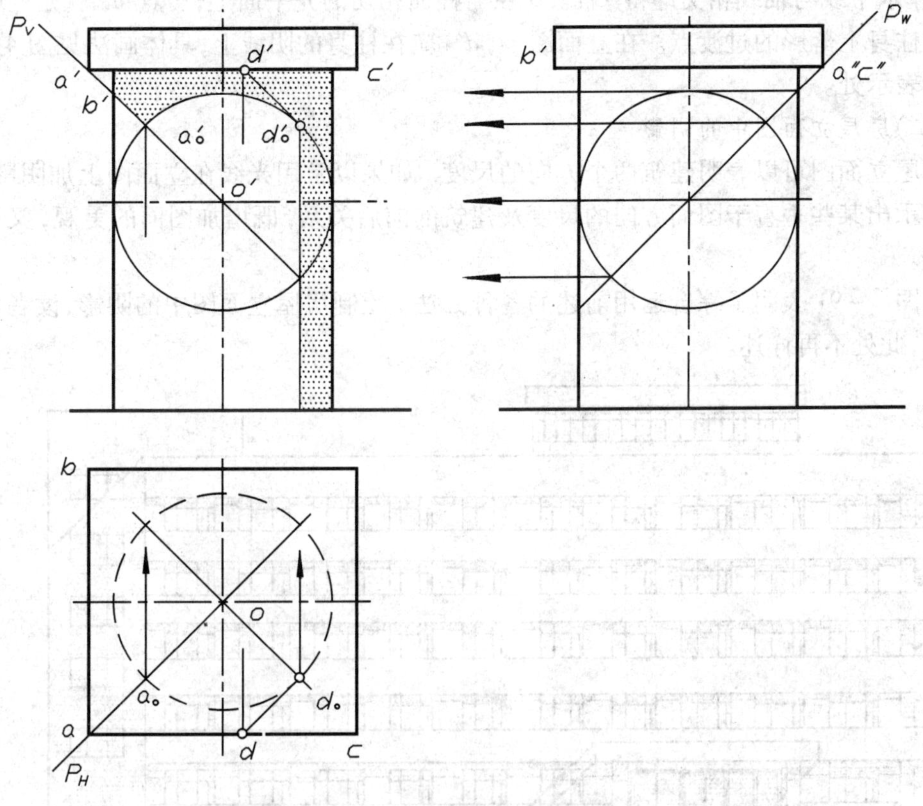

图 4－89　方帽柱头阴影

由图 4－89 可以看出其特征：

过 AB 的光截面垂直于 V 面，它与圆柱面的截交线为一椭圆，投影在 V 面上积聚成一条 45°线。

过 AC 的光截面 P，在侧面积聚成一条 45°斜线，它与柱面截交线也为椭圆。而在 V 面上的投影为一个圆，此圆心就是光线投影和轴线投影的交点 O'，半径等于圆柱的半径。

根据以上分析，可直接在柱头的立面图上作出阴影。

(2)圆帽柱头。图 4－90 所示的柱头，其柱身和柱帽都是圆柱形。在立面图上，除了它后半身都有阴面产生阴线外，柱帽左下边缘阴线还要落在柱身上。这里可用光线迹点法求出落影点，再把所求若干影点用曲线光滑地连接起来，便完成落影的作图。

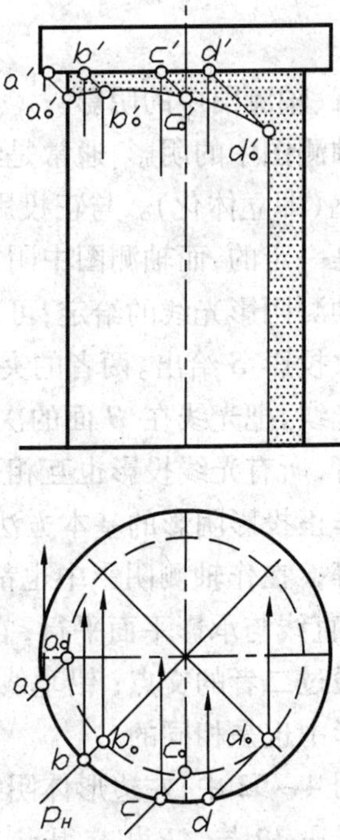

图 4－90　圆帽柱头

图中作出了 A、B、C、D 四个特殊点的落影，B 点在过轴线的光平面 P 上。由于 P 面是柱头的对称平面，柱帽上的阴线及其在柱面上的落影也以该平面为对称平面。因此，B 点与其落影 B_0 间的距离最短，在立面图上 b'_0 是影线的最高点，A、C 两点对光平面 P 面互相对称且同高。当在 V 面投影中得 a'_0 后，

自 a_0'作水平线与轴线相交即得 C'_0。D 在与柱面相切的光平面上,切点 d_0 就是柱帽下边缘在柱身上落影的过渡点。在立面图上,d'_0 应在柱身的阴线上,具体画法见图 4-90 中箭头表示处。

(二)房屋立面图中的阴影

房屋立面图可以表明建筑两个方向的尺度。如果以常用光线在立面图上加阴影,则可以显示出某些垂直于图面方向的尺度及建筑的前后关系,既增加图面的美观,又增加立体感。

例图 4-91 表明了综合运用前述的各种方法。绘制房屋立面图中的阴影,读者可自行分析,此处不再详述。

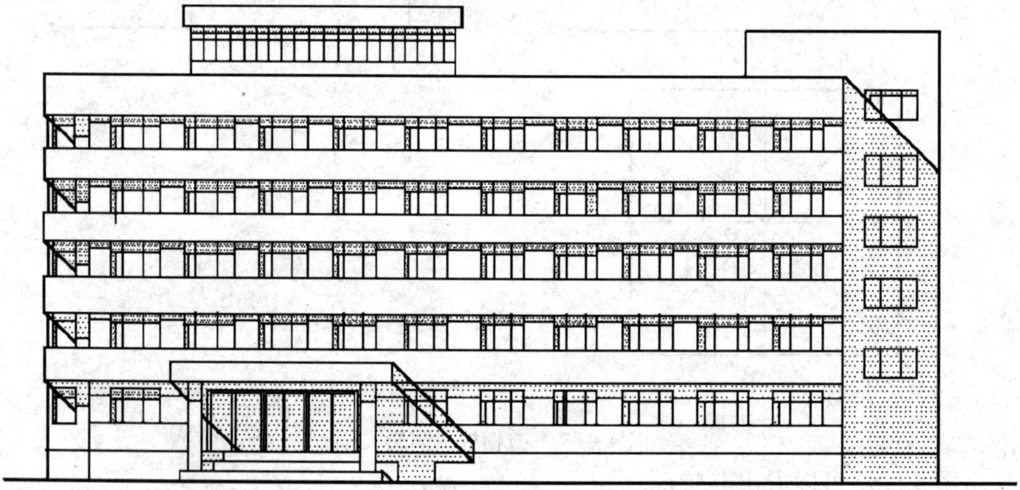

图 4-91 房屋立面阴影

五、轴测图中的阴影

轴测图中的阴影,通常是绘制平行光线下的阴影。轴测阴影实际上是正投影阴影的轴测化(即立体化)。与正投影图阴影所不同的是,正投影图中阴影用的是常用光线,其方向是一定的,而轴测图中阴影光线的方向可以根据图面表现的需要灵活选定。

轴测阴影光线的给定,可以像图 4-92 所示那样,用光线的轴测投影 S 及其在 H 面上的次投影 S 给出。两者的夹角为 α,即光线 S 对 H 面的倾角。一般把光线的轴测投影叫做光线,把光线在 H 面的次投影叫做光线的投影。显然,在轴测阴影中所有的光线互相平行,所有光线投影也互相平行,如图 4-92(a)、图 4-92(b)所示。

作正投影阴影的基本方法,如光线迹点法、光截面法、返回光线法、延长直线扩大平面法等,在作轴测阴影中也都完全适用。前面所述的正投影阴影中直线落影的基本特征,如直线与承影平面平行,它的落影必平行于直线本身;直线与承影平面相交,它的落影必通过二者的交点;铅垂线在水平面上的落影,必与光线的水平投影相重合等,在轴测阴影中也是相同的。

图 4-92 中,左边形体阴线的落影,用光线迹点法可求出影点 A_1;用扩大平面法,延长直线段 12 与 AB 相交得点 3,连接点 A_1 和 3,可得影点 D_1。直线 AB 和 BC 在水平面上的落影,由 D_1 和 B_1 两点连线确定。右边形体阴线的落影在确定Ⅰ、Ⅱ两点的落影位置后即可求出。

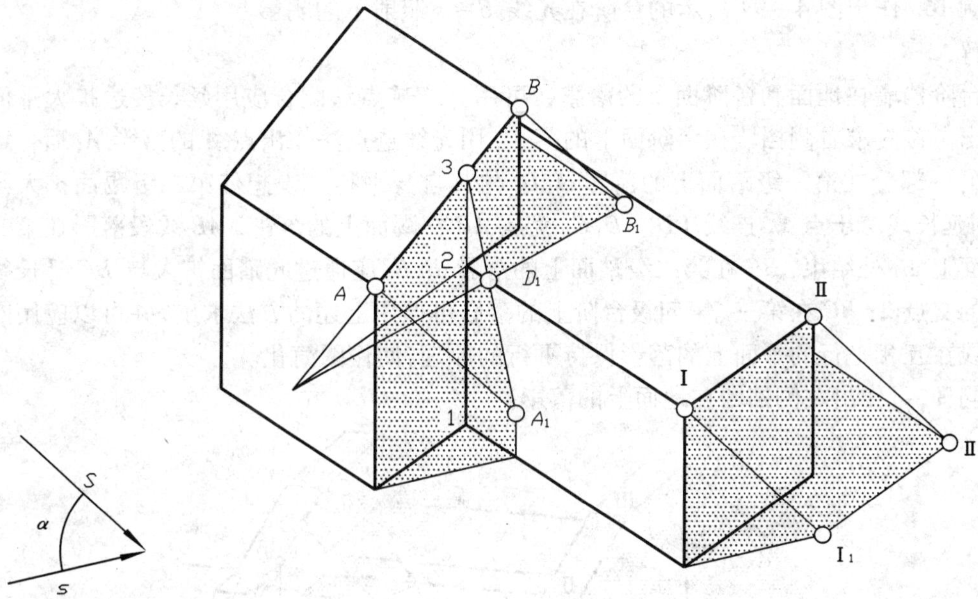

图 4－92　形体的轴测阴影

(三)应用举例

例 15. 设雨篷上的 A 点落影为 A_2，如图 4－93 所示，求作雨篷的阴影。

解：

在作轴测阴影时，为了控制阴影的形状和大小，使作出的阴影图像较为理想，可以给定合适的光线。实际上根据画面构图和形体的特点可先选定某一点的落影位置，然后按照落影规则反求出光线和光线投影的方向，再求作形体的阴影。

在图 4－93 中，AA_2 连线便是光线的方向，AA_2 在水平雨篷底面上的投影 Aa_2 就是光线投影的方向。在所确定的这种光线条件下，阴线 AC 在门窗、墙面上的落影 $A_2 1$、$2C_1$ 与其自身平行，可作出其落影(影线段 12 可以用扩大门洞侧面与阴线 AC 相交的方法求出)。AB 在门扇上的落影与在墙面上的落影 A_1B 平行，过 D 点而垂直于墙面的阴线与阴线 AB 平行，它们在墙面、门扇上的落影仍然平行。

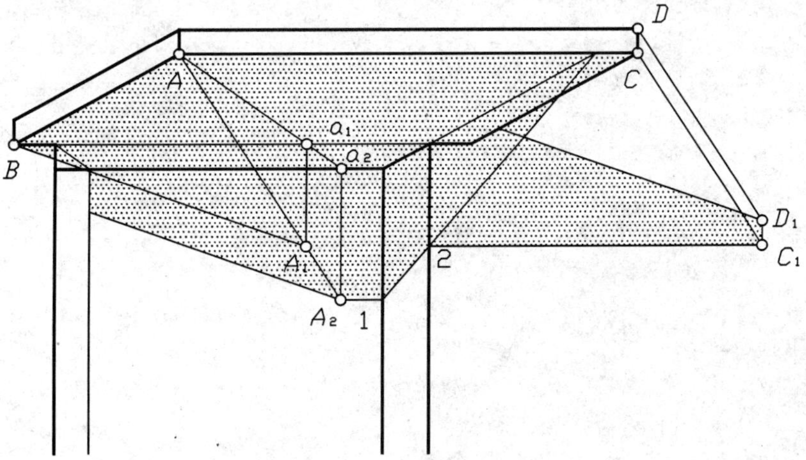

图 4－93　求作雨篷的轴测投影

例 16. 作出图 4－94 所示的台阶在光线 $S-s$ 照射下的阴影。

解：

台阶挡墙在地面和台阶面上的落影，可用光线迹点法配合应用延长棱边扩大平面法作出。首先求右侧挡墙在台阶面上的落影，用光线迹点法作出点 A 的落影 A_1 后，AB 线段的一部分在第一级踏面上的落影 A_1D_1 与其自身平行；设想使第二级踢面扩大与 AB 的延长线交于点 1，连线 $1D_1$、D_1E_1 就是 AB 在踢面上的落影，AB 线段落影在第二级踏面上 B_1 处结束；BC 在第二级踏面上的落影 B_1F_1 应通过此踏面扩大与 BC 延长线相交的交点 2；BC 在第三、第四级台阶上的落影可循用上述的方法求出，并可以应用同一直线在互相平行的平面上的落影保持平行的原理，使作图简化。

同理，可作出左侧挡墙在地面上的落影。

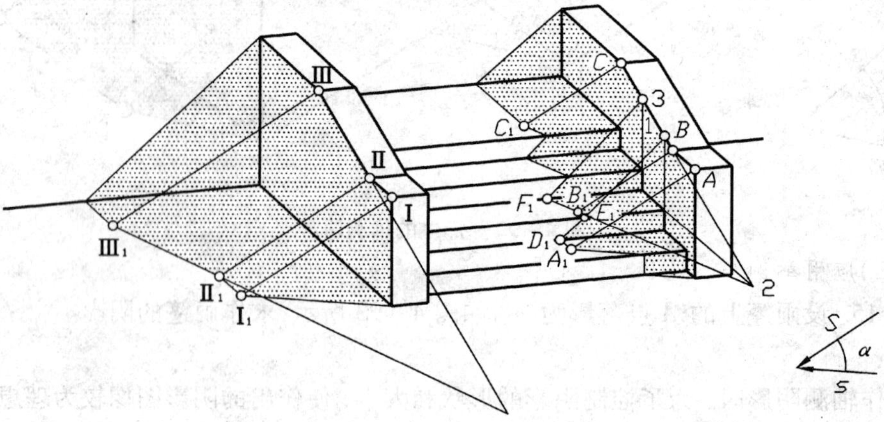

图 4－94　作门洞和台阶的轴测阴影

第五章　构形设计基本知识

第一节　构形设计的作用

工程图样是工程界的语言,它表述设计者的构思创意和最终结果。可见,所谓"工程界的语言"就是指它在工程设计中的作用。设计是创造性劳动,其本质是创新。它是在已获得知识的基础上,追求新奇、新颖、独特和非重复性的结果,这就要求设计者应具有创造性思维，在一定意义上讲"思维永远是创造性的"。但思维和创造性的程度是有差异的,当碰到问题较复杂时,就要依靠已掌握的知识、方法等加以独立思考,将贮存于头脑中的各种信息加以重新组合,形成新的联系,才能解决问题。所以创造性思维是各种思维类型的复合体,而形象思维(空间想象力)是其关键。例如,设计一张桌子,设计者头脑中就会浮现出生活中常见的各种桌子的形状及组成桌子各部分的构造等思维活动。而本门课程的一个重要任务是培养形象思维能力,即空间想象能力。

空间想象能力是人的心智活动的综合能力，它的培养与开发是需要通过构形设计的思维训练和方法训练逐渐形成的。构型设计与工程设计是有区别的,它是工程设计的基础，重在开发智力和设计启蒙，工程设计则应包含其内，并考虑其他众多要素，如功能、材料、结构、经济等,使之成为完整的、合理的、科学的设计活动。

第二节　构形设计的基本特征

一、约束性

构造任何一形体都是有目的、有要求的,即使是一件艺术品,其构成也是为了表达创作者的某种艺术思想和意念。因此,构造一形体都要在各种因素的限制和约束下进行。例如,要求构造一平面体,其上必须具备三类平面(或称七种面)。这些条件和要求构成了一组边界条件，成为构型时谋划和构思的"设计空间",如图 5－1 所示 。

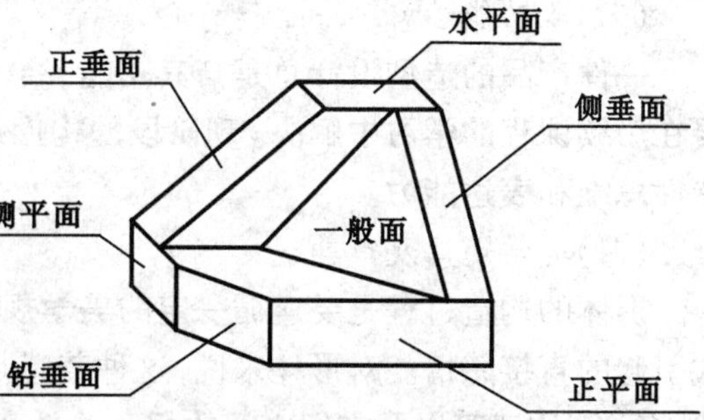

图 5－1　用七种面构造一形体

二、分析性

在研究形体的构型过程中,实际是在分析该形体的造型要素的边界条件,用前面讲过的投影原理帮助分析判断,然后按照一定的构造方法创造出一个新的形体。分析研究的过程实际也是与现实生活联系的过程,构造出的形体表现出一种对生活的感受。如图 5－2(a)所示,给一条平面曲线,根据曲线构造一形体。图 5－2 (b)是通过该曲线绕定轴等距离旋转而成。图 5－2 (c)是由该曲线沿一定轨迹移动而产生的一抽象的几何形体，它是在花瓶的基础上演变过来的。当然还可以创造出更多的形体，但它们都是从对生活的感受中得到启发。

(a) (b) (c)

图 5－2 分析性

三、多解性

分析是解决问题的第一步，设计是一个反复迭代的过程。解决在一定约束条件下的构形问题，其方法是多种的，结果也是多解的。只有在多解的基础上才有可能有更多的机会进行联想、类比，找到较理想的最佳解。现阶段对所谓最佳解的要求，就是在满足边界条件下构型最简单，作图最方便、最快捷。

第三节 构形设计的基本要求

（一）边界条件

构型设计都是在限定的边界条件下进行的，必须了解清楚题意和要求，不可随意改变条件，如图 5－2 中的平面曲线的形状不能改变。

（二）基本要素

基本要素的投影规律、投影特点及相互之间的几何关系是构型设计的基础，必须熟练掌握。

（三）非功能性

一件产品的造型设计总是与其功能、结构、材料、经济等诸因素有关，有些内容是需要在后续课程的学习中解决。现阶段的构形设计不考虑这些问题，主要是培养和训练创造性思维和表达能力。

（四）美学规律及审美观

形体的构造过程是要遵循一定的美学规律的。构成的形体要给人以美感。它是由形式引起的直接感情。对形体来说，这种美感是人们对于诸如形体的高度、宽度、深度、形状、色彩、质感等以及它们之间的相互关系产生的特殊形象效果的感受。美感既富于形式本身之中，同时也富于对形式的理解之中，即人的审美观。

美的规律和审美观是两个不同的概念，美的规律是被人们所普遍承认的客观规律，具有普遍性、必然性和永恒性。而审美观则是人们评价美的观念，它出自人们的联想、感觉、回忆和知觉等高度集合，随着民族、历史、文化、时代、社会、职业、思想、阅历、年龄及个性等不同的变化而发展变化。

在作构形设计时,一般要注意以下几点。

1. 体量

在构型上,体量的分布和组合会直接影响形体的基本形状和风格,是构形设计的关键。

图 5-3(a) 中给了一个对称的平面图形, 按其图形构造一平面体; 图 5-3(b) 所示形体具有左右对称、端正、稳定的性格;而图 5-3(c)则显得中间过于低沉,压抑。若单纯判断二者对错,应该说都没有错,但给人的感觉的确不同,这就是美感的差异。

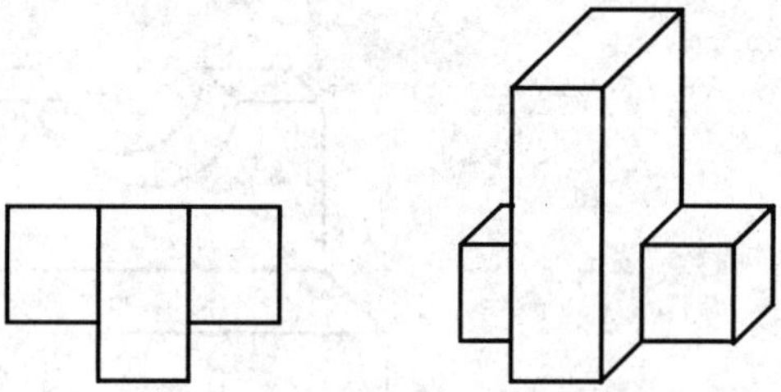

(a)　　(b)　　(c)

图 5-3　体量

2. 均衡与稳定

当要构造一非对称形体时, 首先要考虑符合均衡的要求, 以保证造型的稳定。如用一长一短的长方体组合成一个新形体,图 5-4(a)不如图 5-4(b)稳定。

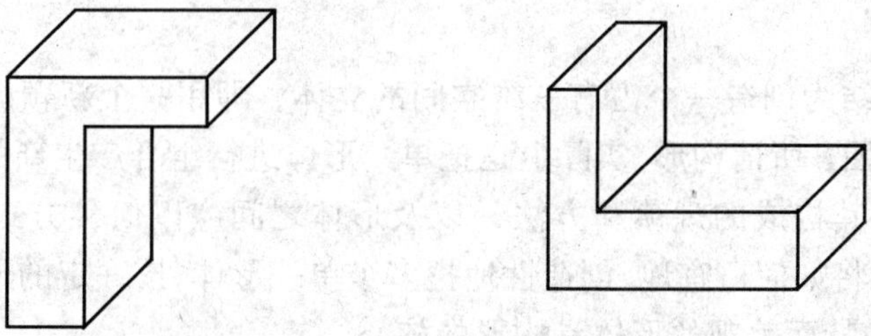

(a)　　(b)

5-4　稳定性

3. 比例

在进行具体的设计时,还要注意各部分体量大小的对比及比例关系。

如图 5-5 所示,图 5-5(a)中的柱过高,与底比例失调,不稳定;图 5-5(b)则比例较好,显得稳定自然。

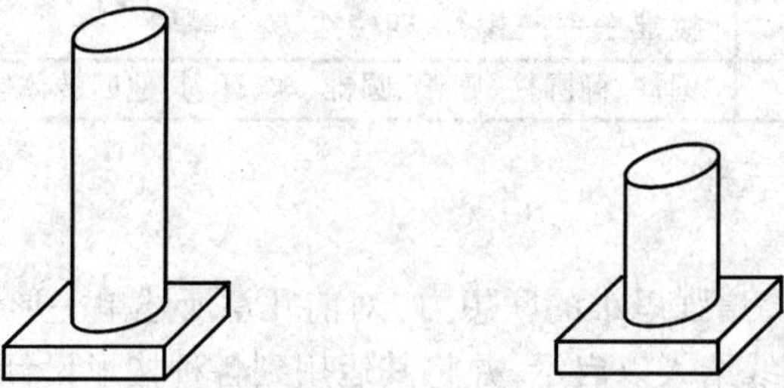

(a)　　(b)

图 5-5　比例性

4. 统一与变化

构成形体外观的线、面、体等形态要素具有各种不同的形状，如方、圆、扁、厚、高、低、宽、窄、粗、细等。形态的变化与统一就是将造形的繁复变化转化为高度的统一，力求用最紧凑的空间、简洁而又有个性的形体，来表达出设计思想。

为了避免造型的单调，可运用对比的手法来表现其形体的差异性，例如在以直线为主的构型中，某一部分运用曲线，可取得活泼多样的效果，产生曲、直线的对比与变化，在统一中达到了协调，其效果就比单纯用直线体的好，如图 5－6 所示。

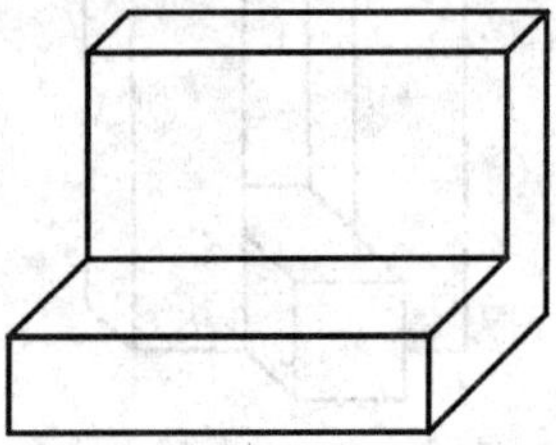
(a)

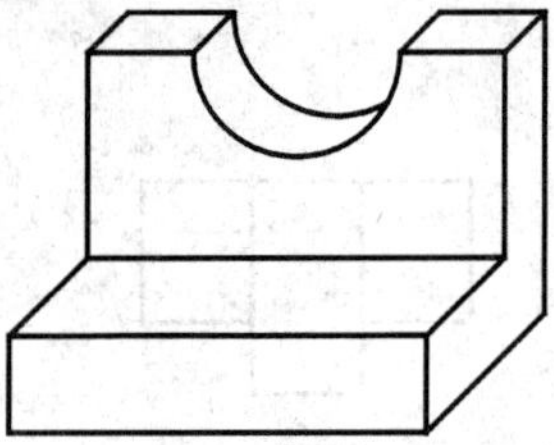
(b)

图 5－6 统一与变化

第四节 构形设计的基本方法

构形设计归结为创造一个占有三维空间的立体，即用一个新颖的恰当的形体去描述一定的构思意图。所谓构形，实际上是把单一形体进行组合产生新的整体形象。研究构形就得去寻求其构成的规律和方法，以及形体之间应以何种方式和关系来构成形体。因此，设计者将如何适宜地、创造性地把多个单一形体，按一定的形体构成关系组合起来，构成形状独特而美观的形体是构形的核心。

构形的方法也就是单一形体组合的方法(见表 5－1 所示)。当然利用单一的基本几何体进行构形既单调又没有艺术效果，因此，只有通过巧妙地组合才能构造出具有一定边界条件的形体。

表 5－1 单一形体

名 称	示 例
平面立体	棱柱 —— 三棱柱、四棱柱等 棱锥 —— 三棱锥、四棱锥、棱台等
曲面立体	圆柱、椭圆柱、圆锥、圆锥、球、环、其他回转体等

构形的基本方法有三种。

1. 切割

为了丰富创造意念，增强思维的联想力，对前几章所述单一形体的多种形式的切割产生的各种形态的截交线给人以启示，并将其运用到各种构形设计中。

形体的切割，主要指对几何形体的切割。切割方式包括平面切割、曲面切割(贯通之意)、曲直综合切割等，如图 5－7 所示。

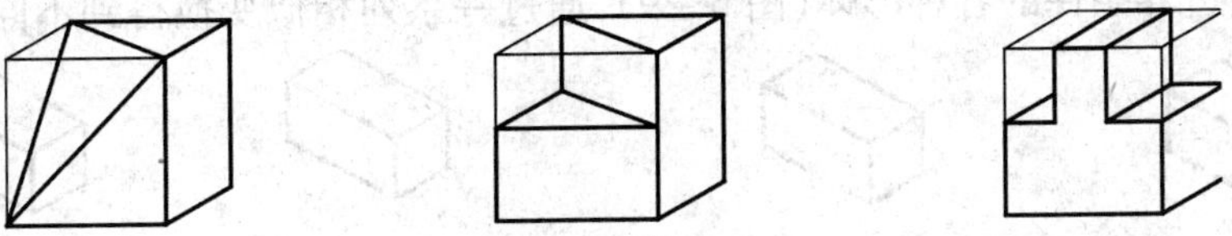

(a)

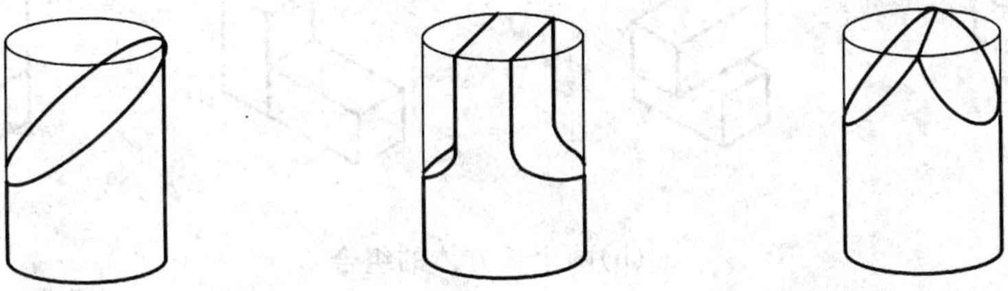

(b)

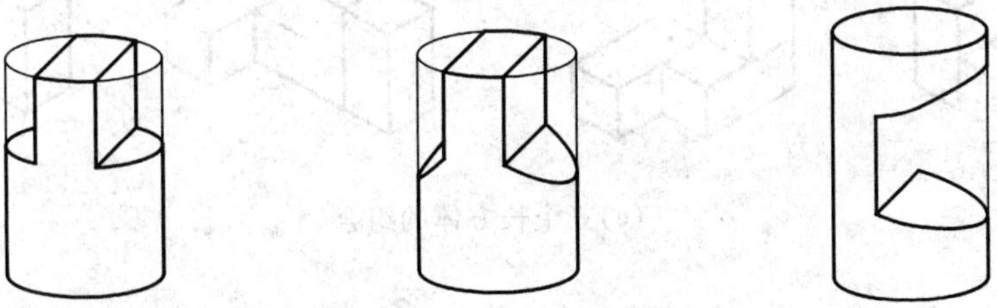

(c)

图 5－7　切割

切割过程中要充分考虑到以下几点：

(1)切割部分和数量不宜过多，否则会显得支离破碎；

(2)切割后的形体比例要匀称，保持总体均衡与稳定；

(3)切割后形体表现所产生的交线要舒展流畅和富于变化，形成既有统一又有变化的形态效果；

(4)要充分了解和掌握不同构形给人带来的各种心理感受，进行有目的地切割，才能创造出具有一定艺术感染力的空间形体。

2. 组合

形体组合是构成的一种主要形式，它主要包括单一形体相同的重复组合和单一形体的不同的变化组合。它们都是充分运用一定的比例与尺度、均衡与稳定、统一与变化等美学原则去创作具有一定空间感的造型形态。

如图 5－8 所示，用相同长方体重复多种组合，通过不同的连接方式、不同的位置变化构成不同的空间感觉。

3. 变换

任何形体的建立都不是偶然的，都有一定的目的，同时也有一定的基础，这个基础就是相似性，利用相似性通过变换以构成形体，这是构形中非常重要的方法。

变换就是通过对构形参量的变化来满足原定要求。一般的变换有尺寸变换、形状变换、数量变换、位置变换、顺序变换、排列变换、联结变换之分。通过这些变换将产生一系列具有相同边界条件的各种形体(图 5－9),通过一系列相似变换得到不同的构形。

(a)四个长方单体

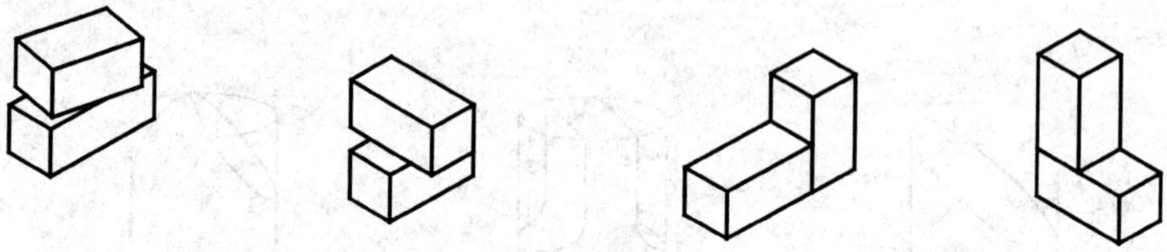

(b)两个长方体的组合

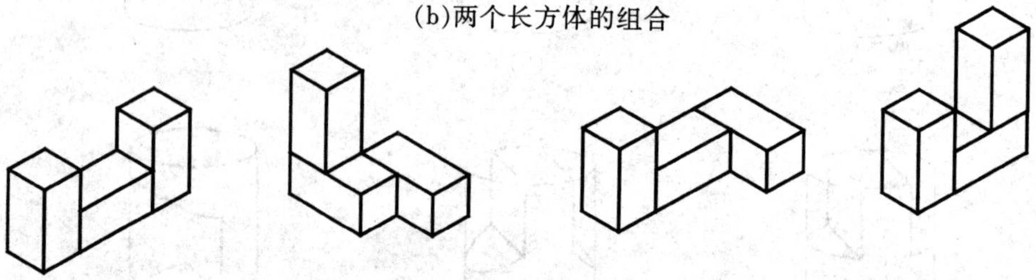

(c)三个长方体的组合

(d)四个长方体的组合

图 5－8　组合

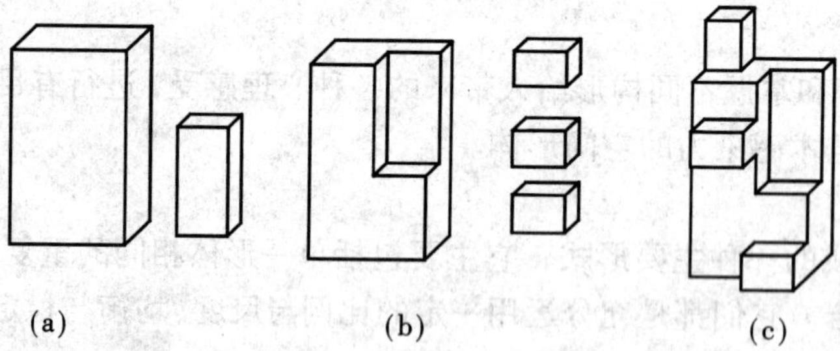

(a)　　　　(b)　　　　(c)

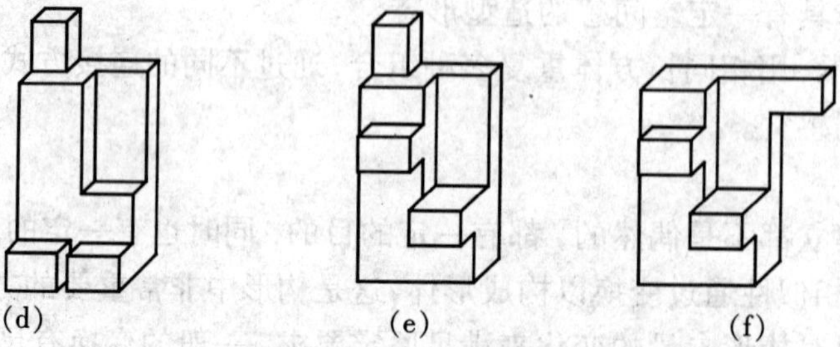

(d)　　　　(e)　　　　(f)

图 5－9　相似变换

第五节 构形设计常用的表达方法

构形设计的基本内容是如何构筑一个形体的形状和结构以满足原定的边界要求，这可用上述的构形基本方法——组合、切割，变换，或三者相互组合以构筑一个新的形体。这一新的形体不能仅停留在构思上，而要通过各种手段予以表达并以此作出修改，以最终确定形体的特征。为此，形状构思的表达是构形设计中重要的组成部分，这种表达一定要直观、方便、完整、正确地反映其特征。

在构形设计中常用的表达方法有两种。

1. 三维图示

由于三维图形具有很强的立体感，并能非常直观地显示物体的空间形状和结构，如图5-10所示，不但表达了该形体的外形轮廓，而且也能反映形体的内部结构形状。轴测投影、透视、计算机的建模和立体造型技术均是三维图示的主要方法。

三维图示属单面投影图，即在单一的投影平面上图示形体的三维形状和结构。但由于其与实际物体相比存在着尺寸变化、形状变化和角度变化，在一定程度上三维图示与实际物体相比存在着一定的“失真”，因此该方法用于概念设计（抽象形态设计）中较多，而在具体设计中多用二维图示。

2. 二维图示

二维图示是利用多面正投影的原理，由几个二维图形组合表达空间物体，如图5-10(a)所示，三个图形（视图）分别代表了三个方向上的正投影，由此可表达空间形体的形状，如图5-10(b)。在二维图示中每一图形均有良好的真实性，由于其可操作性较强，此种图示一般均作为工程图样中的主要表达方法。

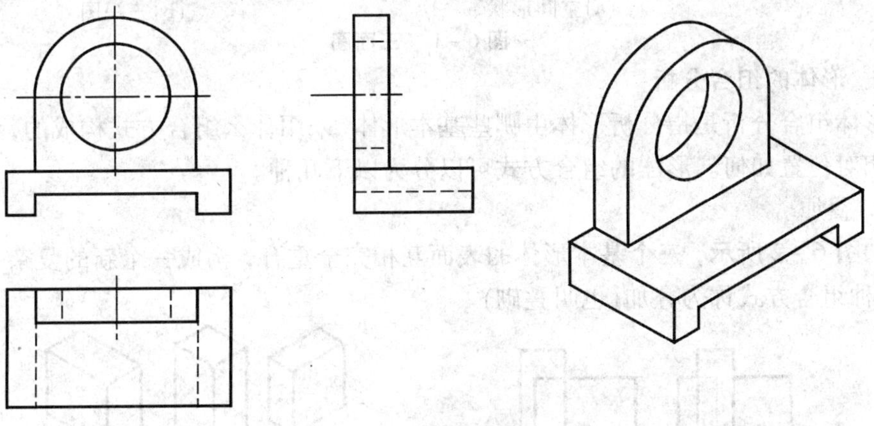

图5-10 三维图示

从人的思维过程来看，构形总是先有三维概念，然后运用正投影原理把三维物体以二维图示表达出来，但这并不排斥在二维图示中进行进一步的构形设计。通过重现其三维模型，用徒手草图或在计算机中采用平移、旋转及分色等手法来最后确定立体形状。因此，三维变二维、二维图形的三维重现都是在构形设计中常用的表现技法。

第六章　形体的视图表达

工程上的许多形体是比较复杂的，但都是由基本形体采用各种组合方式构成的，也称其为组合体。利用视图表达组合体的外部形状和内部构造及阅读组合体的视图是本章研究的内容。

第一节　三视图

在工程上称物体的 *H* 面投影为平面图，*V* 面投影为正立面图，*W* 面投影为左侧立面图，它们统为物体的三面图，也称三视图，如图 6－1 所示。

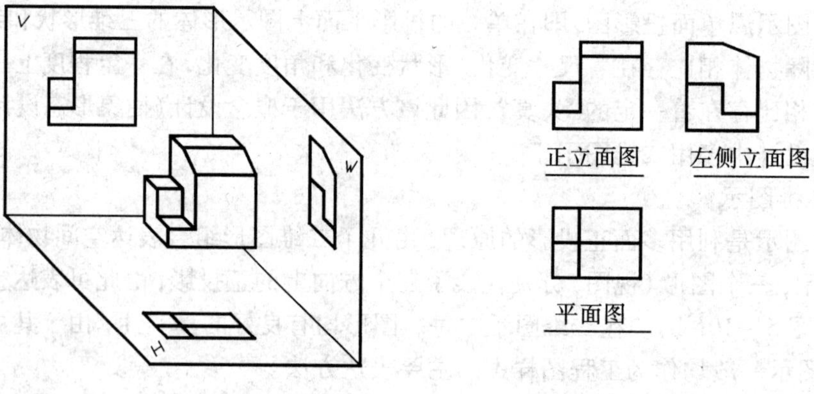

(a)空间形状　　(b)三视图

图 6－1　三面图

一、形体的组合分析

形体组合分析是指分析形体由哪些基本形体、采用什么组合方式构成的，各基本形体的相对位置如何。形体的组合方式可以分为以下几种。

1. 叠加

如图 6－2 所示，三个基本形体的表面互相完全重合，构成一个新的复杂一些的形体，这种组合方式称为叠加(也叫叠砌)。

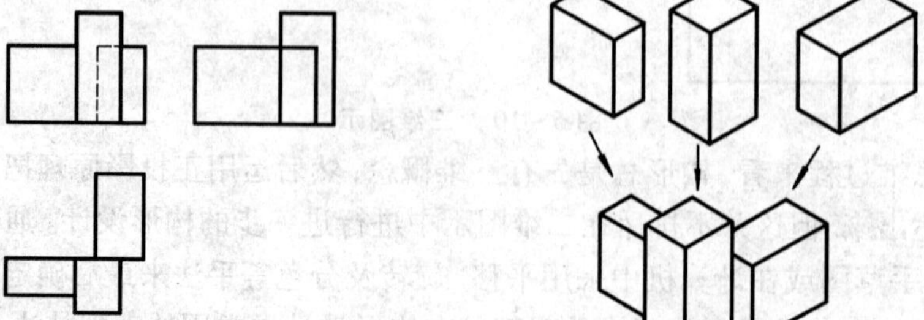

(a)投影图　　(b)形体分析

图 6－2　叠加方式

2. 截割

基本形体被平面或曲面切割构成新的形体。如图 6－3 所示，一个四棱柱被切割掉两个小四棱柱，构成形如带有门窗洞口的一面墙的形体。

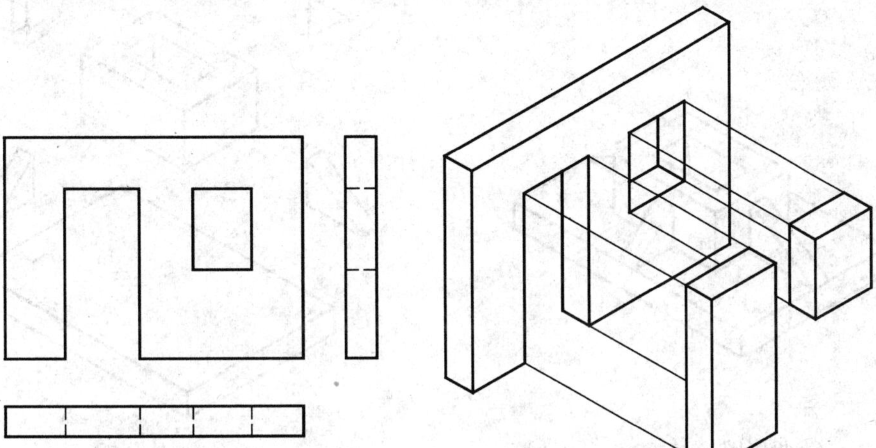

(a)投影图　(b)形体分析

图 6－3　截切方式

3. 相交

两基本立体相交构成新的立体。如图 6－4 所示，球和圆锥相交构成一新的立体。

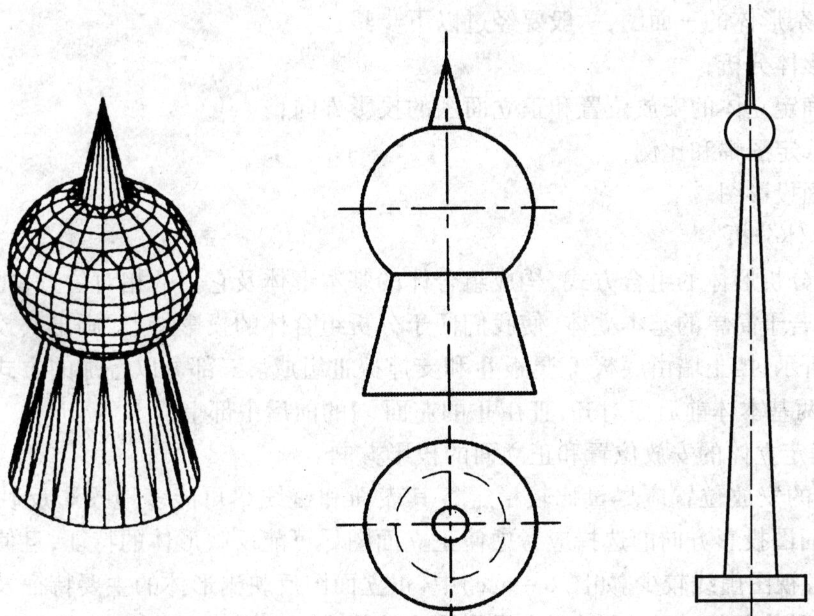

(a)立体图　(b)投影图　(c)应用示例

图 6－4　相交方式

一个复杂形体其构成方式可能不限于一种，如图 6－5 为一建筑工程中肋式杯形基础，它是由四棱柱底板、中间四棱柱和四块三棱柱肋板叠加后，再在中间四棱柱中截割一块楔形块而构成的组合体。

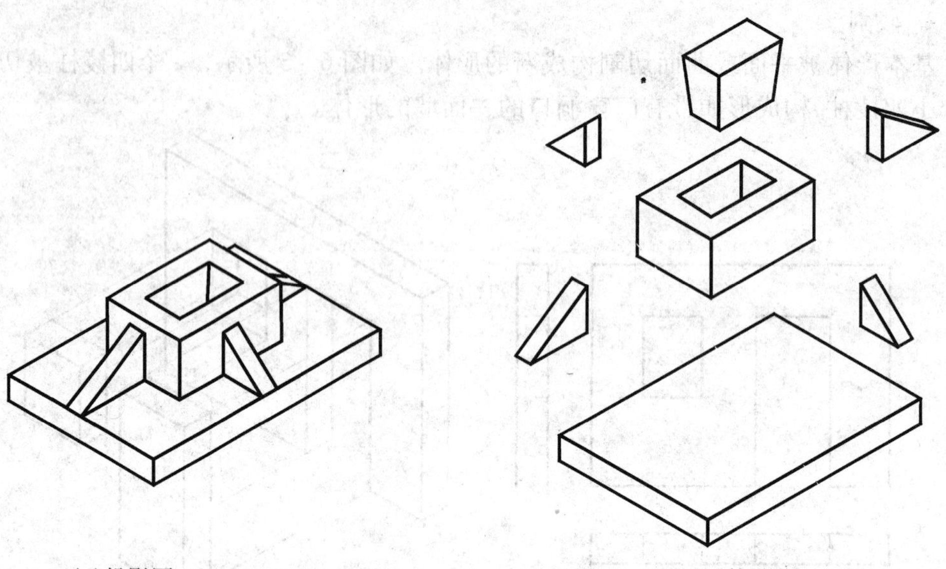

(a)投影图 (b)形体分析

图 6－5 肋式杯形基础

分析形体的组合方式及形体的组合分析，是形体构形设计的基本方法之一，也是用投影图表达组合体及阅读组合体投影图的基本思路和方法之一。

二、形体三视图的画法

画复杂形体的三面图，一般要经过以下步骤：

(1)形体分析；

(2)确定立体的安放位置和正立面图的投影方向；

(3)选定图幅和比例；

(4)画投影图。

1. 形体分析

经过分析形体的组合方式、构成组合体的基本形体及它们的相对位置，把复杂的立体分解为若干简单的基本立体，使我们便于分析组合体的投影特点，画出其投影图。如图 6－6 所示，挡土墙由底板 Ⅰ、竖板 Ⅱ 和支撑板 Ⅲ 组成。三部分以叠加的方式构成组合体，Ⅰ、Ⅱ 两基本体前后面对齐，Ⅲ 在 Ⅱ 的左面、Ⅰ的前后中部上面。

2. 确定立体的安放位置和正立面的投影方向

立体的安放位置应尽量比较稳定，其表面和棱线尽可能多地投影反映实形和实长。正立面图投影方向的选择应考虑使正立面图尽可能反映形体的特征，且使三面图比较紧凑，各视图虚线较少。如图 6－6(c)中，正立面图反映出形体的主要特征及各组成部分的主要形状和相对位置，且三个投影图比较紧凑。而图 6－6(d) 中，则正立面图不能反映形体的主要特征，且三面图不是很紧凑。

3. 选定图幅和比例

根据形体的大小和复杂程度等因素，选定适当的比例，并确定所画图形需要的图纸面积，选择合适的图幅。

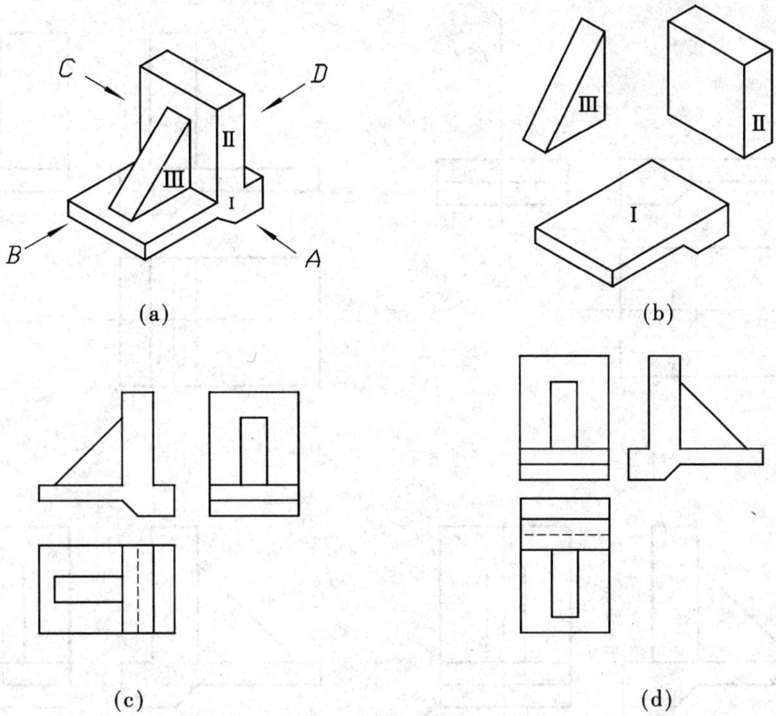

图 6-6　确定主视方向

4. 画投影图

(1) 布置图面，将所画图形均匀地布置在图面上，确定每个图形的定位基准，如图 6-7(a)所示。

(2) 画三面图的底稿，根据形体分析和图面布置的基准线，逐个画出各基本形体的三面投影，一般应先画主要的基本形体的三面投影，再按组合方式和相互位置画其它基本形体，如图 6-7(b)、图 6-7(c)所示。

(3) 底稿画完后，要进行仔细地检查。基本形体的投影图线在组成组合体的投影时要发生什么变化应认真分析，要注意既不能多线，也不能少线，还应注意投影线的可见性，如图 6-7(d)所示。

(4) 整理、加深图线，完成全图，擦去作图线和多余的线，把该有的投影线加深加粗。图 6-8 是一切割型组合体的分析和画图过程。

第二节　读图

阅读形体的投影图，就是根据投影图，运用投影规律，正确地想像出形体的空间形状、大小、构成方式和构造特点。

(一)读图应具备的基础

(1) 掌握三面投影间的三等关系，即“长对正、高平齐、宽相等”的关系，熟悉形体的长、宽、高三个向度和上、下、左、右、前、后六个方向在形体的投影图上的对应位置。

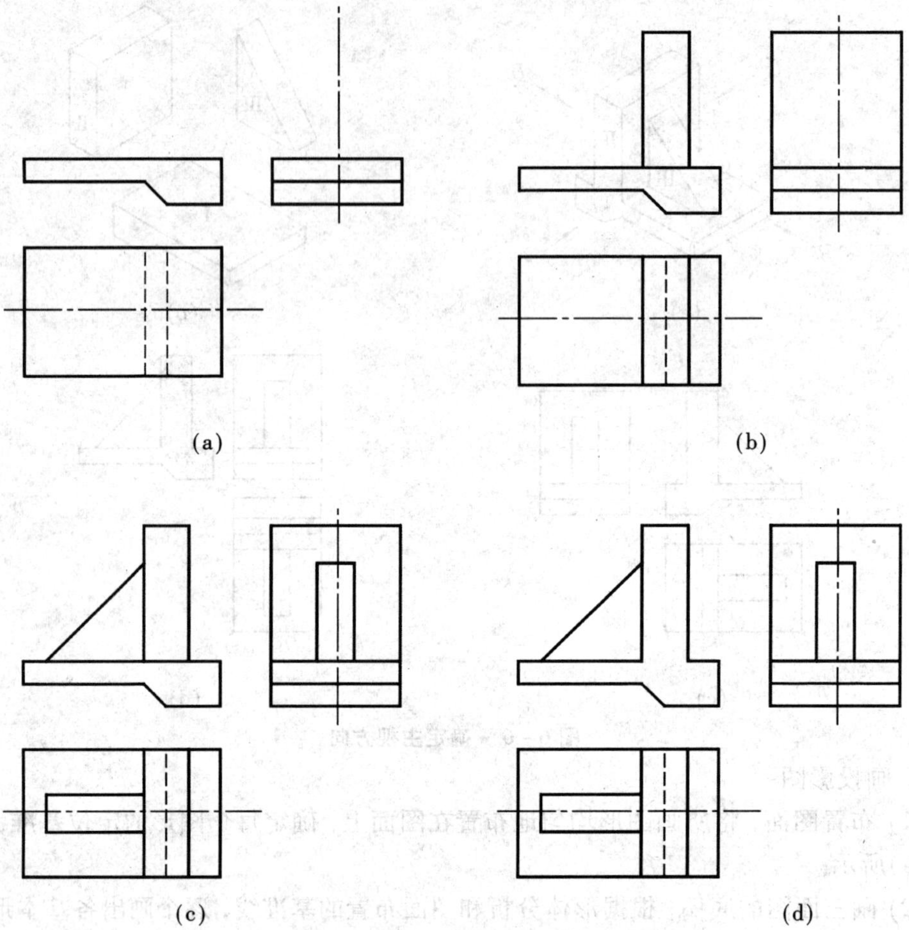

图 6－7 挡土墙三面图的作图步骤

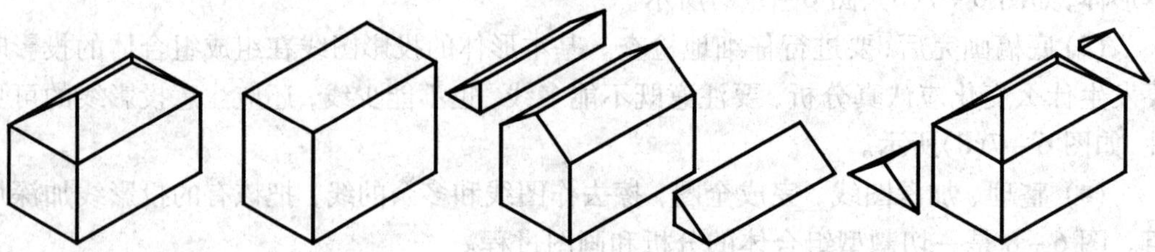

(a)形体分析

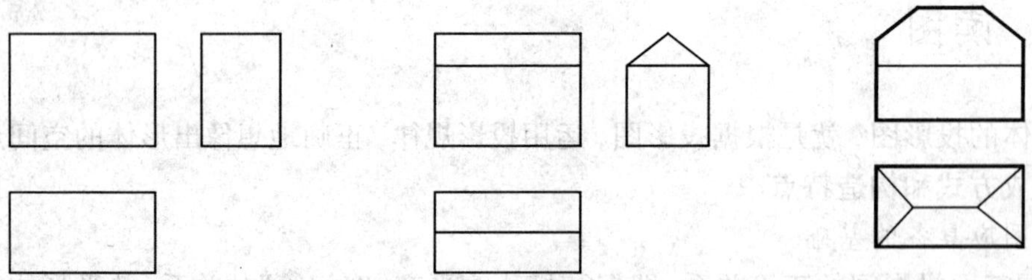

(b)画图过程

图 6－8 四坡顶房屋形体的画图步骤

(2) 掌握各种位置的直线、平面、曲面以及截交线、相贯线的投影特点，能从投影图上判断线面的空间位置、形状和在形体上的对应位置。

(3)掌握基本形体的投影特点及读图方法。

(4) 在掌握前述知识的基础上具备一定的空间形象的想像能力和由二维图形到三维形体的思维能力。

(二)读图要点

1. 综合阅读形体的各投影图

通常情况下，形体的一个投影图不能确定其空间形状，常需要两个或两个以上的投影才能表达清楚。因此，必须把形体的几个投影图联系起来，综合阅读，切忌看了一个图就下结论。

图 6 - 9 所示四组投影图中，平面图完全相同，而正立面图则表明它们是几种不同的形体。图 6 - 10 所示四组投影图中，形体的平面图、正立面图完全一样，但左侧立面图则表明它们是几种不同的形体。这就表明了必须把几个投影图联系起来对照着阅读，才能准确地想像出组合体的真正的形状。

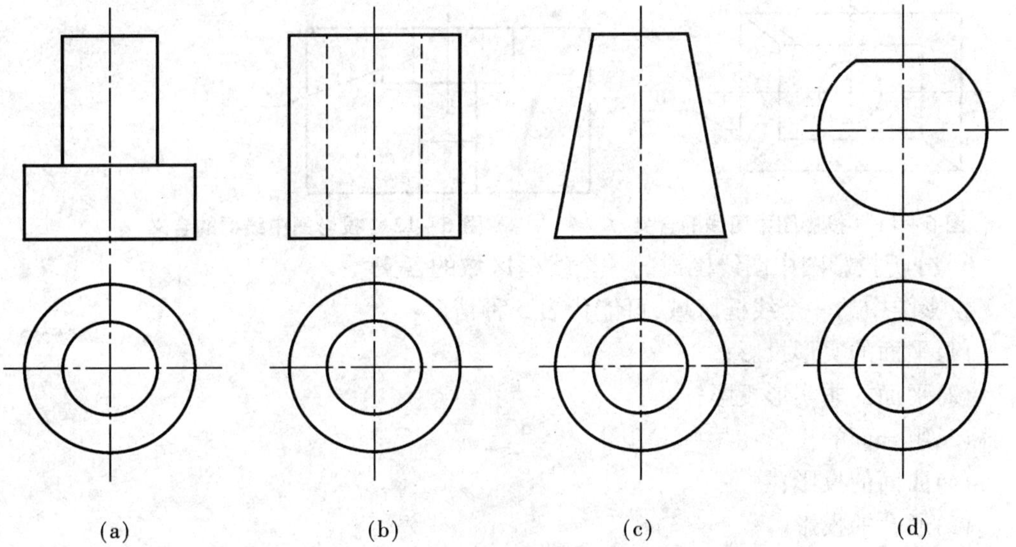

图 6 - 9　依据一平面图不能确定其空间形体

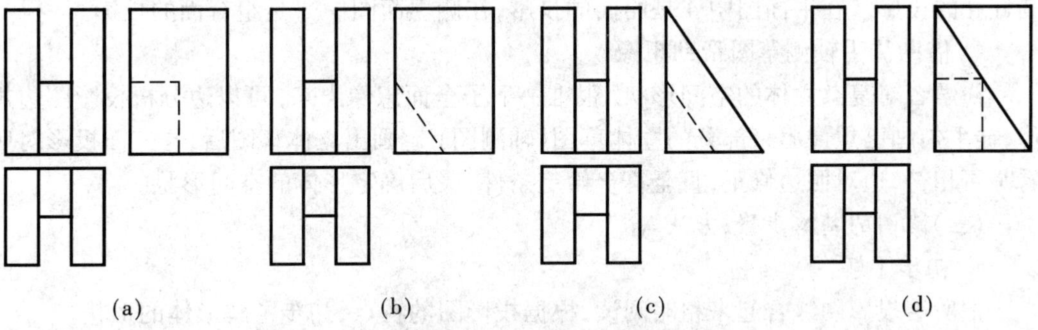

图 6 - 10　依据平面图、立面图不能确定空间形体

2. 分析投影图中图线的含义

投影图中的图线，可能代表 3 种含义：

(1)平面或曲面的积聚性投影；

(2)两个面交线的投影；

(3)曲面投影的轮廓线。

图 6－11 中 Ⅰ 所指图线是平面或圆柱面的积聚性投影；Ⅱ 所指图线是两个平面的交线的投影；Ⅲ 所指图线是圆柱面正投影的轮廓线。

在读图时，对投影图中的线，依据“三等”关系，对照其他投影相对应的部分，判断其真正的含义。

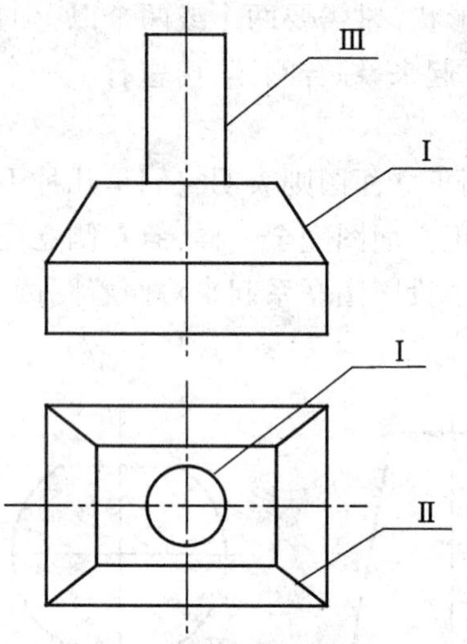

图 6－11 投影图中图线的含义

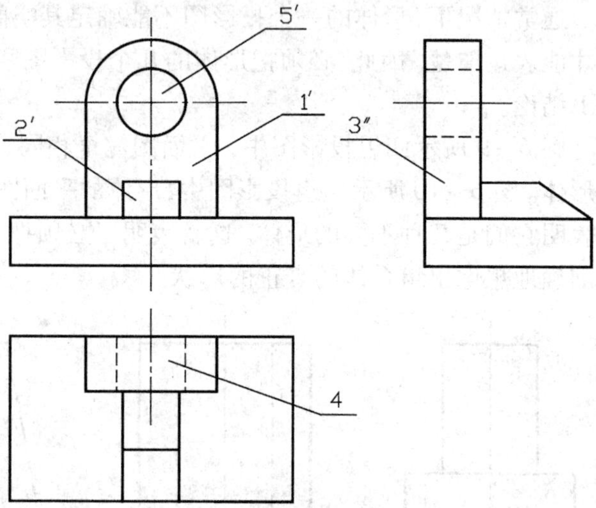

图 6－12 投影图中线框的含义

3. 分析投影图中图线围成的一个线框区域的含义

投影图中的一个线框区域，可能代表 5 种情况：

(1)平面的实形投影；

(2)平面的非实形投影；

(3)组合面的投影；

(4)曲面的投影；

(5)通孔的投影。

如图 6－12 中，正立面图中的 1′是正平面的实形投影，2′是平面的非实形投影，5′是圆柱孔的投影。在平面图中 4 是曲面的投影，在侧立面图中 3″是组合面的投影。

4. 借助徒手轴测草图帮助想像

初学者对复杂立体的空间形状，很难一下子全面想像出来，可以边分析投影图边想像，徒手勾画已想像出来部分的立体草图(轴测图)。画出立体草图后，与三面投影对照看是否相符，边对照边修正，直至符合给定条件，最后确定形体的空间形状。

(三)读图的基本步骤、方法

1. 初步了解

把所给投影图综合起来粗略阅读，根据投影图的特点，初步了解形体的形状。

2. 形体分析

根据投影图的特点及关系，分析形体是由几部分组合构成的，其组合方式是怎样的，各部分之间的相对位置。组合方式一般是先考虑叠加，再考虑截割，最后考虑相交，并尽量先考虑规则的常见的组合方法。

3. 线面分析

对形体分析不清楚、想像不出来的局部，再用线面分析法详细分析该局部的每条图线和线框，清楚了局部形体的棱线、表面形状、空间位置、相互关系，便能想像出局部的形状。

4. 综合想像

通过形体分析和线面分析了解了各部分的形状、大小和相对位置之后，便可综合想像出整个形体的形状。

5. 核对检验

把想像出来的形体形状与给出的投影图进行核对，检验读图是否正确，发现矛盾时，重新分析、修正，直至完全符合。

已知形体的两面投影求第三投影和给形体的投影上补缺漏的线，是锻炼读图能力的较好方法。

例 1. 图 6－13 给出了组合体的正立面图和平面图，求其左侧立面图。

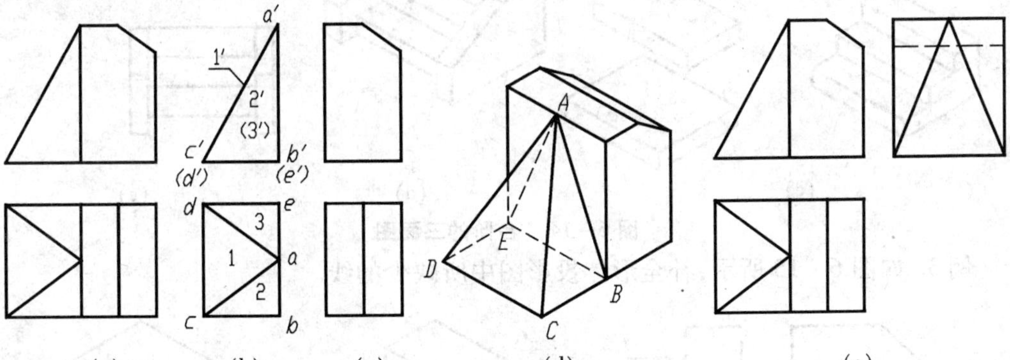

图 6－13　组合体的线面分析

解：

初步分析两面图可知，形体分为左右两部分。对于右边的部分可以运用形体分析法，假想将正立面图所缺的一角补齐，两面图的外轮廓均为矩形，可以想像为一长方体，在右上角切割掉了一三棱柱，如图 6－13(c)所示。对于左边，用线面分析法对图中的线和线框作详细分析。在平面图上共有三个线框：线框 1 可能代表什么含义呢？依据长对正在正立面图上找其对应部分，正立面图与其对应的没有类似图形，只能对应斜线 1′，因此它是一正垂面；线框 2、3 对应正立面图上的类似图形 2′、3′，又由于 bc、$b'c'$符合侧垂线的投影特点，所以它们是前、后两个侧垂面；平面图的外轮廓矩形线框与正立面图中的水平线段对应，是水平面，作为形体的底面；两面图中右边竖向的对应线段显然代表侧平面的积聚投影，因此知道形体左半部是一斜四棱锥，如图 6－13(d)所示。再综合想像，将左、右部分叠加起来，形体的整体形状如图 6－13(d)所示。根据前述分析画出侧立面，如图 6－13(e)所示。

例 2. 如图 6－14 为已知形体的正立面图和左侧立面图，求其平面图。

解：

分析两个投影图，其正立面图明显分为左、中、右三部分，且左右对称，由高平齐可知，左、右部分与左侧面图中的五边形对应，可知它们是五棱柱，如图 6－14(b)。中间部分又分为上下排列的三个矩形，侧立面图中有对应的三个大小不等的上下排列的矩形，把其想像为上下依次叠加的三个长方体，如图 6－14(c)所示，将三部分综合起来整体形状，如图 6－14(d)所示。根据上述分析，利用三等规律，逐一作出每一基本形体的平面图，最后得出组合体的平面图，如图 6－14(e)所示。

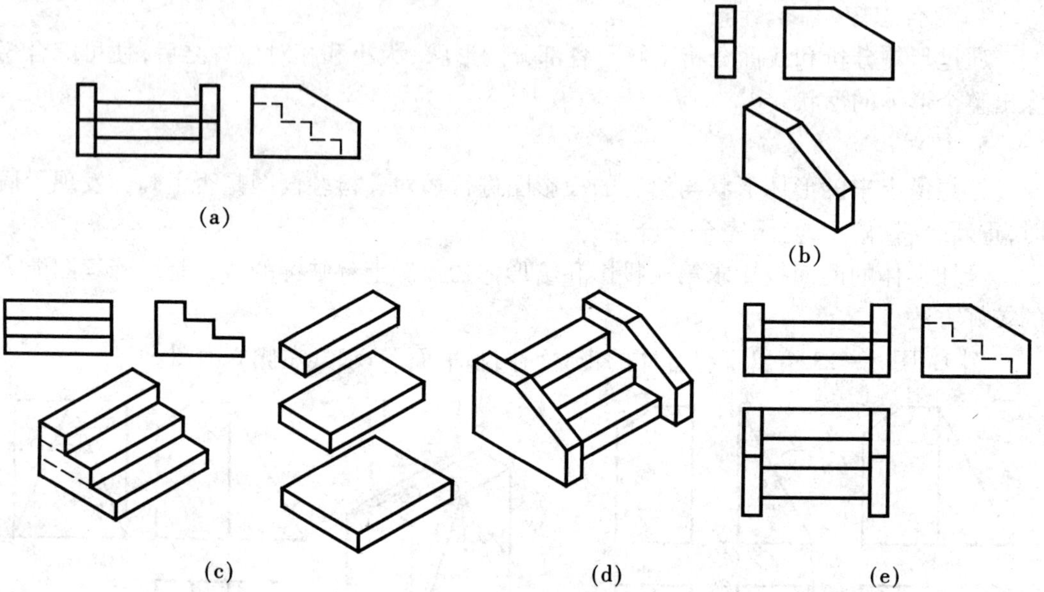

图 6－14　台阶的三面图

例 3. 如图 6－15 所示，补全形体投影图中所缺少的线。

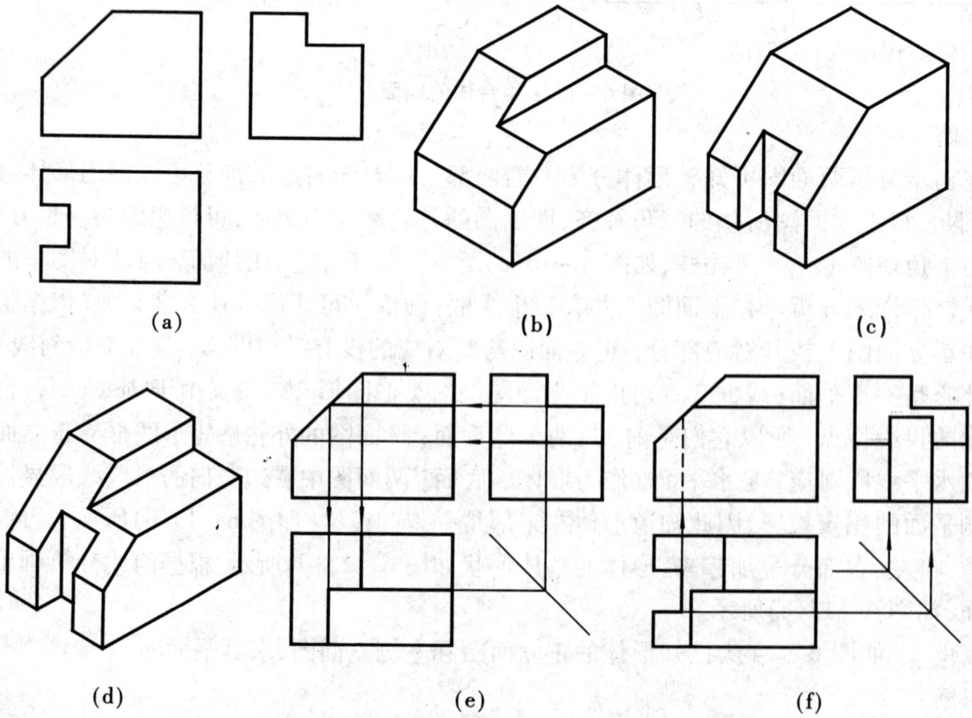

图 6－15　三视图补线示例

解:

从正立面图可知形体的基本形式是一五棱柱，由侧立面图可知在五棱柱的前上方切去一个四棱柱,形成一个正平面和水平面，如图 6－15(b)；从平面图中可知在五棱柱的左端中间切出一个槽,形成一个侧平面和两个正平面,如图 6－15(c)。把三者反映的情况综合起来,形体如图 6－15(d)所示,按照长对正、高平齐、宽相等的投影关系,逐一补画出各投影中缺少的线，如图 6－15(e)、图 6－15(f)。

(四)设计形体

根据形体的两面投影求第三投影和补线练习,是培养读图能力的方法之一。设计形体练习是在此基础上,应用构型设计基础知识,按所给定的条件,设计构思多个形体,以加深理解组合体的形成,开阔思路,丰富空间想像能力,进一步培养、提高读图能力,并对工程设计(主要是造型设计)有一定的理解。

设计形体的基本步骤:

(1)分析已知投影图,明确所给条件;

(2)依据条件和构型设计要求,进行空间构思,画出数个形体的轴测草图;

(3)比较选择,从设计的多个形体中,选择一个比较均衡、匀称、协调、简单的形体,画出其投影图。

例 4. 按给出的平面图,如图 6－16(a)设计形体,画出它们的轴测图,从所设计的形体中,选一个较佳者,画出另两个投影。

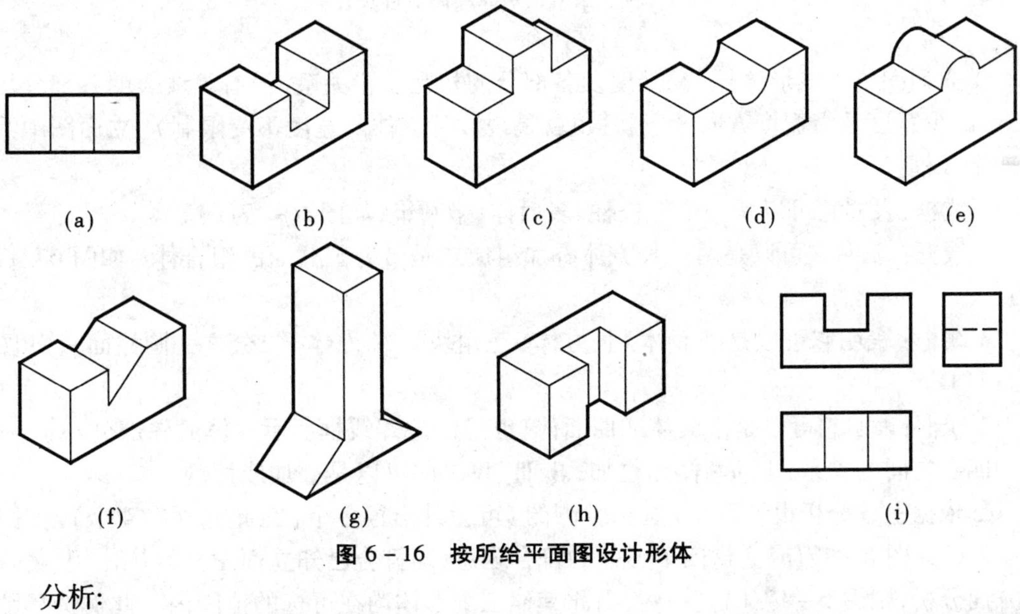

图 6－16　按所给平面图设计形体

分析:

①平面图的外轮廓为一矩形,反映了形体总长、总宽。平面图分左、中、右三部分,无虚线表明均是可见的,每一部分(线框)可以设想是平面体,也可以是曲面体。

②构思设计形体。符合平面图的形体可以设计出很多个，构想出来的形体越多越好。可以按照叠加、截割、相交等组合方式来构造形体。本例画出了 7 个轴测图，但图 6－16(h)不符合所给平面图,应予剔除。

③比较选择。考虑形体的均衡、比例协调、简单、投影易画等因素,选一形体画出立

体的另两面投影。在图 6－16(b)至图 6－16(g)中,仅从符合题给条件角度看,都是可以的,但图 6－16(g)立体的比例不太协调,而图 6－16(b)至图 6－16(f)所示立体综合考虑较好,都在可选的范围内。

④根据 3 的分析，选择图 6－16(b) 的立体，画出它的其他两个投影，如图 6－16(i)。

例 5. 按所给正立面图,如图 6－17(a),设计形体,画出轴测图,并选择其一画出另两个投影。

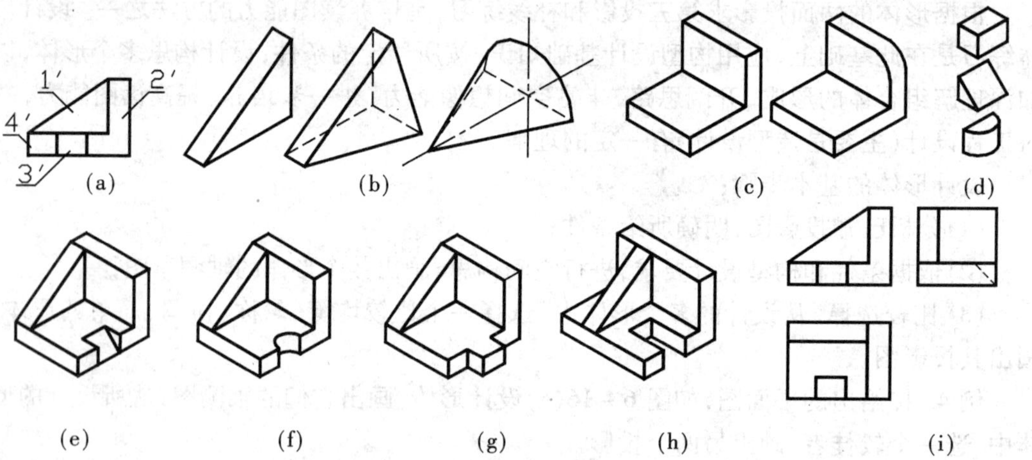

图 6－17　按所给正立面图设计形体

分析:

①立面图给了该形体长、高尺度及各部分的相互位置关系,没有虚线表明各部分均可见,缺少宽度及沿宽度方向的形状(也就是说设计立体的宽度不受限制)。立面图中共有四个线框:

1′线框:表明它可以是一个三棱柱、多面体、半圆锥,如图 6－17(b)。

2′线框：表明它可以是两个长方体叠加组成或是带有圆柱面的组合体，如图 6－17(c)。

3′线框：表明它可以是平面体（长方体、三角块）、曲面体（二分之一圆柱面），如图 6－17(d)。

4′线框:表明它可以是平面体或曲面体,也可以是 2′线框所示立体的一部分。

四者之间的关系:Ⅰ、Ⅱ两体为叠加,Ⅱ、Ⅲ、Ⅳ之间可以是叠加或切割。

②依据上述分析设计形体,画出轴测图（可设计出很多个,在此只画出 4 个），如图 6－17(e)～图 6－17(h)。这四个形体均符合题意(即符合已知立面图),但从比例、美观等方面分析,则图 6－17(h)差一些,因此其他三个形体均在可选的范围内。此例选择图 6－17(e)所示立体。

③画出图 6－17(e)立体的平面图及侧立面图。如图 6－17(i)。

例 6. 按所给正立面图的形状设计形体，画出轴测图及另外两个视图，如图 6－18(a)。

设计的构思过程不再详述,这里只给出几个解答,可以分析设计出更多的形体。

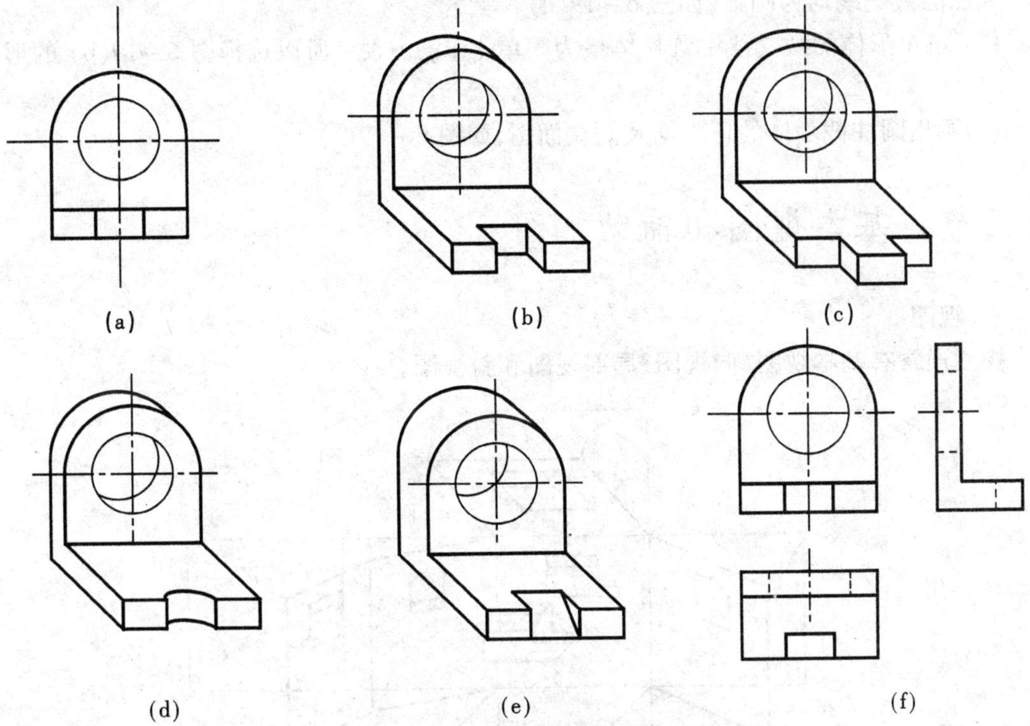

图 6－18　按给出的正立面图设计形体

例 7:按所给平面图的形状设计一形体,画出轴侧图及另外两个视图(图 6－19)。

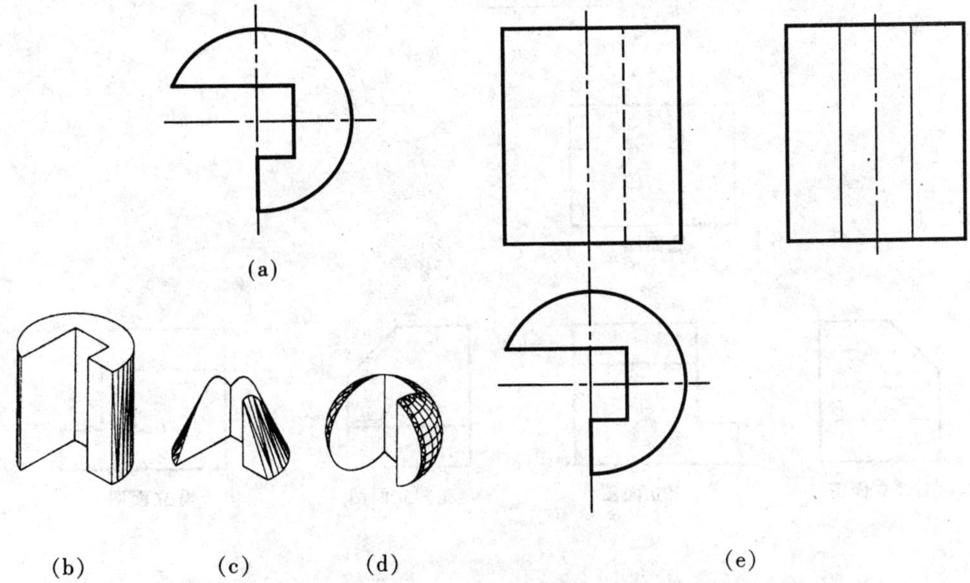

图 6－19　按给出的平面图设计形体

(1) 从平面图所示形状分析,表明它是一曲面体被切割,可以是圆柱、圆锥、球的截切,因曲面性质不同,截交线的性质也不同:

①柱的截交线均为矩形,如图 6－19(b);

②锥的截交线由直线和双曲线组成,如图 6－19(c);

③球的截交线均为圆弧,如图 6－19(d)。

(2) 三个形体的截交线中圆柱体最为简单，作图方便，所以选择图 6－19(b) 的形体。

(3)画出圆柱截割体的正立面及侧立面图,如图 6－19(e)。

第三节　基本视图和辅助视图

一、视图

视图通常有基本视图、向视图、局部视图和斜视图。

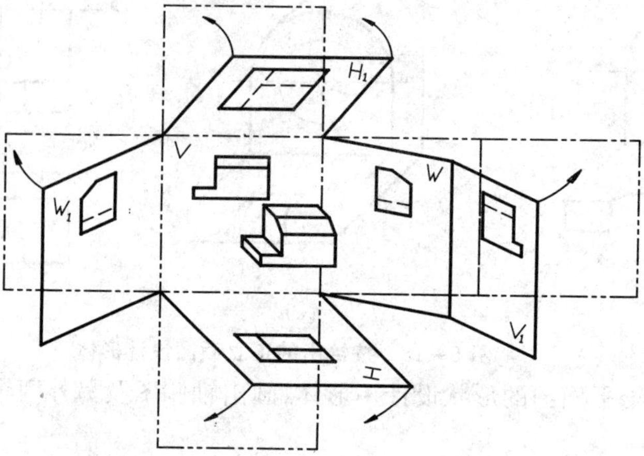

(a)

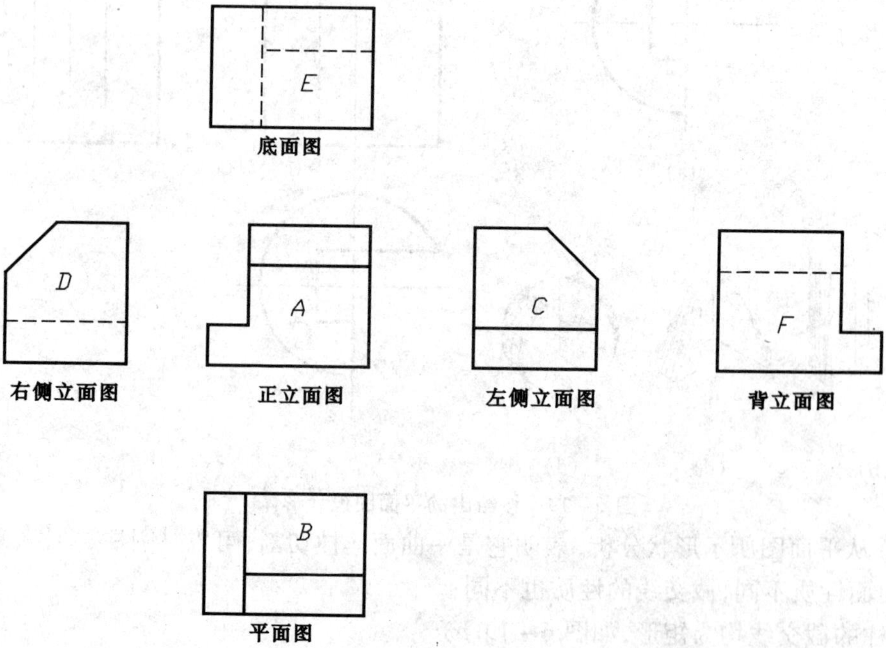

(b)

图 6－20　六个基本视图

1. 基本视图

对比较复杂的形体，为了清晰地表达其上、下、左、右、前、后的形状，可在原有 H、V、W 三个投影面的对面，分别再增设 H_1、V_1、W_1 三个投影面，这六个投影面组成一个六面体。这个基本视图的展开方式投影面称为基本投影面，物体向基本投影面投影所得的视图称为基本视图。基本视图的名称是正立面图（V 面投影）、平面图（H 面投影）、左侧立图（W 面投影）、右侧立面图（W_1 面投影）、底面图（H_1 面投影）、背立面图（V_1 面投影）。

基本视图各投影面的展开方式，如图 6－20(a) 所示。展开后各个视图的图位配置，如图 6－20(b) 所示。

在同一张图纸内按图 6－20(b) 规定的位置布图，可不标注视图的名称。当不按上述位置配置时，视图应按下述向视图的方法作标记。

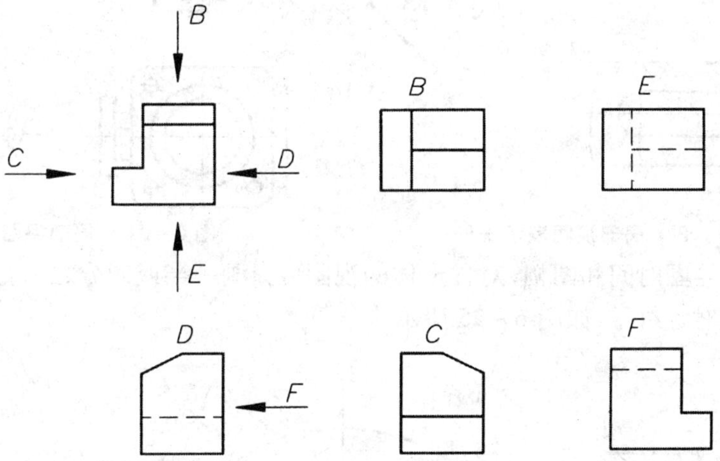

图 6－21　向视图表达方式(一)

2. 向视图

向视图是可自由配置的视图，根据专业需要，向视图的表示只允许从以下两种表达方式中选择一种。

(1) 在向视图的上方标出“X”（“X”为大写字母），在相应的视图附近用箭头指明投射方向，并注上同样的字母，如图 6－21 所示。

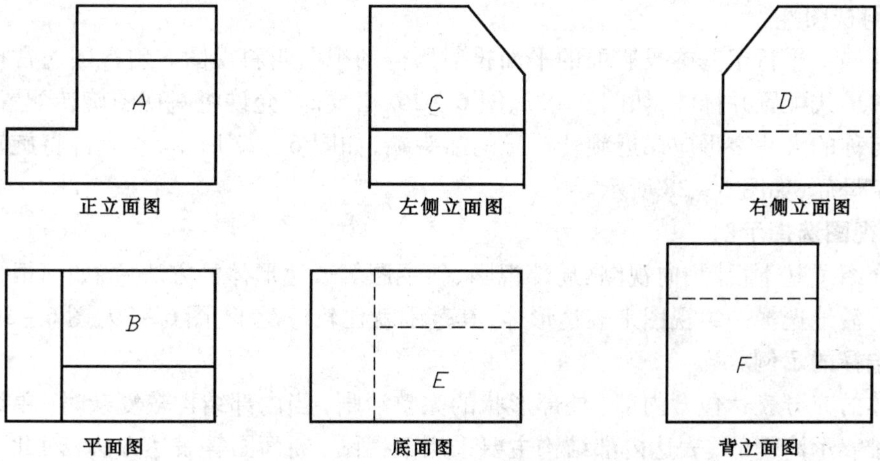

图 6－22　向视图表达方式(二)

(2) 在视图下方(或上方)标出图名,注写图名的各视图的位置应根据需要和可能,按相应的规则布置,如图 6-22 所示。

3. 局部视图

局部视图是将物体的某一部分向基本投影面投射所得的视图。局部视图可按基本视图的形式配置,如图 6-23 所示;也可按向视图的形式配置并标注,如图 6-24 所示。

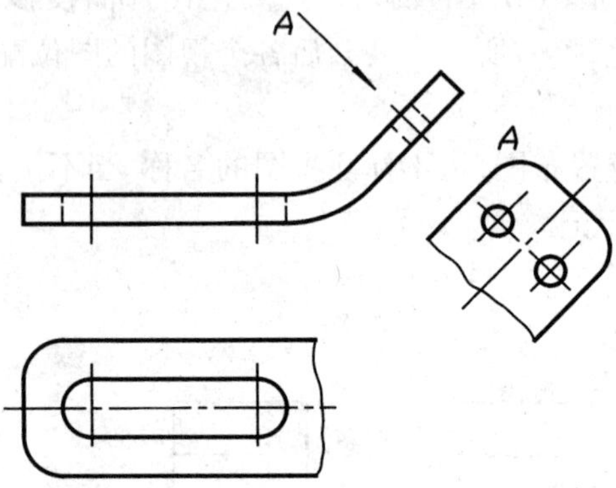

图 6-23 局部视图表示法(一)

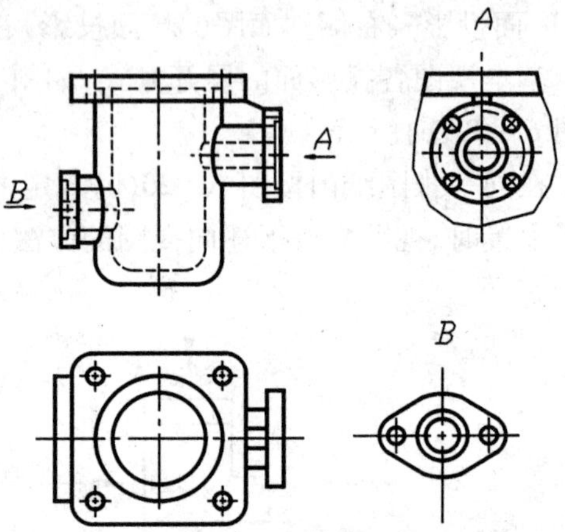

图 6-24 局部视图表示法(二)

为了节省绘图时间和图幅,对称形体的视图可只画一半或四分之一,并在对称中心线的两端画出对称符号,如图 6-25 所示。

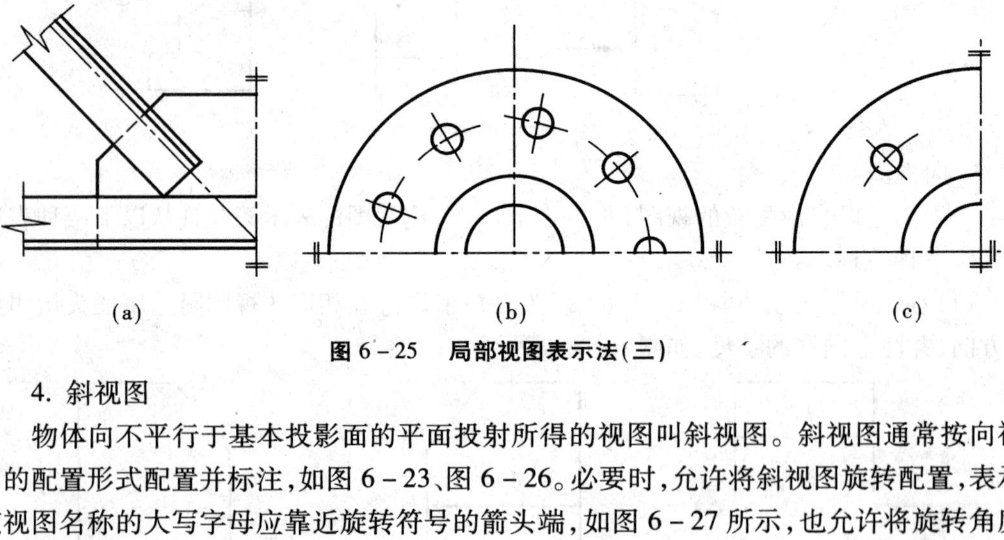

(a) (b) (c)

图 6-25 局部视图表示法(三)

4. 斜视图

物体向不平行于基本投影面的平面投射所得的视图叫斜视图。斜视图通常按向视图的配置形式配置并标注,如图 6-23、图 6-26。必要时,允许将斜视图旋转配置,表示该视图名称的大写字母应靠近旋转符号的箭头端,如图 6-27 所示,也允许将旋转角度注写在字母后,如图 6-28 所示。

二、视图选择示例

在介绍了基本视图、向视图、局部视图、斜视图等表达形体的方法后,如何根据形体的特征灵活地选择一组视图来表达形体,其范围就比较广泛了,图 6-29、图 6-30 等都是视图选择的示例。

形体的充分表达包含内部、外部形状的完整清晰,当内部结构较复杂时,单纯用视图是很难表示清楚的,表达内部结构主要采用剖视图、断面图等表达方法,对此下一节将专门论述，本节主要从外形上分析几个视图选择的示例。

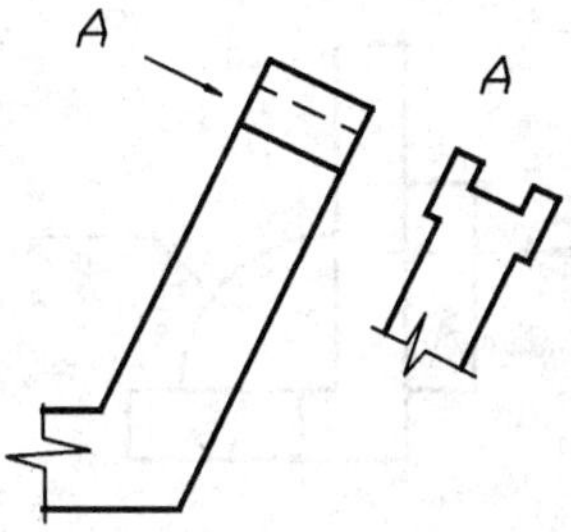

图 6 – 26　斜向视图表示法(一)

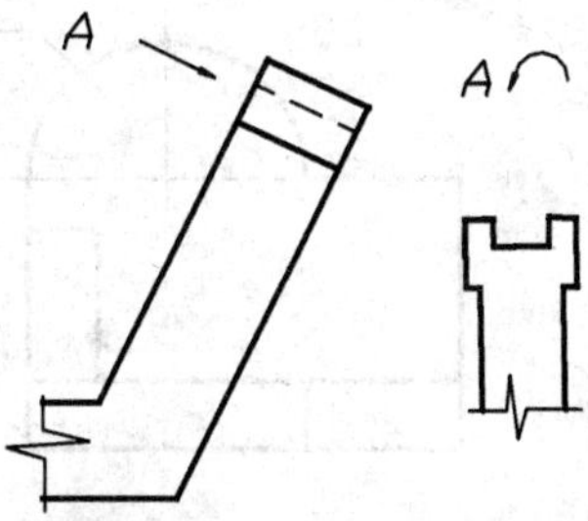

图 6 – 27　斜向视图表示法(二)

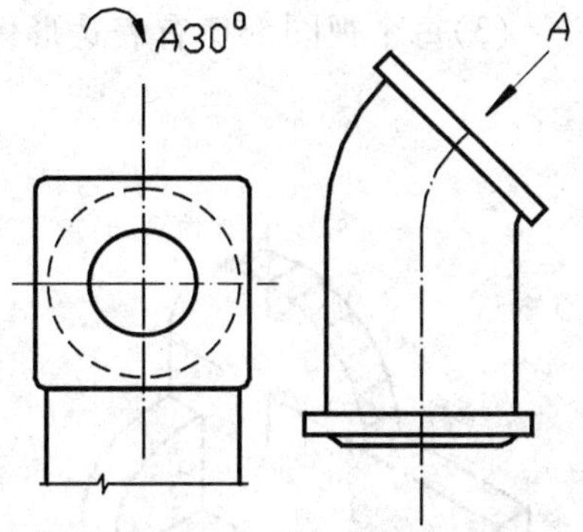

图 6 – 28　斜向视图表示法(三)

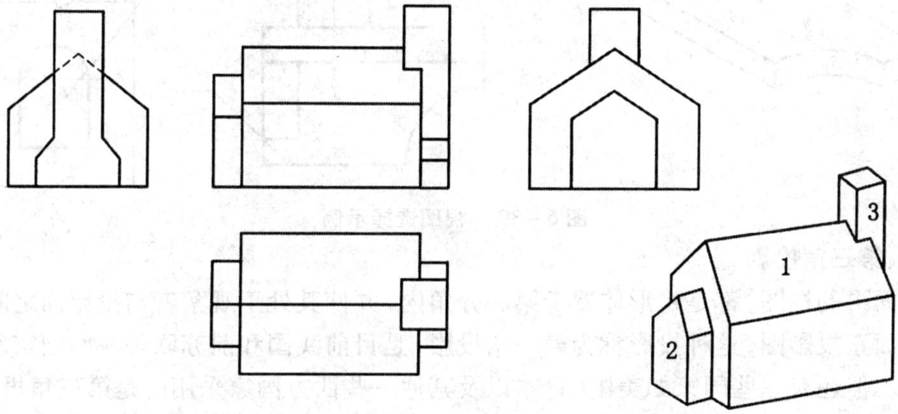

图 6 – 29　视图选择示例

图 6 – 29 所示形体是由三部分组合成的(见立体示意图)。现选择了正立面图、平面图、左侧立面图和右侧立面图来表达。正立面图和平面图主要表达三部分彼此之间的相对位置;左视图主要表达 1、2 两部分的形状特征;右侧立面图主要表达形体 3 的特征。

为了使视图清晰易读，视图中的次要虚线应不画。虚线省略的原则是：每个基本体必须有两个或两个以上的视图来表达（两个视图才能反映长、宽、高三个向度的大小），此时这个基本体在其他的视图上若其轮廓线是虚线，就可以省略。如图 6 – 29 的右视图本应有反映形体 2 特征的虚线，因其他三个视图已把形体 2 表达的足够清楚了，故虚线可省略不画。又如本例左视图中本应有反映形体 3 特征的虚线，因加画右视图后，形体 3 的特征已反映出，故此视图中的虚线省去不画。在右视图中有反映形体 1 特征的两段虚线，本来也可以略去不画，但为了增强表达效果，把它保留了。

视图选择的方案不是绝对的、惟一的，但选择得好可以取得易画易懂的效果。

图 6 – 30 所示组合体是由四部分组成的，见立体示意图。现选择前视图、俯视图、左视图和一个 *A* 向视图来表达。前视图和俯视图一方面显示了四部分彼此间的相对位置，另外前视图所反映出形体 1 的形状特征，俯视图反映出形体 2 的形状特征，形体 3 的特征在左视图上显示。由于形体 4 的特征还未表示清楚，需要加画视图，而 1、2、3 的形状特征和相对位置已经表示清楚，所以只加画了一个 *A* 向局部视图即可。

综合上例，视图选择的原则可概括为：

(1)视图应力求简练清晰;

(2)视图上应尽量减少虚线;

(3)每个视图都负有表达形体某一侧面特征的作用。

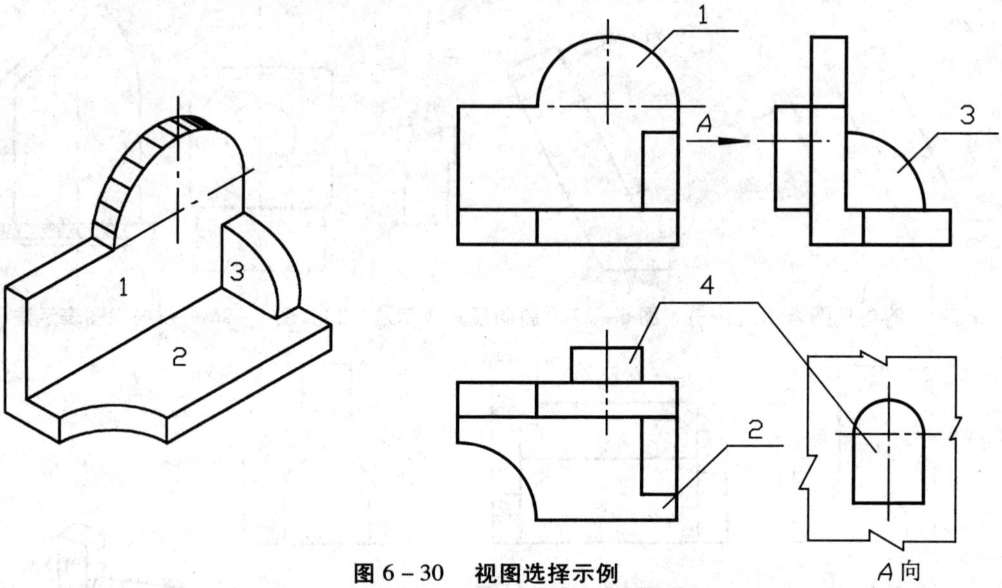

图 6-30　视图选择示例

三、第三角投影

前面讲的视图,都是将形体置于第一分角内,并使其处于观察者与投影面之间而得到的多面正投影图,这种投影称为第一角投影,是目前我国和前苏联等一些国家所采用的方法。但还有一些国家如美国、日本以及其他一些西方国家采用的是第三角投影,它是将物体置于第三分角内,并使投影面处于观察者与形体之间而得到的多面正投影,如图 6-31 所示。

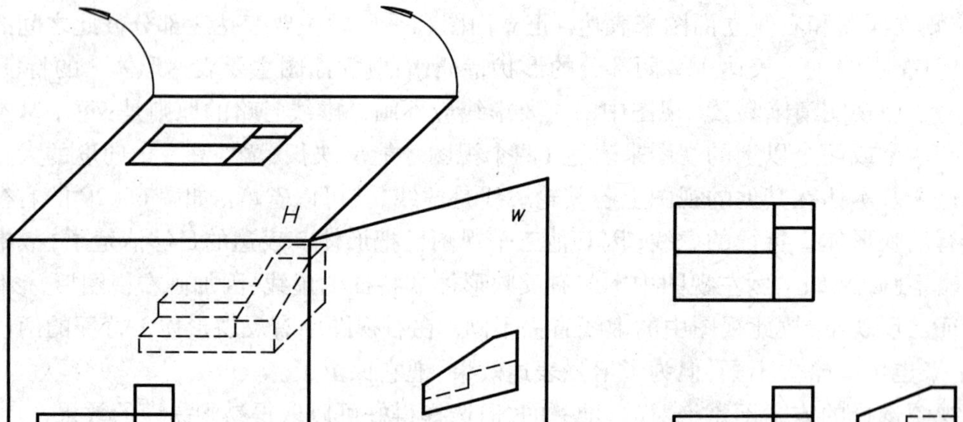

图 6-31　第三角投影

第三角投影法和第一角投影法主要的不同点如下。

(1)投影面与形体的相对位置不同。

第一角投影是:观察者—形体—投影面。

第三角投影是: 观察者—投影面—形体。

对第一角投影来说 V、H、W 面分别在形体的后方、下方和右方,而对第三角投影来说 V、H、W 面则分别在形体的前方、上方和右方,见图 6-31(a)。

(2) 由于投影面与形体相对位置的不同, 第一角投影的投影线先过形体上各特征点,然后到达投影面上得到各特征点的投影。第三角投影的投影线先透过投影面,然后才到达形体上的各特征点,形体各特征的投影仍然是各投影线与投影面的交点。

(3) 第三角投影的各投影面展开方法如图 6-31(a) 所示, 展开后各视图布置如图 6-31(b)所示,其视图布置与第一角投影有所不同。

第一角投影法中,H 投影在 V 投影的下方,W 投影在 V 投影的右方,表达的是形体的左侧面;第三角投影法中,H 投影在 V 投影的上方, W 投影在 V 投影的右方,但表达的是形体的右侧面。

在列举了第一角投影与第三角投影的不同点后需要指出, 第一角投影法的所有投影特性和投影规律对第三角投影法都适用,二者在投影原理上完全一样。

在国际标准中,为区别第一角和第三角投影,规定了两种画法识别符号,画在图样的图框内。图 6-32(a)示出第一角投影识别符号,图 6-32(b)示出第三角投影识别符号。

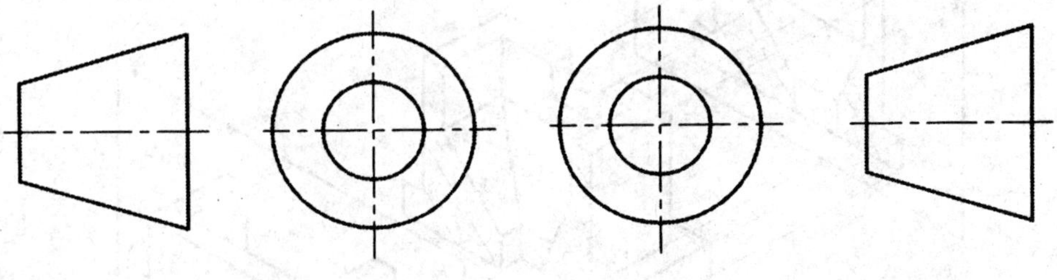

(a)第一角画法符号　　(b)第三角画法符号

图 6-32　第一角画法和第三角画法识别符号

第四节　剖视图、断面图

一、剖视图

(一)剖视图的形成

表达组合体一般是画三视图,因为三视图多数情况下已能惟一地确定形体,但是形体内部的结构及被遮挡的部分外形却需用虚线画出,而虚线多了给读图带来困难。如图 6-33(a) 为一形体的三视图, 正立面图和左侧立面图出现了内部虚线。为解决这个问题,可假想用剖切面剖开形体,将处在观察者和剖切面之间的部分移去而将其余部分向投影面投射所得视图,称为剖视图,简称剖视。如图 6-34 所示,假想用平面 P 将形体沿前后对称面切开,移去平面 P 前面的部分,将剩余部分向 V 面作投影,就得到了形体的 V 面剖视图(见图 6-35 的正立面图)。在剖视图上形体内部形状变为可见,原来不可见的虚线画成实线, 为了分清楚剖切面与形体的接触部分 (称为剖面区域) 以及未接触的部分，在剖面区域内画上通用剖面线(45°细斜线)。

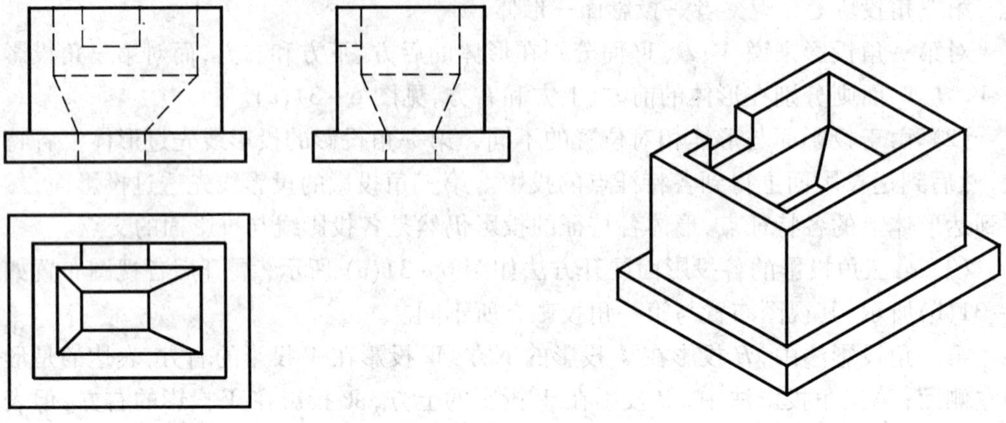

(a) (b)

图 6－33 三视图及轴测图

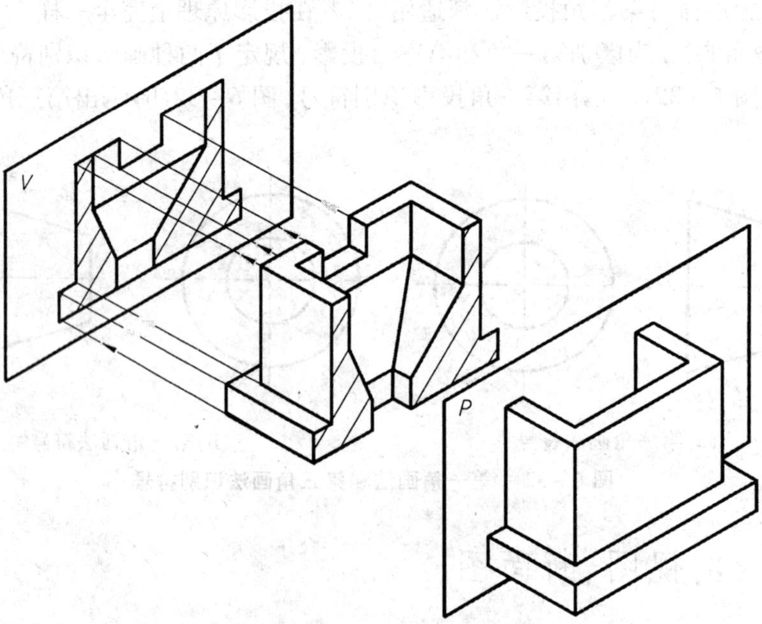

图 6－34 剖视图的形成

(二)剖视图的画法

以图 6－33 形体为例，将正立面图画为剖视图。

(1)画形体的视图，如图 6－33。

(2)确定剖切平面的位置。要将正立面图画成剖视图，剖切平面应平行于正立投影面，且尽量通过形体的孔、槽、洞的中心线，如图 6－35 所示。如果将水平投影和侧面投影画成剖视图，剖切平面应分别平行相应投影面。

(3)画出形体被剖切面 P 剖开后投影得到的所有部分。如图 6－36(a)所示，剖视图中一般不画不可见轮廓线，只有当可以省略一个视图而又不影响图形清晰的情况下，才画出必要的虚线。如图 6－37 形体台阶的高度，因省略了侧立面图，在正立面剖视图中以虚线表示出来。

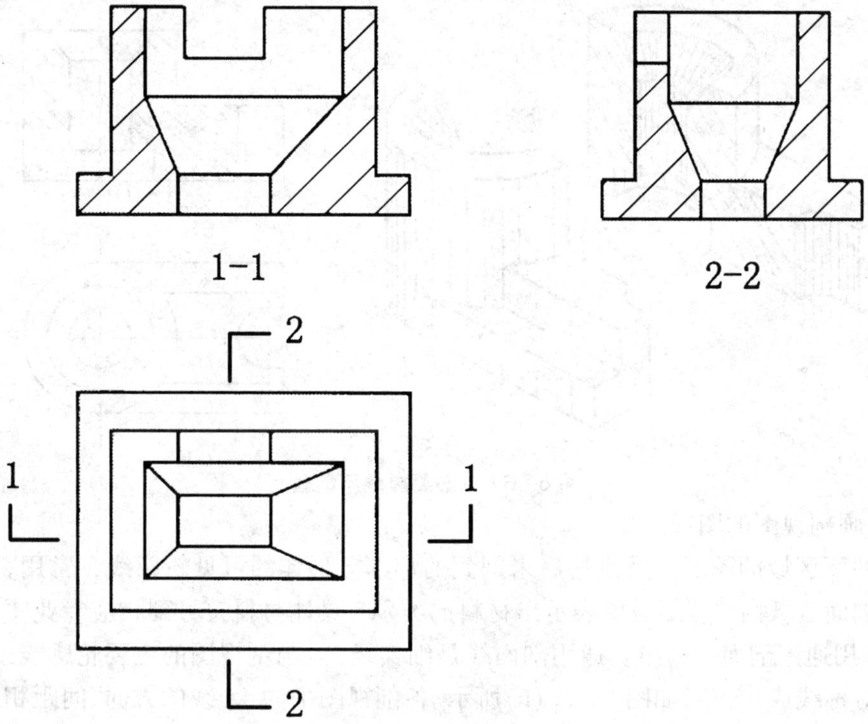

图 6－35　剖视图

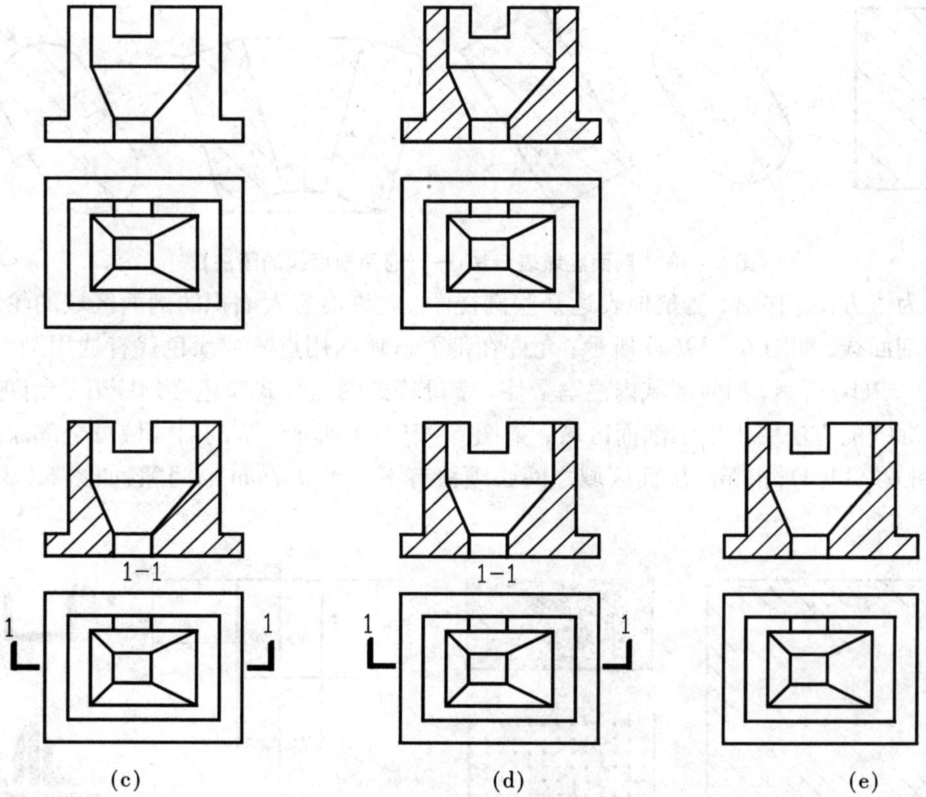

图 6－36　画剖视图的步骤

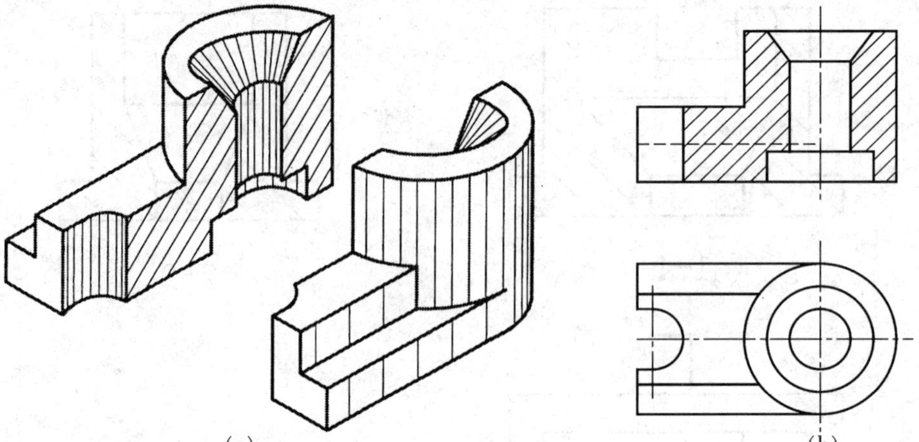

图 6-37 必要虚线不能省

(4)画剖视图的图线。

①剖面区域的轮廓线及剖切后未剖到的那部分形体的可见轮廓线，常用粗实线画出。在剖面区域内，若不需要表示出材料的类别（具体材料符号到相应专业图中选用）时，可采用通用剖面线画出。通用剖面线是细实线，且与剖视图的主要轮廓线或剖面区域内的对称线成 45°角，如图 6-36(b)所示。各剖视图中的 45°线的方向、间距相等，如图 6-38 所示。

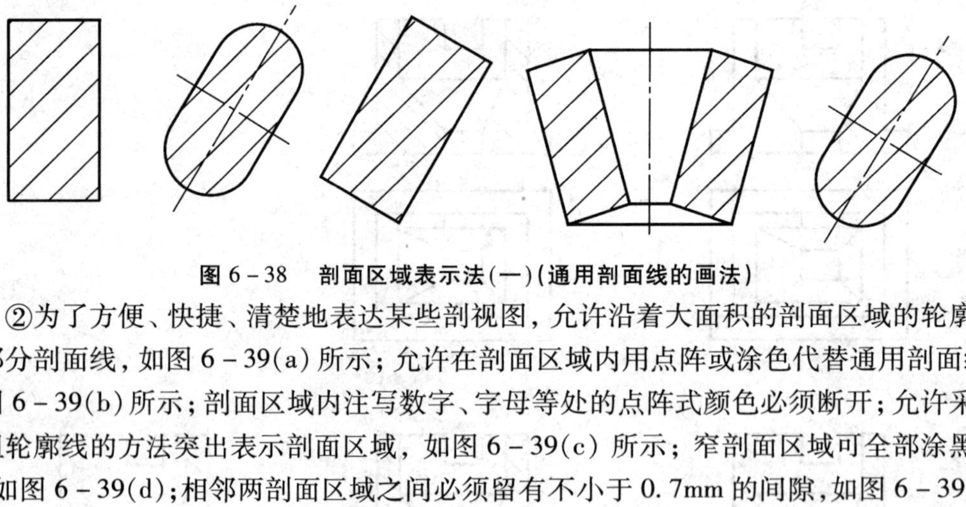

图 6-38 剖面区域表示法(一)(通用剖面线的画法)

②为了方便、快捷、清楚地表达某些剖视图，允许沿着大面积的剖面区域的轮廓画出部分剖面线，如图 6-39(a) 所示；允许在剖面区域内用点阵或涂色代替通用剖面线，如图 6-39(b) 所示；剖面区域内注写数字、字母等处的点阵式颜色必须断开；允许采用加粗轮廓线的方法突出表示剖面区域，如图 6-39(c) 所示；窄剖面区域可全部涂黑表示，如图 6-39(d)；相邻两剖面区域之间必须留有不小于 0.7mm 的间隙，如图 6-39(e) 所示。

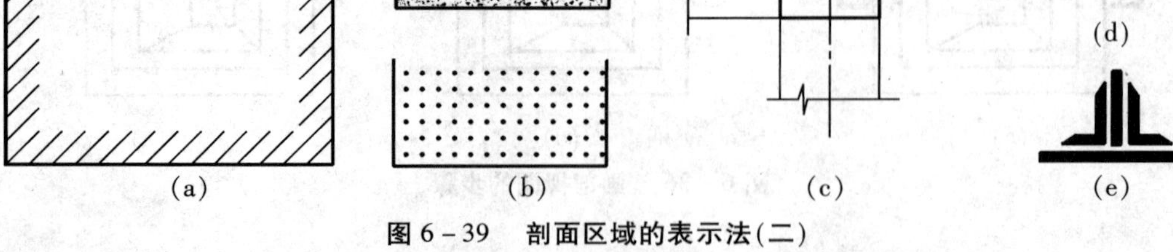

图 6-39 剖面区域的表示法(二)

(5)剖视图的标注。

①一般应标注剖视图的名称“×—×”(×为大写字母或阿拉伯数字)。在相应的视图上用剖切符号表示剖切位置和投射方向,并标注相同的字母,如图 6－36(c)。

剖切符号表示指示剖切面起迄和转折位置(用 6～10mm 长的粗短画表示)及投射方向(用箭头或粗短画表示)的符号。剖切符号不得与形体轮廓线接触,如图 6－36(c)所示。

②表示剖切位置的剖切线用细单点长划线表示、剖切符号和字母的组合标注,如图 6－40(a)所示,以突出其剖切部位。剖切线也可省略不画,如图 6－40(b)所示。

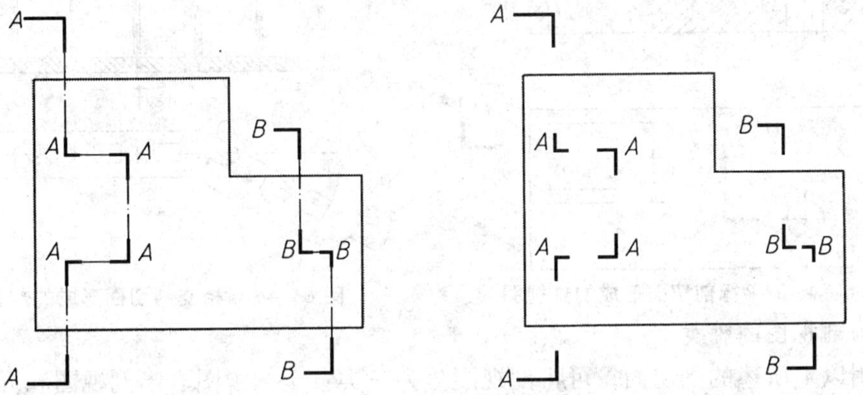

(a)　　(b)

图 6－40　剖切线的表示方法

③当剖切平面与形体的对称平面重合、剖视图按基本视图关系配置,则可以不必标注剖切符号及剖视图名称,如图 6－36(e)所示。

(6)校核无误后,描深,如图 6－36(d)所示。

(三)画剖视图应注意的几点

(1)由于剖视图的剖切是假想的,所以除对取剖视的视图外,其他视图仍应完整画出,而且也不影响其他视图取剖,如图 6－41 所示。

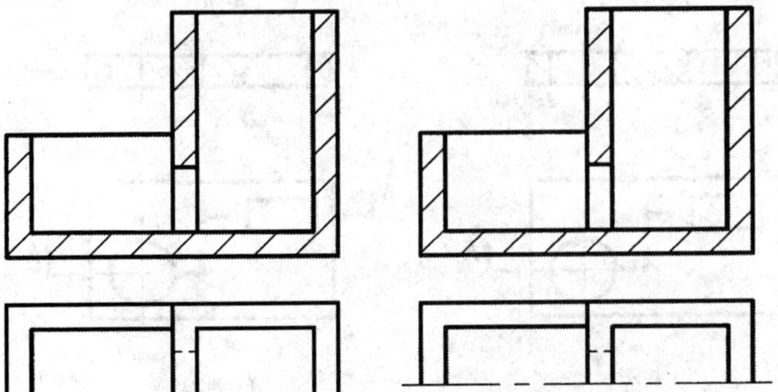

(a)正确　　(b)错误

图 6－41　剖视图的正确画法及错误画法

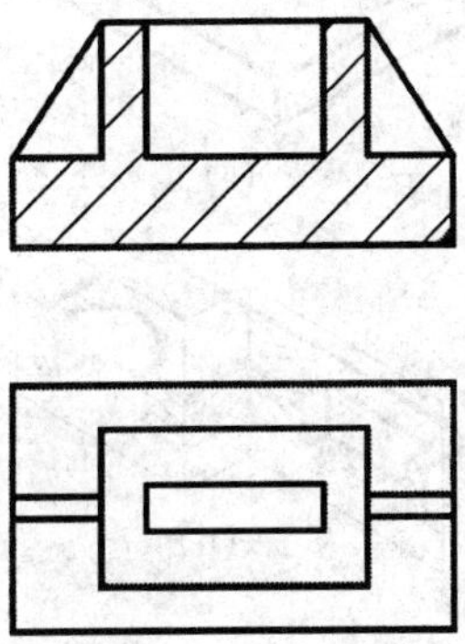

图 6－42　肋的表示法

(2) 当剖切平面通过支撑板及轮辐窄面的纵向对称轴时，该部分按不剖绘制，如图 6－42 中正面剖视图，基础的加劲肋按不剖绘制。

（四）剖切面的种类

根据形体的结构特点，可选择以下剖切面剖开形体。

(1)单一剖切面，如图 6－36(d)所示。

(2)几个平行的剖切平面，如图 6－43 所示。

(3)几个相交的剖切面(交线垂直于某一投影面)，如图 6－44 所示。

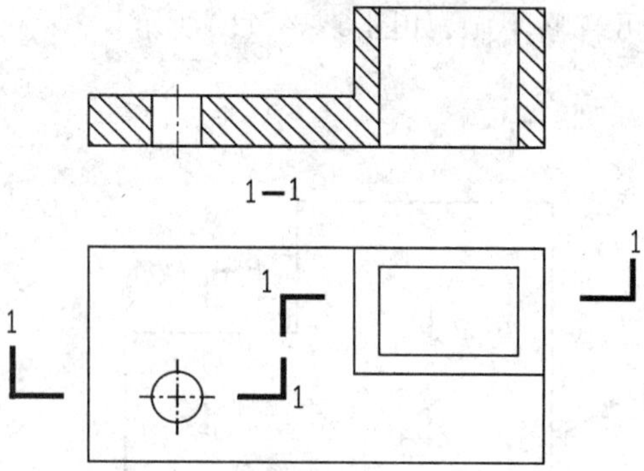

图 6－43 平行剖切面形成的剖视图

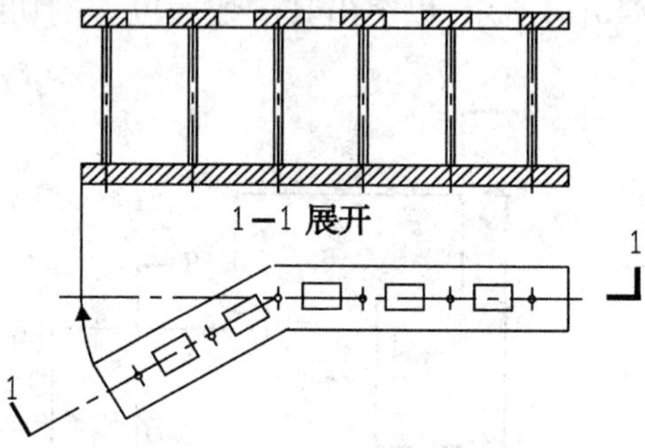

图 6－44 相交剖切面形成的剖视图

（五）剖视图的种类

选用以上所述的剖切面，可将剖视图分为三类：全剖视图、半剖视图和局部剖视图。

1. 全剖视图

用剖切面将形体完全剖切所得到的剖视图，称为全剖视图，如图 6－35 所示的剖视图 1－1、图 2－2 及图 6－42 所示的正立面剖视图等都属于全剖视图。

(1)单一剖切面全剖形体。

当形体的内部形状复杂且不对称时，常用这种方式表达形体，如图 6－36(d) 所示。

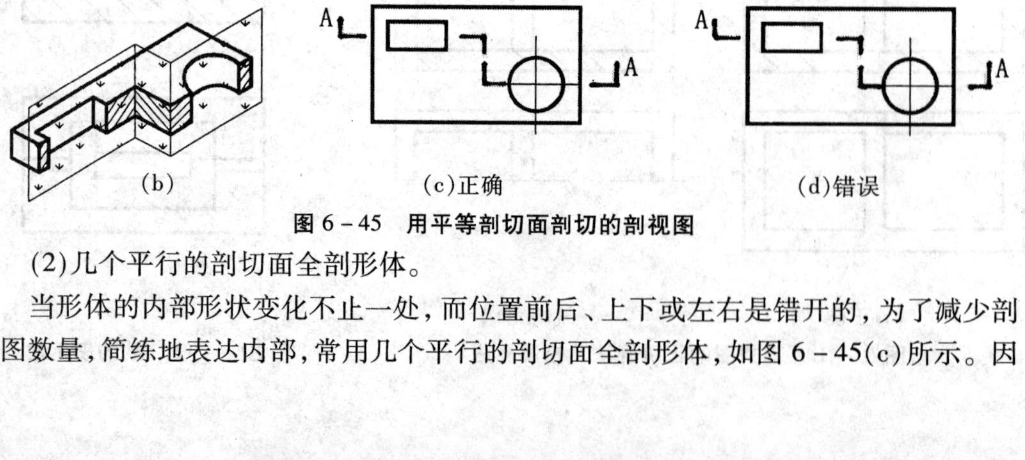

图 6－45 用平等剖切面剖切的剖视图

(2)几个平行的剖切面全剖形体。

当形体的内部形状变化不止一处，而位置前后、上下或左右是错开的，为了减少剖视图数量，简练地表达内部，常用几个平行的剖切面全剖形体，如图 6－45(c)所示。因为剖切是假想的，所以两个剖切平面的转折处不能画出分界线，如图 6－45(d)是错误的画法。但要注意的是，在剖视图上不应出现不完整的孔洞等元素，如图 6－46(a)所示。只有当两个元素在图形上具有公共对称中心线或轴线时，才可以对称中心线或轴线为界各画一半，如图 6－46(b)所示。

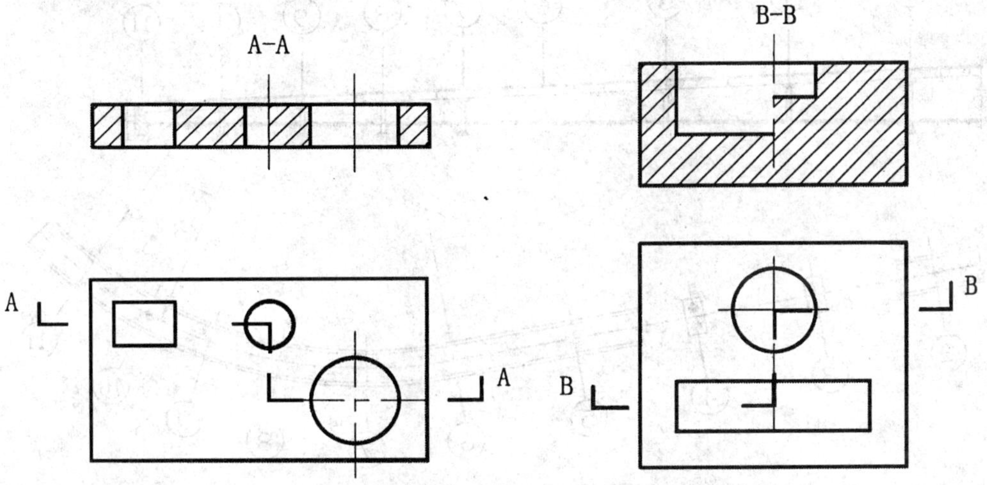

(a)错误　　(b)正确

图 6－46　用平行剖切面剖切的剖视图

(3)几个相交的剖切面全剖形体。

当形体有明显的回转轴时，常用这种方式来表达内部形状，如图 6－47 所示。采用这种方法画剖视图时，先假想按剖切位置剖开形体，然后将被剖切平面剖切到的结构旋转到与选定的投影面平行再进行投影，在剖切平面之后的其他结构形状一般仍按原来的位置投射，如图 6－47 中圆孔投影不受旋转剖影响。

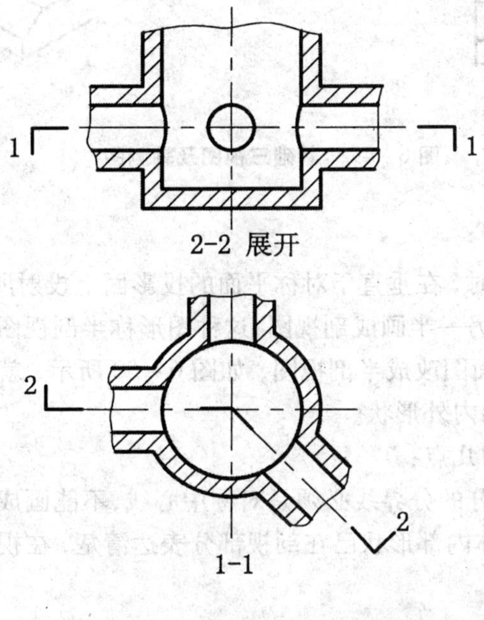

图 6－47　用相交剖切面剖切的剖视图

还有一种常用的剖视图，即剖切面是用曲面（可看作由无限个相交平面组合而成的)或平面与曲面组合而成的,它是沿着构件的中线剖切,然后把剖切面展平(拉直),使它平行基本投影面并进行投影,这样得到的剖视图叫展开剖视图。图 6-48 所示为一弯道桥,桥的平面图为直线和圆弧合成的图形,它的纵剖面是展平画出来的。

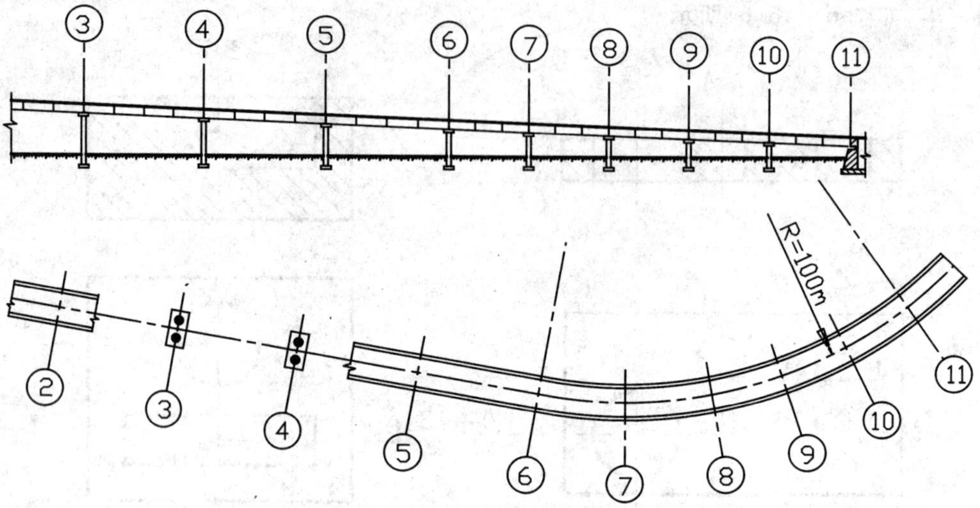

图 6-48 弯桥的展开剖面图

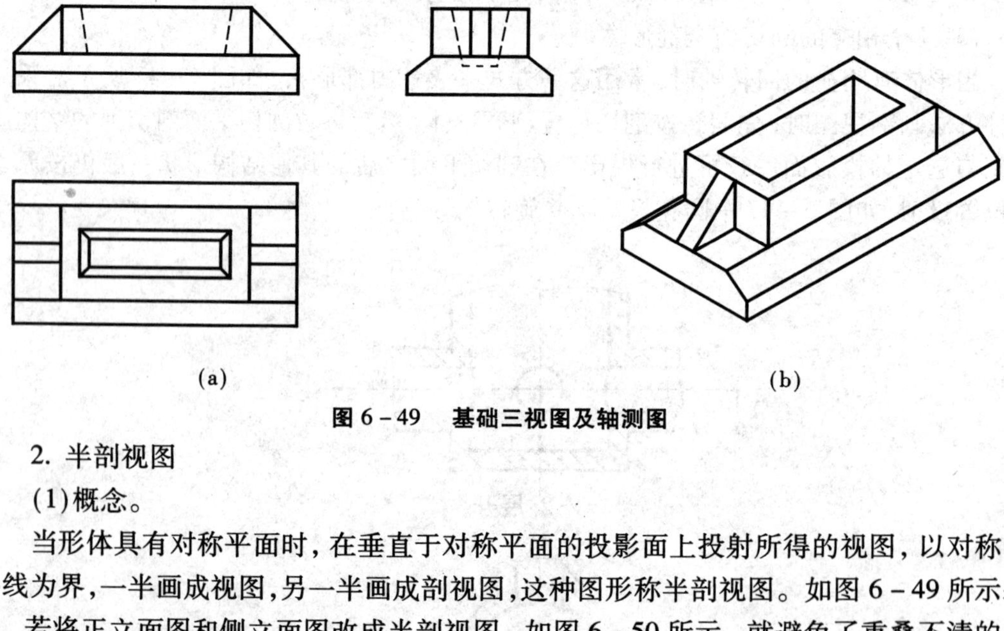

图 6-49 基础三视图及轴测图

2. 半剖视图

(1)概念。

当形体具有对称平面时,在垂直于对称平面的投影面上投射所得的视图,以对称中心线为界,一半画成视图,另一半画成剖视图,这种图形称半剖视图。如图 6-49 所示基础,若将正立面图和侧立面图改成半剖视图,如图 6-50 所示,就避免了重叠不清的虚线,并清楚地表达了基础的内外形状。

(2)半剖视图应注意的几点:

①剖视部分与视图部分的分界线必须是对称中心线,不能画成其他图线;

②由于形体对称,形体内部形状已在剖视部分表达清楚,在视图部分的虚线可省略不画,只画外形线;

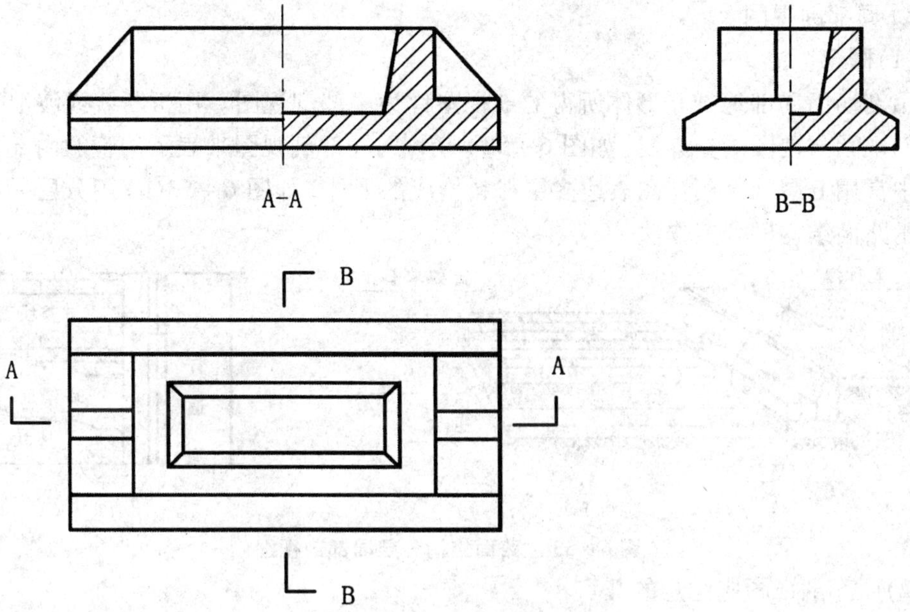

图 6-50　基础半剖视图

③半剖视图中剖视图的位置：当图形左右对称时，左边画外形，右边画剖视；当图形前、后对称时，后边画外形，前边画剖视，如图 6-51 所示。

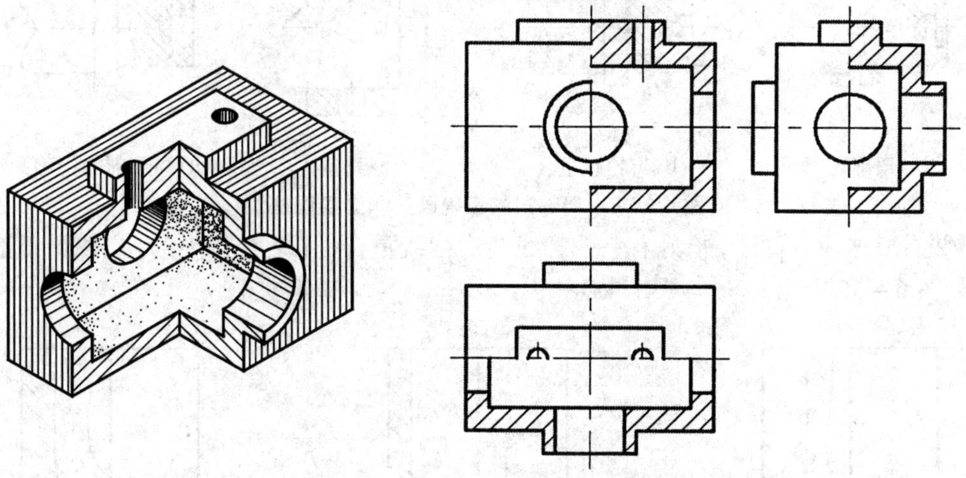

图 6-51　半剖视图中剖视图的位置

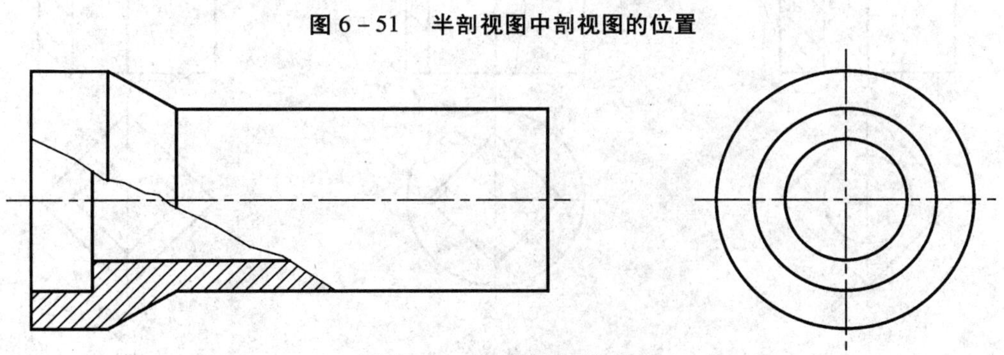

图 6-52　沟管局部剖视图

3. 局部剖视图

(1)概念。

用剖切面局部地剖开形体所得的剖视图称为局部剖视图。用折断线或波浪线作为局部剖视图与视图的分界线。如图 6－52 所示,用局部剖视图来表示沟管的内部构造。工程中常用分层局部剖视图表达多层材料构成的形体,如图 6－53(b) 用分层局部剖视图表示路面结构的分层作法。

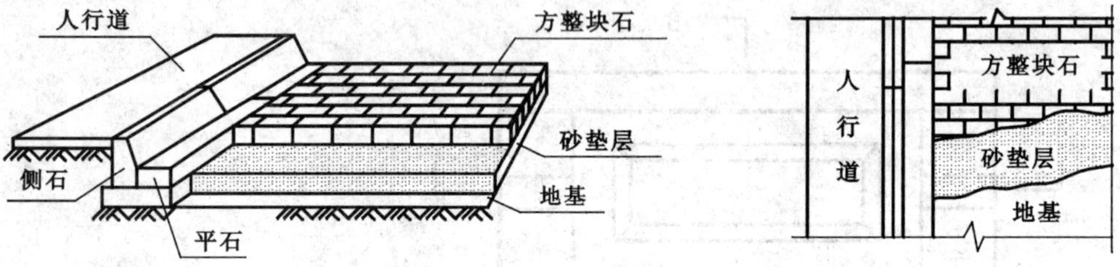

图 6－53　路面结构分层局部剖视图

(2)局部剖视图应注意的几点:

①波浪线是假想断裂面的投影,只能画在形体表面的实体部分,不能超过图轮廓,也不能“悬空”,波浪线不要与轮廓线重合,如图 6－54 所示;

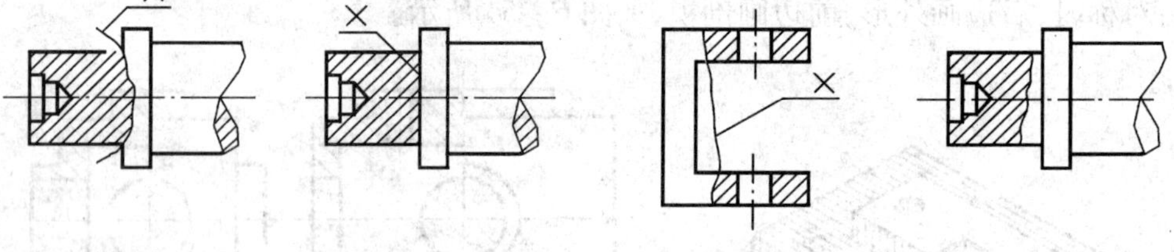

图 6－54　局部剖的正确画法和错误画法

②当形体为对称形,恰好有一轮廓线与对称线重合,不适合作半剖,应取局部剖视图,如图 6－55 所示。

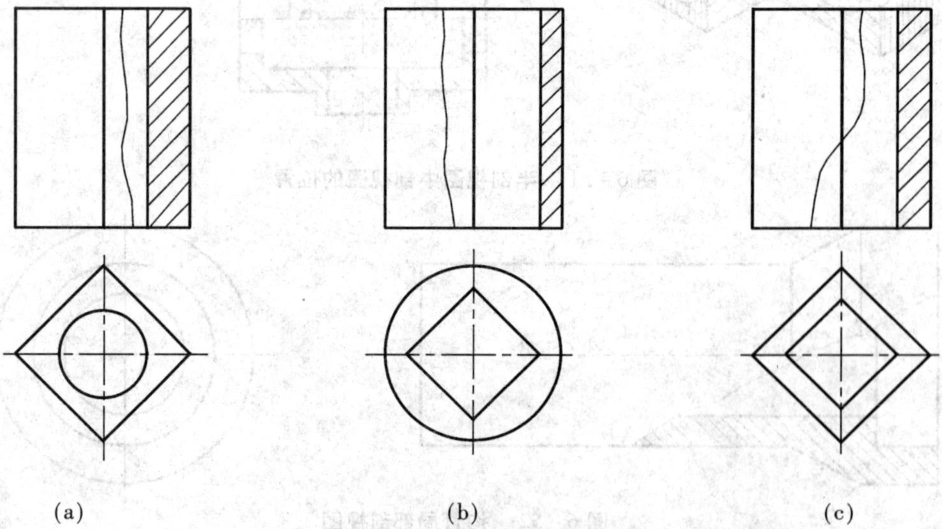

图 6－55　中心线和轮廓线重合的局部剖视图

（六）轴测投影的剖切画法

为了帮助理解形体的内外结构情况，在作剖视图的过程中常常要勾画轴测图，如图 6－34、图 6－37、图 6－51 所示，根据需要选定剖切位置，一般用平行于坐标面的剖切平面切割形体。画出形体被剖切后的断面轮廓线，擦去多余的图线，补画出由于剖切而为可见的图线，并在剖面区域内画上通用剖面线，从而得到物体被剖切后的轴测投影，如图 6－56 所示。剖面部分的通用剖面线的倾角及间距，则依轴测投影的种类不同而不同，如图 6－56(f)所示。

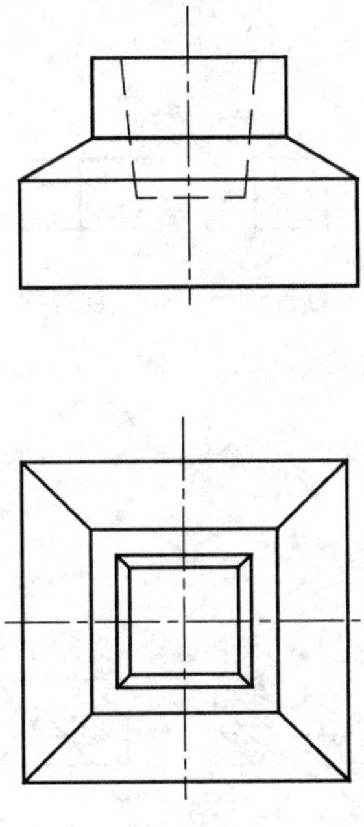

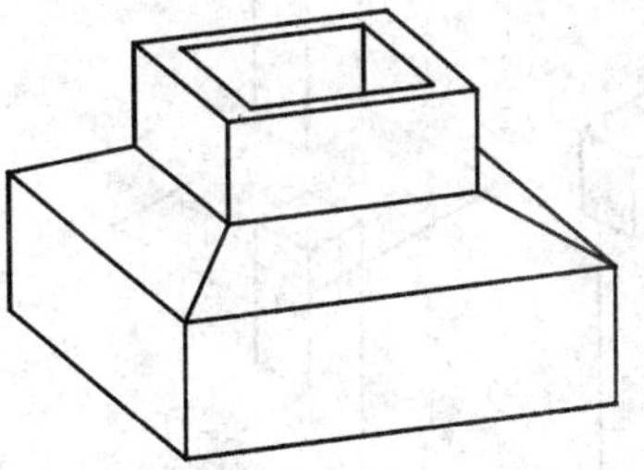

(b)选定轴测投影的类型（正二测）

(a)杯形基础的正投影图

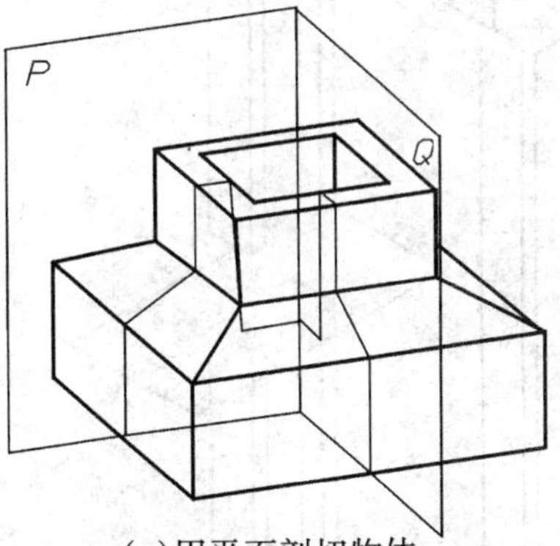

(c)用平面剖切物体

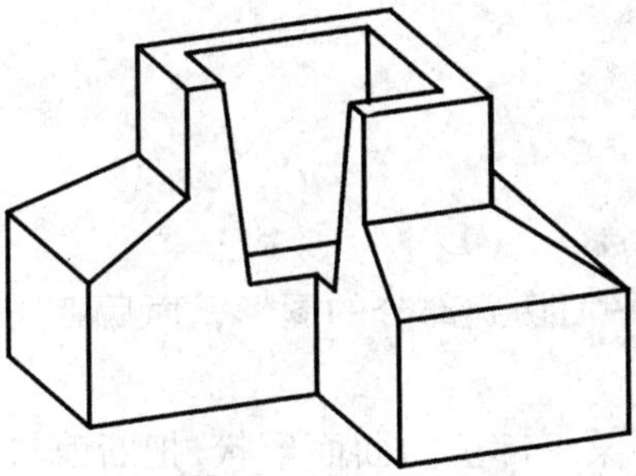

(d)画出物体被剖切的断面和看到的轮廓线

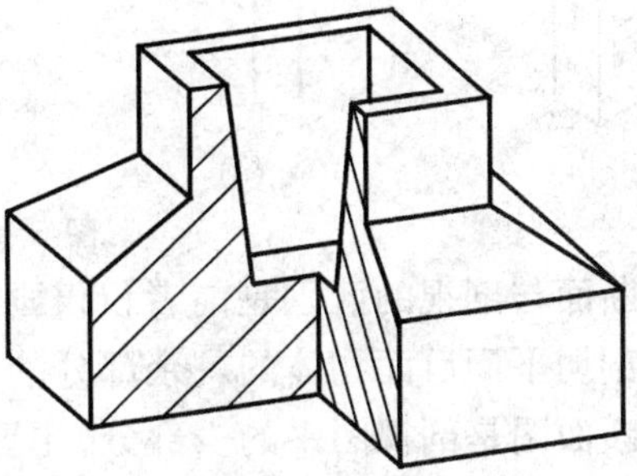

(e)加深断面轮廓线，按轴测投影的类型画上剖面线

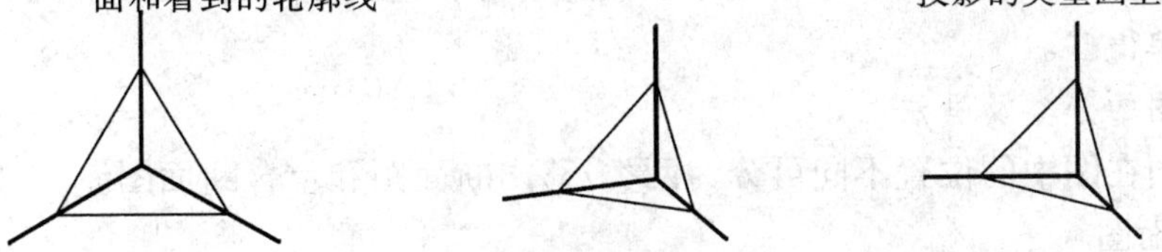

正等测　正二测　正面斜二测

(f)不同轴测投影的剖面线方向

图 6－56　轴测投影的剖切画法

二、断面图

(一)断面图的形成

假想用剖切面将形体的某处切断，仅画出该剖切面与形体接触部分的图形叫断面图,也可简称断面,如图 6-57 所示。

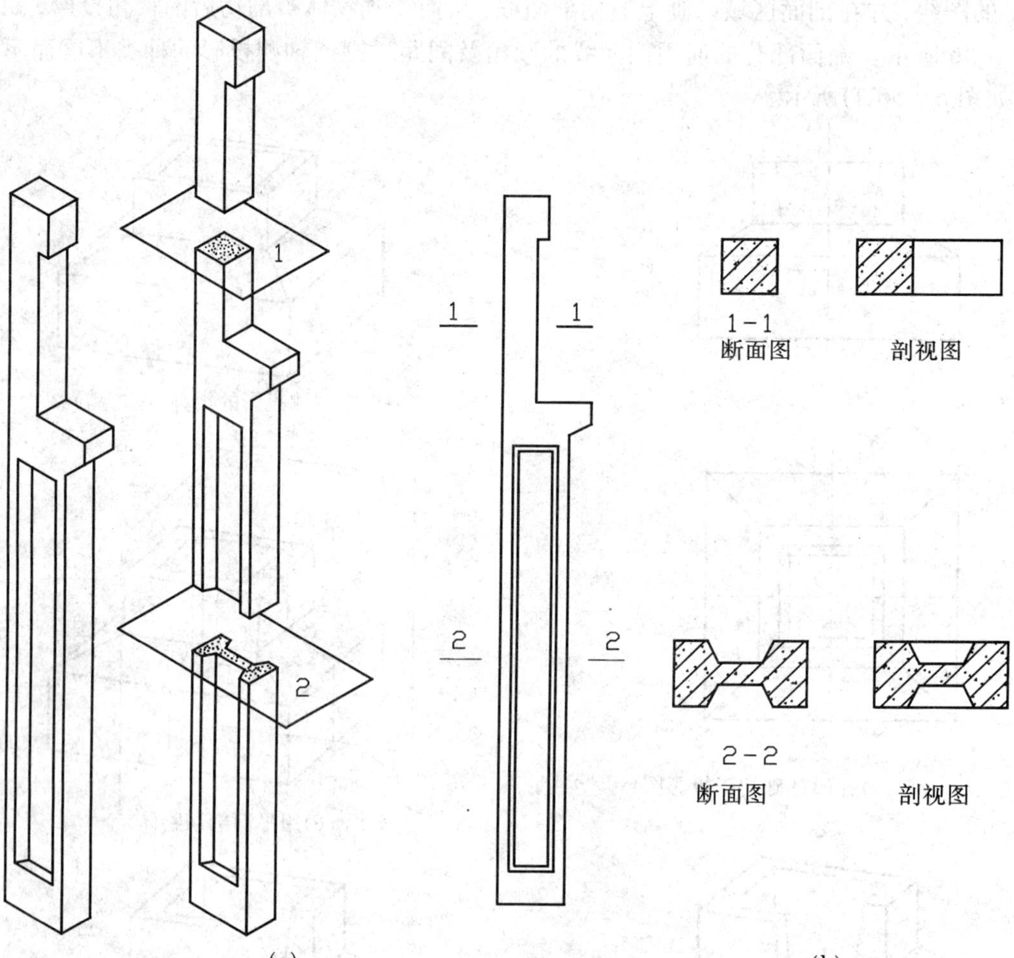

(a) (b)

图 6-57 断面图的形成

断面与剖视的区别是前者仅仅画出物体被剖切平面切到部分的图形，而后者还需画出剖切平面后面物体的剩余部分的投影。

断面图是剖视图中的一部分,主要用于表示形体某一部位的断面形状,把断面与视图结合起来表示某些形体时,可使绘图大为简化。如图 6-58 所示的挡土墙,用一个主视图和四个部位的断面图就足以把它的形状表达清楚，这比用三面视图或加剖视图表示要清楚和简单得多。

(二)断面图的分类及画法

根据断面图在图中的位置不同可分为两类:移出断面图和重合断面图。

1. 移出断面图

如图 6-59 所示,画在视图之外的断面,称为移出断面图。画移出断面图应注意:移出断面轮廓线用粗实线绘制，配置在剖切线的延长线上（如图 6-59）或其他适当的位置；形体较长而且断面形状相同的也可以把断面放在视图中间断开处，如图 6－60；由两个或多个相交的剖切平面剖切形体所得出的移出断面，中间一般应断开，剖切线（用细单点划线指示剖切面位置的线）应与形体外轮廓线垂直，如图 6－61 所示。

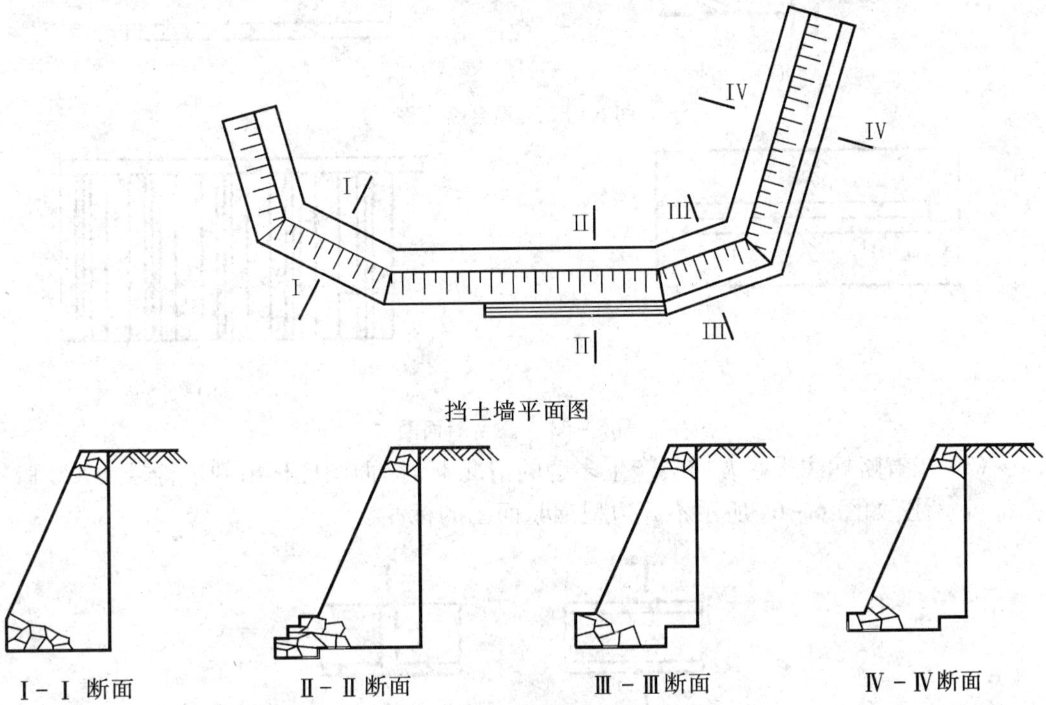

图 6－58　挡土墙的移出断面图

2. 重合断面图

如图 6－62 所示，重合画在视图之内的断面图，称为重合断面图。重合断面轮廓线用实线（通常机械类制图用细实线），如图 6－62(a) 所示；建筑类制图用粗实线，如图 6－62(b) 所示绘出。当视图中的轮廓线与重合断面的图形重叠时，视图中的轮廓线仍应连续画出，不可间断，如图 6－62(b) 所示。如重合断面的轮廓线不画成封闭图形时，只须沿轮廓线画出部分剖面线，如图 6－63 所示，图 (a) 表示出厂房天窗的高向布置，图 (b) 表示出墙壁立面上花纹线脚的起伏形状。

3. 断面图的标注

(1) 一般移出断面图同剖视图标注一样，如图 6－57 所示。当移出断面配置在剖切线上，且不标注投影方向不会产生多解时，可只画剖切线，其余标注都省略，如图 6－59、图 6－60、图 6－61 所示。

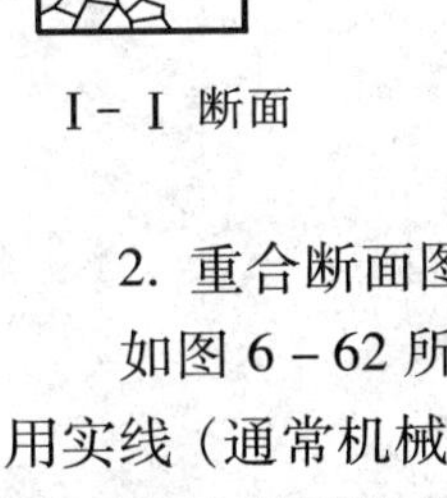

图 6－59　移出断面图

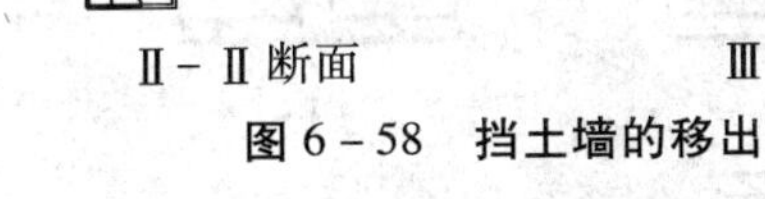

图 6－60　断面在视图断开处

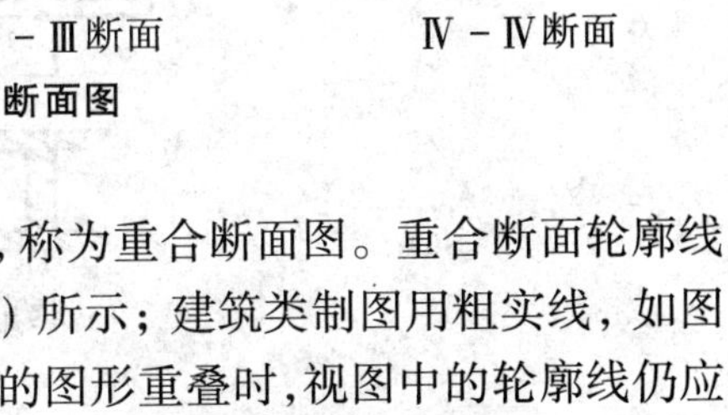

图 6－61　移出断面图

(2)重合断面图一般不需要标注,如图 6－62、图 6－63 所示。

(a)　　　　　　　　　　　　(b)

图 6－62　重合断面图

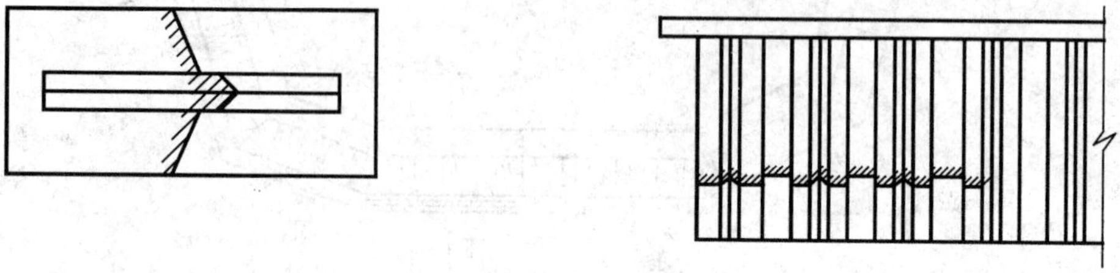

(a)　　　　　　　　　　　　(b)

图 6－63　重合断面图

(3) 在省略标注投影方向会产生多解的情况下，断面图应标出剖切符号，字母和名称都可不注,如图 6－64 所示不等边型钢断面图的标注。

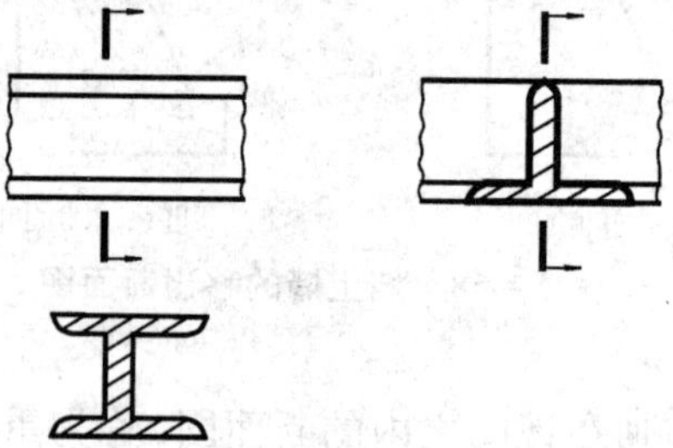

(a)移出剖　　　　(b)重合剖

图 6－64　断面图

三、综合应用举例

为了正确、完整、清晰地将形体的内外形状通过所选择的一组图形表达出来，需根据形体的内外形状特征、复杂程度,合理地选用各种表达方法,经过分析比较,最后拟定出一个内容全面、视图简练和清楚的表达方案。

下面通过例题,讨论视图的表达方案。

例 8. 试用剖视图、断面图表达图 6－65 所示形体。

该形体主要由竖井、长方形箱体、拱型箱体三部分组成,三者构成一个有轴形体。经分析，其表达方案由两个基本视图，配以相交剖切面剖视、平行剖切面剖视及断面图组成。前视图取 $A-A$ 相交剖切面剖视，表达内部形状及三部分之间在长、高方位上的相对位置。俯视图取 $B-B$ 平行剖切面剖视，表达内部形状及三者之间在长、宽方位上的相对位置。两个箱体的断面形状还未表达清楚，再取 $C-C$、$D-D$ 断面，进一步确定断面形状。

由上述两例可见，形体的复杂程度不同，选用的表达方法不同，组成的表达方案也不同。在每一方案中，既要注意使每个视图、剖视图及断面图等具有明确的表达内容，又要注意彼此之间的相互联系和分工，这些是需要通过实践逐步培养的一种综合表达能力。

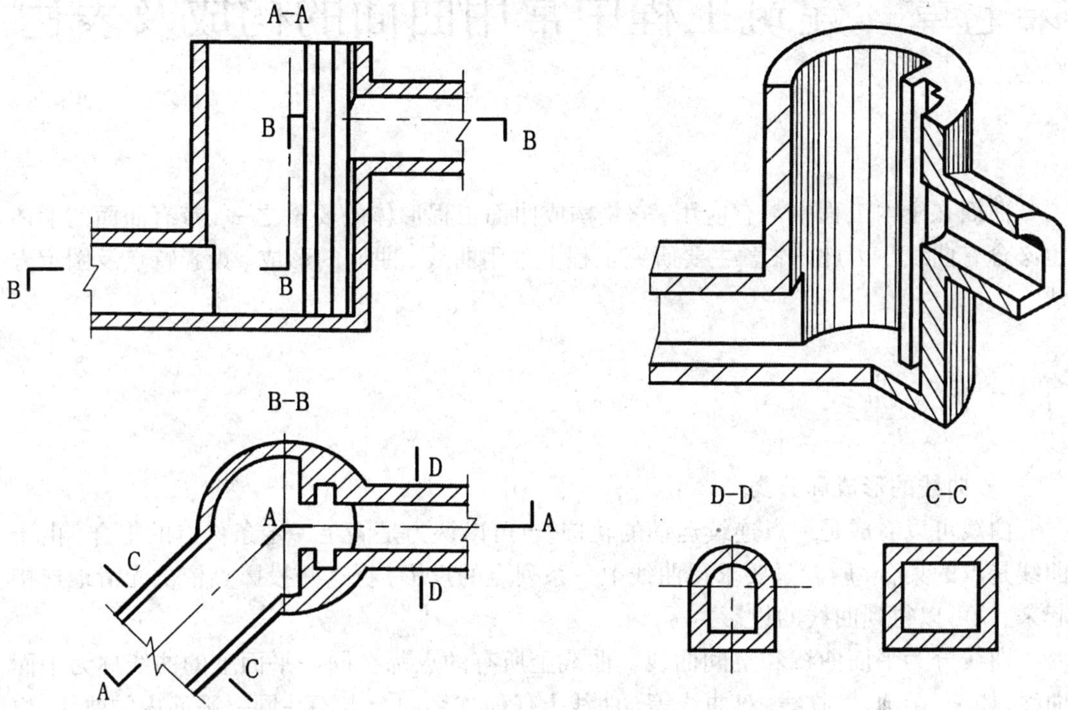

图 6－65　综合应用举例 2

第七章　建筑工程中常用曲面的构成及表达

曲面在土木工程中常有应用，它是构成曲面工程形体的要素之一，带有曲面的形体也必含有曲线。因此，本章主要研究工程上常用曲线、曲面的形成、投影特点及图示方法。

第一节　曲线

一、曲线的形成和分类

曲线可以看成是一点连续运动的轨迹，也可以认为是满足一定条件点的集合。由于曲线是点的集合，所以只要求得曲线上一系列点的投影，将这些投影点依次光滑地连接起来，就可以得到曲线的投影。

曲线分为平面曲线和空间曲线。曲线上所有的点都在同一平面上的曲线称为平面曲线，如圆、椭圆、抛物线、双曲线等。曲线上任何连续四个点不在同一平面内的曲线，称为空间曲线，如圆柱螺旋线。

二、平面曲线

(一)平面曲线的投影特点

平面曲线依据其所在平面与投影面的相对位置，分为三种情况。

(1)当曲线所在平面与投影面平行时，曲线在该投影面上的投影反映实形，见图 7－1(a)。

(2) 当曲线所在平面与投影面垂直时，曲线在该投影面上的投影成一直线段，见图 7－1(b)。

(3) 当曲线所在平面与投影面倾斜时，曲线在该投影面上的投影仍是曲线，但不反映曲线的实形，见图 7－1(c)。

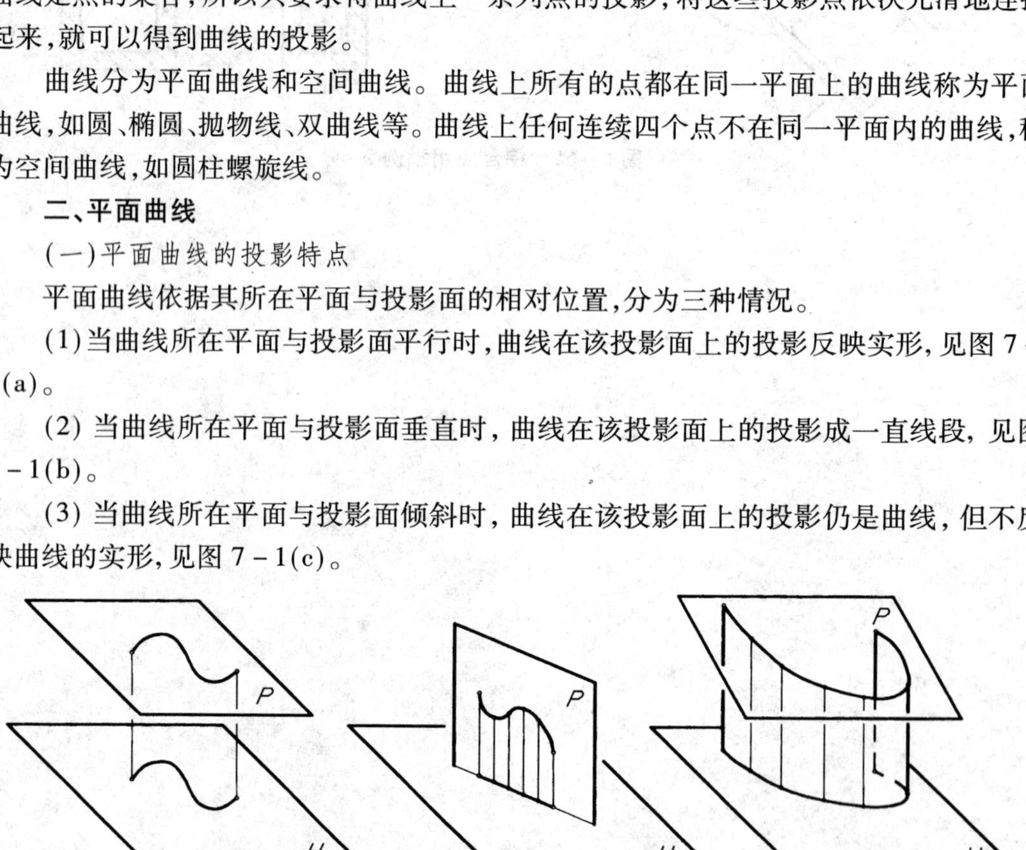

(a)平面曲线平行 *H* 面　(b)平面曲线垂直 *H* 面　(c)平面曲线倾斜于 *H* 面

图 7－1　平面曲线的投影

(二)圆的投影

圆是最常见的平面曲线，其投影有下述三种情况。

(1) 圆所在的平面为投影面平行面时，在其平行的投影面上的投影反映圆的实形，另两个投影均为直线段。

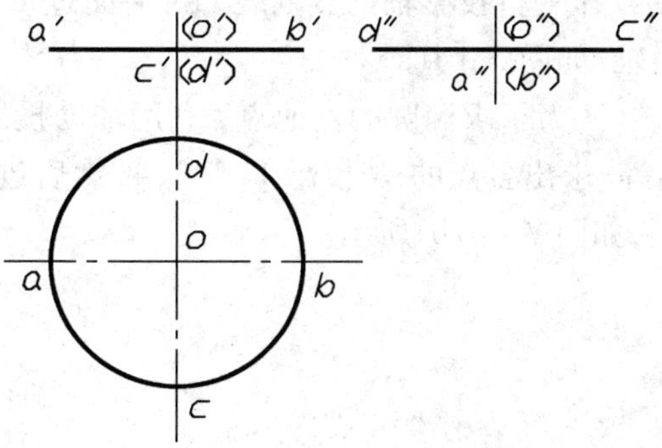

图 7－2　平行 H 面圆的投影

图 7－2 是圆所在平面为水平面时的三面投影，圆的 H 投影是与空间圆一样大小的圆，V、W 投影都是水平的投影线段，长度均等于圆直径。在圆的实形投影中，通常画有互相垂直的点划线，作为圆的对称中心线。A、B 是圆的侧垂直径的两个端点，也是圆周上的最左点和最右点，C、D 是圆的正垂直径的两个端点，也是圆周上的最前点和最后点。

(2) 当圆所在平面为投影面垂直面时，在其垂直的投影面上的投影为倾斜的直线段，另两个投影均为椭圆。

图 7－3 是圆所在平面为侧垂面时的三面投影，倾斜侧投影长等于圆直径，也是圆的侧平直径 CD 的实长。侧平直径倾斜于 V、H 面，为投影椭圆的短轴；侧垂直径 AB 平行于 V、H 面，为投影椭圆的长轴(反映 AB 的实长)。

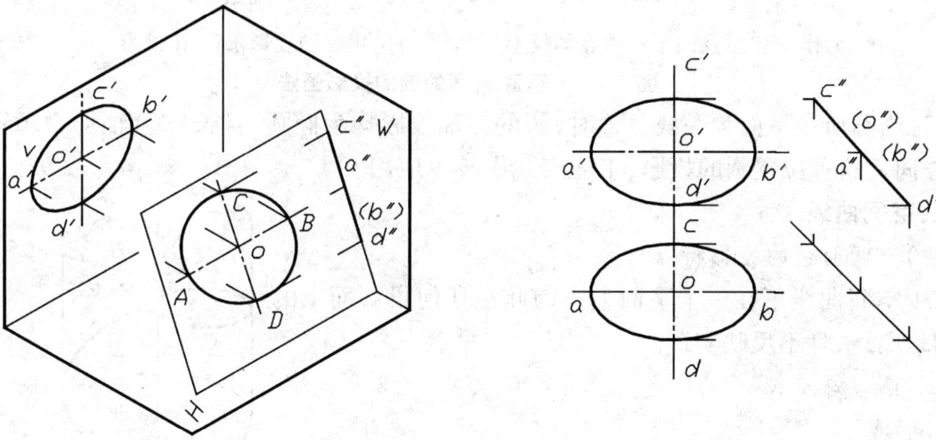

(a)空间状况　(b)投影图

图 7－3　圆周的投影椭圆

知道长短轴后，圆所在平面垂直于投影面时的投影椭圆，可以用几何作图的方法画出椭圆，也可以用辅助投影法作椭圆，在此仅介绍辅助投影法。

例 1. 已知圆平面为正垂面，对 H 面的倾角 $\alpha = 45°$，半径 R，圆心的两投影为 o 和 o'，求作该圆的 V、H 投影(图 7－4)。

解：

①在 V 面上，过 o' 作一斜线段，长为 $2R$，倾角 $\alpha = 45°$，并使 $c'o' = o'd' = R$，如图 7－4(a)。

②在 H 面上，过 o 作垂直于投影轴的点划线，并截取 $ao = ob = R$，ab 为椭圆长轴。

过 o 作平行投影轴的点划线，由 V 面过 c'、d' 向 H 面引连线可求得 c、d，cd 为椭圆的短轴，如图 7－4(a)。

③为了求椭圆的其他点，利用辅助投影画出圆的实形，在圆上取对称点 1_1、2_1、3_1、4_1 等，求出各点的 H 投影 1、2、3、4，然后过点 1、2、3、4 及 a、b、c、d 四点光滑地连成椭圆，如图 7－4(b)所示。

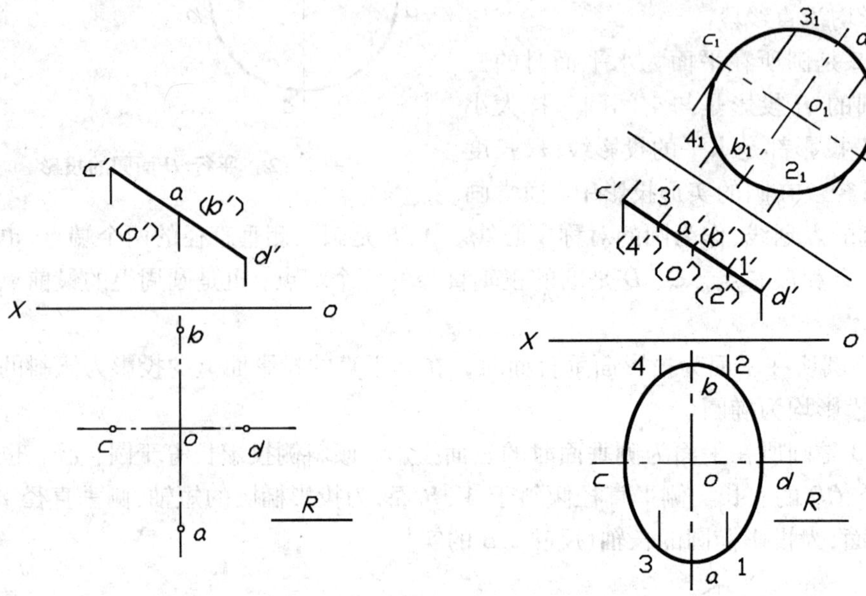

(a)作 V 投影及四个特殊点的投影　　(b)用辅助投影求作 H 投影

图 7－4　垂直 V 面的圆的投影画法

(3)当圆所在平面为一般位置时，圆的三面投影均为椭圆，且长(短)轴均为倾斜的方向。这种位置圆的投影，工程实践中较少应用。

三、空间曲线

(一)空间曲线的投影特点

由于空间曲线不在一个平面上，因此在任何投影面上的投影均是曲线，且不反映实形。

(二)圆柱螺旋线

1. 形成

圆柱螺旋线是在工程实践中应用较多的一种空间曲线，如螺旋楼梯上的螺旋线就是它的一种应用。

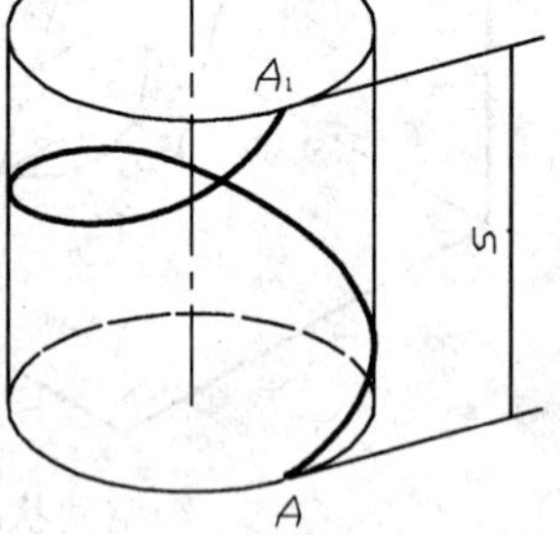

图 7－5 圆柱螺旋线的形成

动点 A 绕轴线作等速旋转运动，同时又沿平行于轴线方向作等速直线运动，动点的运动轨迹就是一根圆柱螺旋线(图 7－5)。动点 A 旋转一周后到了位置 A_1，点沿直线移动的距离 AA_1 称为螺旋线的螺距，记为 S。动点的旋转半径也称为螺旋线的半径。

2. 投影特点

已知螺旋线的半径、螺距、旋转方向，就可以根据螺旋线的形成特点作出螺旋线的投影，作图步骤如图 7－6。

①设螺旋线的轴垂直于 H 面，螺旋线的半径 R，螺距 S，旋转方向如图 7－6(a) 所示，动点起始位置为 $O(o, o')$，动点旋转一周，螺旋线的 H 面投影是半径为 R 的圆。据

此画出 H 面投影，如图 7－6(a)。

②因动点作匀速圆周运动，所以将 H 面上的投影圆分为若干等份(如 12 等份)。又因为点还作匀速上升运动，所以在 V 面上将螺距 S 也分为相同的等份，如图 7－6(b)。

③从 H 面投影各分点引连线到 V 面投影，与螺距相应等份点所引的水平线相交，得各动点的 V 面投影 0′、1′、2′…11′、12′。将这些点用光滑的曲线连接起来，即得螺旋线的 V 面投影，它是一条正弦曲线，如图 7－6(c)。

上例螺旋线符合右手法则，称为右螺旋线，如果螺旋线符合左手法则，则称为左螺旋线，如图 7－6(d)。

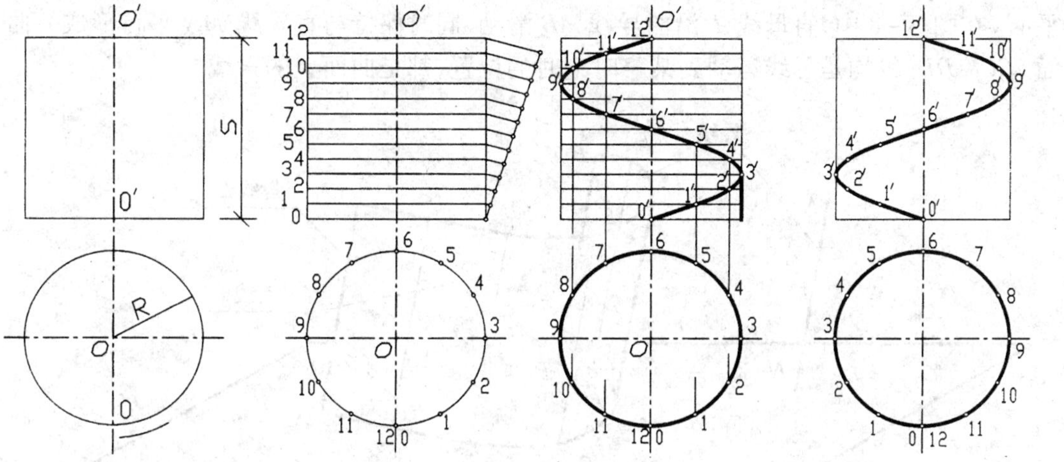

(a)　(b)　(c)　(d)左螺旋线

图 7－6　圆柱螺旋线的画法

圆柱螺旋线展开后成为一条直线，它是以 H 面投影圆周的长($2\pi R$)为底边，螺距 S 为高的直角三角形的斜边，如图 7－7 所示。

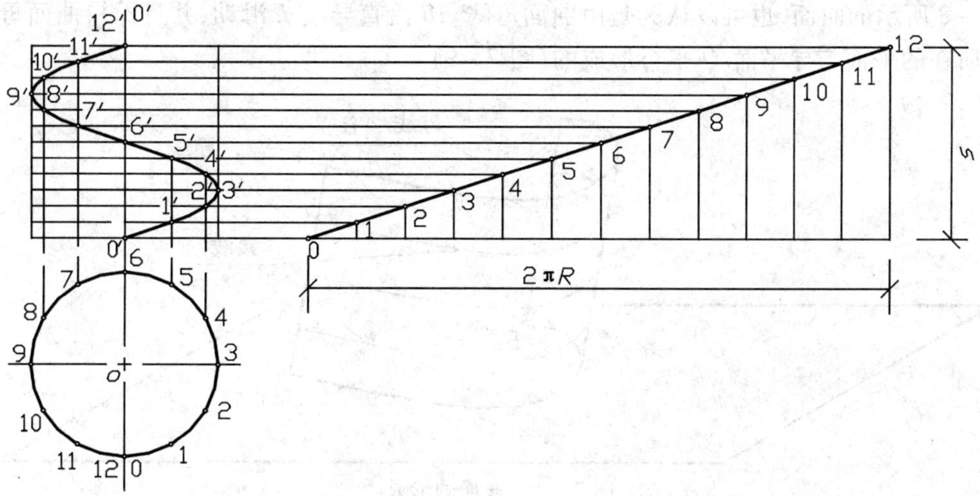

图 7－7　圆柱螺旋线的展开

第二节　曲面的形成及表达法

一、曲面的形成

曲面可以看作为由直线(或曲线)按照一定的条件运动而成的。运动的直线或曲线，称为曲面的母线。母线运动到曲面上的任一位置时，称为曲面的素线，是构成曲面的基本要素，也可以认为曲面是由一系列按一定条件紧靠着排列的素线所组成。在控制母线运动的条件中，把控制母线运动的直线或曲线称为导线，把控制母线运动的平面称为导平面。在图 7－8 中，直母线 L 沿曲导线 AB 滑动，同时保持与直导线 MN 平行形成一曲面，CC_1、DD_1 等均是母线运动到某一时刻时的位置，都是曲面上的素线。

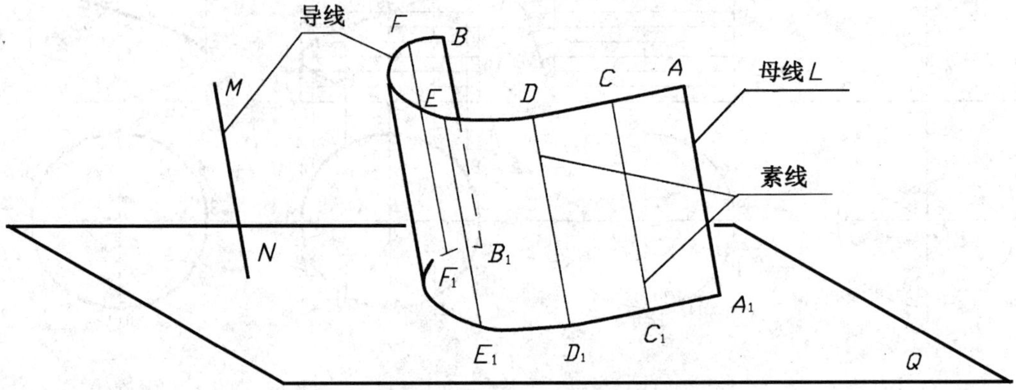

图 7－8 曲面的形成

一般情况下，母线的形状、控制母线运动的条件不同，便形成不同的曲面。只要给出了曲面的母线和控制母线运动的条件，就可以确定该曲面。

另一方面，同一个曲面还可以认为由不同的母线，依据不同的条件运动形成。例如图 7－8 所示的曲面，也可以认为是由曲面母线 AB 沿直导线 L 滑动，并且保持曲面母线 AB 所在的平面与导平面 Q 平行形成的(图 7－9)。

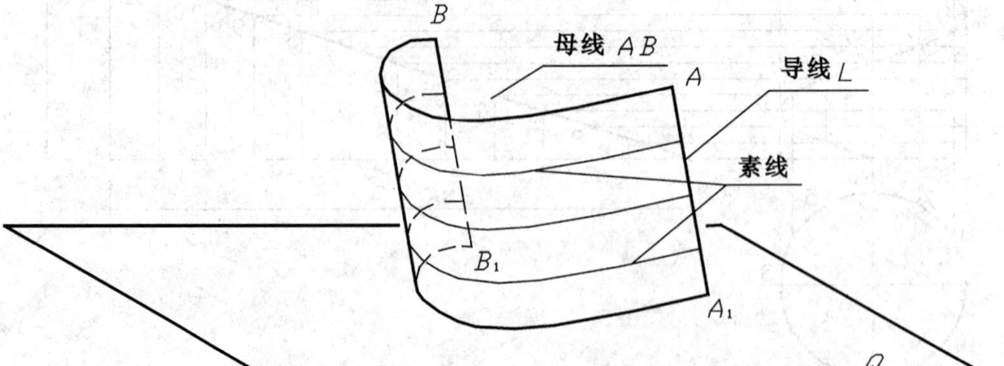

图 7－9　曲面的形成

二、曲面的分类

根据母线运动的方式的不同，曲面分为：

(1)回转面:由母线绕一轴线旋转而形成的曲面,如图7-10。

(2)非回转面:母线不是绕一轴线旋转,而是根据其他控制条件运动而形成的曲面,如图7-11。

回转面的轴线也叫回转轴。母线绕回转轴旋转时,母线上每一点的运动轨迹都是圆,称为曲面的纬圆。纬圆所在的平面垂直于回转轴,母线为回转面上的经线(也称子午线)。曲面上直径最小的纬圆叫颈圆,直径最大的纬圆叫赤道圆(图7-10)。

通常,还可以根据母线的形状把曲面分为:

(1)直线面:凡是可以由直母线运动而形成的曲面。

(2)曲线面:只能由曲母线运动而形成的曲面。

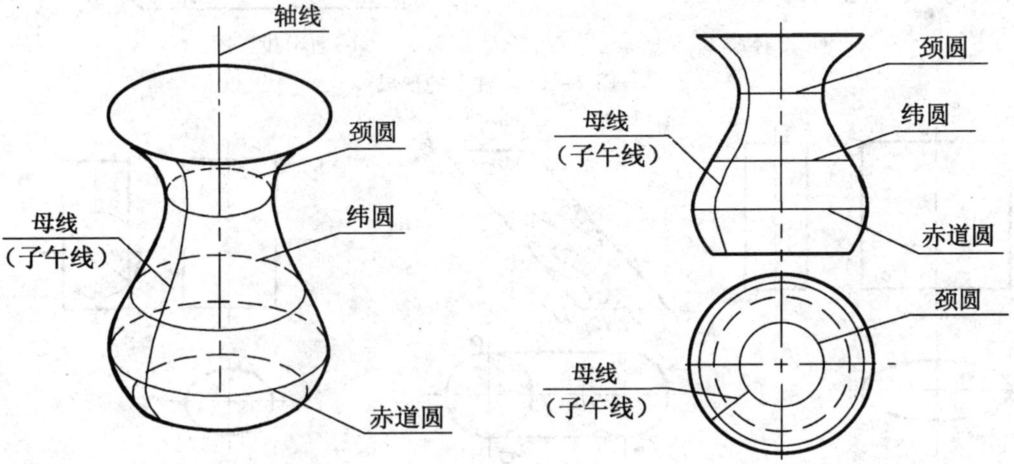

(a)立体图　　(b)投影图

图7-10　回转面

随着社会经济和科学技术的发展,在工程实践中,各种曲面的应用也越来越多。研究各种曲面的形成和分类,掌握各种常用曲面的性质和投影特点,对于工程实践有着重要意义。

第三节　直线移动形成的曲面

一、柱面

直母线 N 沿曲导线 L 移动,并始终保持平行于一直导线 M,所形成的曲面称为柱面。如图7-11所示,由柱面的形成可知,柱面上所有的素线都互相平行。画柱面的投影图时,一般要画出曲导线 L、直导线 M 和一系列素线(包括外形线——曲面投影的轮廓线),如图7-11(b)所示。

柱面的曲导线可以是闭合或不闭合的,直导线的方向(空间位置)可以是任意的。当曲导线为圆并与投影面平行,直导线与该投影面垂直时,则形成前述的正圆柱面(属于回转面),圆柱面的轴线可视为直导线。若曲导线是椭圆,则形成正椭圆柱面,如图7-12(a)。若曲导线是所在平面平行于投影面的圆,而直导线倾斜于投影面,则形成斜椭圆柱面，如图 7－12(b)所示，它也可以认为是由正椭圆柱面经过斜截得到的。如图 7－12(c)所示，沿球面与椭圆柱面的相贯线圆斜截，若作两次斜截，便得到类似于图 7－12(b) 所示的斜椭圆柱面。

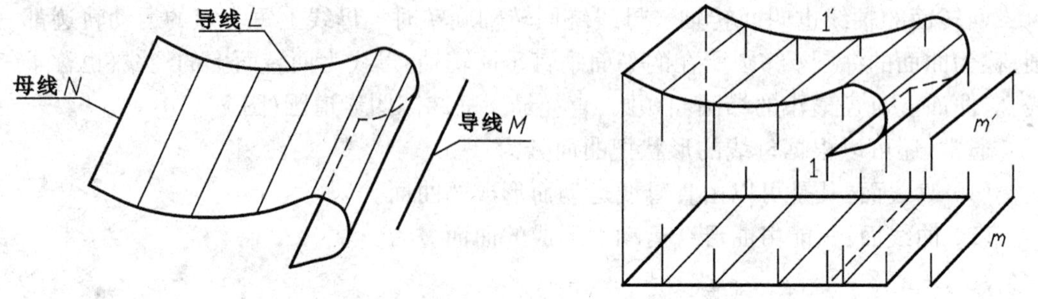

(a)立体图　　(b)投影图

图 7－11　柱面的形成

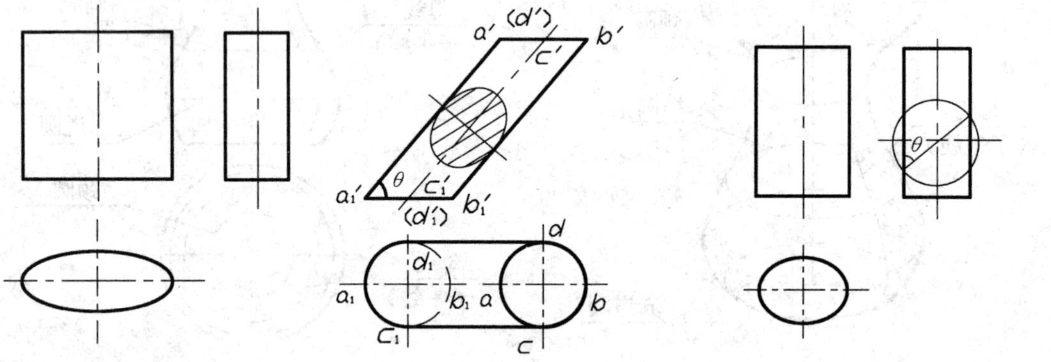

(a)正椭圆柱面　　(b)斜椭圆柱面　　(c)正椭圆柱面与球面的相贯线圆

图 7－12　几种柱面

图 7－13 所示为一些建筑物的墙面或屋面设计成各种形式的柱面，均是柱面应用的实例。

(a)　　(b)

图 7－13　柱面的应用

二、锥面

一直母线沿着一曲导线移动，且始终通过一导点而形成的曲面称为锥面，该导点称为顶点。如图 7－14 所示，直母线 L 通过导点 S，沿着一条曲线 K 运动时形成锥面。

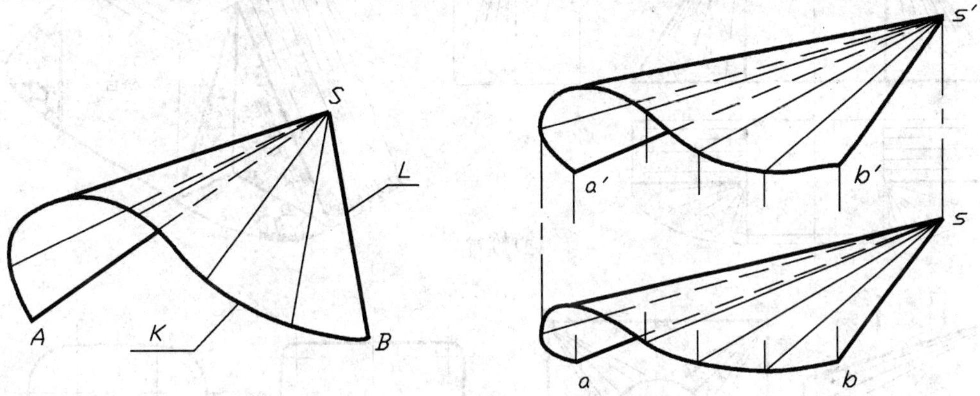

(b)立体图　(b)投影图

图 7－14　锥面

曲导线可以闭合或不闭合，为闭合时，也可能形成有轴线的锥面。当曲导线为圆且轴线垂直于某投影面时，形成前述正圆锥面。若曲导线为平行于投影面的椭圆，则为正椭圆锥面，如图 7－15(a) 所示；若曲导线为平行于投影面的圆且轴线倾斜于投影面，则为斜椭圆锥面，如图 7－15(b) 所示，它也可以认为是由正椭圆锥面经过斜截得到的。如图 7－15(c) 所示，沿球面与椭圆锥面的相贯线圆斜截，便得到斜椭圆锥面。

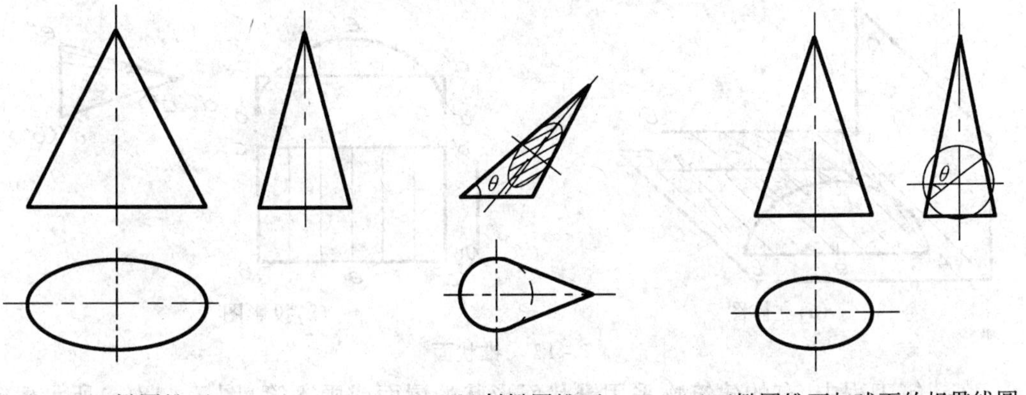

(a)正椭圆锥面　(b)斜椭圆锥面　(c)正椭圆锥面与球面的相贯线圆

图 7－15　三种锥面的投影

在水利和道桥工程中，在桥台两侧或涵洞洞口等处通常采用锥面护坡与路堤相连接。如图 7－16(a) 中桥台采用了锥面护坡，图 7－16(b) 中涵洞出水口（也称尾水管）也采用了锥面。

三、锥状面

一直母线沿着不在同一平面上的一直导线和一曲导线移动，并始终平行于一导平面而形成的曲面称为锥状面。如图 7－17 所示，直母线 BC 沿着直导线 CD 和曲导线 AEB 移动，并始终平行于导平面 Q 形成锥状面，锥状面的三面投影如图 7－17(b) 所示。画锥状面的投影要画出若干条素线的投影，锥状面的相邻两素线是交叉两直线。

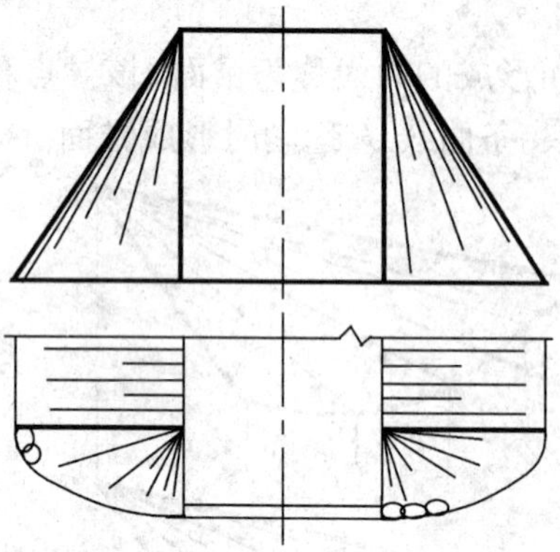

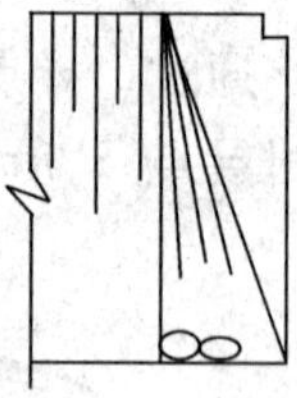

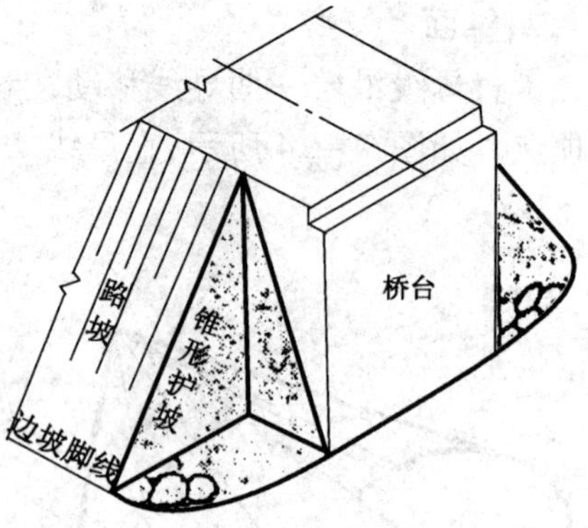

(a)桥台

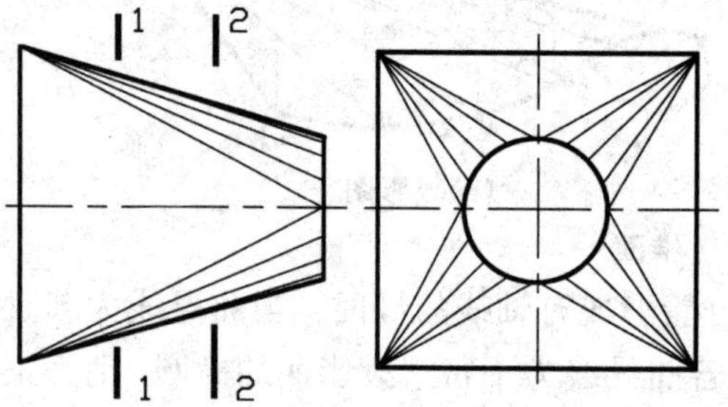

投影图

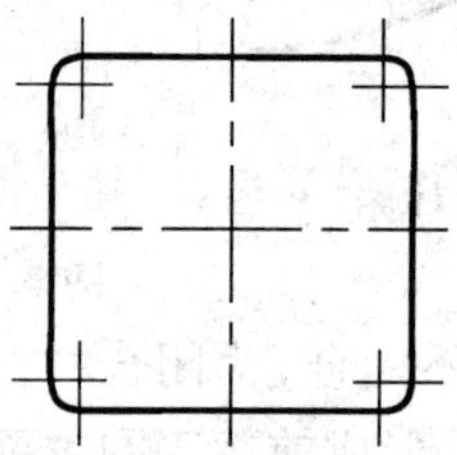

1－1

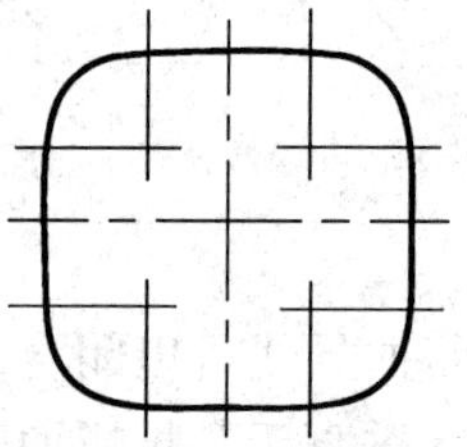

2－2

(b)尾水管

图 7－16　锥面的应用

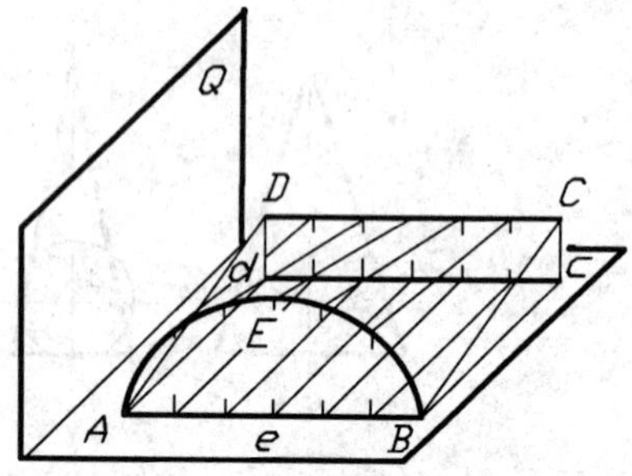

(a)立体图

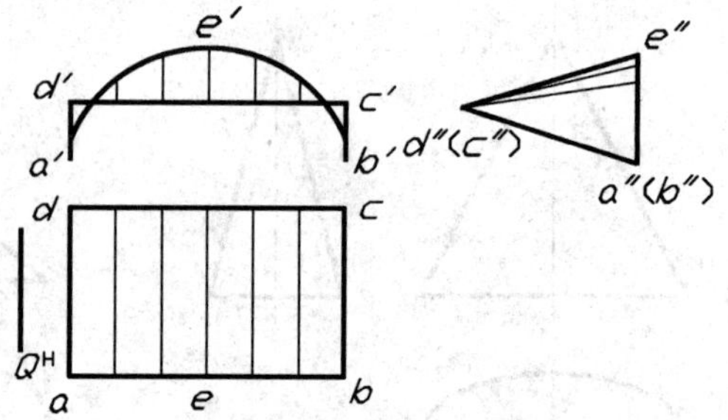

(b)投影图

7－17　**锥状面**

在建筑工程中，有的建筑物采用锥状面形状的屋面或雨篷等。图 7－18(a)所示建筑物的雨篷是一锥状面。在图 7－18(b)中，桥台的两侧采用锥状面作为护坡。

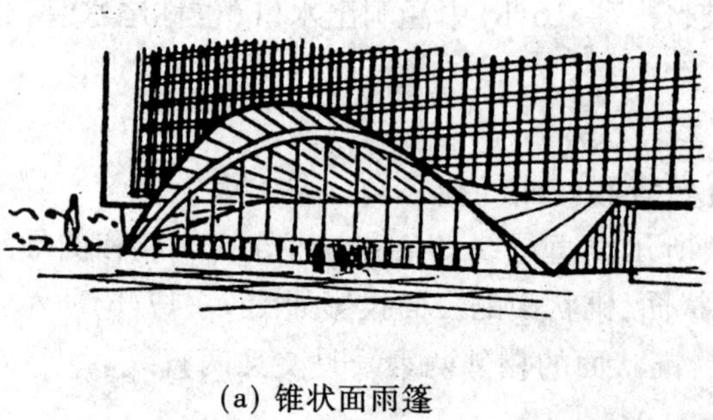

(a) 锥状面雨篷

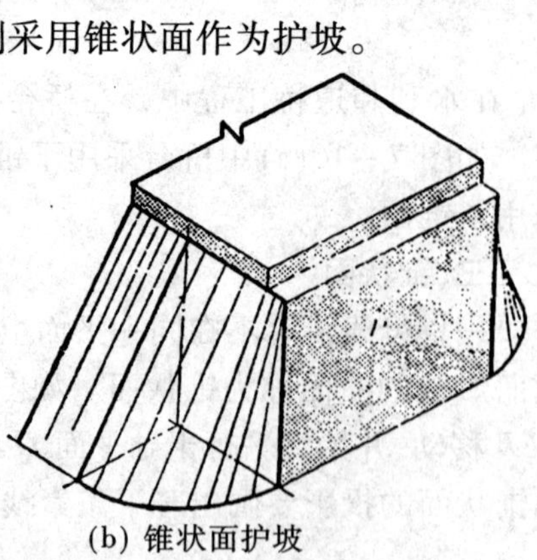

(b) 锥状面护坡

图 7－18　锥状面的应用

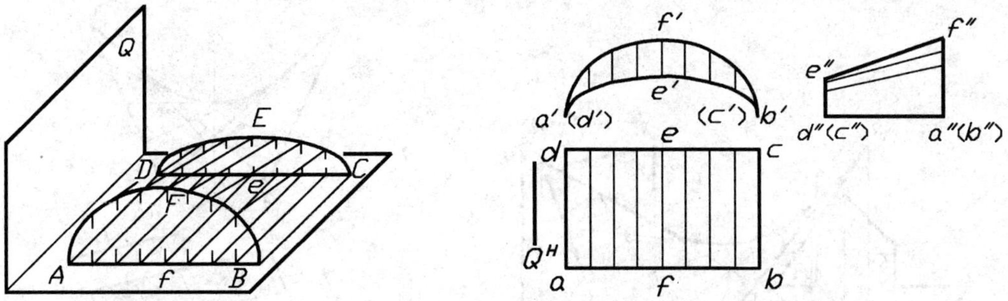

(a) 立体图　　(b) 投影图

图 7－19　柱状面

四、柱状面

直母线沿着两条不共面的曲导线移动，并且始终平行于一导平面而形成的曲面称为柱状面。如图 7－19 所示，直母线 *CB* 沿着曲线 *AFB* 和 *DEC* 移动，且始终平行于导平面 *Q*，形成的曲面即为柱状面。图 7－19(b)为柱状面的投影图，同样也要画出数条素线的投影。

图 7－20(a)所示建筑物的屋面采用了柱状面；图 7－20(b)中一桥墩的局部也采用了柱状面。

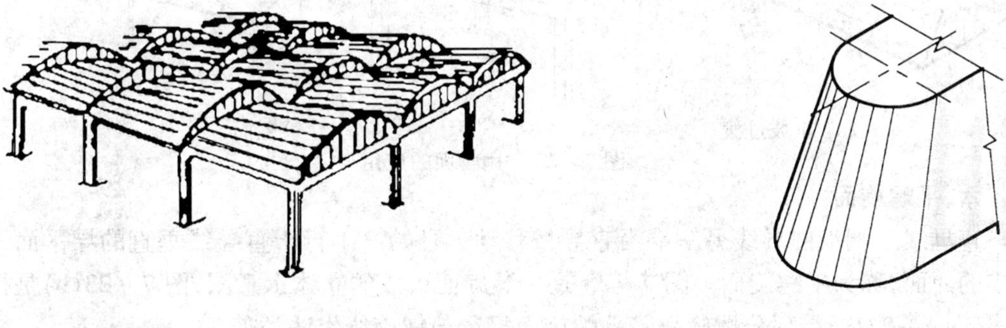

(a) 柱状面屋面　　(b)柱状面桥墩

图 7－20　柱状面的应用

五、双曲抛物面

由直母线沿着两条交叉直导线移动并始终平行于一导平面而形成的曲面叫双曲抛物面。图 7－21(a)所示，直母线 *AC* 沿两条交叉直线 *AB*、*CD* 移动，同时还始终保持与平面 *Q* 平行，形成双曲抛物面。画双曲抛物面的投影时，要画出导平面和两条导线的投影及一定数量素线的投影。在图 7－21(b)中，正面图中曲面的投影轮廓线为抛物线，双曲抛物面的相邻素线是异面直线。图 7－21 中的抛物面也可以认为 *AB* 为直母线、*AC*、*BD* 为直导线、*P* 为导面所形成的，如图 7－21(a)、图 7－21(b)。因此，同一个抛物面有两族素线，其中每条素线与同族素线都不相交，而与另一族素线都相交。双曲抛物面在工程上也称为翘平面或扭面。

图 7－22(a)是双曲抛物面应用于水利工程的示例，在岸坡过渡处为双曲抛物面。图 7－22(b) 是双曲抛物面用于建筑工程示例，建筑的屋顶是四个双曲抛物面组合成的屋顶。

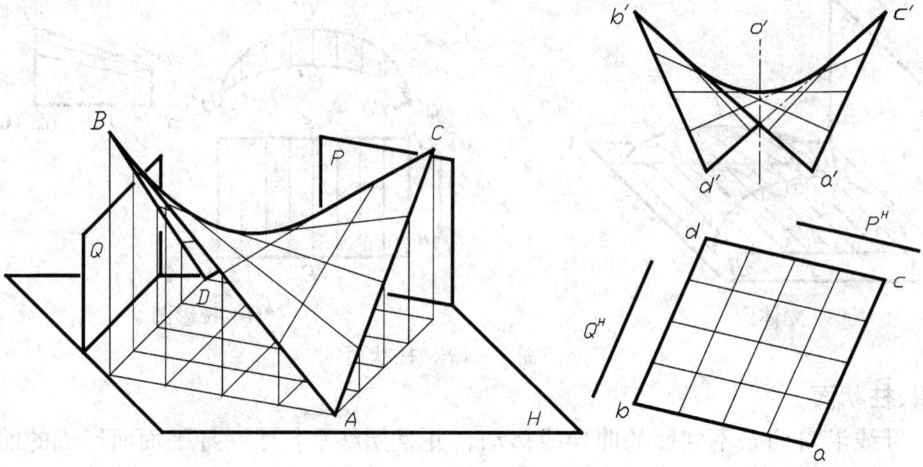

(a) 空间状况　　　　(b) 投影图

图 7－21　双曲抛物面

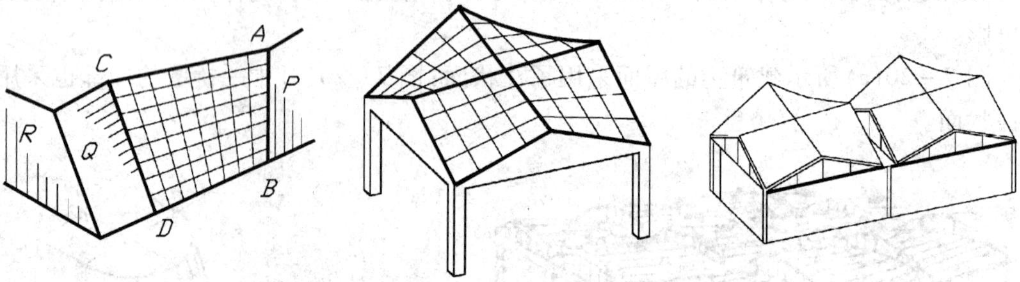

(a) 岸坡过渡　　　　(b) 建筑屋面

图 7－22　抛物面的应用

六、平螺旋面

直母线一端沿曲导线另一端沿直导线移动，且始终平行于直导线垂直的导平面而形成的曲面，称为平螺旋面。图 7－23 是平螺旋面形成的立体示意图，图 7－23(b)是投影图，图 7－23(c)是部分螺旋面。平螺旋面投影与螺旋线作法类似。

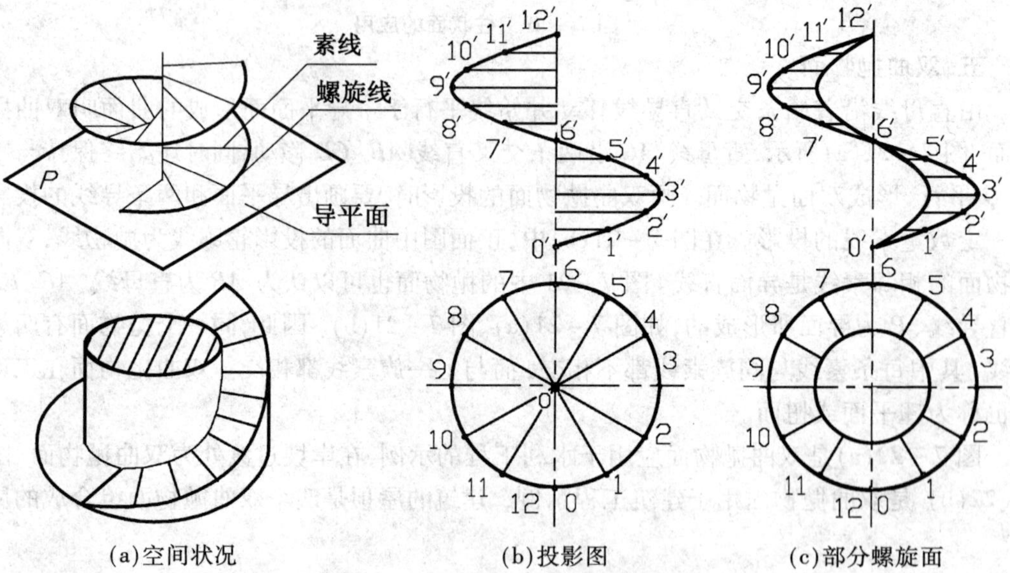

(a)空间状况　　　　(b)投影图　　　　(c)部分螺旋面

图 7－23　平螺旋面的形成与投影

平螺旋面在工程上应用颇多，图 7 – 24 的螺旋楼梯是其应用之一。楼梯的底面、楼梯扶手的上、下面均为平螺旋面。螺旋楼梯根据实际情况，可设计成旋转 360°、270°、180°、90°等。螺旋梯的画法如下。

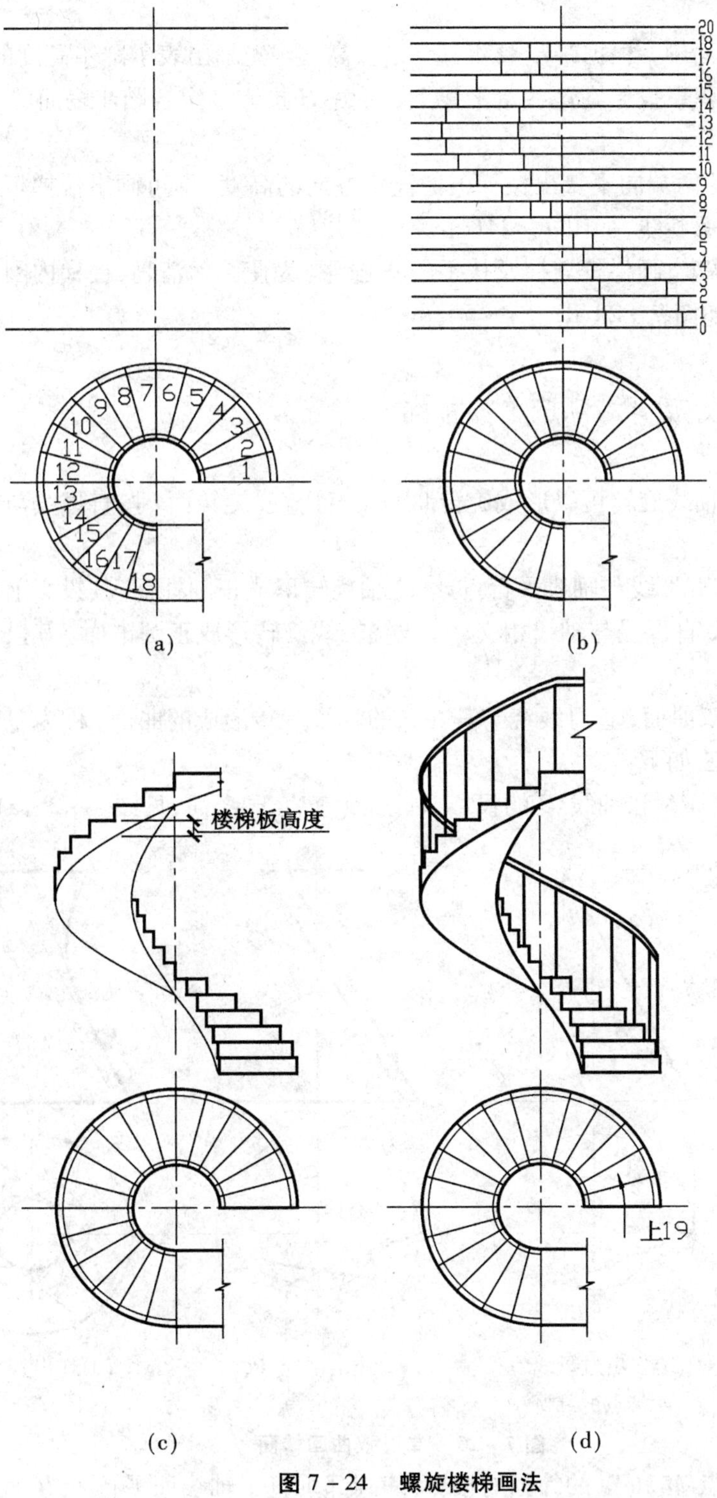

图 7 – 24　螺旋楼梯画法

(1) 根据圆柱螺旋线的半径（楼梯板底面内外边线均是圆柱螺旋线）画其 H 投影(两圆弧)。根据圆弧范围内的踏步数或每个踏步的圆心角,作出踏步的 H 面投影,每个踏步的踏面为编号的扇形面(实形),直线段即是踢面的积聚投影,并画出栏杆和扶手的投影,如图 7－24(a)所示。

(2) 在 V 投影面中，根据踏步数和每个踏步高度，先画出表示踏步高度的水平线，每个踏步的踏面的积聚投影在这些水平线上。再由 H 投影确定各踏步踢面的 V 投影宽度,如图 7－24(b)。

(3) 在各踏步的两端向下量出楼梯板的竖直方向的高度,即可画出楼梯板底面的平螺旋面的内外边缘螺旋线,如图 7－24(c)。

(4)量出栏杆高度,画栏杆立柱及扶手的 V 投影。为使图面清晰,楼梯内圈栏杆和扶手的 V 投影未画,如图 7－24(d)。

第四节　直线旋转构成的曲面

以直母线绕一轴线旋转可以形成旋转曲面,也称直线旋转面。按直母线与轴线的相对位置,分为三种。

(1)正圆柱面,直母线与轴线平行,母线绕轴旋转形成正圆柱面,其投影前已介绍。

(2) 正圆锥面，直母线与轴线相交，母线绕轴线旋转形成正圆锥面，其投影前已介绍。

(3) 单叶回转双曲面，直母线绕与其交叉的轴线旋转形成的曲面，称为单叶回转双曲面。其投影的画法如下：

①画出直母线 MN 和轴线 O 的投影,轴线 O 垂直于 H 面,见图 7－25(a)。

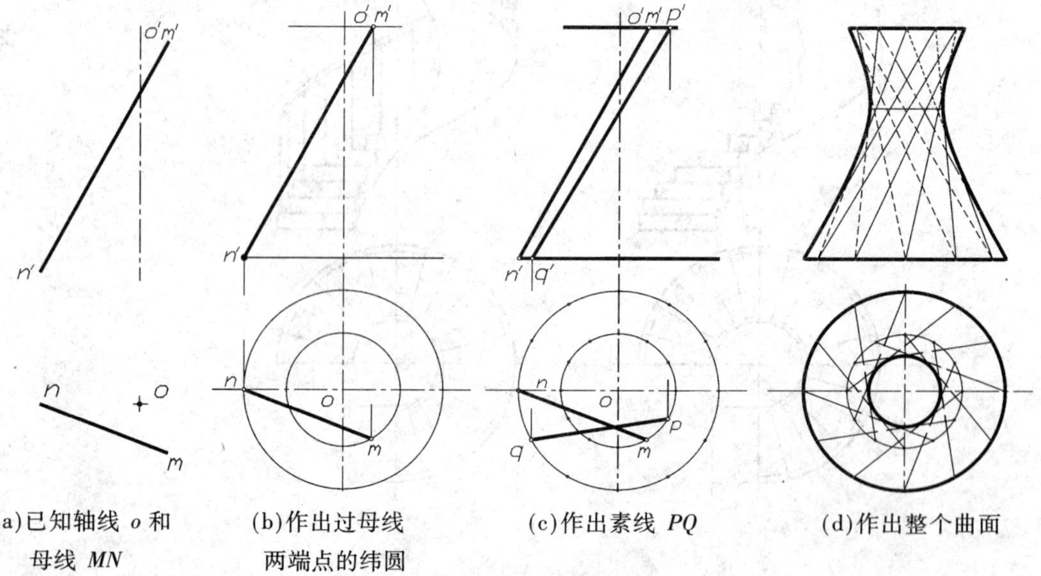

(a)已知轴线 o 和母线 MN　(b)作出过母线两端点的纬圆　(c)作出素线 PQ　(d)作出整个曲面

图 7－25　单叶双曲回转面

②作过直线端点 M 和 N 的纬圆的投影,纬圆都垂直于轴线而平行于 H 面,在 H 面

上以 o 为圆心，分别以 om、on 为半径，画出两纬圆的实形投影。两纬圆的 V 投影均是过 m'、n' 的水平线段，长度等于纬圆的直径，见图 7-25(b)。

③画曲面上一定数量的素线的投影，把两纬圆从 M、N 开始，各分为相同的等份(本例 12 等份)。MN 旋转一个等份后即是素线 PQ，作出其投影 pq 和 $p'q'$，如图 7-25(c)。

④作出母线每旋转一个等份后素线的两面投影，见图 7-25(d)。

⑤作曲面 V 投影的轮廓线，在 V 面上连平滑曲线作为与各素线相切的包络线为单叶双曲回转面的投影轮廓线。这两条曲线是双曲线，见图 7-25(d)。

⑥在 H 面上以 o 为心，以 o 到 mn 的距离为半径画一圆，与各素线均相切，它也是一根包络线，它是曲面上直径最小的纬圆(颈圆)，见图 7-25(d)。

在同一单叶双曲回转面上，有两组不同指向而与 H 面倾角相同的素线，如图 7-26，同族素线互不相交，相邻素线是交叉两直线，每一根素线延长后，与另一族所有素线都相交。

图 7-27 所示为某电厂中的冷却塔，它是单叶双曲回转面在工程上的一个应用实例。

图 7-26　单叶双曲回转面的两组素线

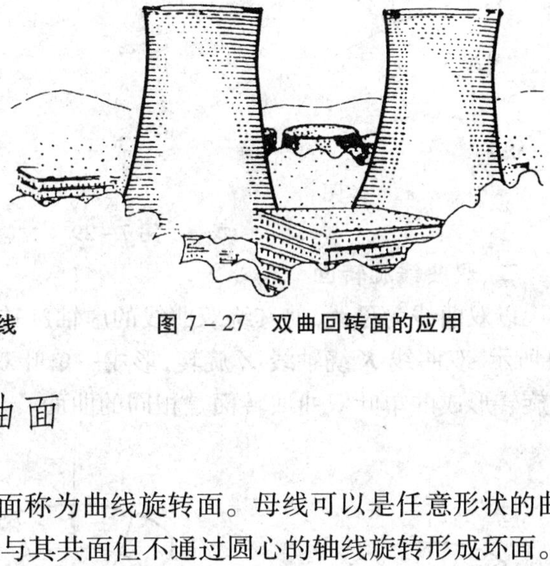

图 7-27　双曲回转面的应用

第五节　曲线旋转构成的曲面

由曲母线绕一轴线旋转而形成的曲面称为曲线旋转面。母线可以是任意形状的曲线。如圆绕其一直径旋转形成球面，圆绕与其共面但不通过圆心的轴线旋转形成环面。图 7-28 是球面和环面在实际工程中的应用。

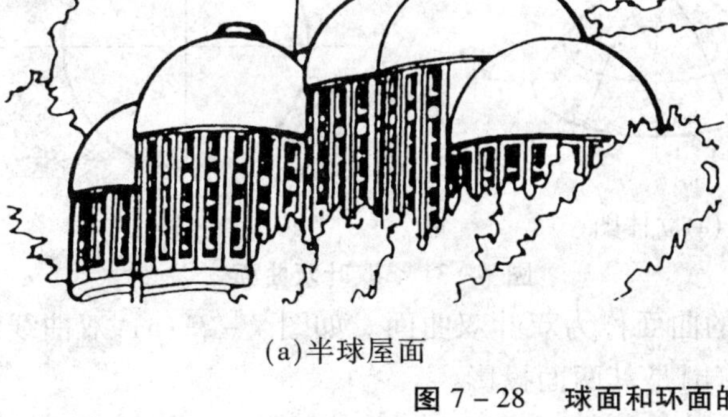

(a)半球屋面

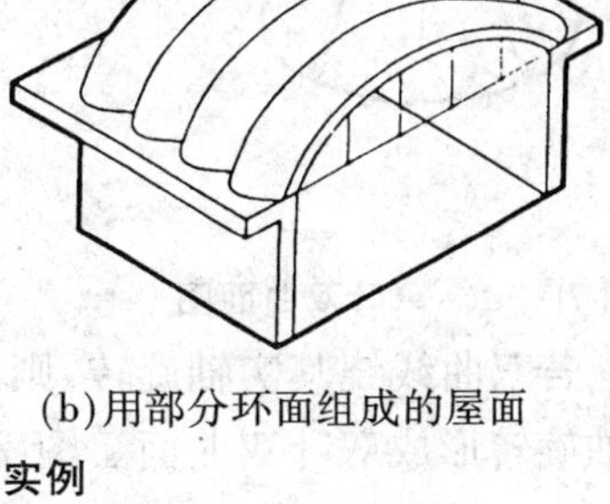

(b)用部分环面组成的屋面

图 7-28　球面和环面的应用实例

一、抛物线旋转面

以一抛物线为母线，母线通过抛物线顶点，并绕抛物线对称线的轴线旋转形成的曲面称抛物线旋转面。如图 7－29(a) 所示，抛物线 *K* 绕轴线 *Z* 旋转，形成一抛物线旋转面，图 7－29(b)是其两面投影。抛物线旋转面也具有旋转面的一般性质，曲面有纬圆和素线。

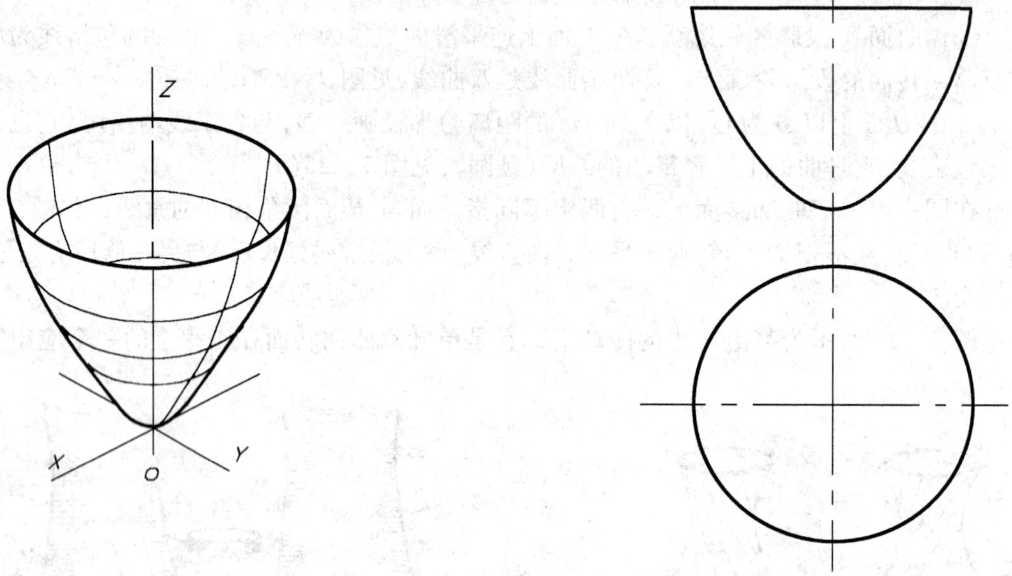

(a)立体图　　(b)投影图

图 7－29　抛物线旋转面

二、双曲线旋转面

以双曲线为母线，使其绕双曲线的虚轴旋转所形成的曲面称单叶双曲面。如图 7－30 所示，双曲线 *K* 绕轴线 *Z* 旋转，形成一单叶双曲面。它与前述直母线绕与其交叉的轴线旋转形成的单叶双曲回转面是相同的曲面。

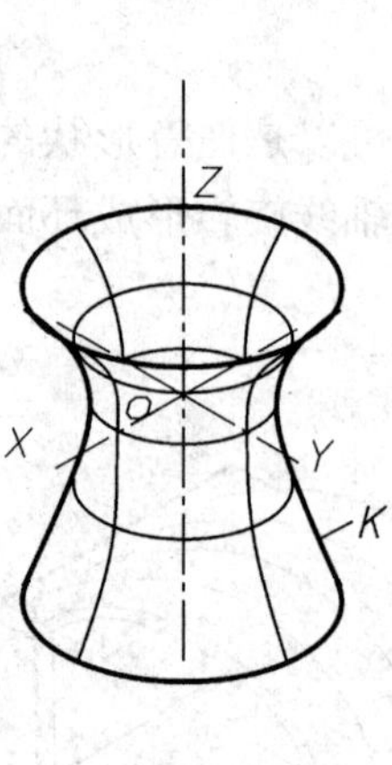

图 7－30　单叶双曲面图

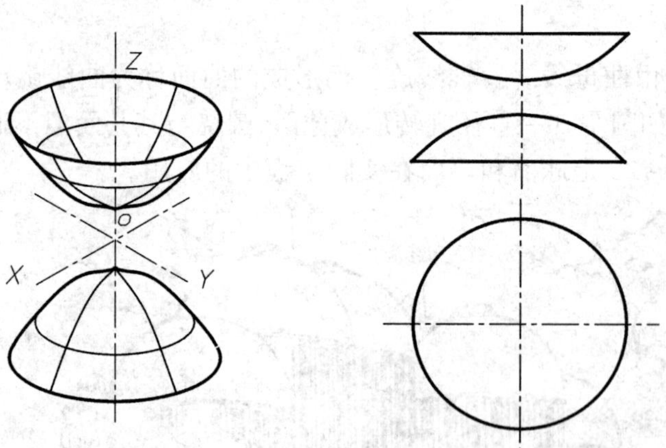

(a)立体图　　(b)投影图

图 7－31　双叶双曲面

若双曲线绕其实轴旋转，则形成的曲面称为双叶双曲面。如图 7－31(a)，双曲线绕 *Z* 轴旋转形成双叶双曲面。图 7－31(b)是其两面投影。

三、椭圆旋转面

当椭圆绕其自身的长轴旋转时，形成长椭球面，图 7 – 32 是一长椭球面的两面投影。当椭圆绕其自身的短轴旋转时，形成扁椭球面。图 7 – 33(a)是扁椭球面的立体图，图 7 – 33(b)是扁椭球面的投影图。

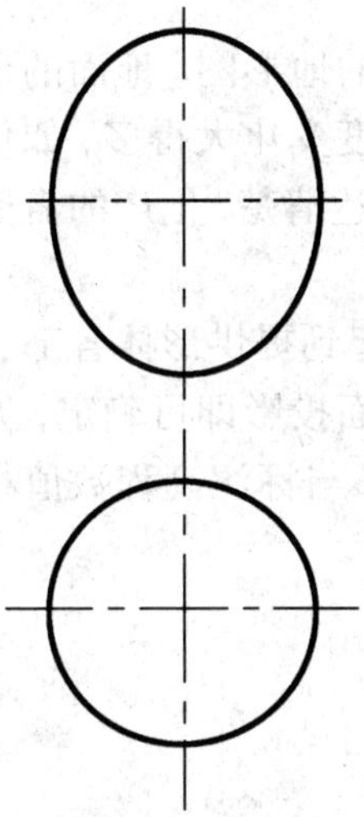

图 7 – 32　长椭球面

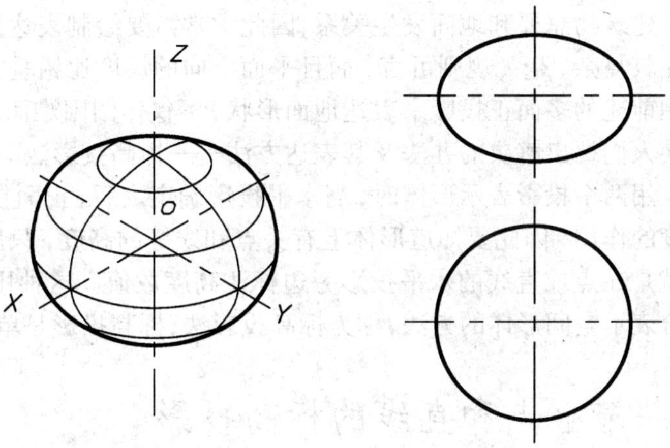

(a)立体图　(b)投影图

图 7 – 33　扁椭球面

第八章 标高投影

建筑物总要和地面发生关系,因此常常需要绘制表达地面形状的地形图。地面的形状比较复杂,毫无规则可言,而且平面方向的尺度比铅垂方向的尺度变化大得多,如仍采用前述的多面正投影来表达地面形状,不仅作图困难而且不易表达清楚,生产的需要促使人们提出解决的办法及其表达方法——标高投影法。

用两个投影表示形体时,当水平投影确定之后,正面投影只是起到提供形体各部分高度的作用,因此要知道形体上有关点和线等的高度,只用一个平面投影即可确定,方法就是在点或直线的水平投影旁边标注高度数值。这种用水平投影与标注高程数值相结合表示空间形体的方法,称为标高投影法,标高投影是单面正投影。

第一节 点和直线的标高投影

一、点的标高投影

作出点在水平基准面 H 上的正投影,并在正投影右下角用数字注明该点距离 H 面的高度,即为点的标高投影,如图 8-1(a)。点的高度是以 H 面的高度为零而确定的,高于 H 面的标为正值,低于 H 面的标为负值,如图 8-1(a)中 A、B、C 三点的标高投影图就如图 8-1(b)所示 a_5、b_0、c_{-3},A 点高于 H 面 5 个单位,标高为正值,B 点恰在 H 面上时,标高为零,C 点低于 H 面 3 个单位标高为负值。H 称为基准面,高度为零。我国黄海海平面的平均高度为我国地形图的测量基准面。

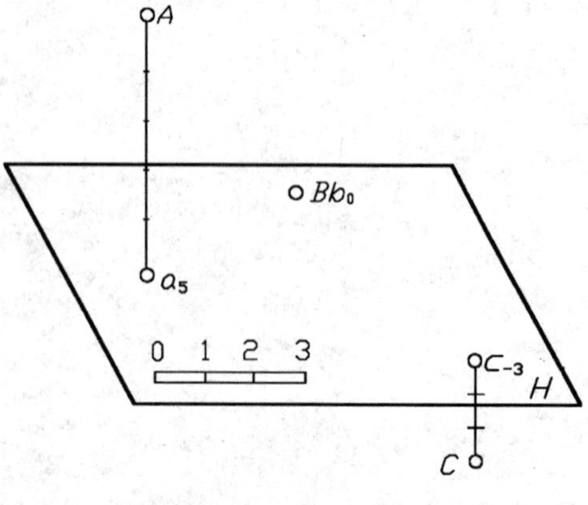

(a)空间状况

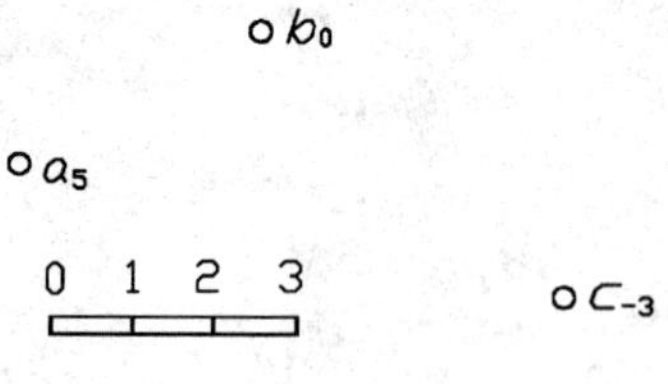

(b)标高投影

图 8-1 点的标高投影

在标高投影中,必须注明比例或画出比例尺,长度单位为 m,图上不需单独说明,见图 8-1(b)。

在标高投影中,有时还要在适当的位置作垂直于水平面的辅助投影面,画出辅助投影以便解决某些问题,如图 8-2(c)所示,求解直线的实长和对 H 面的倾角 α。

二、直线的标高投影

(一)直线标高投影的表示方法之一

直线的标高投影可由直线上任意两点的标高投影连接而成。在图 8 - 2(a)的立体示意图中,线段 *AB* 的标高投影是由 *A*、*B* 两端点的标高投影连接而成的。图 8 - 2(b)是线段 *AB* 的标高投影图。

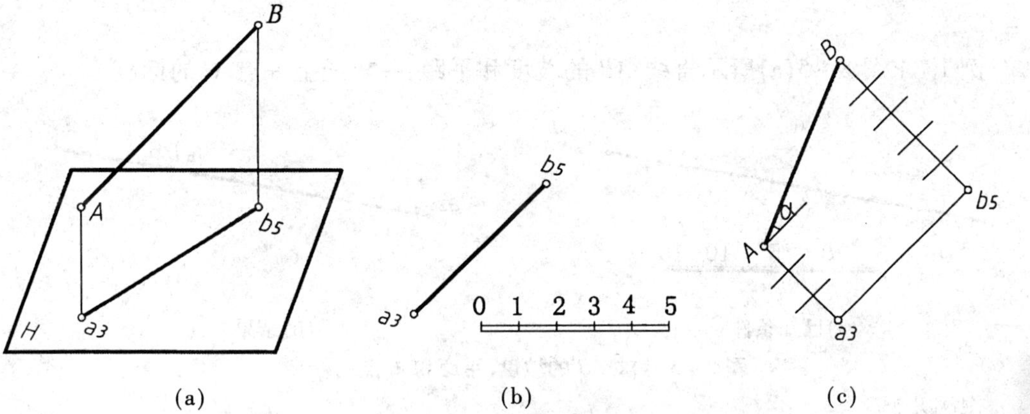

图 8 - 2　直线的标高投影

如果要确定线段 *AB* 的实长及对 *H* 面的倾角 α, 可经过 *AB* 作一铅垂面 *V*, 然后将该面绕 a_3b_5 旋转使与 *H* 面重合, 在该投影面上就得到 *AB* 的实长和倾角 α, 见图 8 - 2(c)。

作图步骤:

(1)分别自 a_3b_5 作垂直于 a_3b_5 的直线;

(2)在过 a_3 的垂线上自 a_3 按比例量取三个单位得 *A* 点,同法作出 *B* 点;

(3) *AB* 就是线段实长, *AB* 与 a_3b_5 之间的夹角 α 就是 *AB* 对 *H* 面的倾角。

(二)直线的坡度和平距

1. 坡度—直线的坡度 *i* 是指当直线上两点的水平距离为一个单位时两点的高差,如图 8 - 3(a)所示。

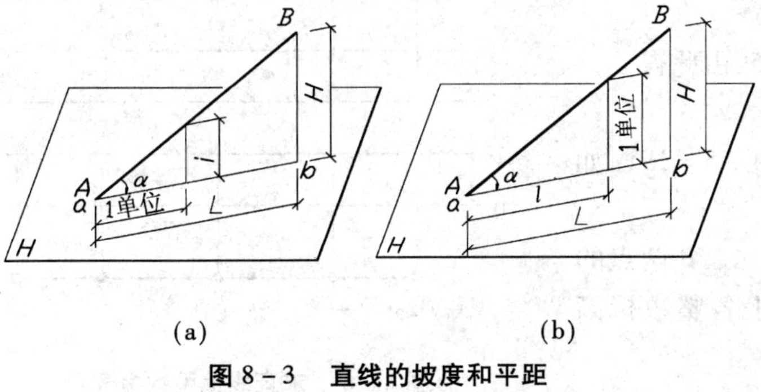

图 8 - 3　直线的坡度和平距

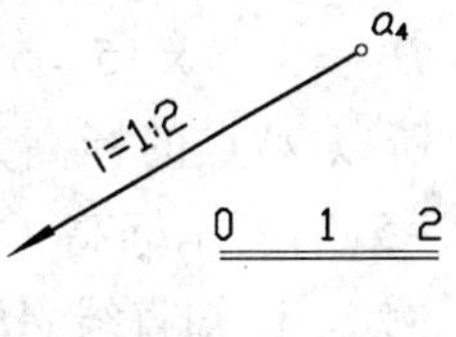

图 8 - 4　直线标高投影的另一种表示方法

2. 平矩—直线的平矩 *l* 是两点的高差为一个单位时的水平距离,如图 8 - 3(b)。如果线段 *AB* 两端点的水平距离为 L,高差为 *H*, *AB* 对 *H* 面的倾角为 α,则坡度 *i*、平距 *l*、倾角 α 三者的关系为:

$i = 1/l = H/L = \tan\alpha$

$l = 1/i = L/H = \cot\alpha = 1/\tan\alpha$

由此可知,坡度和平距互为倒数。坡度大则平距小,坡度小则平距大。

(三)直线标高投影的表示法之二

用直线上一点的标高投影及该直线的坡度表示直线，其箭头指向下坡方向，如图 8－4。

例 1. 求图 8－5(a)所示直线 AB 的坡度和平距,并求线上一点 C 的标高。

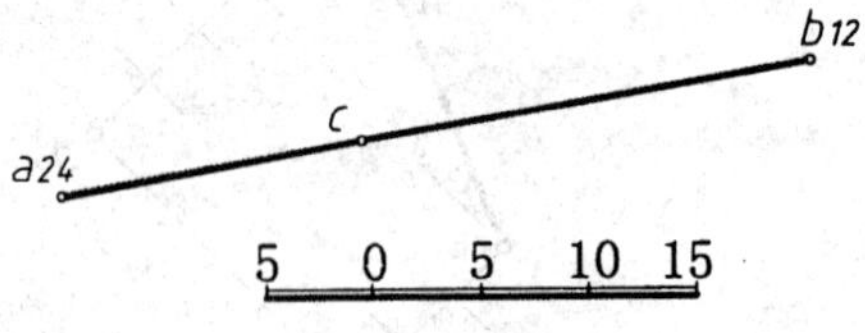

(a)已知条件

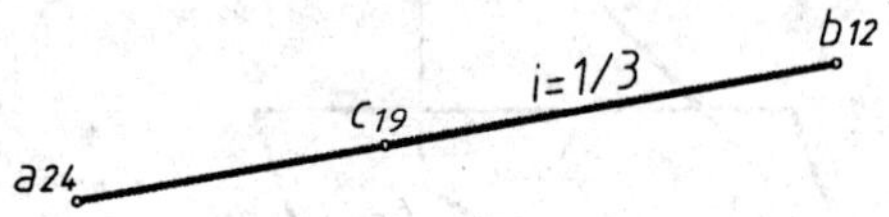

(b)结果

图 8－5　求 AB 的坡度、平距和 C 点的标高

作图步骤:

①直线 AB 的坡度。

$i = H_{AB}/L_{AB}$

其中 H_{AB} 为 A、B 两点的高差为 $24-12=12$；L_{AB} 为 A、B 两点的水平距离,由比例尺量得为 36。

所以

$i = 12/36 = 1/3$

②直线的平距

$l = 1/i = 3$

③求 C 点的标高。因为

$i = H_{AB}/L_{AB} = H_{AC}/L_{AC} = 1/3$

所以

$H_{AC} = 1/3\,L_{AC}$

L_{AC} 由比例尺量得为 15,由此得

$H_{AC} = 1/3 \times 15 = 5$

所以 C 点的标高为 $24-5=19$，如图 8－5(b)所示标高 C_{19}。

例 2. 已知直线 AB 上 A、B 两点的标高（图 8－6)，求直线上各整数标高点。

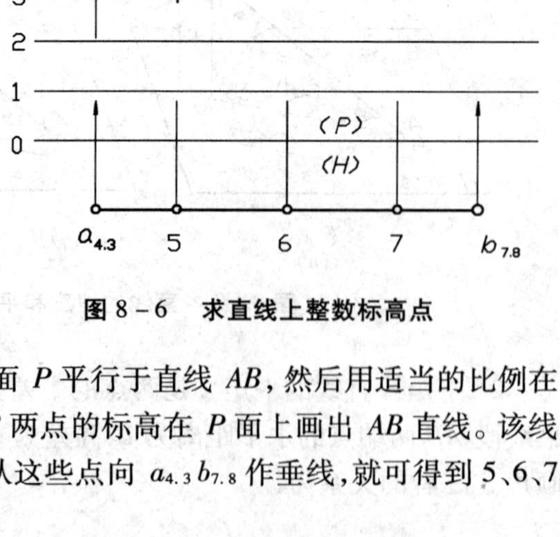

图 8－6　求直线上整数标高点

解:

求直线上整数标高点时,可先作一铅垂面 P 平行于直线 AB,然后用适当的比例在 P 面上作各整数标高的水平线。再根据 A、B 两点的标高在 P 面上画出 AB 直线。该线与各整数标高的水平线交于Ⅴ、Ⅵ、Ⅶ各点,从这些点向 $a_{4.3}b_{7.8}$ 作垂线,就可得到 5、6、7

各整数标高点。显然，各相邻整数标高点间的距离应该相等，这个距离就是直线的平距。

如果水平线间的距离是采用所给比例画的，则 AB 应反映实长，它与水平线夹角反映 AB 对 H 面的倾角 α。

第二节　平面的标高投影

一、平面内的等高线和坡度线

平面内的水平线就是平面内的等高线，也可看作是水平面与该平面的交线，如图 8－7(a)所示，平面与基准面 H 的交线是平面内标高为零的等高线。图 8－7(b)为 P 平面内等高线的标高投影，平面内的等高线有如下特点。

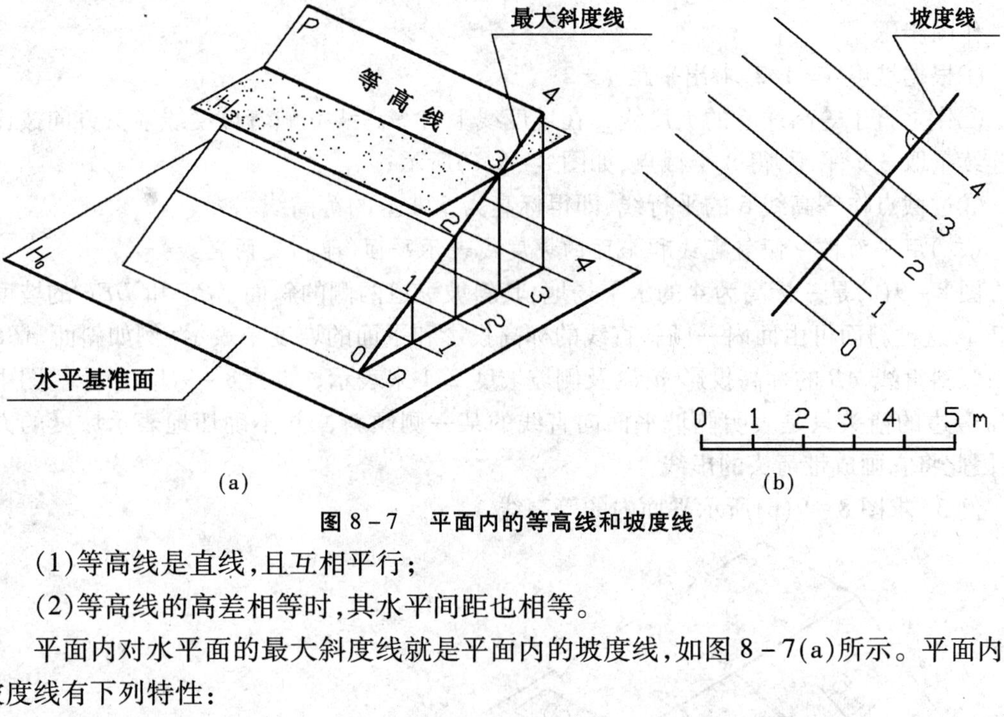

(a)　　(b)

图 8－7　平面内的等高线和坡度线

(1)等高线是直线，且互相平行；

(2)等高线的高差相等时，其水平间距也相等。

平面内对水平面的最大斜度线就是平面内的坡度线，如图 8－7(a)所示。平面内的坡度线有下列特性：

①平面内的坡度线与等高线互相垂直，它们的水平投影也互相垂直；

②平面内坡度线的坡度就代表该平面的坡度，坡度线的平距就是平面内等高线间的平距。

二、平面的表示法

在第二章中介绍的几何元素表示平面的方法，在标高投影中仍然适用，在实际运用中，常用以下两种方式表示平面。

(一)用一条等高线和平面的坡度线表示平面

图 8－8(a) 是一岸堤，堤顶标高为 6，斜坡面的坡度为 1∶2，这个斜坡面可以用它的一条等高线和坡度来表示，如图 8－8(b)。

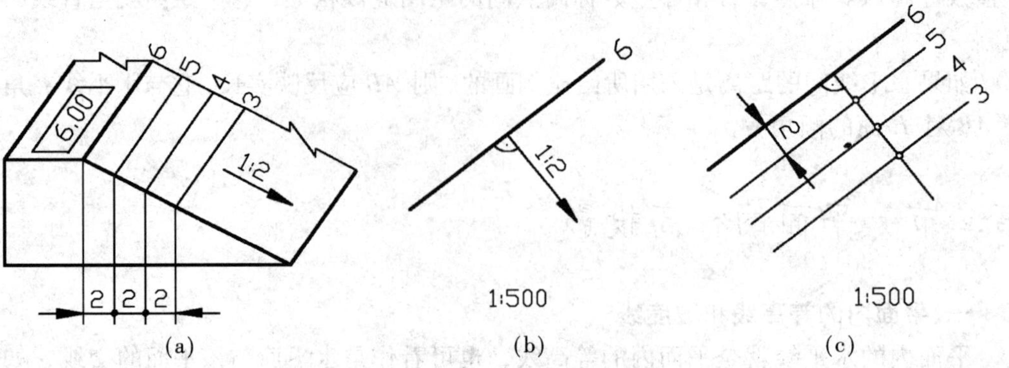

图 8-8 用一条等高线和坡度表示平面

已知平面内一条等高线为 6 和坡度 $i=1:2$，如图 8-8(b)，作出该平面内其他等高线。

作图步骤：

①根据坡度 $i=1:2$，求出平距 $l=2$；

②作垂直于等高线 6 的坡度线，在坡度线上自等高线 6 顺着坡度线箭头方向按比例连续量取 3 个平距，得 3 个截点，如图 8-8(c)所示；

③过截点作等高线 6 的平行线，即得标高为 5、4、3 的等高线。

(二)用平面内一倾斜直线和平面的坡度线表示平面(即相交两直线)

图 8-9(a)是一标高为 4 的水平场地，其斜坡引道两侧的斜面 ABC 和 DEF 的坡度为 2:1，这种斜面可由面内一倾斜直线的标高投影和平面的坡度来表示。例如斜面 ABC 可由倾斜直线 AB 的标高投影 a_4b_0 及侧坡坡度 2:1 来表示，如图 8-9(b) 所示。图中 a_4b_0 旁边的箭头只是表明侧坡平面向直线的某一侧倾斜，并不确切地表示坡度的方向，因此将它画成带箭头的虚线。

例 3. 求图 8-9(b)所示平面内的等高线。

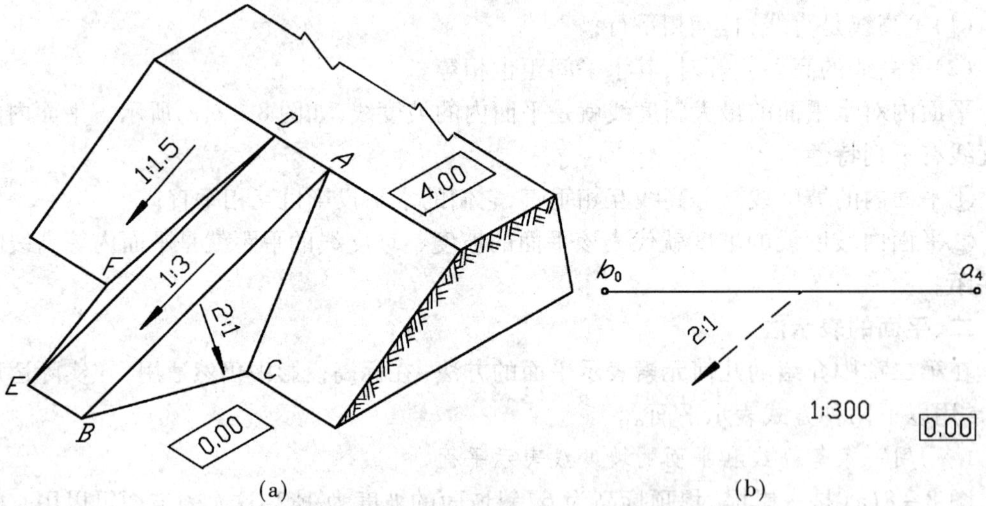

图 8-9 用一倾斜直线和坡度表示平面

分析：

过 a_4 有一条标高为 4 的等高线，过 b_0 有一条标高为 0 的等高线，这两条等高线之间的水平距离，应等于它们的高度差除以平面的坡度，也就是 a_4 到标高为 0 的等高线的距离 $L = H/i = (4-0)/(2/1) = 2$。

过一定点 b_0 作一直线(等高线 0)与另一定点 a_4 的距离为定长 $L=2$。因此，以 a_4 为圆心，$R=L=2$ 为半径(按图中所绘的比例量取)，在平面的倾斜方向画圆弧；再过 b_0 向圆弧作切线，就得到标高为 0 的等高线[立体图见图 8-10(a)]。知道了平面内的一条等高线和坡度线，平面内其他等高线就可按上例方法求得。

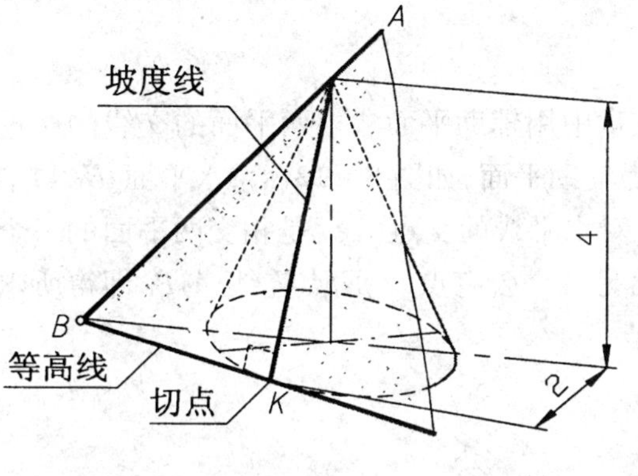

(a)

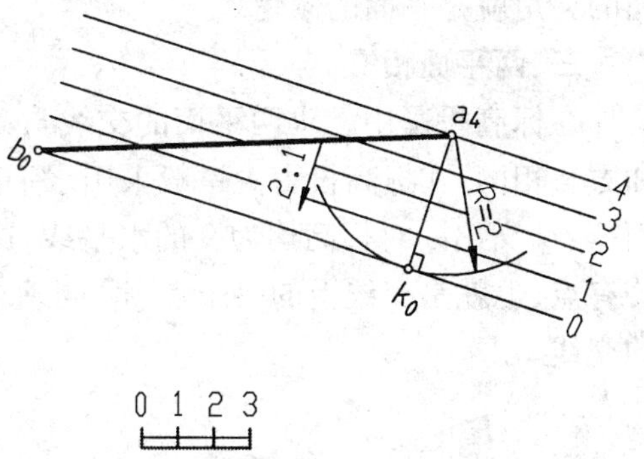

(b)

图 8-10　作平面上的等高线和坡度线

作图步骤，如图 8-10(b)：

①以 a_4 为圆心，$R=2$ 为半径作圆弧；

②自 b_0 作圆弧的切线 b_0k_0，即得标高为 0 的等高线；

③自 a_4 点作等高线 b_0k_0 的垂线 a_4k_0，即得平面的坡度线。四等分 a_4k_0，过各分点作 b_0k_0 的平行线，得标高为 1、2、3、4 的等高线。

例 4. 已知 A、B、C 三点的标高投影 a_1、b_6、c_2，求这三点所决定的平面的最大坡度线、平距和倾角 α(图 8-11)。

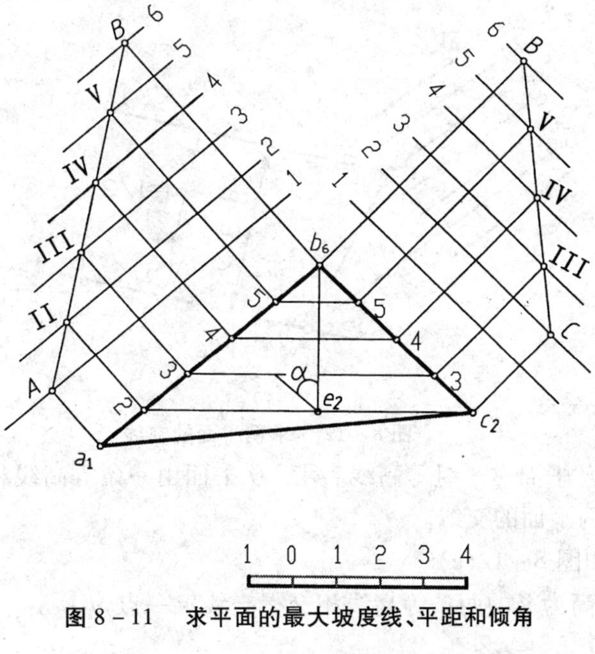

图 8-11　求平面的最大坡度线、平距和倾角

作图步骤:

①作出平面的水平线,为此连接△ $a_1b_6c_2$,找出 a_1b_6 和 b_6c_2 上各整数标高点,从而可画出平面的一组水平线,相邻两整数标高水平线间的距离就是平面的平距。

②作水平线的垂线 b_6e_2,就得到所求的最大斜度线。

③最大斜度线的倾角 α 就是平面的倾角,角 α 可用直角三角形法求得。以最大斜度线的平距为一个直角边,以比例尺上的单位长度为另一直角边,那么斜边与最大斜度线间的夹角就是平面的倾角。

三、两平面相交

在标高投影中,求两平面的交线与第三章中用辅助平面法求两平面的交线的原理和方法相同。在标高投影中一般采用水平面为辅助平面,如图 8-12(a),水平面 H_9 与平面 P、Q 交出一对标高均为 9 的水平线,这一对水平线的交点 A 就是相交两平面的一个公有点,也就是交线上的一个点 A_9;同理求出另一个公有点 B。两点连线 A_9B_6 即得所求的交线。

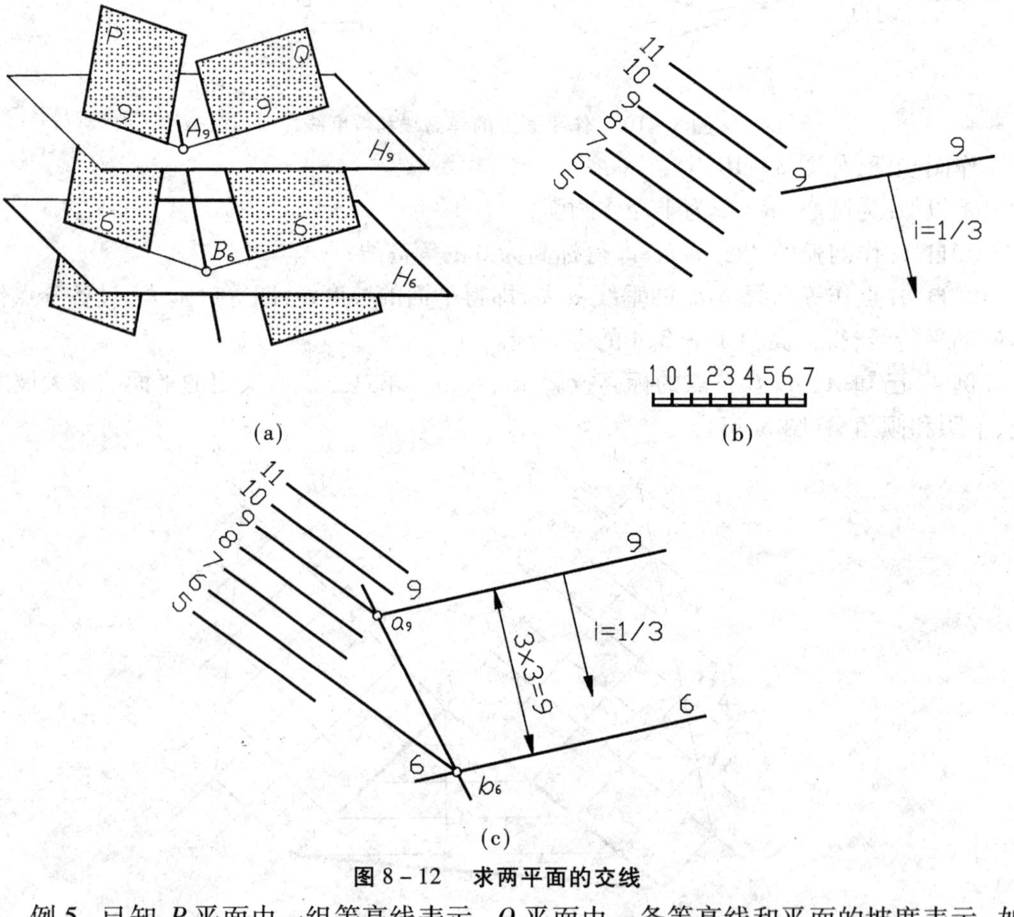

图 8-12　求两平面的交线

例 5. 已知 P 平面由一组等高线表示,Q 平面由一条等高线和平面的坡度表示,如图 8-12(b),求两平面的交线。

作图步骤,如图 8-12(c):

①两平面标高为 9 的两条等高线相交得交线上一点 a_9;

②再作出一条两平面同名等高线，如在 Q 平面上作一条标高为 6 的等高线，由 $i=1/3$得标高为 6 的等高线与标高为 9 的等高线的距离 $L=(9-6)/(1/3)=9$，据此画出高程为 6 的等高线；

③两平面标高为 6 的等高线相交得交线上另一交点 b_6；

④连 a_9b_6 就是所求两平面的交线。

例 6. 如图 8－13(a)，已知主堤和支堤相交，顶面标高分别为 3.00 和 2.00，地面标高为 0.00，各坡面坡度均为 1:1，试作相交两堤的标高投影图。

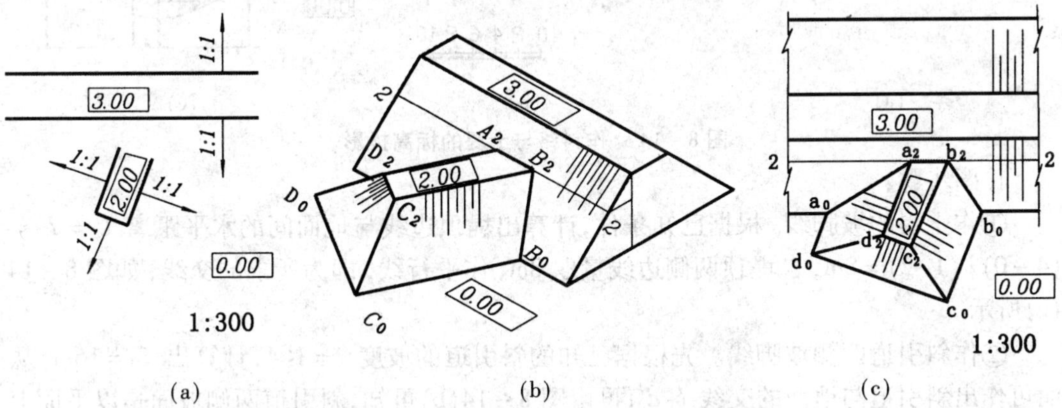

图 8－13　求主堤与支堤相交的标高投影图

分析：

本题需求三种交线，如图 8－13(b)立体示意图。一为坡脚线，即各坡面与地面的交线；二为支堤堤顶与主堤边坡面的交线，即 A_2B_2；三为坡面交线 A_2A_0、B_2B_0、C_2C_0、D_2D_0。由于相邻两坡面的坡度均相等，因此坡面交线是两坡面同高程等高线交角的角平分线，如直接作∠$D_2C_2B_2$ 的角平分线求得坡面交线 C_2C_0。

作图步骤，如图 8－13(c)：

①求主堤的坡脚线。求出主堤顶边缘到坡脚线的水平距离 $L=H/i=3/1=3$，沿主堤两侧坡面的坡度线按比例量取三个单位，得截点，过该点作出顶面边线的平行线，即得两侧坡面的坡脚线。

②求支堤堤顶与主堤坡面的交线。支堤堤顶标高为 2，它与主堤坡面的交线就是主堤坡面上标高为 2 的等高线中 a_2b_2 一段。

③作出坡面交线及支堤坡脚线。由于各坡面坡度均相等，所以过支堤堤面顶角四点 a_2、b_2、c_2、d_2 分别作∠$2a_2d_2$、∠$2b_2c_2$、∠$b_2c_2d_2$、∠$c_2d_2a_2$ 的角平分线 a_2a_0、b_2b_0、c_2c_0、d_2d_0，即是所求的坡面交线。a_2a_0、b_2b_0 分别与主堤坡脚线交于 a_0、b_0；过 a_0 作 a_2d_2 的平行线交于 d_0；过 b_0 作 b_2c_2 的平行线交于 c_0；连 d_0c_0。支堤的坡脚线也就随之确定。

例 7. 如图 8－14(a)、图 8－14(b)，已知堤顶高程为 4 的土堤和路面坡度 $i=1:4$ 的土堤斜引道，设地面高程为 0，各坡面的坡度如图 8－14(b)所示，试作堤与斜路坡面间、坡面与地面间的交线。

分析：

由图 8－14(a)、图 8－14(b)知，土堤和斜路两侧的坡脚线(坡面与 0 地面的交线)，是各坡面和地面的交线，即各坡面上标高为 0 的等高线，两坡脚线的交点 C、E 为坡面交线上的共有点，坡顶相交为另一共有点 A_4、F_4，连接两共有点即为各坡面之交线。

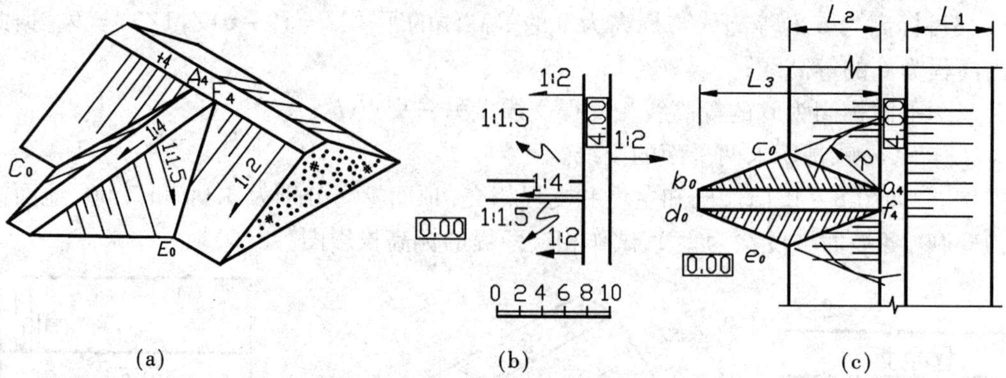

图 8－14　作斜路与土堤的标高投影

作图步骤：

①作土堤的坡脚线。根据已知条件，计算出堤顶边线与地面间的水平距离 $L_1 = L_2 = (4-0)/(1/2) = 8\text{m}$，自堤顶两侧边线量取 8m，作平行线，即为所求的交线，如图 8－14(c)所示。

②作斜引道两侧坡脚线。先根据已知的斜引道的坡度 $i = 1:4$，计算出 $L_3 = 16\text{m}$，从而可作出斜引道与地面的交线 b_0d_0；再由图 8－14(b)可知，斜引道两侧坡面是以平面上一条倾斜线和平面的坡度方式给出的，所以可按例 1 的方法作图。在图 8－14(c)中以点 a_4 为圆心，以 $R = L = (4-0)/(1/1.5) = 6\text{m}$ 为半径作圆弧，从 b_0 引圆弧的切线 b_0c_0 即为斜引道坡面与地面的交线。同理可作出 d_0e_0。

③作两坡面交线。a_4f_4 为水平场地与斜引道的两个共有点，c_0e_0 为土堤的坡脚线与斜引道坡脚线的两个共有点，分别连接 a_4c_0、f_4e_0 即为两坡面间的交线。

④画出各坡面示坡线。(为把坡面表达更清楚，常在垂直等高线的方向上，由高向低画出长短相间的细实线，称为示坡线。)

第三节　曲面的标高投影

在标高投影中，表示曲面就是用一系列的水平面与曲面相截，画出这些平面与曲面的交线的标高投影。这里主要介绍实际工作中常用的圆锥面、同坡曲面和地形面的标高投影。

一、正圆锥面

如果正圆锥面的轴线垂直于水平面，若用一组高差相等的水平面截割正圆锥面，其截交线皆为水平圆，在这些水平圆的水平投影上注明标高数值，标高数字的字头规定朝向高处，即得正圆锥面的标高投影。它具有下列特性：

(1)等高线都是同心圆；

(2)等高线间的水平距离相等；

(3)当圆锥面正立时，等高线越靠近圆心，其标高数值越大，如图 8－15(a)所示；当圆锥面倒立时，等高线越靠近圆心，其标高数值越小，如图 8－15(b)所示。

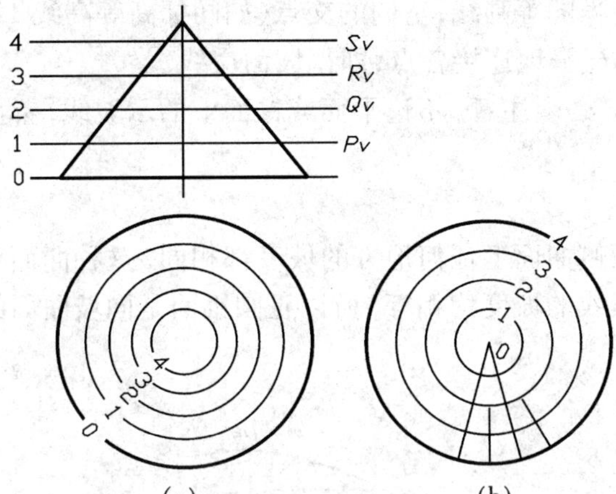

图 8 - 15　曲面的标高投影

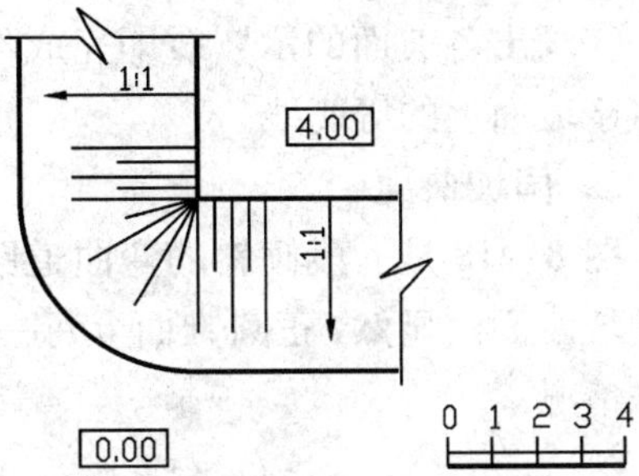

图 8 - 16　用锥面连接两坡面

正圆锥面上的素线就是锥面上的坡度线，所有素线的坡度都是相等的。

在土石方工程中，常将构筑物的侧面作成坡面，相邻两坡面的转角处用圆锥将两侧面连接起来，如图 8 - 16 所示。

例 8. 在水库大坝的连接处，用圆锥面护坡，水库底标高为 118.00m，北面、西面、圆锥台顶面标高及各坡面坡度如图 8 - 17(a)所示，试求坡脚线和各坡面间的交线。

分析：

本题坡面相交为平面与曲面相交，故交出的坡面线为曲线。应作出曲线上适当数量的点，依次连接即得，并注意圆锥面的等高线是圆弧线不是直线。因此，圆锥面的坡脚线也是一段圆弧，如图 8 - 17(c)所示。

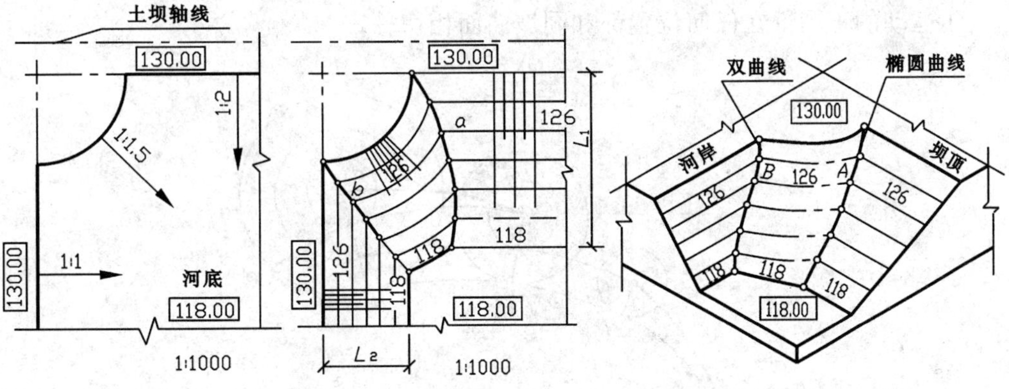

图 8 - 17　土坝与河岸连接处的标高投影图

作图步骤，如图 8 - 17(b)：

①作坡脚线。各坡面的水平距离为：

$L_1 = H/i = (130 - 118)/(1/2) = 24(\text{m})$

$L_2 = H/i = (130 - 118)/(1/1) = 12(\text{m})$

$L_{锥坡} = H/i = (130 - 118)/(1/1.5) = 18(\text{m})$

根据各坡面的水平距离，即可作出它们的坡脚线。必须注意：圆锥面的坡脚线是圆锥台顶圆的同心圆，其半径为锥台顶圆的半径与锥坡的水平距离(18m)之和。

②作坡面交线。在各坡面上作出同高程的等高线，它们的交点（如同标高等高线 126 的交点 a、b）即为坡面交线上的点。依次光滑地连接各点，即得坡面交线。

③画出各坡面的示坡线即完成作图。必须注意，不论平面或锥面上的示坡线，都应垂直于坡面上的等高线。

二、同坡曲面

图 8－18 是一段倾斜的弯曲道路，两侧曲面上任何地方的坡度都相同，这种曲面称为同坡曲面。显然，正圆锥面上每一条素线的坡度均相等，所以正圆锥面是同坡曲面的特殊情况。

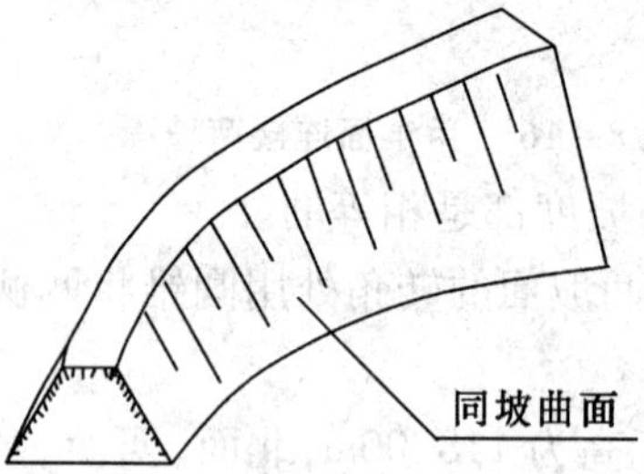

图 8－18 弯曲道路

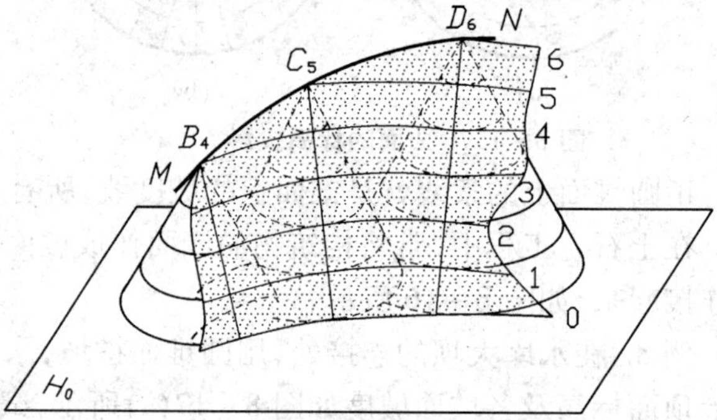

图 8－19 同坡曲面的形成

同坡曲面的形成见图 8－19 所示，一正圆锥面顶点沿一空间曲导线（MN）运动，运动时圆锥的轴线始终垂直于水平面，则外公切于所有正圆锥的曲面（包络曲面）即为同坡曲面，曲面的坡度就等于运动的正圆锥的坡度。由此可知同坡曲面所具有的特性：

①运动的正圆锥在任何位置都和同坡曲面相切；

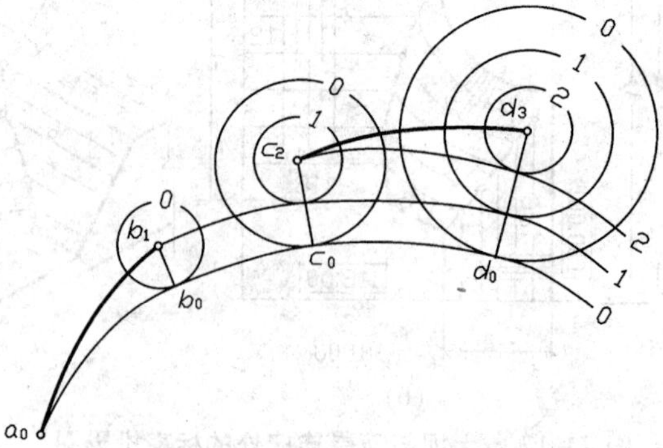

图 8－20 同坡曲面等高线的作法

②同坡曲面与运动的正圆锥的同高程的等高线相切；

③正圆锥的坡度就是同坡曲面的坡度。当同坡曲面上高差相同时，等高线的间距也相等，图 8－20 显示了同坡曲面等高线的作法。

例 9. 图 8－21(a) 所示为一弯曲引道，由此面逐渐升高与干道相连，干道顶面高程为 4.0，地面标高为 0.0，各坡面的坡度均为 1:1，如图 8－21(a)所示，求坡脚线及坡面交线。

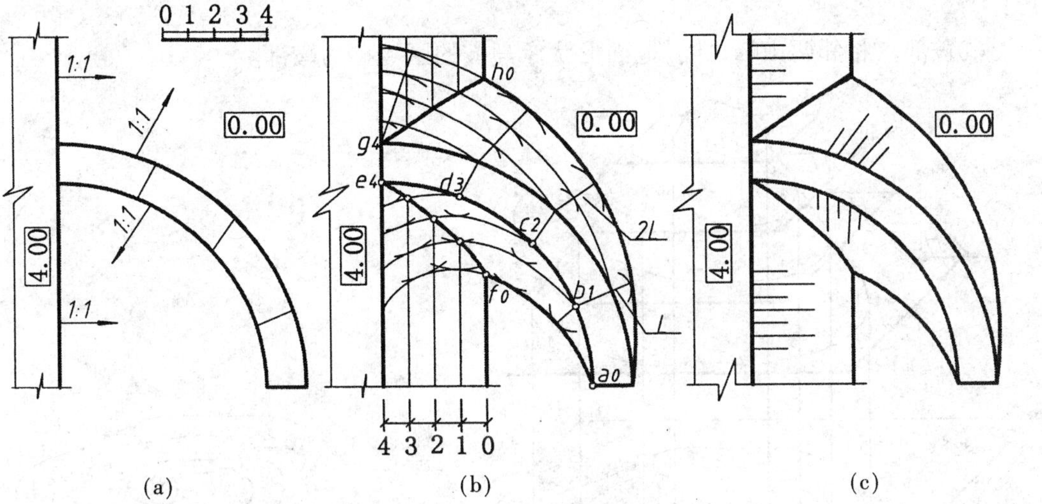

图 8－21 求同坡曲面的等高线

分析：

分别求出弯道两侧同坡曲面及干道坡面上高差为 1m 的等高线。干道坡面与弯道坡面同名等高线之交点的连线即为坡面交线，各坡面与地面的交线为坡脚线。

作图步骤，如图 8－21(b)：

①定出曲导线上的整数标高点的位置如 a_0、b_1、c_2、d_3、e_4，相邻两点高差为 1m，这些点是运动正圆锥的锥顶位置；

②根据已知同坡曲面的坡度 $i=1:1$，算出同坡曲面上平距 $l=1/i=1$;

③作出各圆锥面的等高线，分别以锥顶 b_1、c_2、d_3、e_4 为圆心，以 l、$2l$、$3l$、$4l$ 为半径画同心圆，即得各锥面上的等高线；

④作各圆锥面同高程等高线的公切曲线，即为同坡曲面上相应标高的等高线；

⑤按图 8－8 的方法求出干道坡面上的等高线；

⑥求出弯道与干道同名等高线的交点，并连接即得坡面交线，如图 8－21(b) 中 e_4f_0、g_4h_0;

⑦各坡面上高程为 0 的等高线就是坡脚线；

⑧整理、去掉作图过程线，画出示坡线，即得最终结果，如图 8－21(c)所示。

三、地形面

(一)地形面的标高投影

假想用一组高差相等的水平面截割地形面，便得到一组高程不同的等高线，如图 8－22(a) 所示。画出地形面等高线的水平投影并标明它们的高程，即得地形面的标高投影，如图 8－22(b)所示。工程上把这种图形称为地形图，地形图上的等高线有如下特性：

①等高线一般是封闭曲线；

②等高线愈密表明地势愈陡，反之地势愈平坦；

③除悬崖绝壁的地方外，等高线不相交；

④山脊和山谷。图 8－23 的山脊和山谷的等高线都是朝一个方向凸出的曲线，顺着等高线的凸出方向看，若等高线的高程数值愈来愈小时，则为山脊地形；反之，为山谷地

形；

⑤鞍部。相邻两山峰之间，地面形状像马鞍的区域称为鞍部。

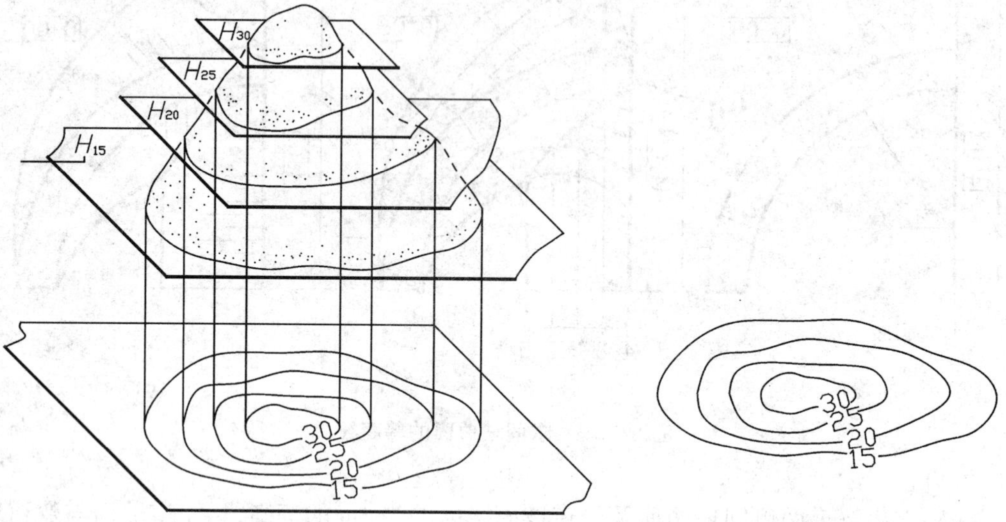

(a)　　(b)

图 8－22　地形面表示法

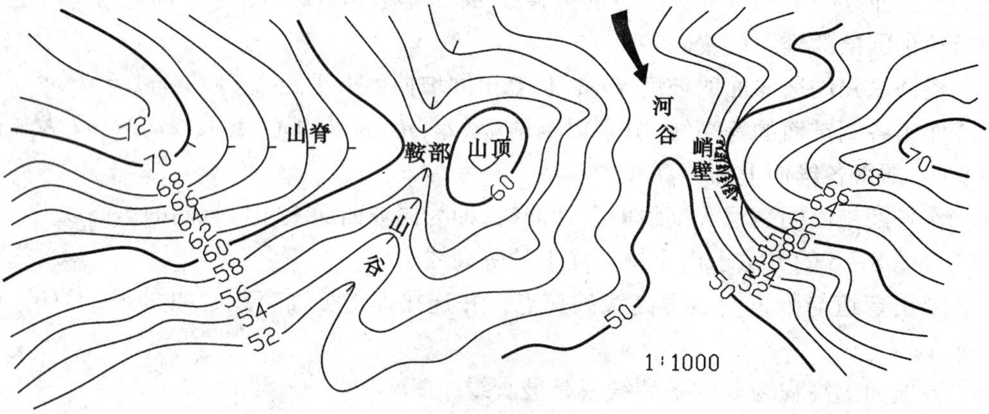

图 8－23　地形图

(二)地形断面图

为了更清楚地表达地形情况及工程设计的需求，还常常对地形辅以地形断面图。它是用一铅垂平面剖切地形面，画出剖切平面与地形面的交线及材料图例，即为地形断面图，如图 8－24(b)所示。铅垂平面与地面相交，在平面图上积聚成一直线，用剖切线 $A-A$ 表示，它与地面等高线交于 1、2…等点，如图 8－24(a)，这些点的高程与所在的等高线的高程相同。据此，可以作出地形断面图，作法如下。

①以高程为纵坐标，$A-A$ 剖切线的水平距离为横坐标作一直角坐标系。根据地形图上等高线的高差，按比例将高程注在纵坐标轴上，如图 8－24(b) 中的 59、60…等，过各高程点作平行于横坐标轴的高程线。

②将剖切线 $A-A$ 上的各等高线交点 1、2…等移至横坐标轴上。

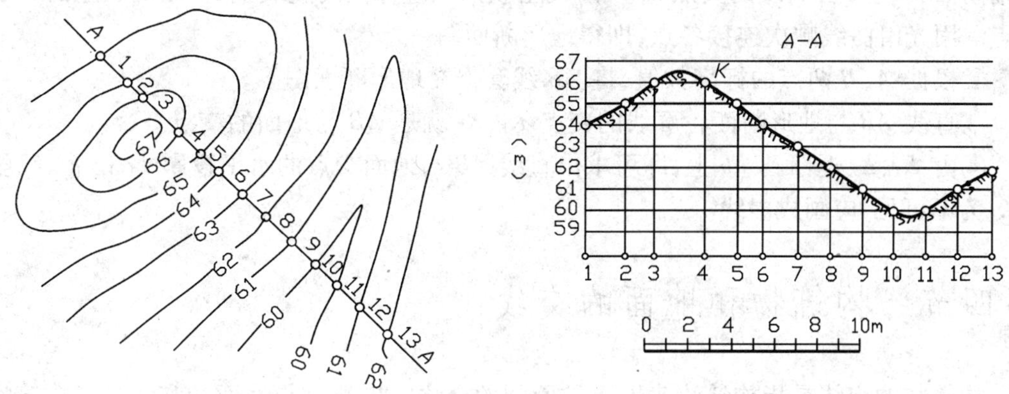

(a)　　　(b)

图 8－24　地形剖面图

③由 1、2…各点作纵坐标轴的平行线，使之与相应的高程线相交，如 4 点的高程为 66，过 4 点作纵坐标轴的平行线与高程线 66 相交得交点 *K*。同理作出其他各点。

④徒手将各点连成曲线，加上自然土图例，即得地形断面图，如图 8－24(b)所示。

一般说来，地面的高差与水平距离数值相差很大，有时不需作剖面的实际形状，而只要了解断面处的地形变化，此时在地形断面图中，高度方向的比例可以不同于水平方向的比例。

例 10. 已知地形图和直线 *AB* 的标高投影，如图 8－25(a)，求直线 *AB* 与地面的交点。

分析：

从地形图中直接找不到直线 *AB* 与地面的交点，若通过 *AB* 作铅垂辅助面剖切地面，画出地形面和直线 *AB* 的断面图，即可找到直线 *AB* 与地面的交点。

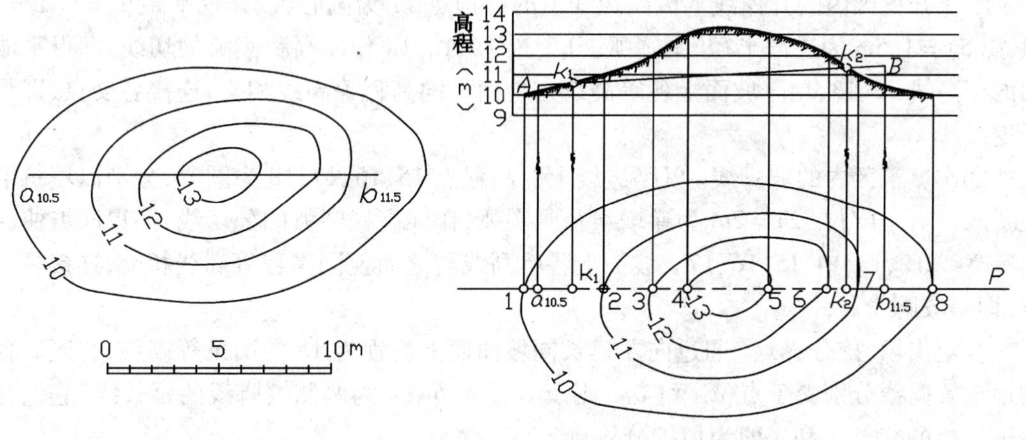

(a)　　　(b)

图 8－25　求直线与地面的交点

作图步骤，如图 8－25(b)：

①包含直线 *AB* 作铅垂辅助面 *P*，画出地形断面图，即以平行于 $a_{10.5}$ 、$b_{11.5}$ 作一组等距(亦可按比例量取)的直线，并注以与地形图中相应的标高数字 9、10、11、12、13、14；

将辅助面 P 与各等高线的交点 1,…,8 向上投到相应标高的直线上,得断面图上的一系列点。用光滑曲线顺次连接各点,即得地形断面图。

②根据 A、B 两点的标高数值,将 AB 线套作在地形断面图上。

③直线 AB 与地形断面轮廓线的交点 K_1、K_2 就是 AB 与地面的交点。

④由 K_1、K_2 返回到 ab 上,即可求出直线 AB 与地面交点的水平投影 k_1 和 k_2。线段 k_1k_2 为不可见,应画成虚线。

第四节 构筑物和地面的交线

构筑物的交线是指构筑物表面上坡面间的交线。构筑物与地面的交线是指构筑物施工边界线,即填方工程的坡脚线和挖方工程的开挖线。利用地形的标高投影可以解决实际工程中的有关上述交线问题。求解交线的基本方法仍然是用水平面作辅助面,求相交两个面的共有点,如果交线是直线,只需求出两个共有点而后连成直线即可。如果交线是曲线,则应求出一系列的共有点,然后依次连接即得交线。

例 11. 已知带有弯道的斜坡道路及地形面的标高投影,两侧坡面的填筑坡度为 $i_1=1:2$,开挖坡度 $i_2=1:1.5$,试作坡脚线和开挖线,如图 8-26(a)所示。

分析:

从路面高程 11 到 14 之间为直道路,其两侧坡面为平坡面路面,高程 14~18 之间为弯曲道路,两侧边坡面为同坡曲面。从已知的斜坡路面等高线和地形等高线的相对位置可知,填挖分界点在斜坡路面等高线 14 和 15 之间,确切的分界点要通过作图求得。直道部分为开挖区,弯道部分为填筑区。求出道路坡面上的等高线与同高程的地形等高线的交点,并光滑地连接,即得所求。

作图步骤,如图 8-26(b):

①作开挖区内的开挖线。以路边线上的高程点 11 为圆心,以开挖平距 $l_2=1/i_2=(1/1.5)=1.5\text{m}$ 为递增半径,画圆弧,分别过 12、13、14 作同高程圆弧的切线,即得平坡面的等高线 12、13、14。坡面上各等高线与地面上同高程等高线相交,连接各交点,即得开挖线。

②作填筑区内的坡脚线。以路边线上的高程点 15、16、17、18 为圆心,分别以填筑平距 $l_1=1/i_1=1/(1/2)=2\text{m}$ 为递增半径画圆弧,作同高程圆弧的公切线,即得同坡曲面的等高线 12、13、14、15、16、17。坡面上各等高线与地面上同高程等高线相交,连接各交点,即得坡脚线。

③定出填、挖分界点。通过向左延长同坡曲面上高程为 15 的两条等高线,与同高程的地形等高线分别交于点 a_{15} 和 b_{15},则 $a_{15}d_{14}$ 和 $b_{15}c_{14}$ 为两侧坡脚线的延长线,它们与弯道边线的交点 e 和 f 即为填挖分界点。

④画出填、挖边坡面上的示坡线。注意同坡曲面上的示坡线应垂直于坡面上的等高线。

⑤整理、去掉作图过程线即得最终结果,如图 8-26(c)所示。

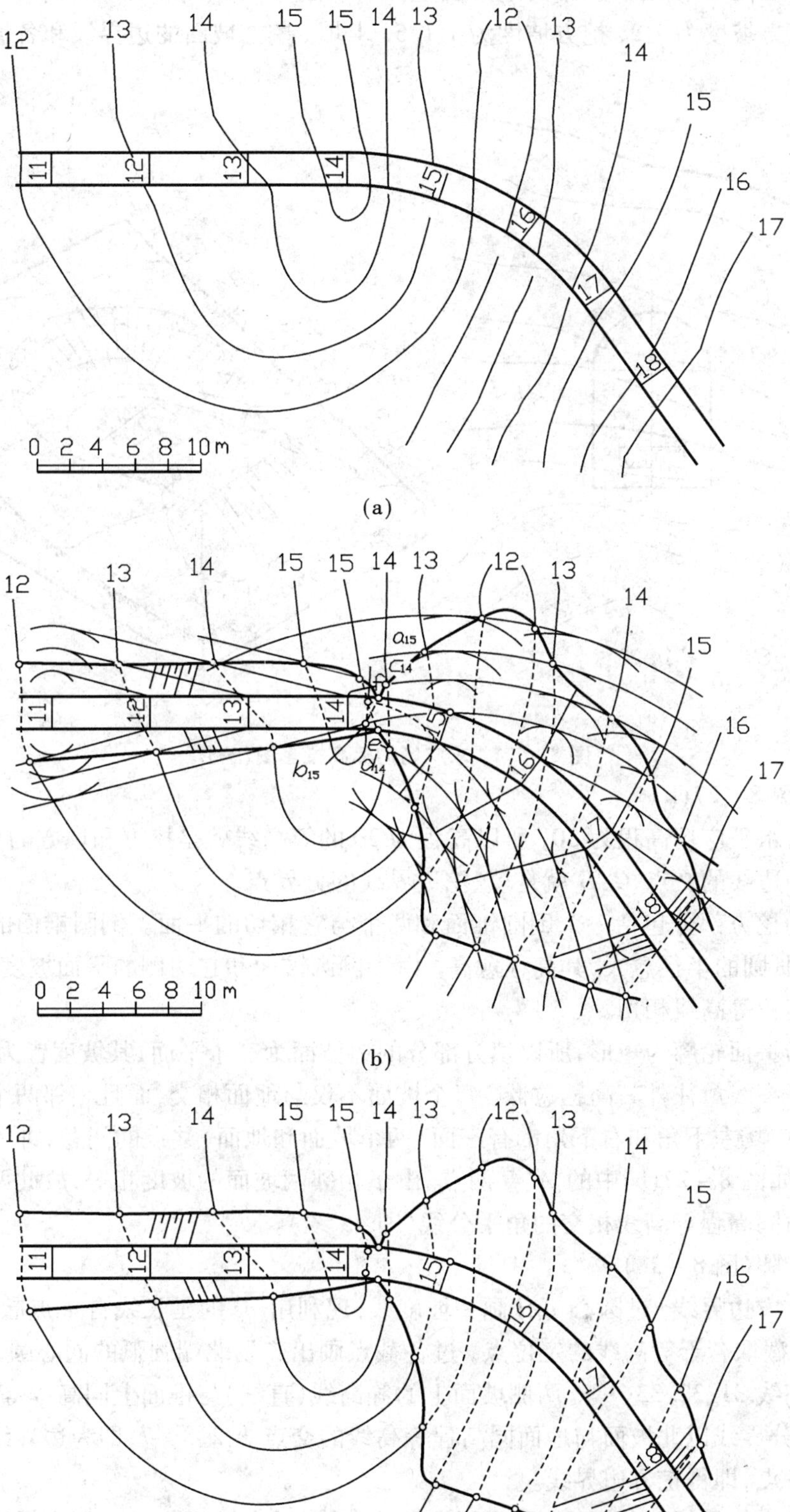

图 8-26　弯曲斜坡道路的标高投影

例 12. 在图 8 - 27(a) 所给的地形图上修筑如图 8 - 27(b) 所示的水平广场，广场高程为 30，填方坡度为 1:2，挖方坡度为 1:1.5，求填、挖方坡面的边界线和各坡面间的交线。

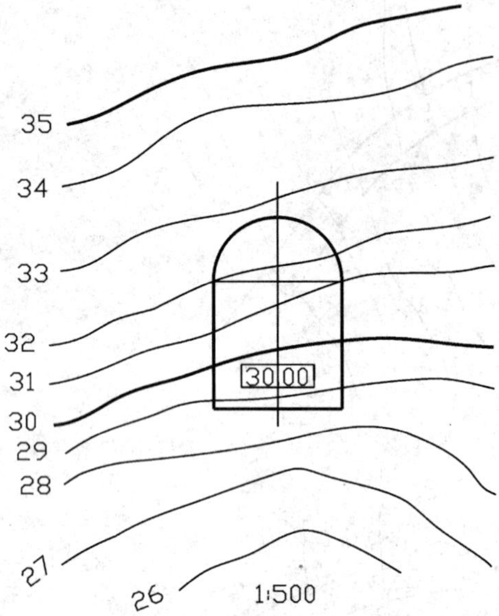

(a)

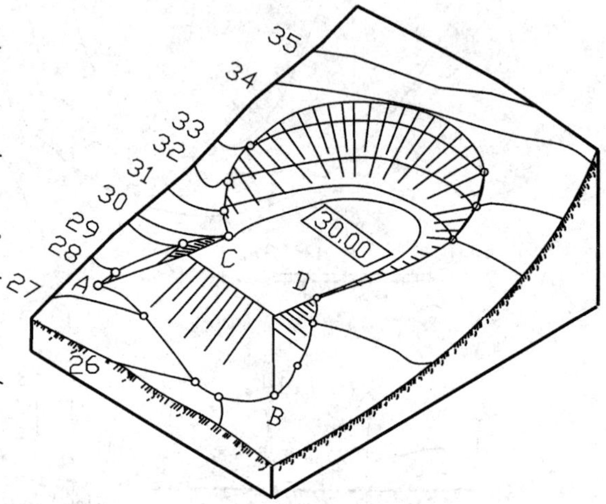

(b)

图 8 - 27 求广场的标高投影图(一)

分析〔图 8 - 27(b)〕：

①因为水平广场高程为 30，所以高程为 30 的等高线就是挖方和填方的分界线，它与水平广场边线的交点 C、D 就是填、挖边界线的分界点。

②广场挖方部分包括一个倒圆锥面和两个与它相切的平面。倒圆锥面的等高线为一组同心圆，圆的半径愈大，其高程愈高。由于倒圆锥面和它两侧的平面坡度相同，所以它们的同高程等高线相切。

③广场平面轮廓为矩形，所以填方部分的边坡面为三个平面，其坡度皆为 1:2。填方坡面上的等高线愈往外其高程愈低。每个坡面不仅与地面相交，而且相邻两个坡面也相交。因此，广场左下角和右下角都有三面(两个坡面和地面)共点的问题，即三条交线必交于一点。如图 8 - 27(b)中的 A、B 两点。由于相邻两坡面的坡度相等，故此两坡面的交线是两坡面同高程等高线相交的角平分线(即 45°线)。

作图步骤(图 8 - 28)：

①求挖方边界线。过圆心 o 任画一坡度线，现利用 oe 的延长线自 e 点起，用挖方平距 = 1.5 来截取若干等高线的定位点，过各截点画出广场北端圆弧的同心圆，即得圆锥面上的等高线 31、32、33…等。两侧坡面上的等高线(直线)与锥面上同高程等高线相切，作出填、挖分界线以北坡面与地面同高程等高线的交点 1、2、3…7，即为边界线上的点。依次连接各点，即得挖方边界线。

②求填方边界线。首先画出两相邻坡面的交线，过广场顶角 f、g 画广场边角的角平分线，即为坡面之间的交线。然后作出各坡面的坡度线，在此线上按填方平距 $l = 2$ 截取等分点，分别作出各坡面上的等高线 29、28…等，找出同高程等高线的交点 8、9…等，顺

次连接各点,即得填方边界线。

从图 8－28(a) 中左下角圆圈部分可以看出，坡脚线 $c-8-9-n$ 与坡脚线 13－12－11－10－m 一定交于 a 点(三面共点)。am、an 是两坡脚线的延长线,因此画成了虚线。图中右下角的 b 点也用同样的方法求出。

③画出各坡面的示坡线。注意填、挖方示坡线有别,长短划皆自高端引出,如图 8－28(b)所示。

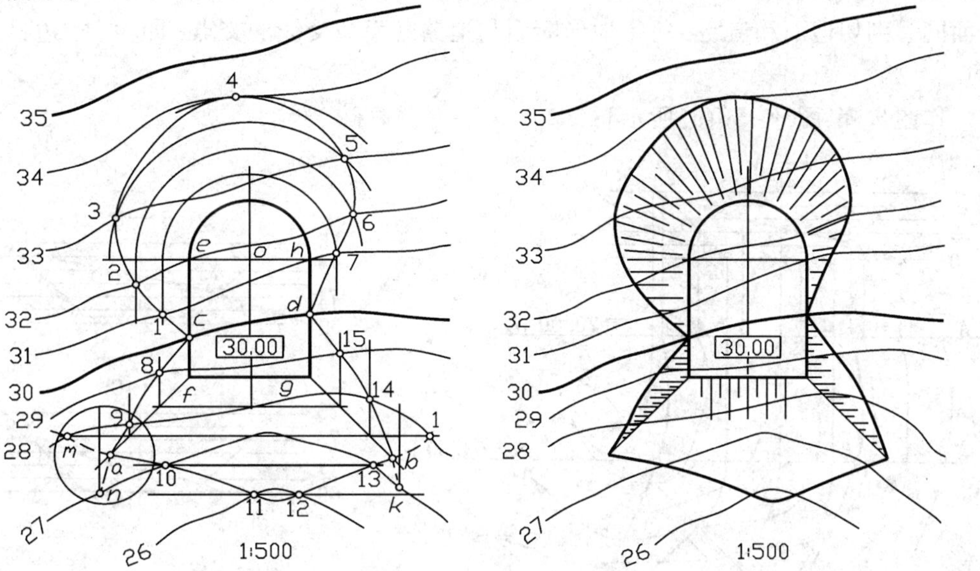

(a)　　　　　　(b)

图 8－28　求广场的标高投影图(二)

例 13. 在图 8－29(a) 所示的地形图上修筑道路，图中示出了路面位置。图 8－29(b)、(c)示出了填挖方的标准断面图。已知路面的坡度为 1: 20, $A-A$ 断面处的高程为

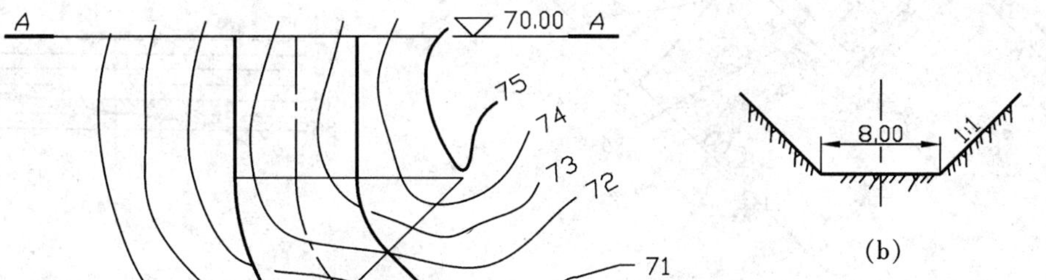

(a)

图 8－29　求道路两侧坡面与地面的交线(一)

70,求道路两侧坡面与地面的填、挖边界线。

分析:

求道路坡面与地面的交线,常用坡面与地面同高程等高线相交求交点的方法来解决。本例道路的某些地方坡面上等高线与地面等高线接近平行,若采用上述方法则不易求出同高程等高线的交点,而道路路面坡度又较缓,因此本例采用地形剖面法求填、挖边界线上的点。此法是:在道路中线上每隔一定距离作一个与道路中线(投影)垂直的铅垂面同时剖切地面和道路,所得地形断面与道路断面截交线的交点,即填、挖边界线上的点。

作图步骤[图 8-30(a)所示]:

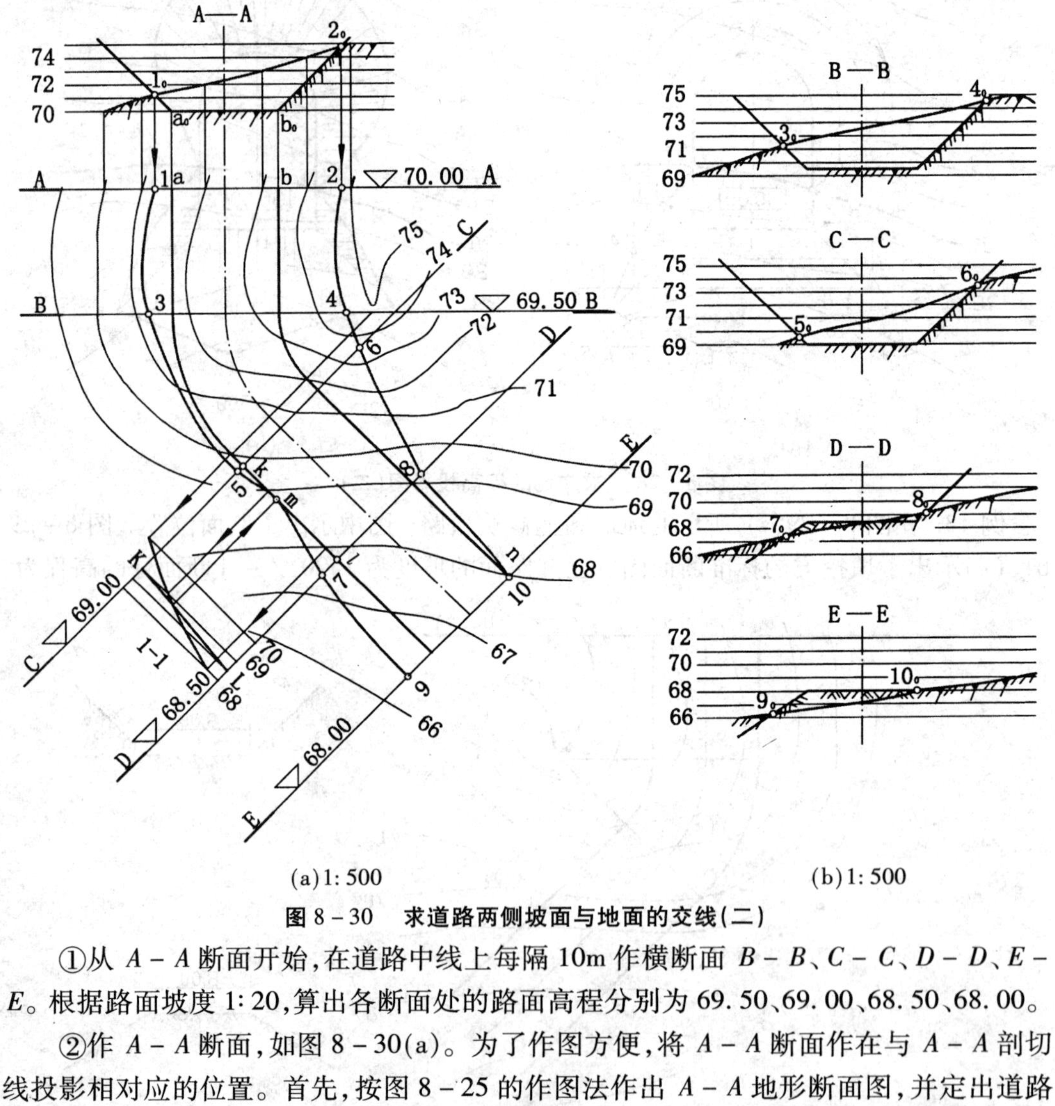

(a)1:500　　(b)1:500

图 8-30　求道路两侧坡面与地面的交线(二)

①从 $A-A$ 断面开始,在道路中线上每隔 10m 作横断面 $B-B$、$C-C$、$D-D$、$E-E$。根据路面坡度 1:20,算出各断面处的路面高程分别为 69.50、69.00、68.50、68.00。

②作 $A-A$ 断面,如图 8-30(a)。为了作图方便,将 $A-A$ 断面作在与 $A-A$ 剖切线投影相对应的位置。首先,按图 8-25 的作图法作出 $A-A$ 地形断面图,并定出道路中心线。然后,把 $A-A$ 断面与道路断面两边的交点 a、b 垂直地投影到高程线 70 上得 a_0b_0。从图中可知,此处路面低于地面,应按挖方坡度 1:1 作出道路断面。最后,把道路断面两边坡线与地形断面的交点 1_0、2_0 按箭头方向返回到 $A-A$ 剖切线上得 1、2 两点,即为挖方边界线上的点。

③作 $B-B$ 断面,如图 8-30(b)。在适当位置作道路断面的中心线,并以此为准作地形断面图；将 $B-B$ 断面与路面的交线对应地作到高程线 69.50 上，因路面低于地面,应按挖方坡度 1∶1 作出道路剖面;然后,从套作的两个断面中,得出交点 3_0、4_0,返回 $B-B$ 剖切线上得 3、4 两点,即挖方边界上的点。

④作 $C-C$、$D-D$、$E-E$ 断面,如图 8-30(b)所示。作图方法与 $B-B$ 相同,但必须注意,在 $D-D$ 断面中,右为挖方,左为填方,应分别按不同坡度作出道路断面的边坡线。$E-E$ 断面全是填方。

⑤求填、挖分界点,道路一侧的填、挖分界点 n 可直接从图中求得。另一侧的填、挖分界点不能直接求出，但从图 8-30(b) 中可以看出，这个分界点一定在 $C-C$、$D-D$ 两剖切面之间,它是此两断面间路面边线与该处地形断面的交点。作法如下:通过边线 k_1 作铅垂断面 1-1,在 1-1 断面中求出直线 kl 与地面的交点 M,将 M 点返回 k_1 上得 m 点,即填、挖分界点。在图 8-30(a)的左下方 1-1 断面中,为了作图清楚,高度方向的比例尺适当地放大了,但并不影响交点的位置。

⑥ 用曲线依次连接所求同侧各点,即得填、挖边界线。画出边坡面的示坡线,即完成全图。

必须指出,用断面法求点只有当路面坡度较小,即路面比较平缓的情况下才适用。如路面坡度较大,断面图上的边坡线和实际相差较大时,则不宜采用断面法。